社
an imaginative society
想

焦点解决短期治疗：技巧与应用

Interviewing for Solutions

[美] 彼得·德容(Peter De Jong)
[美] 茵素·金·柏格(Insoo Kim Berg)　著
沈　黎　吕静淑　译

華東理工大學出版社
EAST CHINA UNIVERSITY OF SCIENCE AND TECHNOLOGY PRESS
·上海·

图书在版编目(CIP)数据

焦点解决短期治疗：技巧与应用/(美)彼得·德容(Peter De Jong)，(美)茵素·金·柏格(Insoo Kim Berg)著；沈黎，吕静淑译. --上海：华东理工大学出版社，2022.4(2025.11 重印).
(社想)
书名原文：Interviewing for Solutions
ISBN 978-7-5628-6308-3

Ⅰ.①焦… Ⅱ.①彼… ②茵… ③沈… ④吕… Ⅲ.①心理咨询 Ⅳ.①B849.1

中国版本图书馆 CIP 数据核字(2022)第 039593 号

Interviewing for Solutions
Peter De Jong, Insoo Kim Berg
沈黎、吕静淑译

978-7-5628-6308-3
Cengage Learning Asia Pte. Ltd.
151 Lorong Chuan, #02-08 New Tech Park, Singapore 556741

著作权合同登记号："图字 09-2020-473 号"

策划编辑 / 刘　军
责任编辑 / 牟小林
责任校对 / 张　云
装帧设计 / 肖祥德
出版发行 / 华东理工大学出版社有限公司
地址：上海市梅陇路 130 号，200237
电话：021-64250306
网址：www.ecustpress.cn
邮箱：zongbianban@ecustpress.cn
印　　刷 / 上海盛通时代印刷有限公司
开　　本 / 710 mm×1000 mm　1/16
印　　张 / 34.5
字　　数 / 522 千字
版　　次 / 2022 年 4 月第 1 版
印　　次 / 2025 年 11 月第 3 次
定　　价 / 228.00 元

中文版序言

本书是由焦点解决短期治疗的创始人之一茵素·金·柏格（Insoo Kim Berg），与她共事多年的好友彼得·德容（Peter De Jong）合著的。作者们独特的、丰富的经验及其谋篇布局的方法，使本书成为焦点解决短期治疗领域相当重要的代表作和入门读物。

相对于过去几版，本书原著第四版有大幅度的修改，如同作者在序中所说明的一般。由此可见，焦点解决短期治疗这一新兴派别在各方人士的努力下正不断进步，取得了令人刮目相看的成果。本书值得关注焦点解决短期治疗的实务工作者阅读。

焦点解决短期治疗不仅在美国、加拿大、澳大利亚以及欧洲各国蔚然成风，其与东方哲学及现代社会脉动相契合，也在亚洲各国及地区的社会工作者中得到了广泛的应用。听闻本书在中国大陆翻译问世，作为作者之一的彼得特别希望笔者能代为转达他的喜悦："这几十年来，我早已发现焦点解决短期治疗是一个为案主服务的美好工具。焦点解决短期治疗不仅十分有效，还能给予案主希望，而这也正是我与茵素撰写本书的动机。我们的目标是能写出一本书，让读者尽可能地理解何谓焦点解决短期治疗，并能在实务中懂得如何应用。我由衷地希望，本书提及的方法能帮助实务工作者及其案主。"

翻译是一项相当耗费心力的工作，对笔者这样以推动焦点解决短期治疗为使命的人来说，特别感谢完成了本书翻译工作的沈黎老师，他在焦点解决短期治疗与相关社会工作者之间搭起了桥梁。期待本书的问世能推动焦点解决短期治疗的进一步发展，从而为更多的人提供治疗的理论与方法。

许维素

2014 年 12 月

原著序言

这是一部讲述作者如何与案主进行会谈的书。它提供了一整套助人专业所需的基本会谈技巧，在很多方面这些技巧都是独一无二的。第一，这些技巧旨在协助案主描绘出对未来更满意的愿景。第二，这些技巧引导案主和实务工作者更深入地觉察那些可用来实现愿景的力量与资源。以上技巧基于这样一个信念，即辅导必须在案主的参考架构中进行。

我们把这种与案主会谈的方式称为建构解决之道，以便区别于大多数会谈所采用的问题解决取向。在问题解决取向中，实务工作者从案主那里收集信息，以预估案主问题的本质和严重程度，并设计出能够解决或减缓问题的介入策略。问题解决取向很大程度上倚重预估和干预相关专业知识。

从问题解决取向转为建构解决之道，并不是一件容易的事情。学生和工作坊成员告诉我们，这种转变就像原来习惯用右手做事现在改成用左手做事一样，是一个需要努力习惯的过程。他们还认为，在理论上理解这两种取向的差异较容易，而将焦点解决取向有效应用于实践则难得多。因此，我们期望能够提供教学资料，帮助读者提升实务技巧。

本书的目的是教会读者如何与案主一同来建构解决之道。本书的大部分内容都在描述和说明这些必要的技巧。建构解决之道是通过实务工作者与案主之间的对话所产生的，因而本书引用了我们与案主之间的许多真实对话。通过大段长对话，读者能清楚地体会到对话在建构解决之道过程中的展开方式。这些对话往往充满了起伏与转折。

本书的章节安排具体如下。第一部分包括本书的第一章至第二章。本部分提供了会谈技巧的基本背景。在这两章中，我们描述了问题解决取向助人方法的历史，表明其源起可追溯到现代医学兴起的时代，以及这一方法取得的瞩目成就。但同时，我们也指出了在助人领域中，对运用问题解决取向的担忧逐渐显露，并阐述了另外一种替代性的选择——建构解决之道。第二部分包括本书的第三章至第十章。本部分阐述了建构解决之道所使用的技巧，并根据这些技巧在建构解决之道初次及后续会谈时使用的顺序来一一呈现。换言之，技巧的呈现反映了建构解决之道从开始到结束的历程。此外，会谈难度也逐渐提升，从简单的会谈情境到更具有挑战性的会谈情境（从自愿情境到非自愿情境，再到危机情境）。我们相信这样的编排有助于初学者将技巧运用于其自身的实践中。第三部分包括本书的第十一章至第十五章。本部分提供了在机构及助人领域中运用建构解决之道的相关信息。我们给出了研究数据，并重视建构解决之道所能反映的助人专业的珍贵价值，其中包括对多元文化敏感性实践的认同。我们通过案例说明如何调整这一方法，将其运用于小组工作和组织实践中。我们新加了一章，用来探讨焦点解决短期治疗的概念和技巧是如何在不同项目中得到运用的。最后，我们还探讨了这些技巧蕴含的理论意义及案主对这些技巧的回应。

熟悉本书先前版本的读者会发现第四版有以下变化。首先，对于第三章中关于基本会谈技巧的组织与呈现有了较大修改。这些变化反映出我们确认了建构解决之道对话中最常使用的技巧，并依此排出优先顺序。这样的呈现主要是基于新的研究发现，即可通过“微观分析”的方式对每个片段的治疗对话进行分析。这种方法已被提出了几十年，但却未被心理治疗领域重视。这些令人兴奋且日益蓬勃发展的研究发现具有挑战性，因为这些研究改变了我们领域中许久以来对于“治疗性对话”本质的假设。这些研究发现证实了以下事实：治疗性对话比较像是一个复杂而精细的合作过程，是实务工作者和案主之间对事件新的理解的积累，而非大部分治疗领域书籍中所认为的，是一种两个不同个体之间信息的直接收集与交换。我们将这些研究发现整合在第四版中，以便更清楚地确认和描绘出我们在焦点解决会谈中所使用的基本技巧。我们也相信，这让我们更完整、更清楚地呈现案主与实务工作者是如何建构（或共同创造）新的理解，从而促进案主建构解决之道的。这些资料导致第三章被大幅修订，同时也影响了随后的章节。在第十五章论述建构解决之道的理论内涵时，我们还会再次明确地回应这些概念。

其次，第四版的另外一个显著改变是运用了支持焦点解决短期治疗的新的实证研究资料。就在第四版被送印之前，一本为焦点解决短期治疗提供最新证据基础的新书(Franklin et al.，2012)出版了。在此，我们要对它的出版表示特别感谢，因为它为我们这部著作的第四版(较之前几版)奠定了更充分且具有说服力的实证研究基础。我们将在第十一章中介绍这些研究成果。

我们在第四版中采用了与第三版第一次相同的做法，用一章(第十四章)来讨论“应用”的主题。焦点解决学派的思维模式及技巧持续在全球不同的实务领域中得以运用。我们希望通过一系列的范例，让读者明白焦点解决短期治疗现在是如何充满创新性并被广泛运用的。第十四章由 8 个不同的项目组成，它们不仅涉及不同的组织层面，包括学校、精神健康机构、医院、监狱、儿童福利机构、机构的策划小组等，还涉及不同的应用层面，包括个人、家庭、小组及组织层面的实践。这 8 个项目中有 3 个是新增的，其他 5 个则做了更新和修订。有关这 8 个项目运用的描述，都是由项目的发起人或改良者来写的。他们分别阐述了是什么促使他们相信焦点解决短期治疗在他们的领域中会有效，他们实务操作的步骤是什么，他们运用了哪些实务技巧，这种革新性的方法给案主和实务工作者带来了什么样的变化，以及他们到目前为止收集到哪些定性或定量的研究数据。介绍这些不同的项目，是为了帮助读者意识到焦点解决短期治疗实践的发展，并且激励他们去思考如何将这些实践运用于自己的实务场域。

除了上述章节有明显的修订，随着焦点解决取向自身的不断发展，第四版将这些新增的变化补充了进来。自第三版出版以来，已经有数本关于焦点解决治疗的新书出版，这批书的要点也在本书的各章节中以整合及引用的形式得以体现。

本书适用于本科生和研究生在心理辅导、心理学、精神病患照顾及社会工作领域的实务课程。我们相信本书对于心理辅导中心、家庭服务中心、儿童和成人精神健康中心，以及其他有兴趣培训员工使用建构解决之道技巧的社会服务机构会大有裨益。第四版是在充分考虑广大读者对前三版所提出的建议的基础上修订而成的。

读者会发现，本书是用对话的方式写作而成的，表述上的口语化特点比较明显。我们尽量避免使用专有名词，常常使用第一人称和第二人称。当提及我们中某个人过往经历的时候，我们会指出这个人是茵素还是彼得。口语化的方式对我们来说是自然的，这种风格能更准确地反映我们与案主、学生及工作坊成员间一起工作时的方式。我们相信，这使我们能更清楚地道出我们的经验与想法。

本书为实务工作者提供了一张地图，帮助他们有效地协助案主在其参考架构内建构解决之道。我们相信，通过想象别样的未来，努力将想象变为现实，案主就可以自我赋能。作为实务工作者，我们可以帮助案主建构解决之道。只要我们有目的地、有效地运用本书中的技巧，就能体会到实务工作者对于案主赋能的贡献。这一历程对于实务工作者来说，将是一个充满活力、身心愉悦的体验。我们欢迎读者来到这个令人兴奋的世界，在这里案主将让自己的生活发生改变。

我们要感谢以下评论者对第四版的贡献：惠洛克学院的尼娜·阿罗诺夫(Nina Aronoff)、库兹敦大学的德博拉·巴利布(Deborah Barlieb)、乔治亚高地学院的苏珊·克拉克斯顿(Susan Claxton)，以及布里斯托尔社区学院的约翰·西塞罗(John Cicero)。

维多利亚大学的心理学荣誉教授珍妮特·比文·巴韦拉斯(Janet Beavin Bavelas)长期从事面对面对话微观分析的研究，取得了卓越成就。她曾邀请彼得与其他几位同事一起合作，对几个治疗性对话进行微观分析研究，这些研究发现已经收纳进了本书的第四版中。其他参与这些研究项目的学者包括：瑞典的私人执业精神科医师哈里·科曼(Harry Korman)，以及德州理工大学的萨拉·斯莫克(Sarah Smock)等。本版的成书也要感谢德州大学奥斯汀分校的辛西娅·富兰克林(Cynthia Franklin)，她运用专业知识审查了本书的第十一章。我们也要谢谢我们的学生、工作坊成员和案主，他们提出的问题和付出的努力是本书大部分内容的灵感之源。

令人难过的是，在第四版的实际修订工作开始前，茵素不幸于2007年意外过世。尽管如此，彼得还是以与茵素共同修订本书的口吻，写下了这篇序言的。这是因为茵素曾与彼得讨论应该将哪些内容纳入第四版。此前，茵素与她的丈夫史蒂夫·德·沙泽尔(Steve de Shazer)曾与彼得一同讨论该如何发展治疗对话的微观分析研究，谈话间也论及此项工作对理解和教授焦点解决会谈技巧的潜在贡献。茵素也很赞同要加强焦点解决短期治疗的实证研究基础，鼓励学者从事相关研究。因此，虽然实际上是彼得负责撰写第四版序言，主持本书的修订工作，但彼得觉得在写作本书时，茵素的精神在指引着自己前行。如同前三版一样，第四版是茵素与彼得同心协力的成果。

彼得·德容和茵素·金·柏格

作者简介

彼得·德容：博士，美国密歇根州大瀑布市加尔文学院社会工作荣誉退休教授。长期担任门诊心理治疗师、个案工作者，为精神健康诊所、家庭服务机构、青少年矫正项目、学校等提供培训与指导。除了与茵素·金·柏格共同编写的先前两版《焦点解决短期治疗导论——建构解决之道的会谈》（该书现已被翻译成 12 种语言），他还撰写了许多有关焦点解决短期治疗的学术论文和书籍章节。彼得一直致力于培训和咨询工作，开发新的实务工具和培训材料，并且与几位同仁合作进行治疗对话的微观分析研究。

茵素·金·柏格：社会工作理学硕士，焦点解决短期治疗学派联合创始人，长期担任威斯康星州密尔沃基市短期家庭治疗中心（Brief Family Therapy Center，简称 BFTC）①的主任，直至 2007 年不幸去世。她有 10 本书和超过 35 篇学术论文被翻译成 14 种语言。近 30 年来，茵素的授课足迹遍布北美洲、欧洲、环太平洋地区，为许多社会组织和政府机构提供咨询。

① 这里是焦点解决短期治疗的发源地。

第十四章作者简介

罗宾·布卢斯通-米勒(Robin Bluestone-Miller)：临床社会工作师，主要负责芝加哥洛约拉大学家庭和学校伙伴计划的“有效之处，多做一点”/焦点解决短期治疗训练项目(WOWW/SFBT)。她担任学校社会工作者超过30年。与茵素和德·沙泽尔一起参与了焦点解决短期治疗的培训项目后，罗宾开始将这些观点运用于学校的工作中。目前罗宾从事教学和咨询工作，并与迈克尔·凯莉(Michael Kelly)博士一同进行相关研究，探讨学校社会工作者更多有效工作的实施途径。

基奇·伯恩斯(Kidge Burns)：文学学士、第二语言教学研究生文凭、焦点解决实务文凭。担任急性照护医院的语言治疗师和私人医疗机构的焦点解决短期治疗师时，基奇将焦点解决取向运用到每位案主身上。基奇定期以此取向来训练其他健康专业人士，受训者表示这些训练使其工作有所进展，并在督导中得到了提升。

史蒂文·德·沙泽尔：社会工作硕士，焦点解决短期治疗学派的联合创始人，多年来一直担任短期家庭治疗中心的研究主管，以其在短期治疗中的开创性工作闻名业界，他将复杂问题简化成可处理议题的能力令人赞叹不已。2005年9月的欧洲教学旅行途中，他不幸离开了人世。

卢克·伊塞巴特(Luc Isebaert)：医学博士，精神病学家、心理治疗师、系统短期治疗和埃里克森催眠疗法的培训师。他也是焦点解决认知治疗和成瘾治疗之布鲁日模式的创始人。科日布斯基训练机构国际集团的负责人，该集团的事业遍及比利时、法国、荷兰。

保罗·Z. 杰克逊(Paul Z Jackson)：牛津大学文学硕士，充满灵感的咨询师、教练和带领人。他设计和创办了策略学、领导力、团队合作、创造力及创新学等培训课程。他的足迹遍布全球，其演讲听众和书籍读者都受益于他在即兴创作、加速学习、焦点解决取向等方面的专业知识。保罗是焦点解决机构(一间提供“领导改变”咨询服务的顾问公司)的合伙人。

迈克尔·S. 凯利(Michael S. Kelly)：博士，美国芝加哥洛约拉大学社会工作学院助理教授。他担任学校社会工作者和家庭治疗师14年，在学校社会工作和焦点解决短期治疗领域出版(发表)的专著(论文)很有影响。

莫伊·李(Mo Yee Lee)：博士，美国俄亥俄州立大学社会工作学院教授。研究领域是焦点解决短期治疗和优势为本取向在社会工作中的运用和评估，尤其是专注于家庭暴力领域的实践研究。此外，她还运用身心灵的全人视角，试图将东方哲学与实践融入社会工作实务中。

约翰·西伯德 (John Sebold) ：社会工作硕士，美国加州昆西市普卢马斯郡精神健康中心主任。约翰与阿德里安娜·乌肯(Adriana Uken)于1990年共同开发了普卢马斯计划，这是一个运用焦点解决短期治疗来辅导家庭暴力罪犯的辅导项目。此外，他整合了焦点解决短期治疗和荒野治疗模式来辅导青少年，这一项目已实施了20年。他提供焦点解决短期治疗的咨询，目前的兴趣是将焦点解决取向的原则运用于行政工作过程中。

李·希尔茨(Lee Shilts)：博士，教授家庭治疗课程已经超过20年。他的专业兴趣包括焦点解决短期治疗在学校系统中的运用，系统治疗中书信写作的运用，督导工作以及催眠治疗。目前希尔茨博士以网络授课的方式指导其他专业人士在学校系统内应用WOWW(Working on What Works)取向。

弗兰克·托马斯(Frank Thomas)：博士，婚姻与家庭治疗师，美国德州基督教大学教育学院的心理咨询教授。他也是焦点解决短期治疗协会的档案管理员，负责保管短期家庭治疗中心的相关资料。托马斯出版了5本著作，撰写的文章和书籍篇章超过75篇。他的著作涉及焦点解决取向在不同的场域的运用，如学校、药物滥用、商业咨询、教会、武术等。

阿德里安娜·乌肯(Adriana Uken)：社会工作硕士，刚从美国加州昆西市普卢马斯郡精神健康中心退休，退休前她以治疗师身份在那儿工作了27年，现任焦点解决短期治疗学派的顾问和培训师。她和约翰·西伯德于1990年设立了普卢马斯计划，这是一项运用焦点解决短期治疗模式来进行家庭暴力辅导的项目。

贾尼·瓦尔德曼(Janine Waldman)：理学硕士，她在个人擅长的管理培训和教练工作方面具有近 20 年的经验，拥有丰富的咨询顾问和组织发展的专业知识。成为焦点解决机构主任前，贾尼曾在英国和新西兰担任人力资源高级主管。贾尼擅长组织合作，协助组织朝正向变化的方向发展，并推行具有建设性和资源丰富的工作方式。她运用焦点解决取向，在世界各地训练了为数众多的经理人和教练。

洛伦·沃克(Lorenn Walker)：法学博士、公共卫生硕士，在美国夏威夷担任健康教育者和律师，具有丰富的法律和社会服务的背景。她以修复性司法、焦点解决短期治疗、合作学习取向来开发教育方案。洛伦还设计、实施、研究、写作并训练他人进行调解、暴力预防、促进抗逆力等接入方案，还特别服务于被剥夺公民权的群体，如被领养或无家可归的青少年、犯罪受害人、服刑人员等。

休·扬(Sue Young)：教育硕士，曾在英国担任教师，现在则是独立的焦点解决实务咨询师和培训师。她特别关注反欺凌议题，过去十几年来，她的工作包括推动政府关注社交及情绪发展、为个人和家庭提供支持等。她运用焦点解决取向的思维模式，鼓励各类学校创造出自己的业绩。

目录

第一章

从问题解决到建构解决之道

……………………………

预估就是得出案主困境的本质与成因的结论，随后据此为案主提供种种服务。设定目标、制定介入策略、评估服务都是建立在预估基础之上的。

(Hepworth，Rooney，and Larsen，2002：187)

案主基于自身的资源和成功，建构出属于自己的解决之道。

(de Shazer，1988：50)

……………………………

谢里尔(Cheryl)是彼得的同事，讲授助人专业的一门导论课程。通过让学生们进行角色扮演，她向学生们阐明了这样一个事实：在我们接受专业教育之前，我们已经有了关于如何帮助他人的既定想法。在一次课上，她扮演了罗茜(Rosie)，一个以她的一位案主为原型的角色。

谢里尔告诉学生有关案主的一些基本信息：罗茜，23岁，未婚。她怀有五个月的身孕，并且带着四个孩子：两个男孩(分别为八岁和六岁)，两个女孩(分别为三岁和两岁)。她靠社会福利维持生活，包括食物券和医疗补助。然后，谢里尔邀请学生们一起访谈罗茜，问一些他们认为能够帮助罗茜的问题。以下是他们所问的问题以及罗茜的回答。

……………………………

学生：对于再次怀孕，你的感受如何？

罗茜：我并不喜欢这种感觉。我总是觉得病恹恹的，没有一点儿力气。我真的很想堕胎，但我没能在怀孕的时候立刻找到医疗补助。现在我都怀孕5个月了，我找不到医生做堕胎手术。面对这个孩子，我真的是被困住了。

学生：听起来你并不希望再次怀孕，你采取过节育措施吗？

罗茜：没有。节育需要很多钱，我想我没那么多钱。

学生：孩子的父亲有没有使用安全套呢？

罗茜：你看，我是靠出卖肉体才能挣一点儿钱的，如果我要求所有的客人都用安全套，那么我就没有生意可做了。是的，我知道我不应该从事这种职业，尤其是还有孩子们在身边，但是只靠福利救济根本不够养活四个孩子。从男人身上挣来的钱多少能补贴一些，何况我也需要开销啊。

学生：那今天在这里，我们能帮你做些什么呢？

罗茜：必须照顾孩子的这些事儿快把我逼疯了。我一直都很累，并且我担心我的两个孩子可能又会被送往寄养家庭，因为让我每天早上送他们去上学其实是有困难的。

学生：当孩子被带走，你的感受如何？

罗茜：太恐怖、太可怕了！我哭了好久。

学生：你的童年是怎么样的？

罗茜：很糟糕。我在六个孩子中排行老大。我那两个年轻的弟弟总是在我家转悠，想让我大一点儿的孩子带上传呼机运送毒品，因为这样能赚很多钱。我告诉我的孩子们不要参与，因为这样不会有好下场的。

学生：但你还是为了钱而去从事性工作。

罗茜：那不一样。

学生：不一样在哪儿呢？

罗茜：（怒视）就是不一样！

学生：说说你在送孩子上学方面有什么困难吧。

罗茜：他们不想早起，也不想自己做早饭。我曾经试过，但我有孕在身，我感到很不舒服。当我比他们早起，并且给他们做好早饭时，情况就会好些。但大部分时候，他们就想躺着，然后看电视节目。他们说上学没什么用处，他们可以为舅舅运货而赚钱。

学生：你知道大部分的学校都有训导人员，如果你的孩子没有去上学，他们会来家里，然后接你的孩子去上学。也许这个会对你有用。因为你可以让另外一个人来帮你，把孩子们带出门。

罗茜：或许吧。

学生：罗茜，你究竟有多大的动力想要帮助自己呢？

罗茜：我有动力的，但我不清楚你准备怎样来帮助我。

学生：你有没有想过让这个孩子被收养呢？

罗茜：不！既然我把孩子生下来，那我就要照顾他。我绝对不会把孩子交给陌生人的。

学生：收养也不全像你想象的那样。为了你和孩子的利益，你想不想进一步了解现在的收养制度呢？

罗茜：不。

学生：你的受教育程度是什么情况？

罗茜：我读到八年级。后来因第一次怀孕，我就辍学了。

学生：对于退学，你有什么感受呢？

罗茜：还好，我也不太喜欢学校。

学生：你想回去念完高中吗？

罗茜：嗯，当然啦，但谁来照看我的孩子呢？况且我要怎么去学校呢？

学生：有一些提供儿童照顾的服务项目，而且你可以坐公交车上学。你身边有没有什么人可以帮助你的？如你的邻居或你的父母。

罗茜：我的邻居跟我处境也一样。我不知道我父亲是谁，我母亲病了，而且她还要操心其他孩子。

学生：你和你母亲的关系如何？

罗茜：现在还不错，比起我小时候要好很多。我妈妈习惯对我们大喊大叫，还经常打我们。那时候经常发生争吵。我必须照顾好弟弟妹妹们。当我怀孕的时候，她真的很生气，然后把我赶出了家门。

学生：你那个时候一定很难过吧？

罗茜：是的，生活有时候就是令人厌恶。不过我现在可以理解，照顾孩子是多么辛苦的一件事儿，而且明白了她当初为什么用这样的方式对待我们。

学生：你有没有发现，在教育孩子方面，你和你妈妈犯了同样的错误呢？

罗茜：是的，我会大叫，有的时候也会打他们。

学生：当你用这样的方式对待孩子的时候，你的感受是怎么样的？

罗茜：我觉得这样的方式很糟糕，但我真的很累，我忍不住要这样做。

学生：请问你有没有想过去参加一些亲子教育课程？

罗茜：是的，或许这是个好主意，但听起来似乎现在有很多事情要做。

会谈到此结束，部分原因是学生们已经问不出问题了，还有部分原因是罗茜不想继续回答。

我们来研究一下这个会谈，特别要研究一下学生们对罗茜提出的问题类型。这些问句揭示了学生们认为自己怎样做才能对罗茜最有帮助。毫无疑问，这些学生很渴望能帮助罗茜。

首先，我们看到学生们选择向罗茜提出许多问题，而不是观察她或给她一些指导。这表明学生们认为，他们只有向罗茜了解更多的信息，才能够帮助她。那么他们问了哪些类型的问题呢？

- **关于问题的问句。**有些问题集中在罗茜生命中可能会有问题的部分。学生们向罗茜询问了这些情况：再次怀孕、从事性工作、不能让她儿子继续上学、自己退学、没有工作、亲子教育中的问题等。
- **关于犯错的问句。**学生们还询问罗茜——有时是直接的，有时是通过暗示——她之前是否采取过一些措施。这些问句和学生们所认定的困扰议题有直接关联。“你采取过节育措施吗？”“孩子的父亲有没有使用安全套呢？”“你有没有发现，在教育孩子方面，你和你妈妈犯了同样的错误呢？”这一类型的问句明显暗示，罗茜如果过去做出其他选择，那么她现在就不会有这些问题，或者至少这些问题不会那么严重。
- **关于原因的问句。**我们可能认为，这些问句是以追问罗茜过去的错误为目的，旨在找出导致罗茜现在所面临困境(例如，没有采取节育措施、辍学等)的直接和现实的原因。这个会谈中其实还包含了许多原因更间接的问句，如“你的童年是怎么样的”“告诉我你和你母亲的关系如何”。从学生们的表现来看，好像他们只有弄清楚罗茜的问题为什么会发生，然后才能协助她。
- **关于解决方法的问句。**第四个类型的问句暗示着可能的解决方法。这些问句通常在确认了罗茜的问题及其原因之后出现，如“你想不想进一步了解现在的收养制度呢？”“你想回去念完高中吗？”“请问你有没有想过去参加一些亲子教育课程？”由于这些问句通常在问完了问题之后才会出现，这似乎表明学生们的会谈暗示着问题可能的解决办法是基于访谈者对罗茜的困扰及其成因的理解而产生的。

回顾一下到目前为止我们所讨论的四种类型的问句，我们可以得出一些结论：第一，学生们所提出的问句，有三分之二属于这四种类型中的一种(或一种以上)。第二，学生们所提的问句是按照可识别的步骤进行的，先是有关问题范围的问句，接着是有关直接和间接原因的问句，然后是有关可能的解决方法的问句。基于这样的观察，我们相信学生已经吸取了问题解决取向关于如何最有效帮助案主的思维。此外，还有一种问句类型。

- **关于感受的问句。**剩下大部分的问题是关于罗茜的感受，如“对于再次怀孕，你的感受如何”“当孩子被带走，你的感受如何”“当你用这样的方式对待孩子的时候，你的感受是怎么样的”。这些学生多少有些相信，让罗茜表达自己的感受也是帮助她的一个重要方面。

问题解决取向的助人模式

学生们一开始的问句中所隐含的助人取向，与许多心理咨询、心理学及社会工作等专业的实务教科书所发现的基本取向非常相似，这些内容通常由“问题解决取向”的步骤构成(Hepworth，Rooney，and Larsen，2002；McClam and Woodside，1994；Timberlake，Farber，and Sabatino，2002)。我们将访问罗茜时所采用的方法系统化和精细化后，即可得出问题解决取向的基本步骤。

问题解决取向的基本步骤

廷伯莱克(Timberlake)、法伯(Farber)和萨巴蒂诺(Sabatino)归纳了以下步骤：

- **描述问题与收集资料。**在这一阶段，案主描述自己想要解决的问题。工作者提出后续问题，对案主的问题进行更详细的了解，以便做出专业的预估。
- **预估问题。**一旦问题被描述，工作者将会对案主问题的本质及严重程度做出判断。工作者运用已有的专业知识(如问题分类、理论、研究发现等）进行预估。

- **制订计划。** 工作者与案主一同制定目标，并设计一整套介入策略，旨在消除或减轻问题的负面结果。同样，工作者依靠自己的专业知识，参与计划的制订。
- **实施阶段。** 实施问题解决的行动（或策略），以便减缓困扰。
- **评估与跟进。** 在实施问题解决的行动过程中，案主和工作者将会一起监督行动结果。在监督中所获得的信息会被用来评判行动策略是否成功。如果没有成功，那么工作者会对介入策略进行调整，或采用新的行动策略。一旦案主和工作者认为困扰被解决了，那么介入过程便终止，工作者对案主的服务随即结束。通常，工作者和案主会商议好跟进协议，以确保困扰不会重现（Timberlake，Farber，and Sabatino，2002）。

告诫：信任建立的重要性

助人专业的从业者已经意识到，专业助人工作不能只限于问题解决的层面。工作者在很久以前便承认，在助人过程中与案主建立信任关系是非常重要的。专业人士知道，缺乏信任，案主难以订立服务契约或采纳工作者提出的忠告。因此，撰写专业助人相关著作和从事教导工作的专业人士，通常会在开始解决问题之前，给助人过程增加一个步骤，该步骤被称为“关系建立”或“接案”。他们还会在助人工作接近尾声前增加一个步骤，即“结案”。在这些步骤中，工作者需要特别注意做到敏感、温暖和同理心，以便与案主建立和维持信任关系。

医学模式

助人专业的问题解决取向受到医学模式的强烈影响（Conrad and Schneider，1985；Goldstein，2002；Weick，1992）。19 世纪末 20 世纪初，医学领域取得了突出的成就，而我们所提到的医学模式就是这一成就的结果。在这一阶段，有研究人员发现许多具有传染性且威胁生命的疾病，是由细菌感染而引起的。这一全新的认识给医学界带来了一个诊断和治疗的实务模式。医生通过“诊断”是什么疾病引起病人的症状，然后施行适当的“治疗”(缓和剂)来帮助病人。到了20世纪初期，由传染病导致的死亡率大幅下降，结核病、霍乱、破伤风、白喉、伤寒的起因陆续被发现，并且有希望能控制住这些疾病带来的灾难性后果。这些成就大大提高了人们对医学实践的基础——科学知识——的认知水平，增强了诊断和治疗的医学模式的信心。

• • • 问题解决取向：助人专业的范式

库恩(Kuhn，1962)将“范式”(Paradigm)界定为一个包罗万象的模式。范式在专业领域中，引领理论、研究及专业实务的前进。我们相信，问题解决取向已经成为助人专业领域占主导地位的实务范式。

20世纪，医学模式的运用并非局限于治疗身体疾病方面。生物医学在消除传染病方面取得了显著进展，它能确认疾病的特定成因，这很快影响到专业人士和普通大众看待精神疾病、情绪问题、人际困境和社会问题的方式。科学家已经开始对人类不同层面的问题的本质及来源进行了研究，他们坚信，一旦我们了解了这些问题的原因，我们就能够制定更有效的策略来解决和控制它们。当今的助人专业存在着大量的对问题的分类，精神病学中的《精神障碍诊断与统计手册》(*Diagnostic and Statistical Manual of Mental Disorders*，DSM)(American Psychiatric Association，2000)就是这样的分类。其他分类还有弗洛伊德(Freud，1966)的精神病理学分类，萨提亚(Satir，1982)的人际沟通信息不一致的分类(Satir，1982)，杰曼和吉特曼(Germain and Gitterman，1980，1982)提出的心理—社会—环境压力来源类别等。

助人专业已经高度多元化。它们的区别是各自对问题类型的界定有所不同，并且采用不同的问题解释及解决方法。然而，尽管有种种不同，助人专业同时亦分享着其中重要的共通性。这些共通性来源于医学模式，并一起形成了问题解决取向这一范式的基本特征。让我们来看看这些基本的共通性。

共通性一：问题解决取向的架构

医学模式出现后，大部分助人者在为案主提供服务时，会依循相同的

"架构"[①]。他们工作的前提是：在能够帮助案主之前，工作者必须找出案主有什么问题。在实际工作中，工作者会从问题预估或疾病诊断的视角来思考问题。这一前提的核心是：认识问题和解决方法之间有一个必要的联系。因为不同的问题需要不同的解决方法。因此，为了最有效地介入每个案主，工作者必须做出准确的预估。显然这一前提已经成为流行的思维方式。在案主描述完他们的困扰和症状后，他们通常会问工作者："你认为这是什么问题？我自己弄不明白。"

问题解决取向的架构建立在医学模式基础之上，即医生必须先诊断病人的疾病，然后才能有效地治愈疾病。不同疾病需要不同的治疗方法，每一种疾病都有不同的疗愈过程。

医学模式的另一个观点是，案主的问题及导致问题的成因是客观真实的，就像器官功能紊乱、生病过程以及细菌是客观真实的一样。正如我们所见，专业上已经发展出广泛的问题分类及其相应的预估技术和介入技术，就像现代医学已经产生了疾病的分类、诊断程序和治疗方法一样。

尽管看起来有所不同，但助人专业工作中的绝大多数观点都坚持这一前提：问题和解决方法之间是有某种关联的(系统视角也这样认为，它采纳循环的而非线性的原因模式)。这些看似不同的观点仅在对问题的分类、预估程序以及介入技术上有所不同。例如，与综融取向的社会工作者比起来，临床心理学家会使用不同的预估程序来找出不同的问题。典型的临床心理学家会用心理测试来寻找问题，然后将它归为《精神障碍诊断与统计手册》中的某个类别。综融取向的社会工作者会使用家庭结构图、生态系统图这类预估工具来发现问题所在，并依据系统的交互作用加以分类。因此，两者对问题的发现及问题的命名虽有差异，但其助人的"架构"其实是一致的。[②]

---

① 但米尔顿·埃里克森(Milton Erickson)、史蒂夫·德·沙泽尔等正在研究另一种模式。

② 问题解决取向的架构，在这个领域的某些方面比起其他领域来说，更加不容易辨别。例如，就心理咨询专业而言，人本主义心理学的假设及目标已经很少会像临床心理学一样，把诊断出的心理障碍和特定的治疗方法联系起来。心理咨询是要促进案主形成自我引导的、可发展的健康倾向，认为案主在本质上是正常人。但在心理咨询过程中，问题解决取向的架构依旧存在。当问到案主当前困境的来源时，工作者随即会指出案主过去的发展性议题。同时，他们通常还会询问案主过去的成长经历。这样做，就暗示着对工作者和案主来说，了解这些发展性议题对治疗是非常重要的。

共通性二：对科学性知识的依赖

第二个共通性是第一个共通性的延伸。如果不同的问题需要不同的解决方法，那么对专业助人者而言，理解不同的问题、预估问题的程序、掌握解决问题的技术是非常重要的。此外，由于案主的问题往往被视为客观的真实（也就是说，问题独立于了解它的人而存在），那么它们就能被科学地加以研究。了解不同问题、掌握不同的解决方法，并能在专业实践中运用这些知识，是助人行业的专业技能。

建构解决之道的助人模式

问题解决取向的一般架构——先判定问题的本质，然后再进行介入——影响了工作者和案主之间的互动内容。工作者一般会要求案主花很多时间来描述（有时候是分析）令他们困扰的人物、事情、时间、地点及原因，以便获得足够的信息来对问题做出准确的预估。在此过程中，案主经常需要填写很长的接案表格，内容涉及他们自己、他们的家庭、他们的工作经历及生活的其他方面。他们还会被要求列出正在经历的困扰，完成评估测量，如进行人格测验、填写家庭互动问卷等。工作者使用这些评估工具，一方面是为了尽可能详细地了解问题，另一方面也是为了让自己免于遭受因过失而需要索赔的风险。一旦问题得到评估，大部分工作者会再次运用他们所掌握的有关问题和介入的专业知识，将互动转向干预。所以说，工作者和案主之间的互动要聚焦问题。

对于问题解决取向范式的忧虑

在过去的30年间，越来越多的学者表达了对助人领域强调案主的问题和科学性专业知识的忧虑。

•••• 案主的问题不是字谜游戏

朱利安·莱帕波特(Julian Rappaport，1981)大胆提出，案主提到的许多(如果不是绝大多数的话)困扰，其实和医学模式中的疾病几乎没有相似之处。疾病是一种生理过程的结果，是自然科学家研究的科学性问题；而助人专业企图了解的案主问题却并非如此。疾病和自然科学家所要分析的问题都类似于字谜游戏。当字谜游戏是由许多错综复杂的部分组成时，它可能极其复杂，但正是因为它的每一部分都存在着，解决方法还是可以被发现的。无论是发现了造成鸡瘟的细菌病原体，解开DNA的密码，还是计算出行星绕太阳公转的轨迹，解决方法都是真实存在的。莱帕波特认为，这种研究和推理的方式最适合解字谜游戏。也就是说，随着时间的推移，日益严格和精密的调查研究将提供各种不同的解决方法，最终得出正确答案。实验研究就是一个聚敛式推理的例子，事实证明它在解决科学和医学难题方面非常成功。

助人领域实务工作者所遇到的问题和字谜游戏大不相同。在大多数情况下，这些问题并没有唯一的解决方法。例如，家庭或许会因为他们正在经历亲子之间的冲突，而寻求专业帮助。可能由于父母都有工作，孩子们似乎想获得父母更多的关注，于是放学后他们便开始淘气起来。工作者可能会建议父母中的一方在工作上少花一些时间，转而在孩子身上投入更多的时间。然而，这种解决方法或许会影响家长的工作表现，因此使家长更加焦虑，进而对亲子互动产生负面的影响。

思考上述的案例，工作者很快意识到，合适的解决方法取决于家长此刻在生活方面的个人需要、他们过去的亲子经验，以及他们对待工作和养育孩子的文化价值观。由于每个人是不同的，他们对生活的知觉也大不相同，因而解决这种问题就没有唯一正确的方法。因此，莱帕波特(1981)认为扩散性思维方式在助人专业中更合适。在扩散性思维中，工作者探究问题的不同面向及观点，进而找出可能有效的解决方法。由于强调目标的设定对案主是有用的，所以扩散性思维对案主的知觉及工作者的专业知识给予了同等的重视。

•••• 聚焦于赋能和案主的力量

助人专业的使命是为案主赋能，使其过上更丰富的生活。布伦多等

(Blundo et al., 2009)都强调在助人领域中占主导地位的观点，即将关注重点放在案主的问题和专家的解决之道上，其实是有损于助人任务的完成的。[①]如果工作者聚焦问题和病理学的分类，那么案主会感到挫败，并感到自己是某些疾病的受害者或功能丧失者，如酗酒或家庭功能障碍综合征。相反，为案主赋能的意思是“一种意图和过程，即协助个体、团体、家庭、社群，在其自身及周围发现并扩大各种资源与工具”(Saleebey，2009：11)。

萨勒贝伊(Saleebey)将他的这种赋能观点称为“优势视角”。他整理出几位与他志趣相投者的著作，提出了有关赋能的基本假设。

(1) 尽管生活充满艰辛，但所有人都拥有提升生活品质的能力。工作者应当尊重案主的这些能力，尊重案主选择朝哪个方向运用这些能力的决定。

(2) 若案主所认定的能力能始终被加以重视，案主的动力便会增强。

(3) 想要发现案主的能力，就需要案主和助人者间有一个合作探索的过程。对于案主需要什么才能提高生活质量，专业助人者对此并不具有最终的决定权。

(4) 聚焦能力，能够促使工作者远离论断和责备案主的诱惑，转而去发掘案主是如何成功渡过难关的，即便是在最困难的情境下。

(5) 即使是在最残酷的情境下，所有的情境都包含着可利用的资源。

萨勒贝伊对赋能的概念和假设，与传统的问题解决取向呈现出明显的区别。取代以往将焦点放在问题上，萨勒贝伊呼吁工作者与案主合作去探索可以改善案主困扰的力量和资源。他相信，有关案主的参考架构及什么最有助于其创造更满意生活的想法应该被重视，而并非只是考虑有关问题和解决方法的科学性知识。简言之，他试图以案主的力量为焦点，转而替代在问题上的聚焦。

令我们感兴趣的是，人们如何采取步骤、汇集资源并应对问题。人们总能够应对他们的处境，哪怕他们决定逆来顺受。作为助人者，我们必须

① 并非所有的取向都对专家的解决之道给予同等的强调。例如，非指导性的取向就不会强调这样的解决之道，它依赖工作者无条件的积极关怀和案主的自我引导。

运用这一应对工作来阐明它，并且发现和建立承诺（Saleebey，2009：287）。

………………………………

这是一项令人畏惧的挑战，因为这个领域长久以来已经运作和生产了适合问题解决取向的相关实务技术。此外，赋能和优势视角的有关著述，主要包含了哲学、实务原则和在一般领域探索案主可能的力量；然而，在技术上还不够丰富。要迎接萨勒贝伊的挑战，那就必须完善、传授这些技术，并与案主一同使用这些技术。这项工作已经有了好的开始。在过去的25 年间，以能力为本和以与案主合作导向为基础的工作方式已经在加速发展（Berg，1994；Cade and O'Hanlon，1993；de Shazer，1985，1988；Durrant，1993；Freedman and Combs，1996；Gilligan and Price，1993；Greene，2007；Miley，O'Melia，and DuBois，2011；Rapp，1998；Saleebey，2009；White and Epston，1990）。这些助人方法都摆脱了以问题为焦点来推动案主改变，尽管在技术上有一定程度的不同，但它们都主要是直接面向案主所偏好的未来和优势，而非纠缠于案主过去的问题和缺陷①。本书呈现这些取向中的一种，并介绍其具体的技巧——建构解决之道。它是一种促进案主赋能的取向，在案主的参考架构内工作，是一项具体、可学习以及能广泛应用的技术。

• • • 建构解决之道的历史脉络

建构解决之道的取向是由德·沙泽尔（1985，1988，1991，1994）、茵素（1994）等开创的。德·沙泽尔写了大量有关焦点解决治疗的书，终其整个生涯对格雷戈里·贝特森等（Gregory Bateson et al.，1956）早期的沟通学作品以及米尔顿·埃里克森（Haley，1973；Zeig & Lankton，1988）的心理治疗取向进行研究。茵素与德·沙泽尔在他们的职业生涯中，与不同的个人、夫妻和家庭一起解决各式各样的困境。他们也在美国威斯康

① 许多文献即使仍然聚焦于问题，或者将问题解决取向作为基本的方法，但相较其早先的版本，它们在问题解决的过程中已经增加了对案主的优势、与案主合作的重要性等议题的讨论。

星州密尔沃基的短期家庭治疗中心及世界各地培训了许多专业工作者。

茵素与德·沙泽尔的独特之处在于，他们总是深信：在与案主一起工作的真实过程中，若能全面观察和反思，将会比传统的科学研究（试图将整个治疗过程打散成要素，进而收集并解释资料里的数据）教会他们更多。他们并不满足于接受关于如何实施治疗的主流观点。20 世纪 70 年代，当德·沙泽尔、茵素等在某个社区机构工作的时候，他们安装了一面单面镜，用来观察自己和其他治疗师的工作。他们期望观察出治疗师的哪些行为对案主最有益。然而，这个机构对单面镜装置感到不适，要求他们将其拆除。但德·沙泽尔和茵素相信单面镜有助于增进他们对工作的理解，不愿意放弃这一必要的工具，于是在 20 世纪 70 年代中期创立自己的机构。从那时起，德·沙泽尔、茵素等开始以创新的方式与他们的案主一起工作，仔细观察整个治疗过程，探究治疗结果，并将自己的工作方法传授给其他工作者。

这一简短的历史，强调了德·沙泽尔、茵素等在发展他们工作程序上的一个重要方向，他们通过观察个别会谈以及注意什么是最有效的方式来进行归纳。在这个过程中，他们试着将有关案主困扰的本质与起因等先前提及的想法置于一旁。与之相反，这一领域的大部分工作程序是通过演绎推理的方式发展而来的，或者说是从案主问题的本质和成因的理论推论而来的。德·沙泽尔与茵素指出，他们知道建构解决之道对案主有什么帮助，但不太清楚为什么建构解决之道能够对案主有用。然而，现在这个工作程序已经被发展得很好，它们的效果得到了证明，特别是德·沙泽尔、米勒（Miller）等，他们正在写更多有关治疗过程本质的著作（De Jong，Bavelas，and Korman，in review；de Shazer，1991，1994；de Shazer et al.，2007；Korman，Bavelas，and De Jong，in review；G. Miller，1997）。

1982 年，德·沙泽尔在对一个特殊家庭进行治疗时，他最先意识到在问题与解决之道之间并不存在一种必然的联系（Hopwood and de Shazer，1994）。如往常一样，德·沙泽尔问道："是什么促使你们到这儿来的？"在回答时，家庭成员彼此间不停地打断对方。在访谈结束前，他们共列出了 27 个不同的问题。由于这 27 个问题都没能清楚地得到界定，德·沙泽尔因此无法制订介入计划。为了鼓励各位家庭成员关注与自己问题不同的事情，德·沙泽尔要求他们注意："你希望生活中正在发生的什么事情能够继续发生下去？"两周后这个家庭再次过来，他们说情况很好，并且觉得他们的问题已经解决了。如果按照"问题解决"取向的假设，那么这个家庭的状况不可能发生如此显著的改善，因为工作者尚未分离和评估出这些问题的模式与本质。这类案例经验让德·沙泽尔转而聚焦"解决之道"来替代以"问题"为焦点。除了德·沙泽尔，还有很多人(Bert，1994；Berg and de Shazer，1997；Berg and Dolan，2001；Berg and Kelly，2000；Berg and Miller，1992；Berg and Reuss，1997；Berg and Shilts，2005a，2005b；Berg and Steiner，2003；Berg and Szabo，2005；Cauffman and Dierolf，2006；De Jong and Berg，2001；de Shazer et al.，2007；Dolan，1991；Durrant，1995；Fiske，2008；Furman and Ahola，1992；George Iveson and Ratner，1999，2011；Jackson and McKergow，2007；Kelly，Kim，and Franklin，2008；Lee，Sebold，and Uken，2003；Lipchik，2002；Macdonald，2007；Metcalf，1995，1998；G. Miller，1997；S. D. Miller and Berg，1995；S. D. Miller，Hubble，and Duncan，1996；O'Hanlon and Weiner-Davis，1989；Pichot and Dolan，2003；Pichot and Smock，2009；Selekman，1993，1997，2002；Sharry，2001；Simon，2010；Turnell and Edwards，1999；Walsh，in press；Walter and Peller，1992，2000；Weiner-Davis，1993，1995；Young，2009)从那时起就开始不断证实这项转变所带来的意义。

第二章

建构解决之道的基础知识

要决定打开哪扇门才能获得解决之道，最有效的方法是让案主描述自己希望往哪个方向努力，以做出改变；或是描述问题解决时，将会有什么不一样的情境。案主通过这类描述，自然产生了对有利改变的期望(Expectation)。

(de Shazer, 1985：46)

以下内容呈现的是建构解决之道程序的概貌，显示它与“问题解决取向”步骤的不同之处。让我们从罗茜的案例开始谈起。

与罗茜的再次会谈

在第一章叙述的那次访谈中，彼得的同事谢里尔扮演了一位23岁的案主罗茜。我们看到，为了帮助罗茜，谢里尔的学生们提出了许多问题解决取向的问句。与学生们不同，谢里尔自己与罗茜会谈时，采用了焦点解决取向问句。为了介绍建构解决之道取向的独特之处，下面摘录了谢里尔与罗茜首次会谈的部分片段。

谢里尔：我能为你提供什么帮助呢?

罗茜：嗯，我遇到大麻烦了。首先，我又怀孕了。我现在已经有四个小孩，两个女孩一个三岁，一个两岁，还有两个儿子在上学。要做那么多事情，我都快疯了。我很害怕两个儿子会再次被送到寄养家庭，因为我有困难，不能每天送他们去学校。他们早上不想起床，就想躺在那里看电视。他们说上学没什么用，替舅舅运货就可以挣钱。

谢里尔：运货?

罗茜：我猜是运毒品吧。我告诉他们这不是什么好活，会遇上麻烦的，但他们不听我的。他们在学校还会好些，至少不会跟拉马尔(Lamar)和布赖恩(Brian，孩子的舅舅)厮混在一起。但他们不肯起床去上学，我怀着孕又累得要死。

谢里尔：（同理地）哇！我可以想象，你现在真的忙得不可开交。要自己带四个孩子已经很不容易了，况且你还怀着孕。

罗茜：对啊，就是这样！我不想让儿子再被送去寄养了，但他们总在上学这件事情上跟我作对。有那么多事情要做，又怀着孕，我太累了。

……………………………

罗茜继续详细地描述她的问题，其中谈到了由于福利救济不够生活的基本开销和怀孕所需的费用，她需要靠从事性工作来维持生计。由于在某次性交易时没有采取保护措施，她再次怀孕了。听完这些，谢里尔随即转入了不同的话题。

……………………………

谢里尔：所以，你没法让儿子去上学、没法挣足够的钱、再次怀孕，每天都很累。让我换个方式来提问，我们叫它“奇迹式问句”。（停顿）假如你今天和平时一样上床睡觉，但就在你睡觉的时候，奇迹发生了，你讲的所有这些问题都解决了。但是你在睡觉，困扰消失的时候你不是马上知道的。于是当你第二天一早醒来，你会注意到一切都变得不一样了，事情真的好起来了！

罗茜：（笑）这简单啊，只要我中了300万美元的彩票就行。

谢里尔：那真的太棒了，不是吗？如果这是真的，你还会注意到生活中的哪些改变呢？

罗茜：我身边出现了帅哥，既有钱，对孩子又有耐心，我跟他结婚了。或者是，我没有那么多孩子，我会完成高中学业，找到一份好工作。

谢里尔：很好，这听起来真是一个很大的奇迹。你想象一下，如果奇迹发生，而你尚不知情，那生活中的哪件事会让你知道奇迹已经发生，一切都变得更美好了呢？

罗茜：嗯，我想我会早起给孩子们做早饭，然后我们坐下来一起吃早饭。

谢里尔：如果你决定早起给他们做饭，那么他们会怎么样呢？

罗茜：我想他们会过来坐在桌子旁，而不是躺在那里看电视。

谢里尔：那对你来说会怎么样呢？

罗茜：我会高兴一点儿，这样我们就可以谈些开心的事儿，而不是一直为了电视吵架，宝宝们就不会听着争吵一直哭闹了。

谢里尔：还有别的吗？奇迹还会带来哪些不同呢？

罗茜和谢里尔继续探索和构建罗茜奇迹画面中的其他部分。然后，谢里尔开始围绕相关话题进行提问。

谢里尔：罗茜，我真的被打动了，你竟能如此清晰地描绘出一切都变好时，你的生活将是怎样一幅景象。说说是否有某个时刻，比如在最近的两周内，出现了你所描述的那种奇迹的苗头，哪怕只有一点点也行。

罗茜：嗯，我也不是很确定。嗯，大概四天前吧，那时情况好些。

谢里尔：告诉我四天前，有什么不一样的呢？

罗茜：嗯，那天晚上我大概十点前就上床了，睡得很踏实。我周六去商店买了些食物，所以家里有吃的。我把闹钟设在六点半，闹钟一响我就起床了。我做了早饭，把孩子们叫起来，他们吃完早饭，收拾了一下准备去上学，并准时出发。（回忆中）其中一个还从书包里拿出作业来做，他做得很快，就在上学前做的作业。

谢里尔：（感动地）罗茜，这听起来真的不亚于一个奇迹啊！我真的很惊讶，这个奇迹是怎么发生的呢？

罗茜：我也不太确定。我想可能是因为那天正好家里有吃的，而且我准时上床睡觉了吧。

谢里尔：你是怎样让这些事情发生的？

罗茜：嗯，我决定那天晚上不接任何客人，然后我陪孩子们念了一小时的书。

谢里尔：念书给四个孩子听你是怎么做到的？这可不简单啊。

罗茜：要同时念给四个孩子听当然不可能。我让最大的孩子念给一个宝宝听，只有这样他才能练习阅读，然后我自己给另外一个儿子和宝宝念。

谢里尔：是个好主意，让他念给小宝宝听。这样一来他不仅帮了你，还能练习阅读。你是如何让他做到的呢？

罗茜：他帮了我就可以比其他孩子晚睡半小时。他还挺乐意这样做。

谢里尔继续探索细节，让罗茜描述那天发生了什么不同于平常的事情，以及这些事情是如何发生的，特别是罗茜做了些什么才让它发生的。

然后为了进一步了解罗茜是如何看待自己与问题之间的关系，谢里尔提出了一些评量式问句。

谢里尔：我想请你从 0 到 10 打个分数，0 代表问题最糟糕的时候，10 代表我们谈论的问题都解决的时候，那么，你今天的情况可以打几分呢？

罗茜：如果你在会谈开始前这样问，我会打 2 分，但我现在觉得差不多有 5 分吧。

谢里尔：非常棒！现在我问你，你有多大的信心，下周能够还有一天情况可以跟四天前一样好？就是跟你的奇迹画面很相近的那种情况。用 0～10的量表打分，0 代表没有信心，10 代表信心满满，那么你有多大的信心，可以让奇迹再次发生？

罗茜：哦，大概是 5 吧。

谢里尔：假如是 6 的话，那会有什么不同呢？

罗茜：那我必须保证家里每天都备好食物，这样才能给孩子们做早饭。

谢里尔继续和罗茜一同探索还可以做哪些事情，让以后的日子里奇迹再次发生的可能性增加。给了罗茜一些反馈后，谢里尔才结束第一次会谈。在反馈中，她指出罗茜其实已经采取了一些行动，所以奇迹才会发生；同时，对于罗茜还可以做哪些事，谢里尔也给出了建议。

建构解决之道的访谈活动

谢里尔对罗茜提出的问句，旨在针对罗茜的困扰，协助罗茜建构解决之道。这些访谈的问句不是建构解决之道取向的全部内涵，但这些问句的确表明了该取向的独特之处。

建构解决之道的会谈具有结构性，主要围绕两个有效的活动展开（De Jong and Miller，1995）。第一，就是在案主的参考架构内，构建起设定良好的目标；第二，就是发展以例外为基础的解决之道（de Shazer，1985）。

工作者和案主会谈后，案主有机会描述他们在生活中想要看到的改变，之后，解决之道的构建就会以这两个活动为推进方向。

在解决之道的构建过程中设定良好的目标对案主来说很重要，细小而具体的目标代表着事情变化的开端而非结束。谢里尔问的大部分问题，都是在帮助罗茜更清晰地构想其所想要的生活，以及如果问题没那么严重，她的生活可以得到哪些改善。因此，谢里尔问了罗茜一些奇迹式问句及其相关问题，协助她构想美满的生活，形成一幅详细而生动的图景，特别是构想对她产生困扰的问题得到解决后的生活。在这些问句的协助下，罗茜可以描绘出，困扰得以解决时，哪些具体事件让她和孩子们在行动或感受上会有所不同。

谢里尔使用的第二个建构解决之道的活动是探索例外。例外是指案主生活中出现这样一种情况：他们的问题本该发生却没有发生，或至少问题对他们造成的困扰减轻了。在建构解决之道取向中，工作者聚焦于案主生活中例外发生时的人物、事件、时间、地点等要素，而非聚焦于问题发生时的要素。在罗茜的案例中，谢里尔通过以下问句开启了例外的探索："说说是否有某个时刻，比如在最近的两周内，出现了你所描述的那种奇迹的苗头？哪怕只有一点儿也行。"正是因为罗茜能够界定情况稍好的某一天，谢里尔才能继续探索下去，更细致地询问这一天与往常相比有什么不同，罗茜做了哪些事才让这一天的情况有所改善。这样的探索显示出罗茜自身的成功经验和力量。罗茜发现自己拥有成功和力量后会更加充满希望，相信生活是可以改善的。

焦点解决取向的实务工作者会利用与例外相关的信息，帮助案主探寻问题解决或缓解的策略。在理想情况下，案主的例外应当与工作者的目标相联结。因此，在探索例外之前谢里尔选择先探讨合宜的目标。

建构解决之道的阶段

谢里尔帮助罗茜的工作反映了先前在第一章所讨论的建构解决之

道取向的范式。这与德·沙泽尔观察到的情况显示出一致性，即案主其实并不需要和工作者一起对问题本质做出预估和理解，他们凭借自身的力量和资源就可以构建出解决之道。看待问题和解决之道的方式使得建构解决之道取向的架构与问题解决取向的架构有着明显差别。建构解决之道取向的基本阶段如下。

• • • 描述问题

这个步骤和问题解决取向的第一步相似，都是给案主机会来描述他们的问题。我们会这样问："我们怎么做才能帮到你？"案主回应此类问题的方式通常是描述某种困扰，然后我们会问一些细节。然而，与问题解决取向不同的是，建构解决之道取向在这个部分花费的时间和精力会少很多。我们对案主问题的本质和严重程度并不会探究太多的细节，也不会探究可能的成因。取而代之的是，我们尊重案主，倾听案主描述他们的问题，并思考如何将对话转向下一步，开始解决式谈话。

• • • 设定良好的目标

这一步骤要求我们引导案主描述出：一旦问题得到解决，他们的生活在哪些方面会有不同。进行这个阶段的工作时，问题解决取向的工作者也在进行预估。

• • • 探索例外

在这个阶段，我们探索在案主的生活中，问题不再发生或没那么严重的时候，情况是什么样的？我们还会询问：是谁做了什么，推动了这种例外情形的发生？这个阶段对应并取代了问题解决取向的介入计划阶段。

会谈结束前的反馈

每次对话的最后阶段，我们会为案主组织一些信息，包括赞美和提供建议。赞美是为了强调案主已经做出有利于解决问题的事情。建议则是指出案主可以去观察或做些什么，以有利于解决他们的问题。反馈以案主在对话中所呈现的设定良好的目标和例外信息为基础，聚焦案主在自身的参考架构内还需要做些什么，才能更接近目标。我们就在这一阶段组织和给予反馈，而“问题解决取向”的工作者在这一阶段则会根据先前的预估进行干预。

评估案主的进步

在建构解决之道取向中，我们通常会和案主一起来探讨他们进展如何，能否找到满意的解决办法。通常，我们会通过评量的方式来进行这一步的工作，即让案主用 0～10 的评分量表来评估他们的进展。一旦案主进展评估完成，我们就会和案主一同商量：他们觉得在问题被完全解决之前，以及服务终止前，还需要做些什么。

与问题解决取向不同，建构解决之道取向不会特意在助人经历的开端进行“接案”的步骤，也不会特意在结束时进行“结案”。因为建构解决之道取向持续地在做“融入”的工作，持续监测案主在每一次会谈中的紧张情绪。在稍后的章节中，我们还会了解到，这两种取向在处理这些议题时有哪些不同之处。

作为专家的案主

正如前文所阐述的，在过去，助人专业领域主要致力于运用科学知识与案主一同工作——积累有关案主和解决办法的科学知识。无论是有意的还是无心的，这样的结果是，助人专业领域鼓励工作者采取下列信念和行动：在助人过程中，工作者对案主问题和解决之道的看法，要比案主自身的看法更重要。事实上，很多研究也表明，案主的看法往往会妨碍专业实践。

相反地，在建构解决之道的取向中，我们坚信案主是自己生活的专家。我们依赖案主的参考架构，通过以下三种方式朝着建构解决之道的目标前进。

（1）我们询问案主，他们希望看到自己的生活有怎样的不同，他们通常会描述自己的问题作为回答。我们接纳案主对这些问题的界定以及他们在描述问题时所使用的词语（分类）。

（2）我们询问案主，如果问题解决了，他们的生活会产生哪些变化。我们努力尊重案主本身的意愿，仔细聆听他们想要生活往哪方面发展，想要朝向的生活（目标）方向，以及他们表达自身意愿时使用了哪些词语。

（3）我们询问案主在例外出现时产生了哪些看法。我们尊重这些知觉，并将之视为案主内在资源（力量）存在的证明，把这些知觉当作可能存在于他们生活脉络之外有用资源的信息来源。

因此，在建构解决之道取向工作的任何一个阶段，我们都没有把自己看成科学预估案主的问题并进行干预的专家。相反，我们致力于视案主为专家，探索案主的参考架构，确认案主的感知，并将其用来创造令他们更满意的生活。

以这些方式来描绘案主的参考架构，我们发现案主对会谈不再抗拒了，工作也能更顺利地进行（De Jong and Berg，2001；de Shazer，1984）。我们还发现，描绘案主的参考架构，在其架构下工作，就能与不同的案主平等、愉快地合作，处理各种各样的问题。接下来，我们来看看如何与案主共同建构解决之道。建构解决之道这个主题，是整本书的核心与灵魂所在。为了开始建构解决之道，我们将呈现其所要运用的基本对话技巧。

第三章

未知的技巧与“慢一拍”引导

好奇会引导人去探索、去创造全新观点和行动，而不同的行动和观点又会引发好奇。

（Cecchin，1987：406）

他观察得不够仔细，竟然没有注意到这两个人之间的对话具有这样的作用，以至于可以创造一个情境，产生无法单靠自己的想法。

（Fleck，1979：44）

一个人不可能不和他人沟通，因此一个人也不可能不对他人产生影响。影响力存在于所有的人类互动中。我们势必会影响案主，案主也必然影响我们。唯一能够做的只能是，在“产生了影响，但却无法反思或者给予否认”和“有意识且负责地发挥影响力”两者之间做出选择。

（Weakland，1993：143）

作为一名实务工作者，如果你希望你的案主成为自己生活的专家，那你必须知道如何尽可能地将自己的参考架构放在一边，转而去探索案主的参考架构。换句话说，你必须学习如何将自己放在“未知”的立场。工作者如果从专家的参考架构出发，并不能预知案主的经验和行动所蕴含的重要意义；相反，工作者必须依赖案主的知觉和解释才能明了（Anderson and Goolishian，1992）。这样做的最好方式是采取一个未知的立场。

未知的立场是一种全面性的态度或姿态，在此立场下，工作者的行动传递出浓厚且真诚的好奇。也就是说，工作者的行动要传递出他们的态度，向案主表现出自己想要他诉说的更多事情，而不是对案主、问题和需要加以改变的事情持有预设的观点或期望。因此，工作者要让自己一直处在等着案主来“告知”的状态。

（Anderson and Goolishian，1992：29）

学习如何采取并保持这种未知的立场，需要全心投入和练习。这是一个终身学习的过程。在本章中，我们将呈现基本的沟通技巧，使我们能够从案主那里获取信息。在这些技巧中，有些为建构解决之道取向所特有，而有些则不是。但正如你所见，建构解决之道取向的独特性有赖于工作者如何善用这些技巧。

基本会谈技巧

倾听对案主来说重要的人和事

茵素喜欢说，那些善用建构解决之道取向的工作者一定也善于倾听，通过倾听建构解决之道。他们能够做到倾听案主的故事，而不会用自己的参考架构对之加以过滤。一般来说，当我们倾听他人向我们诉说他们自己事情的时候，我们不只是在听，同时也会对他们所说的话语做出回应。假设你在倾听一个15岁的男孩抱怨，父母设定的晚上十点宵禁时间让他愤愤不平。男孩告诉你，他父母就是“老古董”，在外面待到凌晨三点钟对他来说没什么大不了的。听他这样讲，你心里可能会想“给父母取外号不可能让他们撤销宵禁”，又或者会想“从长远角度来看，通过在外面待到凌晨三点来发泄不满，是一种不成熟且没用的做法”。这种评估性的思考来自我们自己的参考架构，会妨碍我们认真倾听。第一，因为我们无法同时做到既倾听又评估，所以评估性思考会产生妨碍。你很难一边思考案主诉说的前一件事情，一边咀嚼并吸收下一件事情。第二，这样的评估很容易把你引向不成熟的问题解决取向，就像先前学生们对罗茜的访谈那样。学生们从自己的参考架构出发去评估罗茜的处境，根据自己认定的可能合理的情况来询问罗茜的看法。

多数人都会发现，要放弃自己的参考架构，从案主的角度出发去倾听案主的故事，是非常困难的。我们习惯了用自己的经验、信仰和知识结构来过滤别人告诉我们的东西。然而，助人领域的专业教育却强化这种方式，强调倾听是获取预估信息的手段。

为了解决这个难题，彼得就倾听和回应的技巧上了一门课，让学生通过角色扮演来掌握这些技巧。他和他的学生努力探索能够更好地倾听的方式。他们发现，最有效的起点是，先听到“谁”和“什么”对案主而言是最重要的。当案主描述他们需要什么协助时，他们会谈论到对他们重要的人物、关系和事件。在那个15岁男孩的案例中，重要人物是他的父母，重要事件是晚上十点的宵禁及在外逗留到凌晨三点。这个案例还表明，即使知道了“谁”和“什么”是重要的，也不一定会是正向经验。在这个案例中，这个15岁的男孩无法体会晚上十点宵禁的好处和父母的用意。

彼得和他的学生发现，倾听这些重要的角色和事件能得到三个重要的结果：第一，迅速让工作者聚焦案主参考架构中的某些重要部分；第二，抑制了工作者的冲动，避免他们对案主所说的内容进行评估；第三，有助于预防倾听者从自身角度出发，过早解决问题。

• • • 注意可能性征兆

威特金（Witkin，2000）指出：“注意意味着从脉络中抽取出某些东西。”我们无法在一个脉络中注意到所有必须关注的事情。例如，在一段对话中，我们更容易去关注和询问那些引起我们兴趣或者我们认为重要的事情。“注意”这个行为反映出动作发出者的兴趣、信仰和假设。如同我们前面所讲到的焦点解决取向，我们相信对会谈者来说，有目的性的选择是非常重要的；会谈者需要倾听和注意案主所做的陈述，因为这些陈述可能成为开启建构解决之道过程中某些取向的钥匙。

当案主在描述他们的处境时，通常会聚焦在“什么”和“谁”对他们来说是麻烦和痛苦的。重要的是，实务工作者只有认真听取案主的陈述，才能了解案主的处境，并觉察出“谁”和“什么”对案主而言是重要的，同时也让案主知道自己在认真听了。但是，同样重要的是，如果实务工作者深陷于困扰着案主的繁复细节之中，将会损害并降低双方对建构解决之道的期待。在会谈过程中，对工作者来说最大的挑战就是他们可能会被困扰着案主的细节所捆绑。避免这种倾向的其中一种方法是认真留意案主说的所有话，案主说的话会告诉我们很多信息：案主想要的不同境遇，案主过往的成功经验，或者他们已经尝试改变情境的方法。这些都是征兆，虽然案主没有察觉自己正在这么做，但在和实务工作者的会谈过程中，这些征兆已经蕴含其中。

实务工作者在运用焦点解决时，要倾听和注意征兆。以下是一位实务工作者与一位母亲之间的对话，因为家庭暴力，她的孩子被带离她的身边，她的丈夫被下了隔离令。你阅读对话时，可以尝试辨识征兆。

自从儿童保护机构第一次把孩子带走后，埃德(Ed)带着我们搬到了北部，跟以前一样，所有的希望都破灭了。事情没有任何改变，他仍旧酗酒，脾气依旧很差。之前他从来没有在女儿面前打过我(两个女儿目前在安置中心)，这是第一次。有段时间苏西一直看着她爸爸打我，就站在不远处。我害怕得要死，因为我知道这样的经历会成为她一生的阴影。我会尽我所能去保护她，告诉她这是不对的，我会帮助她。我知道这让她很困扰，但我也知道她可能一直有梦想，因为我知道她在儿童安置中心里仍旧怀有梦想。

通过与这位母亲会谈，实务工作者很容易就会聚焦问题，并询问更多的相关细节。会谈者可能会询问儿童保护机构第一次带走孩子的原因，搬到北部以后情况糟糕成什么样子，以及埃德酗酒和暴力情绪的相关细节等。实务工作者可能很难关注到，这位母亲想要和专业人士建立一个可以帮助她女儿应对目睹父亲暴力后果的解决方案(“我会尽我所能地去保护她”)，并且似乎她已经有了帮助女儿的方法(“我会告诉她这是不对的，我会帮助她”)。这些就是征兆。你可以先吸引案主注意到某一条线索，随后再提出一连串了解细节的问句。

- 你说你会尽你最大努力去保护苏西远离她所看到的事情。既然你能够了解她、知道她的反应，那么你是怎么去保护她的？如何让苏西知道自己是受到保护的，并能够远离以往看到的不好结果？你认为苏西有什么不同，会让你知道她是真的感觉自己受到保护了？你还会看到什么？
- 你也说你会告诉她，爸爸的行为是不对的，你会帮助她。看样子你已经有了一些想法，知道自己该怎么做，是吗？你有什么想法？哪些想法已经付诸行动了？哪种方式会让情况得到最大改善？你看到了些什么，让你知道事情已经发生了改变？苏西会说，到目前为止，你所采取的这些方法中，什么对她是最有帮助的？

通过重述案主的言辞，或将案主的言辞纳入下一个问句，以这样的方式开始对话并探寻线索，你便可以邀请案主讨论各种可能的解决方案而不超出案主自己的参考架构。

• • • 形成问句

一般来说，与案主会谈是一个形成问句、提出问句、倾听答案，然后再形成并提出下一个问句的过程。在助人或治疗会谈中，工作者的任务是倾听和形成问句，而案主的任务是进行回答。正如威特金(1999)所观察到的现象和我们在前文中曾描述的情况相似："倾听别人的问题，你就会清楚地了解他们相信什么、珍惜什么、希望获得什么。"让我们根据威特金的观察，再次反思学生对罗茜提出的问题：

- 对于再次怀孕，你的感受如何？
- 那你有采取节育措施吗？
- 你知道大部分的学校都有训导人员吗？如果你的孩子没有去上学，他们会来家里，带你的孩子去上学。
- 你想不想进一步了解现在的收养制度呢？这也是为了你和孩子好。
- 你有没有发现，在教育孩子方面，你和你妈妈经常犯同样的错误呢？

问问你自己：在这些问句中对于罗茜的问题及如何帮助她，隐含着什么样的信念和假设？这些信念和假设又是如何建构在各个问句之中的？与此对比，我们再来看看谢里尔的问句。

- 假如……奇迹发生了……当你第二天一早醒来，你会注意到一些事情变得不一样了——这告诉你，哇，事情真的变得好起来了！那你还会注意到些什么呢？
- 如果你决定早起给他们做饭，那他们会怎么样呢？
- 说说是否有某个时刻，比如在最近的两周内，出现了你所描述的那种奇迹的苗头，哪怕只有一点儿也行？

■ 告诉我四天前，有什么不一样的事发生了？

■ 那么，你做了什么推动这些事情发生？

谢里尔的这些问句又隐含着什么假设呢？大多数人可以轻而易举地看出这两组问句的不同，它们代表了对待案主和助人工作的两种不同思考方式。如果你是建构解决之道取向的新手，在开始会谈后，你会立即发现形成问句并不轻松。

本书的后半部分都是关于如何形成问句的。提出问句不仅是一种可以从案主身上获得有关问题、解决办法和其他有关信息的方式，同时，在提问和回答的过程中，常常给会谈的参与者带来新的体验，并为未来创造新的可能性（LaFrance，1992；McGee，1999；McGee，Del Vento，and Bavelas，2005；Witkin，1999）。这也说明了为什么对话能够如此吸引我们。在对话中，人们会说："噢，我从来没从那个角度去想过。""我以前没意识到，原来从事与人打交道的工作才是我想要的。"或者说："我猜，对我的孩子来说，我没有自己想象中那么不堪。"简言之，你永远不会知道对话里将会出现什么结果，尤其是谈话对象是一个之前从未和你谈过话的人。

虽然我们可以将建构解决之道取向的问句全都罗列出来并清晰描述，但只是了解这些问句，并不能保证你在自己的会谈中可以有效地使用它们。想要有效使用这些技巧，你需要勤加练习，就如同想要完美地演奏贝多芬协奏曲或现代爵士也需要不断练习那样。为了帮助你形成并提出问句，我们相信最重要的是强调一个通则：根据案主上一个或更前面的回答内容来形成你的下一个问句。谢里尔在和罗茜的对话过程中始终都遵循着这一原则。看看你能否从以下的摘录中找到这样的例子。

谢里尔：很好，这听起来真是一个很大的奇迹。你想象一下，如果奇迹已经发生，而你尚不知情，那生活中的哪件事会提醒你，奇迹已经发生，一切都变得更好了呢？

罗茜：嗯，我想我会早起给孩子们做早饭，然后我们坐下来一起吃早饭。

谢里尔：如果你决定早起给他们做饭，那么他们会怎么样呢？

罗茜：我想他们会过来坐在桌子旁，而不是躺在那里看电视。

谢里尔：那对你来说会怎么样呢？

罗茜：我会高兴一点儿，这样我们就可以谈些开心的事儿，而不是一直为了电视吵架，宝宝们就不会听着争吵一直哭闹了。

谢里尔：还有别的吗？当奇迹发生了，还有什么会不一样呢？

这个原则之所以很重要，原因有两个：第一，它能最好地实现这一观点，即通过提问和回答，引出新的觉察和可能性。换句话说，当工作者根据这个原则形成他们的问句时，建构解决之道就会变得相当容易。第二，既然这个原则要求根据案主先前所说的话形成下一个问句，以获得更多的信息，那么必然是在案主的参考架构内践行这一原则的。根据这个观察，让我们再次来看看谢里尔的问句。我们会注意到，这些问句的形成并未显示谢里尔认为罗茜的奇迹应该如何发生，而是邀请罗茜自行建构她的奇迹应该是什么样子。

当你依循这一原则去提问时，你就会明白，这是案主建构解决之道的基本方法。后文会介绍一些更专业的技巧，这些技巧将使这一通则在实施的过程中充分发挥效果。

• • • 获取细节

法国人说："上帝在细节之中。"德国人的看法则不同，他们说："恶魔在细节之中。"两种说法可能都对。无论如何，想要有效地建构解决之道，就需要获取更多的细节。

案主给出的常常是模糊的陈述和笼统的结论，例如，"我和孩子之间的情况越来越好了"，或者"我再也不会喝酒了"。通常，缺乏经验的工作者会注意到这些陈述，但却不会询问一些需要澄清的问题。在建构解决之道的过程中，工作者总是通过追问细节来澄清陈述的内容。比如说道："噢，你和孩子之间的情况越来越好了，恭喜你啊！发生了什么事情让你发现情况越来越顺利了呢？"或者说："你再也不会喝酒了，你认为这可能吗？"通常，这样一个询问细节的开场问句，是一连串相关问句的开始。

获取细节意味着询问案主有关陈述中的人物、事件、时间、地点及如何（Who、What、When、Where、How）的问题，我们把这样的过程叫作"'Wh'和'How'"问句。这样的问句最有可能从引导案主做出描述性的澄清。请注意，这里没有包括"为什么"（Why）的问句，因为这样的问句可能会引导案主对自己的行为和情境进行分析，面临被面质、被评判的风险。况且，此种分析和面质的有效性也尚未在建构解决之道中被证明，因此在本书中，你不会看到"为什么"问句的使用。

在建构解决之道的过程中，工作者自始至终都会使用提问来获取描述性而非分析性的细节。这些细节可以用来了解案主目前的情境，同时也澄清并放大案主的目标、优势和成功之处。以下是对谢里尔和罗茜对话的摘录，请分析谢里尔是如何技巧性地询问罗茜，以得出过去是否有过任何与她的奇迹画面相似的成功经验，以及当谢里尔发现罗茜有过成功经验后，她是如何运用"'Wh'和'How'"问句来获取细节的。

谢里尔：罗茜，当情况变得好起来，你可以建构在你家中不同的能够有这么完美且清楚的图像，这给我留下了深刻的印象。说说是否有某个时刻，比如在最近的两周内，出现了一些情况像你所描述的那种奇迹，哪怕只有一点点像也行。

罗茜：嗯，我也不是很确定。嗯，大概四天前吧，那时情况好些。

谢里尔：告诉我四天前，有什么不一样呢？

罗茜：嗯，那天晚上我大概是在十点前上床的，而且睡得很好。家里有吃的，因为我周六去商店买了些食物。我把闹钟设在六点半，而且闹钟一响我就起床了。我做了早饭，把孩子们叫起来，他们吃完早饭后，准备去上学，并准时从家中出发。（回忆中）其中一个还从书包里拿出作业来做，而且做得很快，就在他上学之前。

谢里尔：（印象深刻地）罗茜，这听起来就是一个很大的奇迹啊！我真的很惊讶，这是怎么发生的呢？

罗茜：我也不太确定。我想可能是因为那天家里有吃的，而且我准时上床睡觉吧。

谢里尔：那么，你是怎样让这些事情发生的呢？

罗茜：嗯，我决定那天晚上不接任何客人，而且我陪孩子们念了一小时的书。

谢里尔：你是如何做到念书给四个孩子听的啊？这听起来很难做

到啊。

罗茜：不，要同时念给四个孩子听当然不行。我让最大的孩子念给一个宝宝听，因为这是让他练习阅读的唯一办法，然后我自己给另外一个儿子和宝宝念。

谢里尔：罗茜，这真是个好主意，让他念给小宝宝听。这不仅帮了你，还有助于他练习阅读。你是如何让他做到的呢？

罗茜：噢，因为他帮了我的忙，我就允许他比其他孩子晚睡半小时。他还挺开心的。

• • • 回应案主的关键词

上述所呈现的谢里尔与罗茜的对话是一个非常好的案例。这个案例反映了这样一个原则：在探寻建构解决之道的细节上，从案主从上一个问题的回答出发，形成下一个问句。而另外一个技巧——回应案主的关键词——也反映了这个原则，该技巧也能引出更多的细节。回应案主的关键词来自工作者的觉察，即案主所描述的经验与关系对其可能意义重大，但其所有的语言对工作者来说往往是模糊不清的。要想解决这一模棱两可的状况，稳妥的做法便是简单地重复或回应案主使用的关键词。关键词是案主用来描述他们的经历，并赋予这些经历一定意义的词语。例如，案主可能对你说："我的生活真是一团糟。"如果你想知道这句话对案主意味着什么，你只需要提高音调重复"一团糟"，或者直接问："你说的'一团糟'是什么意思？"案主几乎总是将之视为一个邀请，然后说出他们生活中正在发生的更多事情。在这个过程中，我们可以更多地使用回应关键词这一技巧，以便让案主对正在讨论的"一团糟"有更深的理解。

在确认案主关键词的时候，有些原则需要牢记在心。案主经常会重复关键词。当你注意到案主常常使用你尚未探索过的词语时，就要开始对该词语的意义感到好奇。案主经常给关键词赋予感情色彩，给予关键词特别的强调。前面提到的"一团糟"就是一个很好的实例。此外，个体特有的用词方法也值得引起你的注意。例如，假设案主在办公室和其他同事发生争执，他告诉你："上次我看到他的时候，我没有像平时那样口无遮拦，我一句话都没说。"这个时候，你应该继续探索，如果他一句话都不说的时候，又会有什么不同情况。

语言是案主传递其参考架构的基本工具。就建构解决之道而言，认真倾听和探索案主选择的词语至关重要。探索案主的用词，也是对案主表示尊重的一种方式。因此，我们认为将案主的用词改造成专业术语，是对案主的不尊重，甚至会挫伤案主的自信心。

正如其他所有的基本技巧一样，回应案主的关键词这一技巧也可能被工作者误用。在初次会谈的课程中，彼得注意到，很多学生一开始在辨认关键词上会遇到困难。在最初的会谈中，他们可能会出现一种不经思考和机械的重复模式，或许他们采取的回应模式暗示着他们对自己听到的事情有所怀疑或不赞同。我们相信，大部分的误用的出现都是因为工作者用自己的参考架构去形塑他所听到的内容。虽然学会有效地回应案主的关键词并不简单，但彼得发现，经过六周的角色扮演和反馈练习，几乎所有的学生都能够轻松自如地运用这一技巧。

• • • 并入案主的用词

你可能已经注意到，到目前为止，在所呈现的建构解决之道的会谈中，实务工作者在回应案主或提出问句时，不仅回应案主的关键词，通常还会"并入案主的用词"。如果你想成为一名焦点解决取向的实务工作者，请留意这一点，并将之运用于你的实务工作中。因为这意味着你直接用案主的语言，尊重他们的参考架构，用案主先前的陈述来提出你的问题或进行回应。我们希望这个过程能够一气呵成。我们认为"并入案主的用词"是建构解决之道不可或缺的技巧，甚至可以说是核心技巧。我们在下列谢里尔和罗茜的对话中，将这一技巧特别标示在方头括号里。当然，本书的每一个焦点解决的对话中都能看到这个技巧的运用。

谢里尔：很好，这听起来真是一个很大的奇迹。你想象一下，首先你会注意到什么，而让你知道今天是有所不同的，奇迹已经发生了，事情变得更好了吗？

罗茜：嗯，我想我会比孩子们起得早，为他们做早饭，然后我们坐下来一起吃早饭。

谢里尔：如果你决定这么做——【并入案主的用词】[①]比孩子们起得早，给他们做早饭——那么他们会怎么样呢？

……………………………………

另一个例子：

……………………………………

谢里尔：罗茜，当情况变得好起来，你可以建构出在你家中不同的能够有这么完美且清楚的图像，这给我留下了深刻的印象。说说是否有某个时刻，比如在最近的两周内，出现了一些情况像你所描述的那种奇迹，哪怕只有一点点像也行。

罗茜：嗯，我也不是很确定。嗯，大概 4 天前吧，那时情况好些。

谢里尔：告诉我【并入案主的用词】4 天前，有什么不一样的呢？

……………………………………

还有，更进一步的做法是：

……………………………………

谢里尔：那么，你是怎样让这些事情发生的呢？

罗茜：嗯，我决定那天晚上不接任何客人，而且我陪孩子们念了一小时的书。

谢里尔：你是如何做到念书给四个孩子听的啊？这听起来很难做到啊。

罗茜：不，要同时念给四个孩子听当然不行。我让最大的孩子念给一个宝宝听，因为这是让他练习阅读的唯一办法，然后我自己给另外一个儿子和宝宝念。

谢里尔：罗茜，这真是个好主意【并入案主的用词】，让他念给小宝宝听。这不仅帮了你，还有助于他练习阅读。你是如何让他做到的呢？

……………………………………

① 在本书中，方头括号“【 】”里面的字或词通常表示工作者正在使用的技巧或程序，偶尔也表示工作者在访谈时正在留意或思考的事情。

• • • 开放式问句和封闭式问句

如前所述，我们在整个建构解决之道的过程中都会提问，有些是开放式问句，有些则是封闭式问句。在心理咨询的相关文献中显然开放式问句多于封闭式问句。正如本杰明（Benjamin）所言，封闭式问句用来缩小案主的焦点，而开放式问句则用于拓宽案主的视界（Benjamin，1987）。封闭式问句倾向于询问案主确定的事实，而开放式问句适合用来询问案主的态度、想法、感受和知觉；封闭式问句常伴有工作者使用自身参考架构的风险，而开放式问句则更倾向于聚焦案主的参考架构。以下是封闭式问句的例子。

■ 你喜欢你的父母吗？

■ 在违反父母替你定的宵禁前，你有没有先要求你的父母适当调整呢？

■ 你想修补你和父母之间的关系吗？

接下来是开放式问句的例子：

■ 你能跟我讲讲你和父母的关系如何吗？

■ 我想知道你在外面待到凌晨三点的那个晚上，你和父母之间发生了什么事情？

■ 假设你和父母之间的关系改善了，会有什么不同？

不要把开放式问句跟那些模糊不清的问句或没有要求特定信息的问句混为一谈。例子中所有的开放式问句都是为了从案主身上引导出细节。当我们使用“回应案主的关键词”和“并入案主的用词”等技巧时，开放式问句提供了一个有限探索细节的方法。正如其他建构解决之道的方法一样，通过开放式问句我们可以知道，“谁”或“什么”对案主来说是重要的。

我们更偏好使用开放式问句（或相似的表达，如“请告诉我更多那件事情的相关情况”），因为这与坚持“未知”的立场是一致的。我们应尽可能地让案主扮演自己生命的专家。当案主受到由衷的、好奇的询问时，开放式问句会将控制权和责任一并交给案主。与封闭式问句相比，开放式问句会给案主更多自由，让他们可以选择自己说什么、怎么说。使用开放式问句是尊重案主、促进案主自我决定的一种方法。

虽然开放式问句受到看重和推荐，但重要的是，我们需要看到在整合建构解决之道的会谈过程中，封闭式问句也是一个有用且必要的工具。例如，谢里尔问罗茜：“是否有某个时刻，比如在最近的两周内，出现了你所描述的那种奇迹的苗头，哪怕只有一点儿也行？”一个表示不再喝酒的多年酗酒者，我们可能会问他：“你相信你能做到吗？”虽然这些问句是封闭式问句，但它们之所以在此刻被提出来，是为了让案主和实务工作者就案主对自身及所处情境建立起共识。一旦案主给予回应，实务工作者就可以针对案主对该封闭式问句所回应的内容及产生的共识来设计后续相关的开放式问句，以求获得更多的细节。因此，当罗茜说到四天前的某个时候跟她理想中的奇迹情景相似时，谢里尔便以此为起点问了一系列的开放式问句，如：“告诉我，四天前有什么不一样的呢？”再者，当我们用封闭式问句询问一位酗酒的案主，问他是否相信自己再也不沾一滴酒了，如果案主回答“是”，那么接下去，我们会使用开放式问句，针对相关内容继续提问：“是什么事情让你相信自己能够戒酒的？”

• • • 总结

在讲授建构解决之道的过程时，如果面对几乎或完全没有接受过专业实务训练的学生，彼得会将总结作为最先讲授的技巧。要把案主当作独特个体对待，总结是很重要的。这个技巧贯穿与案主一同建构解决之道的整个过程。

总结就是在会谈一个段落后，重新整理并描述案主的想法、行动及感受。在你获得案主故事中的某部分详细描述后，你会将这个技巧与回应案主关键词及开放式问句结合起来，灵活运用。让我们再次回顾那个因宵禁而和父母产生矛盾的案例。现在由汤姆(Tom)扮演案主，彼得扮演工作者，以下是他们的会谈。

……………………………………

彼得：【开放式问句】你希望我如何帮助你？

汤姆：我真不敢相信，我的爸妈就是一对老古董。

彼得：【真诚地好奇，并回应案主的关键词】老古董？

汤姆：是啊！他们定下这样荒唐的规定，要我这星期每天夜里十点前必须回家。他们说我必须准时上床睡觉，不许我跟朋友们在外面转悠，这样我才有精力在学校好好上课。(嘲讽地)对！没错！就是因为他们自己老了，不得不早点儿上床睡觉。

彼得：所以说，你跟他们的想法不一样咯。

汤姆：当然不一样。事实上，他们让我到这里跟你见面，是因为上周把我惹怒了，所以我在外面待到那个愚蠢的宵禁时间之后。(汤姆停下来，哀怨地看着远处，双手交叉在胸前。)

彼得：【开放式问句】那天晚上发生了什么，你能不能告诉我呢？

汤姆：(叹气)总是老样子。我跟他们说，我和一群朋友要去看两美元一场的特价电影，然后就去快餐店或者某个朋友家。他们告诉我必须在晚上十点前回家，我说我做不到，然后我们就开始对吼了。他们说我的成绩一直在下降，根本不应该出去，说我应该待在家里好好学习。我告诉他们我又没做错什么事，反而是他们讲的话令我很扫兴。他们就命令我待在家里，我快气疯了，就跑出去，看完电影后在朋友家待了一晚上，朋友的爸妈刚好出去旅游了。

彼得：【总结及并入案主的用词】好的，让我们看看我理解得是否正确。你来这里是因为你爸妈要你来。最近你跟他们因为宵禁时间的事情有过争吵，他们说的话让你感到很生气，所以你故意违反宵禁，并且未经他们允许便在朋友家过夜。

汤姆：嗯，是的。几乎每个星期我们都为这事而吵架。他们真的是老古董啊，我的朋友没有一个像我这样必须在十点钟前回家的。你觉得他们是不是太古板了？

……………………………………

在上面的对话中，彼得所做的总结既可以让汤姆相信彼得在认真倾听，又可以让彼得再次确认自己是否听懂了汤姆所说的意思。换句话说，这是个互利的总结。在总结过程中，彼得使用了汤姆用过的词语和说法，这种做法一方面是尊重汤姆选择描述其经历的方式，另一方面也是尽可能清晰地把握汤姆的参考架构。因为总结在本质上具有反思性，所以总结是一种有效的方式，让案主处于主控位置，并决定如何描述自己的经历。总结还能够帮助工作者根据案主刚才所说的话形成下一个问句。

卡尔·罗杰斯(Carl Rogers)是一位著名的治疗师，以推行非指导性技术而著称。他极力主张在与案主工作的过程中，工作者应当全程使用总结技巧。因为总结能够增进我们对案主参考架构的理解，也能阻止我们在倾听时出现评判的倾向。当说话者表达的想法、行为或反应让工作者感到奇怪或不快时，总结也可以使倾听者保持沉着冷静。为了证明总结的功效，罗杰斯(1961：332)建议进行如下练习：

> 下次你和太太、家人或朋友发生争论的时候，先别急着讨论。你可以根据以下规定进行实验："每个人在为自己辩护之前，必须先准确地复述前一个说话者的想法和感受，还要说得让这个人满意才行。"

罗杰斯指出，要想成功总结案主的问题，工作者必须认真地听，通过提高案主的理性、增进案主对他人的理解，能够平复讨论或对话中的过激情绪。

• • • 语意重述

语意重述有时也被称为内容反映，它是指倾听者反馈案主话语中的要点，并简单澄清案主所做的评论(Ivey，Ivey，and Zalaquett，2010：151)。语意重述比总结更简短，且不会打断案主的思路，能有效地向案主表示你真的在认真倾听他说话。通过语意重述，我们向案主发出邀请，让他澄清和拓展他的故事。如同总结一样，使用案主所用的关键词或片段语意内容进行语意重述，则能达到最佳效果。

让我们回到汤姆的案例。如果不用总结，彼得可以这样语意重述汤姆的话："所以说，你对父母古板的宵禁规定忍无可忍，于是在外面待了一个晚上。"然后，汤姆便有机会去纠正彼得的理解。

语意重述能够将你和案主之间的对话朝着你认为有用的方向发展。一旦案主描述了他们的困境后，我们就会探索在他们所希望的生活中会有怎样的改变。彼得可以对汤姆使用的另外一个语意重述是："所以，你对自己和父母的相处方式感到不满意，你希望现状有所改变。"这样的语意重述会让汤姆知道别人在听他讲话，同时他也受到启发，开始思考和父母之间是否可以有更好的相处方式。

在此我们先暂停对语意重述的讨论，提出一个有关语意重述和摘要等技巧的提醒。先前提到的重点是，实务工作者运用语意重述，将会谈推向实务工作者认为会有帮助的方向，这表示语意重述和总结不全是被动的、中立的或客观的。虽然许多心理咨询的文献中都强调这两个技巧具备的反映性特质(Ivey，Ivey and Zalaquett，2011；Rogers，1961)，但是近年来，实证研究检验了在三种不同咨询取向(认知行为学派、动机式会谈、焦点解决取向)的大师级工作者使用语意重述和总结这两个技巧的方法，结果发现这三种咨询取向都会运用这两个技巧对案主所说内容进行转化，有时转化得不多，有时则很大程度上转化了案主的陈述(Korman，Bavelas，and De Jong，in review)。正如前面所讲的，这些转化反映出：在如何帮助案主这个问题上，不同取向的治疗师的做法存在差异，其背后的假设也各不相同。在本章的最后，我们会做更多说明，帮助大家理解语意重述和总结的技巧如何在整个建构解决之道的会谈中与未知的问句相辅相成。关于在建构解决之道过程中使用语意重述这一点，最后要讨论的是，通过对学生及工作坊参与者的观察，我们发现工作者对建构解决之道经验越多，语意重述就用得越多，总结则用得较少。随着经验的积累，他们似乎用更少的言语就能表达他们的倾听状态，引导案主朝着新的方向前进。

• • • 沉默的使用

大多数刚刚从业的工作者会对访谈中的沉默感到不舒服。沉默会让初学者僵在那里。这是一种焦虑的表现。爱泼斯坦(Epstein, 1985)的研究表明，这是正在学习会谈技巧的人最常遇到的困难。这似乎和工作者内心认为自己不具备帮助案主能力密切相关。爱泼斯坦认为在这种情况下，初学者容易沉溺于一种破坏性的自我对话中：“我做不到！我一直在让自己出丑。更糟糕的是，案主发现我并不清楚我在做什么。”

不过对案主来说，沉默和工作者所焦虑的不一样。本杰明(1987)认为，沉默可能意味着案主正在整理自己的想法，对刚刚所描述的情境感到很困惑或很生气，或者只是想稍微喘口气。本杰明认为，尊重案主的沉默十分必要。

建构解决之道要求工作者增强对案主沉默的容忍程度。在西方社会，沉默会令人感到不舒服。五秒钟后，大多数人都会觉得要说些什么来打破沉默。如果你有这种倾向，但你又想以建构解决之道的取向来工作，那么你便需要在这个部分下功夫。要问的问题常常包括案主的经历、案主期待自己的生活有什么改变、已经好转的情况。案主在用语言回答这些问题之前，都需要经过一番艰难的思索。通常，案主在沉默一段时间后会说“我不知道”，然后又继续沉默。如果你用你的观察和建议来填补这段沉默，那么你将会转向第一章里学生询问罗茜的那类提问。但如果你能够容忍此时的沉默，10 秒、15 秒，甚至 20 秒，那么你将会对案主的回答能力感到惊讶。他们也常会对自己的表现感到惊讶，因为你问问题之前，他们确实不知道答案在哪里。如果你允许保持沉默，案主就会有机会去组织答案。有时，案主会这样打破沉默：“这真的是一个很难回答的问题。”或者说：“我从来没有想过这个问题。”我们建议此时你可以同理地回应：“是的，我知道我问了你很难回答的问题。”然后你继续保持沉默。有时候，你也可以对他们努力思考问题这一行为给予表扬，并通过问其他问题来鼓励他们继续酝酿答案。

案主对沉默也会感到不舒服。你可以利用这种不适感，鼓励案主建构解决之道。如果你提高了自己对沉默的耐受能力，案主很快就会明白你不打算帮他们回答问题，意识到这一点之后他们会更努力地给出自己的答案。

在某些情况下，或许继续沉默并不会有效果。有时候，在会谈中你可能做出一些让案主不明就里，甚至冒犯案主的事情来。比如，做了一个奇怪的表情，或是问了一个莽撞的问题。作为回应，案主可能会保持沉默。

有的案主可能是非自愿案主，他们违背自己的意愿被迫来见你。这样的案主可能选择保持沉默，特别是在会谈的开始阶段。遇到这类情况，以下两个技巧可能会派上用场。

• • • 实务工作者的非语言行为

大多数案主对工作者是否在认真听他们的谈话很敏感。谈话时，案主会观察我们，听我们的言语反应和提的问题来判断我们是否在用心听。

介绍会谈技巧的相关书籍、理论文献和研究报告都支持以下结论：对于和案主建立一种合作、尊重的工作关系，会谈者的非语言行为虽能起正向作用，但也可能会有负面影响（Egan，2010；Ivey，Ivey，and Zalaquett，2010；Okun and Kantrowitz，2008）。例如，伊根（Egan）指出，“面部表情和身体语言具有极其重要的沟通作用”。其他相关研究也提到，非语言行为在治疗性会谈中扮演着重要的角色，非语言行为常常包括：

（1）身体姿势和动作；

（2）眼神接触和眼部动作；

（3）面部表情，如微笑、皱眉头、眉毛上扬等；

（4）声音表现，如音调、音量、强度等；

（5）身体反应，如呼吸加速、脸红等；

（6）空间，如与案主的座位的距离等。

在助人领域中，大部分人都赞同会谈者的非语言沟通在会谈过程中扮演了重要的角色。一些学者（Okun and Kantrowitz，2008）和会谈技巧训练者特别强调非语言沟通的技巧，认为应该将此独立出来，对新手进行专门的指导。但与此同时，也有学者持不同意见（Egan，2010），他们认为新手应该整体性地觉察自己在会谈时的状况，包括如何通过手势、面部表情、声音语调等进行沟通。同时，他们相信，如果助人工作者想要了解案主、想要对案主产生帮助，那么助人者的非语言行为自然会朝着这个方向去展现。彼得的一位同事持前一种观点，他曾经指导学生使用身体姿势、点头、微笑、前倾等非语言行为，认为这些对有效会谈十分重要。而相反地，伊根(2010：133)则建议新手无须“过于关注身体和声音特质，不必将其作为最重要的沟通资源”。他认为，会谈者“矫揉造作”的非语言行为其实有时候会显得很“假”，只有助人者具有善于倾听的双耳和乐于助人的真心，非语言行为才会产生作用。

伊根的观点强调了非语言行为是整合在会谈者的意图和动机之内的。有关沟通领域的最新研究进一步指出，非语言行为和语言行为的信息其实是整合在一起的(Bavelas and Chovil，1997，2006；Bavelas and Gerwing，2007)。这些研究者除了自己做研究，同时也回顾了面对面会谈中有关肢体动作和脸部表情的时机与功能的相关文献。他们认为，在治疗性会谈这种面对面的会谈中，会谈双方通过脸部表情、肢体动作、对话者口语信息所蕴含的意义及表达时机来建构出一个整合性的信息。虽然非语言信息的成分未必总是和语言的字句内容搭配完全一致，但是在对话过程的大部分时候，非语言信息成分是同语言信息成分彼此整合或相互补充的。

伊根的观点和巴韦拉斯等的结论，符合我们对焦点解决技巧学习者的观察。虽然实务工作者的非语言沟通很重要，但是我们也逐步意识到，身为实务工作者，在会谈中仔细思考你到底要倾听什么内容、需要选用哪些问题更重要。只有这样才能向案主证明，你一直在倾听并尊重他们的诉说。在建构解决之道的过程中，只有放下自己的参考架构，努力倾听对案主而言重要的人和事，找出可能性的信号，且使用并入案主用词的未知问句询问更多细节，你的非语言沟通才会自然地匹配你跟案主讲话的内容，进而呈现出一个整体的状态。

我们相信，我们应该对“如何学习有效的倾听技巧”以及“如何根据案主先前回答的内容形成新的问句”等给予高度的重视。这对我们来说尤为重要。因此，你有必要去留心自己在会谈中的非语言行为，对刚刚开始从事专业会谈工作的新手而言更是如此。你可以定期拍摄视频，记录自己的会谈过程，并加以回顾检讨。作为焦点解决会谈者，我们建议要特别留意如何配合自己的意图和语言信息内容，进而展现出非语言沟通能力。通过审视这些，你可以增强作为会谈者的自我觉察意识，也能够增强自信心。同时，如果你发现自己的非语言或语言行为不够专注于你的案主时，你可以反思：自己可以采取哪些不同的做法？如果决定这样做的话，会产生哪些不同的结果？你需要什么才能采取这个不同的行为？

• • • 注意案主的非语言行为

许多心理咨询和会谈技巧的相关资料都强调，我们需要对案主的非语言行为有所觉察（Egan，2010；Ivey，Ivey，and Zalaquett，2010；Okun and Kantrowitz，2008）。案主会通过微笑、转动眼睛、观察周边环境、低头、叹气、双手或双腿交叉、变化语调、陷入沉默等来回应实务工作者。这些非语言信息所传递的意义如同他们用语言叙述的情况一样重要（Okun，Fried and Okun，1999）。当你的步调能够跟上案主的节奏时，你便会注意到这些非语言信息及其运用的脉络、不同案主使用的不同类型的非语言信息以及在这些类型中发生的任何变化。

案主会用自己独特的方式使用这些非语言行为，因而这些非语言行为的意义必须放在案主的脉络中才能被理解。想要了解案主非语言行为中可能存在哪些意义，最好是从案主的整体自我表现（语言的和非语言的）中去理解。我们绝大多数人通过直觉，以一种整体的方式对他人做出回应。也就是说，我们的回应建立在对他人语言和非语言信息的理解基础之上。正如我们在前文中提到的，近年来沟通领域的研究都已表明：在面对面的会谈中，非语言和语言信息一直是以统一且同步的方式来形成与呈现的，而非处于不一致和不同步的状态（Bavelas and Chovil，1997，2006；Bavelas and Gerwing，2007）。这样的观点对我们来说极富意义且充满乐趣。

观察案主的非语言信息并坦诚地做出回应，这并不是建构解决之道的主要部分。不同于许多流派依靠工作者对案主行为（包括非语言行为）的理解去促成案主发生改变，建构解决之道取向通过未知的问句和案主在自身参考架构内做出的回答来创造改变的可能性。然而，当你开始会谈时，要注意案主对你的陈述和问题做出的非语言反应，因为这些反应是关于你的陈述和问题是否尊重案主，是否属于案主的参考架构的重要提示。例如，如果你的案主陷入沉默、垂头丧气、转移目光或做出其他看起来像是失去兴趣的动作，那么可能表示你的问题不包含案主关心的人或事。出现这种情况时，与其拉回案主的注意力并继续讨论，不如问下面的问题，会比较有助于使会谈重回正轨："嗯，在我们这次会谈结束前，你认为什么地方需要改进，好让你觉得我们之间的对话对你是有帮助的？"相反，在案主尝试回答问题时，你观察到案主有噘嘴、眯眼睛、紧绷着脸、努力思索等非语言反应时，你就可以自信地询问更多相似的问题。

自我揭露

作为实务工作者，如果你运用自我揭露，你就是在"简要地和案主讨论你个人的故事、想法和经历"（Ivey，Ivey，and Zalaquett，2010：325）。在这个技巧的使用上，工作者之间存在着很大的差异：一些工作者会袒露他们的感受和经历，以此来激发和教育案主；另外一些工作者则避免这种做法，因为他们相信这样会影响案主的自我决定，削弱案主的自信心。

我们不建议你告诉案主你自己的经历。建构解决之道取向背后的理念是：要寻找解决之道，首要的、必要的一点在于，要在案主的参考架构和过去经验之中寻找解决之道。当然，这并不是说你在任何时候都不该将你的想法告诉案主。有时候告诉案主你的想法是非常重要的。例如，如果你注意到案主说的话中有矛盾的地方，那么你以后可以这样问："前面你说你和你妈妈的关系很好，但刚才你又说到你很讨厌她。我有些糊涂了，你能解释一下这两种情况是如何同时存在的吗？"适当地使用这样的自我揭露，可以帮助工作者理解和澄清案主对自己生活的知觉。

对自我揭露最佳的理解是，使用你的知觉、批判性思考能力及想法，将其作为建构解决之道过程中的工具来使用。这并不意味着你需要告诉案主，你在青少年时期也违反过宵禁规定，或你也受到过性侵害。虽然有些工作者认为后一种自我揭露可以使彼此关系更融洽，但我们认为没必要这么做，因为它会削弱案主自己建构解决方法的能力。"经历过特殊悲惨境遇的人，对正在经历同样悲剧的人最有帮助"这种假设未免令人质疑。

• • • 赞美

案主有其自身的个人特质和过往经验，如果能善加利用，这些属性一定能对解决他们的问题，为他们创造更满意的生活起到显著作用。这些特质——例如，面对困难的抗逆力、幽默感、清晰的思路、辛勤劳动、关心他人、从不同的角度看待事物、聆听他人的意愿、对生命和生活的学习充满兴趣——都是案主的优势。有用的过往经验是指在案主曾经想过的或实际做过的事情中，可以被用来解决目前困境的东西。这些经验是案主的“过往成功”。

以下是一个赞美的案例。彼得在和埃伦（Ellen，一位母亲）对话，由于埃伦被怀疑疏于照顾孩子，她的孩子有可能被儿童保护机构带走。

彼得：我知道儿童保护机构正在调查你家的情况，看你是否对孩子照顾得周全。

埃伦：是这样的，我真的感到很害怕。我有四个孩子：四岁的比尔（Bill），三岁的斯泰西（Stacey），还有一对出生才10个月的双胞胎。照顾他们的工作量大到令人难以想象。

彼得：我相信一定是这样的。对你来说，照顾四个学龄前的孩子一定很辛苦。

埃伦：是的。我觉得我快被尿布和餐盘淹没了，有时候他们似乎全都在同一时间需要我。更糟糕的是，我丈夫刚外出上班，总是不在家。

彼得：【赞美】看起来你是一位很会照顾孩子的母亲，总试着满足每个孩子的需要。

埃伦：（哭泣）是这样的。但是有时候我实在忙不过来，然后事情就会变得一团糟。不过我会尽量花时间和每个孩子都单独待上一会儿，每个孩子都需要知道他们自己是特别的。

彼得：【继续赞美】看起来你真的很努力想当一位好母亲。你刚才说每个孩子都是特别的，我对这个看法很感兴趣。这对你而言似乎很重要，你是自己得出这个结论的，还是从别人身上获得的呢？

埃伦：我妈妈有很多个孩子，她得了严重的抑郁症而不得不住院。她没有时间陪我们，更别说跟我们每个人单独相处了。因此，我很早前就做出决定，当我自己有孩子的时候，我不会和我妈妈一样，我要让每个孩子都能受到关注。

彼得：【再次赞美】我看得出，你在这方面考虑了很多。告诉我，为了把每个孩子当作独特个体来对待，你都做出了哪些努力？

………………………………

我们不能因为我们想对案主表示友善就去赞美他们。相反，赞美应当以你从与案主的对话中所察觉到的事实为基础。正如彼得和埃伦的对话所呈现的，赞美通常用来增强案主的感受，从而表露出对他们而言很重要的事。

一开始，威斯康星州密尔沃基市短期家庭治疗中心的工作者们主要是将赞美用于会谈结束的时候，帮助案主注意到可能有助于达成目标的优势和过去的成功经验。渐渐地，工作者们开始在整个辅导过程中使用赞美，因为这个做法似乎能够帮助案主变得更有信心。在辅导过程中，赞美也有助于发现案主更多的优势和成功信息。受到赞美时，案主通常会点头表示赞同，肯定你的想法与其一致。然后你可以进一步地问更多的问题，以了解案主在生活中究竟发生了什么让他们觉得自己值得这项赞美。

赞美有多种类型(Berg，1994；Berg and De Jong，2005)。直接赞美是指工作者在回应案主时，直接给予案主正向的评价或反应。在彼得和埃伦的对话中，一个正向评价的实例："看起来你是一位很会照顾孩子的母亲。"如果一位正在努力戒酒的案主告诉你，他已经有四周没有喝酒了，你可以惊讶地说："哇！我想这一定很难做到！"这种反应也是一种直接赞美。审慎地使用正向评价，经常发出赞叹是最有效的，而这两种直接赞美的最佳使用时机是用于反映案主所在乎的东西。

间接赞美是暗示案主有积极部分的一种问句。间接赞美的一种方式便是就案主想要的结果询问更多的信息。例如，彼得可以问埃伦："你是如何做到让一个家庭和睦的呢？"另一种方式便是通过一种关系来暗示积极的东西，即工作者邀请案主从他人的有利角度回答问题。例如，彼得可以问埃伦："如果你的孩子在这里，我问他们，对他们来说，你是一个好母亲，是因为你做了些什么？你猜他们会说些什么？"第三种方式是暗示案主知道对他来说最好的事是什么。就像彼得问埃伦："就你而言，你怎么知道把每个孩子当作独一无二的个体来照顾，是一件很重要的事情？”间接赞美比直接赞美更好，因为它的问句形式会引导案主探索和陈述自己的优势与资源。

案主也许会使用自我赞美的方式。他们可能会说，“我决定不再吸海洛因了，因为我学聪明了”，或者“我决定了，既然我要去学校，那么我就要在学业上有所表现”。身为实务工作者，你的工作是尽可能识别出预示着案主进步的赞美，并用间接赞美的方式来对案主进步的念头进行强化：“你决定这样做，是不是让你自己都感到惊讶呢？”“这对你来说，是新的经验吗？”“过去的这件事情很困难吗？”“这是令你坚持做下去的原因吗？”

多数案主很容易接受赞美，但有些案主会贬低甚至否定赞美。当实务工作者要给案主更多赞美的时候，他们常常会为案主可能的回应而感到担心和焦虑。如果你感到焦虑，那么请记得给予赞美的首要目的是让案主注意到他们的正向改变、优势及资源所在。

确认案主的知觉

作家费利克斯·比斯特克（Felix Biestek）以研究“信任发展”而著称，他总结了关系建立的重要原则。其中一条便是有目的性地表达感受。比斯特克相信，在案主感到自己被理解并开始信任实务工作者后，案主便会想要向工作者寻求专业帮助，随之而来的便是案主有目的地表达感受。

许多工作者已经将这个原则变成他们与案主工作的核心原则。以下内容表明了了解案主的感受对帮助案主的重要性。

对情感进行反思的目的是让案主更加清楚地知道言辞、想法和行为背后是感受和情绪，它们是驱使案主行动的动力所在（Ivey，Ivey，and Zalaquett，2010：171）。

在助人技巧中，反映情感是最重要的部分（Carkhuff，1987：99）。

反映情感的技巧旨在协助案主感受和经历自己最基本的部分——了解

自己是如何真实地感受他人及生活中的事件的（Ivey，Ivey，and Zalaquett，2010：182）。

上述引用内容暗含着这样一个信念，即感受呈现了人性的核心一面，案主只有先了解了自己的感受，而后才能继续努力以解决问题。持有这种信念的实务工作者，会试着持续调整自己，以了解案主的感受程度并向他们表达“看起来你好像很生气”或“你似乎很害怕”。这类实务工作者还会注意案主是能够适度地表达情绪，还是压抑或忽略他们的感受。此外，这些实务工作者会注意案主是拥有自己的感受，并以此作为回应生活中重要的人和事件的基础，还是只会将自己的感觉归咎于其他人的挑衅行为，如“都是因为我妈妈批评我的朋友，所以我才会那么抓狂”。

不同于以上观点，我们并没有发现案主常需要聚焦自己的感受并坦承这些感受（尤其是那些所谓被压抑的感受），才能够让他们觉得自己得到了理解、有了进步。不过，他们确实需要被人问及知觉。他们的知觉与其问题本质相关，包括他们已经做了哪些尝试来解决他们的问题，他们想要在生活上有什么样的改变，他们已经做了什么以及还有什么没有做。《韦氏新世界词典》（*Webster's New World Dictionary*，1982：1002）对“知觉”做出如下定义。

(1) 觉察的行动或者能去觉察的能力，通过感官、觉察、理解，在心理上达成对物质、特质等的理解；洞察或觉察方面的能力，或者同时有这两种能力。

(2) 通过觉察历程、特殊的想法、概念、影响等，获得理解和知识。

由此定义来看，知觉指的是个人自我觉察或觉察其生活的一个层面，而且这种觉察通过感官、个人思考和感觉能力以及个人的觉察而达成。

知觉具有整体性的特征，它包括了一个人的想法、感觉、行为和经验。实务工作者通过引导案主用自己的语言来描述自己的问题，进而理解案主的知觉。因此，案主对自己知觉的描述被认为具有能产性，因为这反映了案主的个人经验及其参考架构（即指案主用来组织和赋予其经验意义的概念)之间的相互作用。

案主不仅需要通过被问及有关他们的知觉而感到被理解，而且也需要实务工作者对他们的知觉加以肯定。他们需要一些迹象来确认实务工作者能够了解他们是如何思考、感受、行动或体验生命的。在茵素与因艾滋病而性命垂危的年轻性工作者的对话中，这一观点获得了证实。这名女子告诉茵素，在她接受艾滋病治疗的诊所里，工作人员催促她面质过去对她进行性虐待的兄长们。但是，她其实只想好好走完人生中最后这段路。她希望她的母亲能觉得她是一个好人，希望在自己的小公寓里度过最后的时光，她不认同诊所工作人员希望她留在诊所内的建议。茵素不断探索和引导，进而肯定她对这些渴望的知觉，并且还和这名女子一起探索如何让她的渴望得以实现。由于身体过于虚弱，无法出门，这名女子最后选择写信给她母亲，然后待在自己的公寓里，直至过世。

实务工作者可以用以下几种方式来确认和理解案主的知觉。他们可以只是点头和简短地回复“嗯”“是的”或“当然”，以表达自己的接纳；也可以表现出肯定，如“从你告诉我的这些事情中，我可以明白你选择在自己公寓里度过最后时光的原因。”

当我们再次反思比斯特克讲的“有意图地表达感受”这个原则时，能够得出以下结论：感受固然是案主知觉的重要部分，但是感受并不比案主的想法、态度、信念、过去的行为等来得更重要。我们发现，与其把案主知觉里特定的部分提取出来并标签化，还不如尽可能地询问和倾听案主完整的知觉，因为后者可能是更有助益的方式。一旦捕捉到案主的知觉，我们就可以进一步确认这些知觉的意义。如果你这样了，我们相信你会展现出对案主知觉的尊重、将每位案主看成独立的个体、鼓励案主珍视和相信自己经历生命的方式。

从案主的语言描述中探索和确认案主的知觉，是建构解决之道会谈的重要任务。因此，本书的每个会谈片段都会说明这项技巧。彼得与埃伦的对话便足以说明如何使用赞美帮助确认案主的知觉。让我们来注意彼得是如何不断地要求埃伦拓展她的陈述的，并引导埃伦对其处境及选择的处理方式给予更多的描述。邀请案主进行更丰富的描述是确认案主知觉的另一个方式。通过单纯地询问案主知觉并接纳其讲述的信息，实务工作者能够确认这些知觉的重要性。在随后讨论的同理心的案例中，我们也会解释如何确认案主的知觉。

在我们的工作坊和课堂上常会出现这样的提问："你们总是肯定案主的知觉吗？如果案主正在考虑以自杀作为逃避沮丧的方法呢？或者他们恐吓说要去把情敌痛扁一顿？或者考虑把不听话的小孩打一顿？"这些问题的言外之意是，提问者无法想象该如何持续地肯定案主的所有想法，他们会倾向于立刻使用教育和面质的方式阻止案主将此类想法转变为行动。对采取极端行为的案主的处理方式，我们会在之后的章节中讨论。但是，我们的基本原则是：即便在这样的案例中，实务工作者仍然可以从一个未知的立场开始工作。考虑采取极端行动（如自杀、痛扁他人等）的案主常常是在几种相关的知觉脉络下才会采取如此行动。如果遇到上述这些案主，你可以诚挚地邀请他们提供更多信息，充分描述自己的极端知觉。例如，对一个考虑要打小孩的案主，你可以说："在你的生活里发生了什么事情，让你觉得打孩子可以有所改善？你还有其他想做的事吗？那样做会有什么帮助呢？会有效果吗？"你还可以继续问："如果你决定那样做，那你和你孩子的关系会有什么变化？你和你的其他孩子间的关系又会有什么变化？法院那边会对你有影响吗？"

这样的问句可以帮助我们理解，是什么原因导致案主会讨论这些极端的行为。当我们听完案主的故事，常发现自己会如此回应："听完你讲的你家里发生的事情，我能够理解为什么你说，虽然打孩子未必能起作用，但有时候你还是想要打孩子。"很多实务工作者认为，肯定案主的知觉会增加案主采取行动的可能性，但令人诧异的是，我们发现结果却正好相反。当案主被问到如自杀、殴打和攻击别人等相关问题时，他们通常会变得更放松，对话也会朝着相对不太极端的方向发展。

• • • 自然同理心

比斯特克（1957）阐述的另一个建立关系的原则：实务工作者一定要有控制情绪涉入的能力。比斯特克将之定义为对案主的感受有敏感性，能够了解其感受的意义，并恰当地进行回应。这个原则要求实务工作者同时在感受层面和思想层面与案主进行沟通。例如，一位女性因为体重缘故而遭受丈夫的粗鲁对待，实务工作者也许会对案主说："他的批评也太伤人了。”无论是新手还是老手，许多实务工作者都会发现，锻炼并使用这项技巧是个挑战。有些实务工作者无法与案主达成这样的接触程度，这使许多人认为实务工作者在这方面的能力是有缺陷的。

比斯特克的原则与其他研究人员（Benjamin，1987；Egan，2010；Keefe，1976）所提到的同理心非常相近。同理心的特质难以表述，这看起来好像是在反对“精确概念化”（有些作者，包括本杰明倾向于用讲故事的方式来说明同理心的含义）。同理心被视为实务工作者运用想象进入案主的思想、感觉和行动世界的结果。同理心与同情心并不相同。同情是指实务工作者与案主有相同的感受和忧虑；同理并不表示实务工作者认同案主且迷失在案主的世界里，而是指实务工作者在会谈中探索和接纳案主对其经验的感受。根据罗杰斯（1957：99）的说法，同理心的感觉好比“感受案主的私人世界就像是你自己的私人世界，但是永远不要失去‘好像’的本质”，同时“感受案主的气愤、恐惧和困惑，但却不会身陷其中”。

同理他人需要实务工作者理解案主的感受或被案主的故事感动。实务工作者对案主所讲述的内容，不仅要有超越认知层面的理解，还一定要尽力从整体的角度来理解案主的故事——包括他们的情感和想法（有些实务工作者将同理的陈述称为“发自内心”的陈述）。实务工作者越能做到同理地了解案主，他也就越能自然地以同理的陈述来回应案主；而实务工作者越能使用同理的陈述，案主也就越能感受到被关心、被全然了解。

兰伯特与伯金（Lambert and Bergin）认为，“精确的同理、积极的关怀、无条件的温暖、一致与真诚”是与案主建立“工作同盟”（Working Alliance）关系，促使案主前进的重要因素（Lambert and Bergin，1994：164）。然而，当研究持续发现精确同理的重要性时，它们却变得“与昔日相比更加模糊不清”（Lambert and Bergin，1994：165）。这些研究结果指出，实务工作者的同理与案主对彼此关系的满意度呈正相关。此外，研究结果还显示，如果进展是以案主的观点来进行测量的话，那同理与案主的进步也同样呈正相关。然而，如果以某些更加客观的工具来测量进展（如标准化测验、对案主改变的直接观察），实务工作者的同理就显得没那么重要了。

实务工作者能否对案主情绪反应确认并传递出的同理心，已经在焦点解决取向的实务工作者中成为一个具有争议性的议题。凯泽、皮尔西和利普奇克(Kiser，Piercy，and Lipchik，1993)以及利普奇克(1999，2002)认为，针对案主的感受进行详细的对话可以促进工作者的同理，也能够提升案主和实务工作者之间的正向联结。另外，米勒和德 · 沙泽尔(2000)则认为这样的对话对案主和实务工作者之间建立合作关系并无必要，甚至这样会将工作者塑造成专家的形象，即将专家的解释强加在案主的困难和解决方法上。他们指出，由于情绪扎根于案主对于生命中的他人和事件的全面回应上，所以如果将情绪单独抽离并给予特别关注，而没有经过案主确认这是不是他们想要的改变，这样的做法会偏离构建解决之道取向的原则，产生一种将情绪视为案主问题发生原因的倾向。这种思考情感的方式可能会徒增障碍，限制实务工作者与案主建立合作性的关系，也会阻碍实务工作者与案主确认知觉，一同发展可能的解决之道。

巴韦拉斯等(Bavelas et al.，2000)组成的团队将沟通作为一个研究主题，归纳出回应案主诉说个人故事的不同方法，其研究间接地印证了米勒和德 · 沙泽尔(2000)的观点。这个团队对三种沟通进行了比较：第一种是“积极倾听”，即对案主感受进行语意重述(如“你丈夫昨天晚上没有来吃晚饭，所以你对此感到很生气”)；第二种是“无关联干扰”(询问无关的故事细节，如“你丈夫上班时会系领带吗？”)；第三种是“有关联干扰”，即显现出没有受过训练、自然的倾听者的特质。研究结果表明，故事的诉说者和互动的观察者都更加偏好“自然倾听(有关联干扰)”，而非“积极倾听”。他们认为，自然倾听是更真实且更能表达关心的回应方式，同时也表现出倾听者对故事诉说者所描述的内容的真实兴趣。有趣的是，少数偏好“积极倾听”胜过“自然倾听”的观察者往往在“积极倾听”方面受过训练。巴韦拉斯等(2000)对“积极倾听”做出如下结论：

> 诺加德(Norgaard，1990)和阿姆斯特朗(Armstrong，1998)都发现，有相当多论述“积极倾听”技巧的文献实际上都没有将成效评估包含在内，因而无法说明这些技巧是如何对案主奏效的，或者如何受到案主的喜欢。因此，我们怀疑这些虽然不断鼓吹教导积极倾听技巧，却从未系统化地观察倾听在互动中发挥作用的机制。

我们同意米勒和德 · 沙泽尔(2000)的观点：在对话中并不需要特别把

"情绪"议题分离出来，这样才有利于和案主建立一种合作性的工作关系。同时，我们也同意巴韦拉斯等(2000)的观点，在沟通技巧的主题上，仍旧需要持续进行实证研究。基于他们的研究成果以及我们与案主工作的经验，我们极力推荐在会谈时使用"有关联和自然的干扰"。我们绝对不赞同感情用事、夸大负面感受的同理方式。我们也不建议重复案主所描述的经验，例如"你现在真的很受伤，看起来这是你生命中相当受挫的一段时光"。这样的陈述无法有效引导案主朝着积极正向的方向改变。另外，我们也相信，自然、同理性的理解是必要的，很多时候这能够帮助案主更好地描述其问题及个人反应。有时候，当案主描述其一段特别关系中的辛酸与伤痛时，实务工作者对案主的知觉表现出同理的理解肯定十分有效。例如，实务工作者可以这样说："我可以了解，你和他之间的情况不是你现在想要的。"然后，你可以开始探索案主想要在这段关系中发生什么改变，或者案主发挥优势做了什么，以渡过难关。在本章前面的部分，彼得和埃伦之间的交流不失为对这种同理取向的实例。

作为一名实务工作者，你可以使用不同的方式来向案主展现自然的同理。例如：点头表示理解，用语意重述和总结的方式表示你已充分了解案主所描述内容的重要性、尊重案主的沉默，保持充满温暖的语调。

在阐述时，我们把同理当作一个独立的技巧，然而当你和案主一起工作的时候，是否能表现出同理和本章所描述的其他技巧的运用密不可分。你的非语言技巧、语意重述、案主知觉的确认等，都能点滴传递出你是否具备同理心。同理心如同案主与实务工作者互动的其他重点一样，应该被理解成诸多组成要素中的一种成分。案主和实务工作者的互动就像一块蛋糕，一旦这块蛋糕烘焙好了，我们就无法把糖从面粉里分离出来。正是有了各种成分的结合，才有了蛋糕。同样地，案主对于互动的感受——案主评估实务工作者是否能真正理解他、帮助他——在较大程度上取决于实务工作者如何将各种技巧融为一体，整合运用。[①]

① 实务工作者如果能够将倾听技巧和回应技巧整合运用到与案主的互动中去，那么他就能够对不同的案主进行倾听并给予适当的回应。

• • • 一般化

对身处困境、情绪起伏不定的案主来说，他们常常会失去洞察力。由于无法找到令人满意的解决之道，深陷痛苦和紧张之中，案主对待困境的思考和讨论方式便会开始变得像是问题已然超乎他们的控制或在常态之外一样。例如，与自己处于青春期的孩子发生冲突的父母，或是刚刚发现自己的配偶过去几年一直有外遇的一方，他们常常用强调自己的问题与别人截然不同，以此来诉说发生的情况。实务工作者很容易陷进这种充满压力的问题取向对话，失去形成“建构解决之道”问句的能力。

在与案主的问题取向式对话中，一般化的技巧常被用来帮助案主思考，判断他的困境是否已经超出其一般生活困扰的范畴。这意味着反对将生命中预期的挑战看成根深蒂固的困扰和个人病理性的问题。作为实务工作者，我们有不同的“一般化”的回应方式。假设一对父母为了自己年轻儿子的事情来寻求你这个专业人士的帮助，以下是他们讲的话。

母亲：埃文(Evan)是我们的儿子，今年15岁，我们很难跟他相处。他经常逃课，有时一天只上两节课，然后就走到学校外的停车场，坐在他的车子里。他被学校教官抓到在车子里抽烟，违反校规。据我所知，他可能还在抽大麻。过去的几年他还对学业很上心，但现在似乎跟他的班级一点儿关系都没有。他的老师告诉我，他拒绝参加班级的活动，只会绷着脸坐在那里。老师问他问题他也拒绝回答，或者会说他不知道他为什么要学这些东西，这些东西对他而言没有任何意义，即使被叫去校长办公室也没有效果。他完成课后的留校惩罚，照样我行我素。他就是一个问题少年，我不知道该怎么样对待他。说不定他现在还在吸毒，谁知道呢！

父亲：更糟糕的是，我太太还是埃文学校里的英文老师。她告诉我，在她休息的时候，其他老师和教官会来向她告埃文的状。这简直让她没有办法安心教学。

在这里运用一般化技巧的方式之一是，询问这些案主，他们所描述的内容是否可预期。你或许可以这样回应："你说埃文是一个 15 岁的青少年，是吗？所以你想知道，他的行为对一个青少年而言算不算正常？"你也可以使用更加直接的方式来进行一般化。假如这个案主看起来还有些幽默感，并且你确信你在直接提出时不会让家长们感到被冒犯，你或许可以说："是啊，毕竟他是一个青少年！年轻的时候，谁不会偶尔做些出格的事情。"另外一种直接的一般化方式是使用简单的陈述句，如"当然""是的""对啊，这是可以理解的"等。在上述案例中，你可以使用这种方式来对埃文的父母进行回应。

一般化技巧必须被自然而自信地表现出来，不然案主会认为实务工作者低估了他们的挣扎。如果你是新手，我们建议你试探性地询问案主对其困境的常态化观点。随着经验不断增加，使用直接的方式会越来越容易。不过，更加重要的是，你需要倾听和回应案主对你给出的一般化的反应。不论案主的回应如何，你仍然需要倾听案主是如何表达他所想要的目标，并从中找出线索。在上述案例中，埃文的母亲可能会说，她同意埃文的行为对她来说很棘手，但作为青少年而言可能是正常的，所以她想要努力构建新方式，摒除强烈情绪，来和她的同事们讨论埃文的情况。比较少见的情况是，她可能对你的一般化感到更加紧张，然后坚持给你讲更多细节，讲埃文的行为可能变得更糟，就好像是要说服你承认她儿子的问题非同小可。当你确认了她的知觉，并询问她你该如何帮助她时，她可能会说：现在还为时未晚，她和她丈夫必须找到挽回埃文的方法。在这个案例中，我们需要去发现案主希望哪方面发生改变，并以此作为下一个问句的基础，这样便能使得对话朝着具有成效性的方向发展。在建构解决之道取向里，一般化技巧非常有用，因为它使得案主有机会对其所处的困境进行"去病理化"，同时也帮助案主和实务工作者澄清案主想要的改变是什么。

• • • 将焦点移回到案主身上

本书所描述的工作程序在短期家庭治疗中心和其他机构中已经被证实能够有效帮助案主。只要构建形成良好的目标，一步一步将目标转换为现实，就能促进案主创造出更为满意、丰富的生活。在这个过程中，案主需要做出改变，与其以往的习惯有所不同。

观察发现，大部分案主在描述困扰时，都会明确表达他们想通过和实务工作者的关系达成某种目标，但他们却常常期待别人做出改变。许多案主常表示自己感到无能为力，事情不受他们自己控制。他们常会说如下的话：

- 我的孩子很懒，他们早上不肯起床，一天到晚什么都不做，就知道看电视。他们似乎都不知道有时候我也需要帮助。
- 我希望我的父母能够跟上 21 世纪的步伐。我已经 15 岁了，但是他们仍然维持着荒谬的宵禁时间，要求我这星期晚上十点前必须回家。
- 我孩子的功课非常差，我想了很久，这件事情为什么会这样，我觉得是因为他有特殊教学需求，而他的老师却不知道该如何处理。
- 如果我的老板能够不这么居高临下地对我讲话就好了，有时候他把我当作孩子。
- 我丈夫的脾气糟糕极了，他失控时会打我。我想这是因为在他从小也是这样过来的，经常被粗暴地对待。他发狂的样子让我很害怕，我不想挨打。

倾听并尊重案主的知觉非常重要，因为案主话语中包含的这些知觉展现了案主对他们生命中相关事件的看法。为了将无力感转变为赋能感，案主必须转化他们的焦点，尽量将焦点从他们不欣赏的人和处境上转移开来，多聚焦于他们在此情境中想要的改变，以及对自己在解决过程中的参与有何看法。

作为实务工作者，我们需要时常帮助案主转移焦点。你可以用以下问句询问案主，引导他们将焦点转移到自己的身上。

- 什么事情让你知道你的孩子是可以帮助你的？
- 当事情变得越来越好的时候，会发生什么变化？别人又会注意到你做了什么不同的事情呢？
- 要让事情变得更好，哪怕只是一点点，需要有什么事情发生呢？

- 假设你的老板在这里，我问他，你怎么做才会让他不再那么居高临下地跟你说话。你猜，他会说些什么？
- 你从哪里看到问题有希望被解决？
- 假如今晚你睡觉的时候，奇迹发生了，我们所讨论的问题在明天早上被解决了。假设你睡着了，不知道奇迹已经发生。而你起床后，你会注意到的第一件让你觉得情况已经变得更好了的事情会是什么？其他人会注意到你做了什么，而让他们知道你已经变得更好了？
- 在你的生命历程中，是否已经发生过你刚才所描述的部分奇迹？

在这些问句中，有些问句较为直接地将案主的焦点转移到他们自己身上，而有些问句则采用暗示的方式进行。邀请案主转移焦点十分重要，德·沙泽尔(1994)将其视为由“问题式对话”转换到“解决之道式对话”的关键。本书呈现了许多类似的问句实例。

探索案主的意义

案主经常会疑惑某些事情在他们生命中的意义，他们有时候会询问实务工作者对于这些意义的看法。例如，“所以，在我朋友过世后，我完全失去了出门和朋友见面的动力，我不知道我怎么了”。在很多的治疗取向中，实务工作者会提供一个解释让案主去思考。例如，“通常，那些经历了亲朋过世的人都会控制自己的情绪。你是不是觉得你也是这样？”

在建构解决之道的取向中，我们不太会去解释案主的经验。我们尚未发现解决问题的方法会来自“探索事件和经验为何会如此发生”的对话中。例如，有一个案主问了我们上述问题，在我们介入案主的初期，我们会问他生活中发生了什么事情，让他认为自己“正在完全失去外出以及和朋友见面的动力”。在案主描述了这些事情之后，我们会同理地承认案主的处境艰难，倾听其中有什么对案主而言是重要的，并且留意一切蛛丝马迹，以找到案主希望能达成的目标。

这并不表示我们对案主的经验不感兴趣。相反，如同建构解决之道其他部分的观点，我们相信案主的专家地位。对建构解决之道而言，最有帮助的是案主以往的成功经验及未来可能性，而非问题本身。有两个未知技巧问句常被用来邀请案主努力建构他们自己的意义。第一个问句是，询问案主过去做了什么，或者考虑未来做些什么会是有益处和有帮助的。例如，一个挣扎于药物滥用的案主可能会告诉你，他去住院治疗过。你可能会问他治疗是否有效，如果他说是，你就可以更详细地询问他这个治疗有效的部分是什么。而另外一个相似的询问方法是："这个治疗让你的生命有了什么不同？"这也是在探寻案主对未来可能性的意义。又如，有一个案主在基本薪资的议题上和老板总是谈不拢，他正在考虑用他先前提到的方法和老板再次会谈。你可以这样问他："所以，假设你决定用这种方法来和你的老板对话，你认为这会使你们之间有什么不同？"案主在回答这个问题的过程中，他也在建构未来可能行动的意义——一个对他决定是否要采取实际行动或许会有帮助的"意义"。

在围绕案主的"意义"进行工作的时候，还有一个建构解决之道取向的原则是：除了询问案主的成功经验以及可能性的相关意义，我们也会先询问互动的意义。因此，在先前的案例中，当案主正在考虑用他之前所描述的方式和老板沟通时，我们会问他："所以，假设你决定使用这种方式和你老板说话，你认为你们之间会有些什么不同呢？"我们发现，这种方式激发了案主对互动意义的探究，有助于案主对我们的引导，而"所以，用这种方式和你老板谈话，你的感觉如何"这种问句的作用并不大。

• • • 关系式问句

在建构解决之道中，关系式问句用于邀请案主描述人际互动事件，并探究其意义所在。人们大都活在与他人的互动中，有很多人对案主来说是极其重要的。案主在开始描述他们的问题以及他们所渴望的生活改变时，常会以重要他人的观感作为参考架构（Mead，1934）。"我的困扰是，我的女儿在吸毒，而且她不再听我的话。""我和我丈夫天天在吵架。"或者说："如果我和老板就加薪问题开诚布公地谈一谈的话，情况应该会开始好转。”作为一个会谈者，你一定要找到案主的重要他人是谁，并且把他们编排到你的问句中，以鼓励案主描述他们的处境、他们想要的不同，以及如何在互动关系中启动探寻解决之道。如果你不知道谁是案主的重要他人，那么你可以简单直接地问：“谁最了解你？”

下面我们举例说明关系式问句的使用方式，假设有位案主说他希望面对女儿的叛逆和反抗时，能够采用发脾气或者吼叫以外的方式与她对话。这时候，我们可以邀请他用互动的观点来界定这个显现的目标。例如，可以这样问他：“假设你不再对她用发脾气或吼叫的方式，那么她会注意到你的改变吗？”假设这个父亲回答：“我想我会更加平静，用平和的声调对她讲话。”你可以继续问：“如果她注意到你的改变，她会做些什么呢？”如同前面所描述的，你也可以邀请父亲在互动的观点中去建构这些全新可能的意义。例如，询问他：“所以，如果你能够更加平静地、用平和的声调对她说话，你们之间会有什么不同呢？”以及“如果你用这样的方式说话，你女儿会说你们之间有什么不同呢？”通过问句，你还可以对浮现的解决方法引出更多的确认和拓展：“假设你决定和女儿平静地对话，用柔和的声调来说，那么你和你太太之间又会有什么不同呢？”“你和其他的家人之间还可能发生什么不同呢？”“你的生活中还可能会有什么不同呢？”这些拓展出来的问句，促使案主意识到他和女儿之间关系可能的变化，而这一变化又可能对其他重要他人产生影响，甚至会因此影响他选择在生活中做些其他不同的改变。通常，当案主在一个关系中发生了正向改变的时候，后续会出现涟漪效应，进而影响到其他关系的改变。因此，当回答这样的问题时，对案主而言，原有可能性的吸引力会被增强。这些涵盖了案主与其重要关联人互动脉络的问句，就是关系式问句。这是邀请案主去拓展已经浮现的解决方法的主要方式之一。

• • • 拓展解决式的对话

案主和实务工作者之间解决式的对话，能够说明案主想要的改变及其在生活中发生改变的可能性。我们前面已经提供相关问句的例子，并以此来说明如何邀请案主进入建构解决之道的对话中。有些案主已经准备好接受邀请，有些则不然。不愿意接受的案主或许仍坚持聚焦于他们不喜欢的生活或他人，因而仍处在问题式的对话中。然而，当你引导出解决方向时，大部分案主便开始进入解决式的对话中。因此，你的任务就是有意识地将会谈转换到解决式的对话中去，鼓励案主尽可能多地提供细节。

在以下的案例中，茵素邀请了一位年轻人来讨论：如果他解决了吸毒问题，生活会发生什么改变。

……………………………………

茵素：如果你的问题已经得到解决，那么会有什么不同呢？

肯尼克(Kenrick)：我会再也不碰毒品了。

茵素：如果你到时候对毒品又有渴望了，你会做些什么呢？

肯尼克：做些有帮助的事情，让我不再想它；或者是任何事情，例如打篮球、跑步啊什么的，反正就是做些让我不要受到诱惑的事情；或者去找个人跟我说话。

茵素：这些会对你有帮助吗？

肯尼克：有啊。

茵素：【对于他先前留在医院期间没有使用毒品，给予回应】当你在医院的时候，是什么帮助你的呢？

肯尼克：嗯，就是说些笑话或什么的。

茵素：说笑话会有帮助？

肯尼克：是啊，当你和一群人坐在一起讲话，而你讲的某些事情可以让大家都笑，这会让你感觉很好。然后，你就好像不需要毒品一样。

茵素：嗯，是的，所以你很幽默？

肯尼克：是的。

茵素：其他人都这么评价你吗？

肯尼克：是啊。

茵素：真的吗？你一直这样吗？

肯尼克：是啊！

茵素：所以，你是说幽默感对你有帮助，是吗？

肯尼克：是的。

茵素：还有什么可以帮助你抵制毒品诱惑？

肯尼克：我的孩子。

茵素：你的孩子吗？他们怎么帮助你？

肯尼克：因为他们会让我警惕这些念头。一旦我动了这个念头想去做些坏事，弄些毒品来，我的大儿子就会跟我说话——你知道，当这些念头涌上来的时候——我会看着我的大儿子，然后我会和他一起做一些有意义的事情，比如……（沉默）

茵素：比如什么呢？哪些事情？

肯尼克：我们会写他的名字，做算术题，写 ABC 等。

茵素：你是这样做的吗？你在教他吗？

肯尼克：是啊！

茵素：嗯，这样做有帮助吗？

肯尼克：有啊！

茵素：那你喜欢这样做吗？

肯尼克：是啊。

茵素：【注意他的声调反应】他看起来很喜欢吗？

肯尼克：是啊！他也很喜欢。

茵素：你一定非常爱他。

肯尼克：是的，我非常爱我的孩子。

……………………………………

在刚才的对话里，茵素邀请肯尼克描述：如果困扰得到解决，他的生活会是什么样子。由于茵素注意到他已经产生了一些想法希望生活可以有所改变，而且已经能够聚焦在可以做出的改变上，因此茵素便努力地让他详述这些差异。茵素并不满足只和肯尼克讨论不吸毒时生活会有什么不同，于是便紧接着询问更多的信息：当他有吸毒念头的时候，他会做些什么？而肯尼克则能回答更多、更具体的细节：会“打篮球”“跑步”“和别人说话”“讲笑话”等。茵素接着问他是如何进行这些事情的，特别是讲笑话这方面的帮助，即询问讲笑话对他的意义和重要性何在。肯尼克通过描述互动的意义确认出更多的方法。他解释道，当其他人因为他的笑话而哈哈大笑的时候，他就会感觉很好，因而不需要毒品。茵素也问：“还有什么可以帮助你面对这些念头的呢？”肯尼克讲了他和孩子一起做有意义的事情等信息。

与案主一起建构解决之道时，你一定要努力拓展任何案主所提供的解决式对话的内容。当案主初次前来求助的时候会体验到巨大的无力感，而此时，解决式对话的内容会对他们产生帮助。一开始，案主会聚焦在他们的问题上，也就是一直讨论这些问题如何使他们生活得艰辛。但是，一旦实务工作者邀请案主讨论他们想要生活有何改变，以及改变如何发生，案主就会开始产生希望，更加相信这些可能性会发生。在某种程度上，赋能是一种知觉，是由案主解决式对话所提升的一种心理状态。

值得注意的是，近来关于焦点解决对话的实证研究显示：实务工作者发现，当他们与案主的会谈从聚焦问题式对话转变为聚焦解决式对话时，关于问题的对话将会衍生出更多问题式对话，而关于解决之道的对话则会引发更多解决之道的对话。在这个研究中(Smock，Froerer，and Bavelas，in review)，研究者们分析了焦点解决取向、认知行为学派的大师和其案主对话的内容，并使用“正向”和“负向”来描述事情的结果。研究者界定了“正向治疗师内容”，即治疗师以案主生活中的某些正向部分(如成功、优势、资源等)的问句和陈述为焦点；而“正向案主内容”则是案主以自己生活中的某些正向部分的问题与陈述为焦点。相比而言，研究者界定“负向治疗师内容”和“负向案主内容”则是将会谈的焦点放在案主生活中的负面部分(如问题、弱点、缺陷等)之上。通过将对话的逐字内容和发言顺序进行资料分析，该研究发现，无论是焦点解决取向，还是认知行为取向，当治疗师的谈话聚焦于正向部分时，案主便比较容易产出正面的内容；同样地，当治疗师的讲话聚焦于负向部分时，案主便会产出一些负面的内容。整体而言，这个研究还发现，焦点解决治疗师的发言显著地更聚焦于正面，而很少以负面为焦点，这与其他派别的治疗师大为不同。此外，比起其他取向的实务工作者，焦点解决实务取向者对于案主任何形态的陈述(无论是正面、中立，还是负面)，都倾向于使用正向的方式给予回应。

在结束拓展解决式对话这个部分前，我们想邀请读者运用肯尼克和茵素之间的对话来做个实验。请回到他们的对话当中，并且尽可能地找到本章讨论过的特定技巧，包括：倾听、注意可能性的征兆、回应案主的关键词、并入案主的用词、开放式与封闭式问句的使用、语意重述、注意案主的非语言行为、赞美并确认案主知觉、自然的同理、将焦点回到案主身上、探索案主的意义等。在这简短的对话片段中，我们可以体会到茵素如何将这些基本技巧融入她的工作中。

“慢一拍”引导：将建构解决之道视为合作性的对话

在本章中我们所讨论的沟通技巧，都是让实务工作者去鼓励案主成为他们自己生活经验及其意义的专家。然而，有效地运用这些技巧并不意味着我们要被动地对待案主，或只是耐心地等待他们表达自己。如果你能在某种程度上主动引导他们，你就会对他们产生帮助。我们相信，“慢一拍”引导是最佳的引导方式（Cantwell and Holmes，1994：20）。在本章末尾，我们将简单讨论语言心理学与沟通领域在沟通方面的新兴观点，并特别关注他们对诸如焦点解决治疗这种治疗性对话的应用情况（详见Bavelas，2012；De Jong，Bavelas，and Korman，in review；Korman，Bavelas，and De Jong，in review）。我们相信，这项一直进行中的研究工作，能让我们能更清楚地知道实务工作者是如何处于未知的状态，但又同时用引导的方式来进行工作的。这样讨论的目的是希望能提供一种方法，让实务工作者来检查自己所使用的焦点解决会谈方式的效果，以期能帮助实务工作者有意识地、统整地、有效地综合运用本章所讲述的各种特定技巧。

• • • 沟通是一种合作

在过去20多年里，与治疗及会谈文献中所描述的不同的是，语言心理学家们的实验从未停止，他们就面对面对话中沟通的作用机制提出了全新观点，他们（例如：Clark，1992，1996）把这一观点称为“合作性模式”。合作性模式与传统沟通模式不同。传统沟通模式聚焦于个体，并将对话看作双方的长篇独白。传统模式认为发言者传递了信息，倾听者虽然专注但仍处于被动状态，直到他们两个交换角色位置。这种观点强调：发言者该如何更好地说，倾听者该如何更好地听。正如雷迪（Reddy）所指出的，传统沟通模式将沟通简化为个人观点和情感表达的中立管道（Reddy，

1979)。而在克拉克(Clark)的合作性模式观点中，发言者和倾听者共同在对话过程中产生信息，彼此相互协调、共同合作使得双方建构出一个对彼此都有贡献、彼此都能赞同的观点。以下是茵素与一位名叫卡尔(Carl)的高中生的会谈案例，通过合作，他们将会谈往“卡尔是一个有能力的人”这个共同理解的方向推进。

……………………………

1. 茵素：卡尔，嗯……你在学校，哪门课学得最好？

2. 卡尔：我最擅长的科目，到目前为止，应该是数学或代数(下)。

3. 茵素：数学和代数。

4. 卡尔：或者只是代数(下)吧。

5. 茵素：代数(下)？

6. 卡尔：是的。

7. 茵素：什么是代数(下)？【案主笑了】我学数学或代数是很久以前的事情了。

8. 卡尔：嗯，这就是过程中的一环。初中时学代数的铺垫内容；它像是写出来的数学，你会使用分解、解题、集合等，基本上都是一个消除法，诸如此类。然后要学的内容就会上一个台阶。【茵素：是的】上了高中会先修代数(上)，就是真代数。然后再学几何学，但我不喜欢几何学。然后，再修代数(下)。

9. 茵素：哦，所以这是你现在在修的课。【案主：对的，我喜欢这门课。】这是你最擅长的科目吗？

10. 卡尔：这门课我拿了全A的。

11. 茵素：都拿A啊？

12. 卡尔：对啊！

13. 茵素：所以，你一定是一个非常聪明的年轻人。

14. 卡尔：嗯，不是啦(笑)。我不聪明，不过我还不错啦。

15. 茵素：你确实还不错。

16. 卡尔：就一般水平吧。

17. 茵素：一般水平，OK，那也很不错了。[①]

……………………………

① 该对话取自《我很高兴还活着：与自杀的青少年一起工作》(*I'm Glad to be Alive: Working with a Suicidal Youth*，2008)的逐字稿。经威斯康星州米尔瓦基的短期家庭治疗中心同意使用。

这一简短对话展现了茵素和卡尔在参与对话中的合作协力，对话发生在他们两人之间，谈话朝向新的共识方向推进，并最终产生了新的理解。茵素以询问卡尔最擅长什么作为对话开端，而卡尔回答“数学或代数(下)”。在通过回应、并入案主的用词进行提问和澄清，他们两个人建立了一个共识：卡尔最擅长“代数(下)”以及“成绩都拿 A”；虽然他并不认为自己如茵素所说是一个“非常聪明的年轻人”，但认为自己“还可以”、达到“一般水平”。 对此，茵素表示了接受。

• • • 建立共识基础

在对话的合作性理论中，核心过程是建立共识基础(Grounding)。克拉克和谢弗(Clark and Schaefer，1987；亦可参见 Clark，1996)论及，在任何对话中，参与者都持续投入这个过程，一步步地建构着相互的理解或共识基础。建立一个共识基础的最简单的形式包括三个步骤，在这一过程中，对话的双方扮演着信息的传递者和接收者的角色，当然这种角色不是固定不变的，双方的角色会快速、流畅地切换。以下是建立共识基础的三个步骤：

第一，发言者提供新的信息；

第二，信息接收者表明其是否理解了新的信息；

第三，发言者确认信息接收者是否理解正确。

在先前茵素与卡尔的对话中，我们对他们发言的每一句话都依序编号，以说明如何建立共识基础。在编号 1 处，茵素以问句的方式引出信息：“卡尔，嗯……你在学校，哪门课学得最好呢？”在编号 2 处，卡尔提供了有意义的答案，并展现出他对茵素问句的理解：“我最擅长的科目，到目前为止，应该是数学或代数(下)”。在编号 3 处，茵素体认到卡尔明白了她的问句，于是用一种接纳的语调回应他，并使用了他回答中的词语：数学和代数。建立共识基础可以很快发生，也会很快地流动变化，因为彼此的对话都发挥着多元的功能。于是，卡尔在编号 2 处既展现了他的理解，也提供了新的信息，这样，第二次共识基础的建立则被激发出来。其中茵素使用重复关键词“数学和代数”来展现理解，而卡尔在编号 4 处体认到茵素已经理解了信息，所以再以新的、有意义的发言显示了这一体认："或者只是代数(下)吧。"至此，第二次共识基础的建立被快速完成。需要注意的是，这一合作不仅是快速地发生，而且通过不断进行的对话，新的信息也一直在形成与增加。在第二次共识基础建立的最后，茵素与卡尔达成的共同理解是：卡尔的最佳科目是"代数(下)"，而并非他先前所说的"数学或代数(下)"。因此，当参与者能够用心去建立共识基础时，一份新的理解可以在一个对话中被快速且有意义地建构出来。建立共识基础是一项复杂的技能，但其实我们早都已经了解如何去建构共识基础，因为我们从很小的时候就被教导和学习如何与人对话。

茵素与卡尔的对话例子也展现了：建立共识基础的过程为对话双方提供了证据，使他们知道彼此是否互相理解。如果有证据显示双方存在误解，那么两位参与者便会适时给予修正。例如，在编号13处，茵素给出了一个诠释："所以，你一定是一个非常聪明的年轻人。"但卡尔并不接受这个解释，他回应道："嗯，不是啦(笑)。我不聪明，不过我还不错啦。"茵素随后重复"你确实还不错"。于是双方在对卡尔在代数(下)拿全A这件事情的意义上，建立了共识基础。

研究证据显示，一个持续建立共识的合作性对话，其过程能够增进双方的理解，其理解程度超过了只在对话中听着一方分享信息的形式。肖伯和克拉克(Schober and Clark, 1989)的研究证实，如果信息接收者能够和说话者一同进行建立共识的过程，比起那些只听信息却不参与共识建立的人，前者会显著地产生更多的理解。

信息接收者可以用很多种方式来展现自己是否已经理解发言者所说的话(Clark and Schaefer, 1989: 267; Clark, 1996: 228–229)。以下是信息接收者由弱到强的回应表现：

- 通过简单的方式持续关注发言者，如眼神接触。
- 通过微小的、不打断的方式来回应，如说"嗯"，或是用非语言的方式，如点头。
- 在发言者讲话的基础上，开启新的一轮对话，如茵素在她提出的问句中，使用了卡尔前一个问题的回答中所使用的词语。
- 用直接的方式表达理解，包括语言上的回应，如回应关键词；或非语言上的回应，如对发言者说的话展示出适当的脸部表情。

最强烈和最直接表达理解的方式，则包含了"语意重述或是逐字重复一个片段"(Clark, 1996: 229)。通过告诉发言者我听到了什么，语意重述或总结能真实地传递信息接收者的理解。

• • • 聆听、选择与建构

尽管许多研究强调会谈技巧应当具有反射性，但是我们仍认为会谈技巧是具有选择性和转化性的（参见 De Jong，Bavelas，and Korman，in review；Korman，Bavelas，and De Jong，in review）。从事日常对话研究的学者赫里蒂奇和沃森（Heritage and Watson，1979）率先指出，语意重述和总结毫无疑问是具有选择性的。他们认为，尽管这两个技巧保留了发言者所说的部分言语，但同时也删除了发言者的部分言语，于是倾听者在回应的时候其实已经转换了发言者最初的话语。让我们再次回到茵素和卡尔的对话，在编号 1～6 的部分，通过建立两次共识基础，最后双方达成：卡尔最好的科目是代数（下）。随后，在编号 7 处，茵素进一步询问细节："哦，什么是代数（下）？（案主笑了）我学数学或代数是很久以前的事情了。"而卡尔给出了一个很长的回答。在编号 9 处，茵素用语意重述的方式进行回应："哦，所以这是你现在在修的课。【案主：对的，我喜欢这门课。】这是你最擅长的科目吗？"请注意，茵素在这里的语意重述几乎删除了卡尔所提供的全部细节内容，而选择只保留卡尔现在在修的科目——代数（下）。从前面的对话内容可以知道，代数（下）是卡尔最擅长的科目。所以，茵素在这里把卡尔所说的许多内容都暂时搁置一旁。这并不令人惊讶，因为对实务工作者而言，要保留案主说的每一句话是不可能的事情。然后，这也表示了语意重述不全然是反射性或中立的，相反，从一开始实务工作者就在选择案主所说的话，并对此进行转化。因此，心理语言学家已经将语意重述和总结称为"形塑"，它的意思是指这两个技巧的确会转化发言者所说的内容，同时也揭示了聆听者是如何对于发言者所说的内容进行概念化或诠释的。

有时，我们会发现语意重述和总结的转化性特质明显，因为倾听者常会在回应的时候增加一些片段或内容，但这部分内容是发言者从来没有说过的。茵素在编号 13 处的语意重述就是一个很好的例子："所以，你一定是一个非常聪明的年轻人。"而卡尔从没说过自己是一个聪明的年轻人，他说的是代数（下）这门课他拿了全 A。在这里，茵素从自己的参考架构

（“案主是有能力的”这一焦点解决假设）出发，增添了卡尔所说的话。现在，重要的是，即使语意重述的回应增加了新的内容，案主通常也会接纳，并同实务工作者一起建立共识基础；特别是当实务工作者所添加的内容是基于案主先前所说的事实时，这样会让回应听起来颇有道理。例如，卡尔先前已经对他自己在代数（下）科目有优异成绩这件事上与茵素达成了共识。以上种种都表明，倾听者在添加对话中扮演了重要角色，因为它能引出并产生新的共识基础。如此一来，如果卡尔接受或理解了茵素语意重述所说的，他一定“是一个非常聪明的年轻人”这一观点，那么在他们两人之间就会建构出这个新的共识基础，并继续推进。不过在本案例中，卡尔在此处并不同意这个观点，反而提供了另一个对自我评价较为谦虚的版本。他表示自己只是“还可以啦”，随后又说“一般水平”，而这一说法又被茵素所接纳。

当你在努力训练自己成为保持未知状态、从建构解决之道出发、会谈时决定慢一步进行引导，我们相信，语言心理学及沟通领域的研究者对于对话的观点，包括应当具有合作性、转化性和积累性等特质，会对你提升能力大有帮助。在本书中，我们用“倾听、选择与建构”来捕捉焦点解决会谈中的合作性对话过程。倾听是指认真听取和捕捉案主发言中每一个有关解决之道的可能性征兆。选择则指在会谈过程中，从你所注意到的所有可能性中，挑选出你认为最有用的内容加以回应。建构则是为你下一次的发言组织一个语意重述或者问句（通常两者都会有），以便邀请案主朝着建构解决之道的方向迈进。当你在语意重述和未知问句中更能熟练运用案主表达可能性征兆的用词时，你便可以更好地使用“慢一拍”引导技巧。同时，你也能够和案主一同在他的参考架构中建构出解决之道。当你能够将“倾听、选择与建构”运用在你和案主会谈的每一步中时，你便会在语言和非语言的层面与案主建立共识基础。如此一来，对于建构解决之道的过程的进展，你将得到案主的持续性反馈。每完成一次建构共识基础，双方对案主个人、案主的境遇以及解决问题的可能性都会有更深入的认识。这就好比实务工作者和每一位案主在一起描绘案主所偏好或较为满意的未来蓝图。每次建构的共识基础，都为这个蓝图增添了一笔线条。虽然在稍后的对话过程中，有的线条可能被擦掉或重画，但每一笔都十分重要，因为每一笔的线条都促进了你们双方朝着协助案主产生不同解决之道的方向不断迈进。

下面，我们开始描述建构解决之道的会谈如何在未知和“慢一拍”引导的状态下使用这些技巧，以使会谈能够经历前面章节所提到的建构解决之道的不同阶段。我们先从开始阶段谈起，也就是如何开始和案主一同工作。

第四章

关注案主的需求

告诉我，我会忘记。给我看，我也未必能记住。只有带上我一起参与，我才会明白。

（美国原住民谚语）

在第二章里，我们阐述了建构解决之道的过程阶段：描述问题、构建设定良好的目标、探索例外、给案主有用的反馈、评估案主的进步。从第四章到第十章，我们会逐一解释这些阶段，并探讨在各种不同的实务情境下该如何适当使用不同的技巧。我们会用我们遇到的真实案例中的对话来示范这些技巧。

在本章中，我们将聚焦如何与案主开始工作。我们会将讨论限定在实务工作者和案主的彼此对话上。在这里，我们选择暂时先不讨论机构让案主填写的接案表格该如何设计，以符合焦点解决取向。我们会把这个议题放在第十三章，到时候我们会讨论，如果要使用建构解决之道取向，机构的表单和记录该如何随之转化。

初遇案主

个人简介、说明会谈情况、倾听可能性的线索

第一次见案主你手里至少会有一些案主的基本资料或是他的诉求。通常情况下，在你和案主见面前，你会拿到一张完整的接案表格或者转介信息。这些资料至少会包括案主的姓名、家庭、学校、工作等基本信息。虽然不同的实务工作者会以不同的方式来使用这些资料，不过，我们认为从一开始就用这些资料来设定一个尊重和赋能的基调、探寻案主的能力并逐步建构是一项非常重要的原则。

我们向案主进行自我介绍后，会询问他想要我们如何称呼他。我们会告诉对方自己习惯被称为茵素或彼得。在我们看来，一开始就用一些问句

来了解案主平时如何分配他的大部分时间，这样做会比较好。一些实务工作者将这些问句看作破冰之旅，以便使案主和工作者能更好地一起开始工作，而且我们发现，这些问句所获得的信息对建构解决之道也会大有裨益。在回答过程中，案主通常会揭示对他们来说是重要的人和事，同时也会展现出他们的自身优势。以下是彼得与一位名叫克里斯蒂娜(Christine)的案主开始对话的案例。

彼得：你好，欢迎你能来。(朝着一张空的椅子走过去)请坐。

克里斯蒂娜：谢谢。

彼得：(看着他手里的接案表)我看了你填的表格，你的名字是克里斯蒂娜·威廉斯(Christine Williams)。会谈开始前，我想知道你希望我怎么称呼你呢？克里斯蒂娜，还是威廉斯小姐？或者其他的名字？

克里斯蒂娜：嗯，我的朋友们都叫我克里斯蒂(Christi)。我喜欢这个称呼。

彼得：好的。我习惯大家叫我彼得，你可以这样叫我吗？

克里斯蒂娜：嗯，可以啊。

彼得：好的，那我们就先这样。如果以后有调整，我们也可以改变对彼此的称呼。所以，克里斯蒂，你是否可以告诉我，你平时都在做些什么呢？

克里斯蒂娜：嗯，我大部分的时间都在大学听课，但我最近不太喜欢听课。我喜欢旅游，去不同的地方；我喜欢社交；喜欢阅读。(不好意思地笑起来)我最近喜欢读一些休闲读物，而不是那些上课要读的东西。我喜欢骑车、打网球等户外活动。总之，最近我大部分时间都在社交。

彼得：社交？和朋友们在一起吗？

克里斯蒂娜：是的，和我的朋友、家人。最近，我花在朋友们身上的时间比较多，可能有些多了。

彼得：所以你喜欢和人聊天。你擅长和人聊天，对吗？

克里斯蒂娜：(笑)对的，人们都很喜欢和我聊天，不论是开心的事情或是烦心的事情。他们都想来找我，跟我讨论他们的困扰。我也会尽量帮助他们。

彼得：真的吗？

克里斯蒂娜：是啊，我不会让他们失望，我感觉我解决问题很厉害。

彼得：真的啊，他们是这么说的吗？

克里斯蒂娜：（微笑）是的，他们会这么说，会谢谢我。我想，这是我想成为一名社会工作者的主要原因吧。

彼得：嗯，我有点明白了。你很能鼓舞人，有容易相处的性格。我能看出来，你很善于和人聊天。

克里斯蒂娜：谢谢，不过这也是我来这里的部分原因。我把太多的时间放在其他人身上，没有足够时间学习。我就是想和你讨论这个。

彼得和克里斯蒂娜的对话发生在一个专业的情境中。不过，有时候会谈会在案主家中进行。茵素曾写过书，讨论如何在案主的家中与案主开始对话（Berg，1994：22－23）。她建议，受邀前往案主的家中时，实务工作者可以借此观察，了解这个家庭有什么不错的、有吸引力的地方，或是案主在哪些方面已经付出了很多努力。实务工作者也可以对自己看到的照片进行提问。这样的观察和问题可以将案主置于专家的角色，与此同时，也能表达对案主的尊重，揭示和增强案主的兴趣与优势。通常，在案主的家中进行会谈会更有利于进入工作状态，因为家里的陈设可以反映案主的兴趣，而实务工作者可以很容易地针对摆设的东西进行提问。此外，案主在自己比较熟悉的地方，也会感到更加轻松自在。

• • • 解释如何进行工作

在尚未深入案主的问题之前，比较好的做法是先向案主解释你对会谈过程的组织安排。同时，也可以确认这样的组织方式是否可以被案主接受。在采用短期家庭治疗中心（de Shazer et al.，1986）所发展出来的焦点解决治疗模式的过程中，我们发现在一开始的会谈中询问案主的关注点、目标、例外和优势等主题，是一种非常好的会谈组织架构。一旦收集到这些信息，我们将暂停 10 分钟，并且就我们获得的信息形成一个会谈结束前的反馈。在案主许可的情况下，有时我们会和团队一起合作。团队成员可以通过单面镜观察我们与案主的会谈，这会有助于形成和优化反馈。不过，大部分时间我们都是独自工作，10 分钟暂停的时间可以帮助我们整理思绪，决定反馈哪些内容可以对案主建构解决之道助益最多。无论是哪一种情况，我们通常都会事先告诉案主我们偏好的会谈方式。

彼得：开始讨论你所关心的事情之前，请允许我向你说明会谈进行流程，你看看这样是否合适。今天我会和你讨论30～40分钟，然后暂停10分钟，让我整理一下你告诉我的信息。在暂停的这段时间里，你可以在等候区喝点儿东西，也可以在这里坐一会儿。10分钟后我会回来，给你反馈并提供建议。这样可以吗？

克里斯蒂娜：嗯，这样很好。

案主都很乐意接受我们所希望进行的会谈方式。我们会在稍后的章节中讨论这样做有什么好处。

问题描述

询问案主的知觉，并尊重案主的语言

想要在案主的参考架构内工作，你必须保持一个未知的状态。你必须去询问、倾听和确认案主的知觉。当你在这么做的时候，可以记录下案主使用的词语。

在这一阶段，实务工作者通常都会倾向于以专家的角色来倾听案主的故事。采用问题解决取向的助人工作者，已经将案主可能的问题进行了详细的分类。一旦接受这样的训练，我们便会很容易上手，但与此同时却也会使我们无法在案主的参考架构内进行探究。在以下对话中，彼得尝试使用未知的状态去探究克里斯蒂娜关注的议题。

彼得：那么，你希望我怎么帮助你呢？你先前说到，你今天来这里是

因为你花太多时间在别人身上，但在自己学业上花的时间远远不够。

克里斯蒂娜：嗯，我和许多高年级学生有着同样的困扰。我现在就是这样。

彼得：你是怎么发现你和高年级学生有同样困扰的？

克里斯蒂娜：嗯，在过去三年里，我能够看到自己的变化。但今年，我感觉自己没什么动力。本来我对这个学期的课程很感兴趣，因为它们都是主干课程，但忽然间我好像厌倦了学习。就是这样，我就是有些厌倦了。

彼得：嗯。

克里斯蒂娜：比如，去年当我有一个测验或报告的时候，我会非常紧张，然后我会用我所有的时间去学习和阅读，把它们当作我优先要处理的事情。但今年我就不再感到有压力了。这并不是说我不学习了，但我的确不像以前那样紧张了。我想我只是不再那么在乎学习了吧。

彼得：嗯，这就是你想要说的情况，还有别的想要补充的吗？“成为高年级生”——让你觉得无聊、缺乏动力、不再学那么多——还有其他的吗？

克里斯蒂娜：（缓慢地）我想应该就这些了吧。

案主对于“问题如何影响他”的理解

假设你已经了解案主的知觉和经验对其本人的意义。在和克里斯蒂娜的对话中，对彼得来说，简单的做法就是直接假设克里斯蒂娜因为较少学习、成绩开始变差、但又希望自己能够像去年一样努力学习，因此有了“高年级生”的困扰。然而，在我们进行下一步工作前，我们需要确认案主的问题对其本人来说意味着什么。彼得的做法是不设定假设，而是去询问更多的问题，如此一来，他获得了更多未曾预料到的重要信息。

彼得：嗯，那“成为高年级生”是怎么困扰着你的呢？（检验他认为克里斯蒂娜可能表现变差的假设)顺便问一下，你今年的成绩比去年更好，还是更差了呢？

克里斯蒂娜：(笑起来)这就是奇怪的地方，我成绩没什么变化，我不知道为什么。不过不是说我什么都没有学习，只是我不像以前那样认真学习罢了。

彼得：嗯，这个让我也有些困惑。究竟哪个部分对你造成了困扰呢？

克里斯蒂娜：嗯，主要就是我有罪恶感，因为我没有过去那么努力。你看，既然我花那么多钱接受教育，我应该对学习投注更多的心力，应该学得更多才好。我觉得我去年的确这么做了，但今年就是混混，或者过得去就行了。

彼得：所以，在我们今天结束会谈时，你希望自己会有所不同，能够在学业上有更多的收获，是吗？

克里斯蒂娜：(犹豫)嗯，是吧。或许我只是想要消除自己的罪恶感。

彼得：嗯，那你觉得哪个更重要一些呢？是让罪恶感消除，还是在学业中收获更多？

克里斯蒂娜：我想，它们是混合在一起的吧。假如我能够在学业上收获更多，那我就不会有罪恶感了。

彼得：关于你来这里会谈的目的，除了刚才告诉我的这些，你还有什么想要告诉我的？

克里斯蒂娜：嗯，没有了。

……………………………………

除了检验自己的假设，彼得的提问还有第二个目的。他给了克里斯蒂娜一个机会去仔细反思自己的知觉——在这个点上，就是让克里斯蒂娜知觉到自己的问题是如何影响她的。

案主对某件事情的知觉其实或多或少都是在不断变化的。如果给他们一些时间，并用未知且不设预设的问句，案主通常就能够反思、探索和再思考，并努力用语言将他们的想法表达出来。有时，在这个过程中，案主的知觉会有所转变。

例如，克里斯蒂娜似乎转变和拓展了她对问题的感受，从对学习缺乏动力转变为罪恶感。她之所以有罪恶感，是因为自己没有在学业上尽自己所能，而大学的学费其实相当昂贵。在后来的会谈中，她提到她大部分的学费是由其父母支付的。

彼得并非直接通过会谈技巧的使用让克里斯蒂娜转变其对问题的界定和知觉。相反，我们认为，克里斯蒂娜知觉的转变是来自双方在会谈中的互动，以及谨慎地以在彼此的互动中所产生的理解为共识基础。很多案主前来寻求帮助，但对其自身的问题或诉求其实并不清楚。如果案主能够向我们澄清问题的意义，那么这对案主会很有帮助。彼得在会谈中的角色是让克里斯蒂娜能够投入进对话，说明“成为高年级生”为什么会成为她的困扰。他的提问是一种邀请，让双方能够就克里斯蒂娜问题的意义有所讨论。克里斯蒂娜的角色是接受这个邀请，并尝试将“高年级生”的困扰用语言表达出来。他们的互动让克里斯蒂娜得以拓展和重塑她对“高年级生”的界定。

到目前为止，案主已经尝试了哪些有效的做法

比较好的做法是询问案主，到目前为止他们已经尝试过哪些方法来解决他们的问题。通常案主已经采取过一些步骤来缓解他们的问题，而这些做法或多或少都取得过成功经验。这样的问句，可以向案主传递信息，即我们认为他们具备改善自己生活的能力。有时候，案主可以向我们非常具体地描述他们为了改变情况采取了哪些措施。如果我们能够采取未知的姿态，并以“慢一拍”引导的方式来获取细节，那么我们就可以了解他们的成功，并知道他们成功的优势所在。有时候，案主也描述了他们所尝试的许多方法，但没有方法奏效。有时候，他们可能说他们什么都没做，他们感到很绝望。克里斯蒂娜的案例则出现在这两种极端之间。

彼得：你有没有尝试过用什么方法来缓解你作为“高年级生”时的症状？

克里斯蒂娜：是的。我有好久不怎么去图书馆了。去年，我每天晚上都会去图书馆，而今年我大概每周去一次。不过我也会尝试去其他地方学习。

彼得：去其他地方学习，这样有用吗？

克里斯蒂娜：是啊，这样有用。我不太喜欢勉强自己学习，例如，对自己说今晚要学习六小时。相反，如果我想要读书，我就去读；如果我不想，我就不会勉强自己。

彼得：当你不勉强自己的时候，情况会有什么不同呢？

克里斯蒂娜：嗯，我就是不学习了。

彼得：嗯，那这样做对你的“高年级生”症状有帮助吗？

克里斯蒂娜：是啊，因为以前当我不想学习的时候，我会勉强我自己去学，即使我很不想去。但现在，我不想读书就不读了。

彼得：嗯，那你现在的成绩和去年一样？（她点点头）所以，我还是有些困惑，这对你来说，是如何成为你的问题的呢？

克里斯蒂娜：我觉得应该是罪恶感吧。我希望可以消除罪恶感。我想，我几乎没有什么事情可以让我的罪恶感消除。或许我可以花更多时间来学习，但是我真的不太想这么做。

彼得：你尝试过其他方法吗？

克里斯蒂娜：嗯，我想不出来其他方法。不过我真的该为这种情况做些什么。

对话到了这里已经告一段落。虽然克里斯蒂娜说她尝试过在不同的地方学习，但她也无法确认这样会有什么作用。如果她认为是有用的话，彼得会花更多的时间来探讨她怎么会产生这么去做的想法以及她是如何去做的。相反，当她回到罪恶感的议题，并说她没尝试过其他方法时，彼得决定转换对话方向。

对案主而言，先处理什么问题最重要？

有时候我们会遇到这样的案主，被问到困扰时，他们提出一个又一个困扰，直到我们都快被绕晕了。通常这样的描述方式混合了案主对问题来源及问题相互交织的看法，案主可能会觉得他们快不行了。对于这样的案主，作为实务工作者，我们可以做如下事情：通常我们会先告诉案主他们的情况看起来很复杂，然后再简单地问，“在这些事情中，哪个问题是应该被最先处理的？”如果案主给出的答案是“都重要”，那么我们会继续问“在你的生活中发生了什么，让你觉得处理那件事情最重要？”这些问句再次显示了建构解决之道取向是如何以“案主的知觉”和“尊重案主自决”的原则来工作的。

如何针对案主想要的目标工作

如果实务工作者询问案主，怎么做才能够帮助他们，大部分的案主会以描述他们所关注的困扰和议题作为回应，但在建构解决之道的过程中，我们更加有兴趣去探索案主对自己生活的期待。有时，案主在谈论他们的问题时，会详细描述他们希望情况有什么不同，例如，克里斯蒂娜说她想要消除罪恶感，并从学习中获得更多的收获，虽然这些描述还不足以构成良好的目标，但是这已经是在开始阐述她所期待的变化了。

通常，案主在讨论他们的困扰时，很少描述或几乎不描述他们想要什么样的生活。相反，他们似乎比较倾向于详细描述他们的问题是如何可怕和可能会遇到的困难。他们也会花好多时间去讲述，别人做了什么事情让他们的生活遇到巨大困难。当被问到他们曾经采取过什么解决方法时，他们很快又会回到问题的描述上。正如在第三章中所提到的，德·沙泽尔(1994)称这种谈话为问题式谈话，与此相对的，是与案主讨论他们想要如何改变自己的生活，即解决式谈话。作为一名实务工作者，你遇到的首要挑战是，如何让案主有足够的时间来描述他们的问题，并让他们感受到被你倾听，然后再邀请他们从“问题式谈话”转向“解决式谈话”。这种切入点通常在初次会谈的5～10分钟引入。

在开展实务的过程中，开启并维持一段对话来讨论案主所想要的改变，有时会很容易，有时则会很艰难，例如，案主被法院强制或应父母要求前来会谈。但无论案主是在什么样的情况下来与你会谈，在建构解决之道的过程中，你的任务都始终如一——与案主建立一种合作的工作关系，与案主一同界定他所期待的变化以及可以为实现这些变化而做些什么。在稍后的段落中，我们将会根据不同的会谈情境来做具体的讨论。

• • • 当案主有所求，且将自己视为解决之道的一部分

在这种情况下，案主和实务工作者已经一起界定出案主所关心的议题，并开始构建案主希望有所不同的画面。此外，在案主的回应中，案主很快意识到自己能对问题的解决之道有所贡献。这样的会谈情境通常发生在案主自愿前来求助的情况下，因为他们希望通过与我们合作来获得他们想要的结果，并且他们也明白，要真正获得想要的结果，必须付出努力。

克里斯蒂娜和彼得之间的对话就是一个很好的范例。在他们的对话中，两人一起成功地界定了所关注的议题——高年级生，而且他们也一起界定出初步的目标——消除罪恶感。然而，在这段对话中我们还看不出克里斯蒂娜是否将自己视为解决之道的一部分。也就是说，她是否已经知觉到自己应该做些什么不同之举，才能针对其“成为高年级生”这个困扰建构出合适的解决之道。不过无论如何，克里斯蒂娜和彼得已经有了一个很好的开始。他们通过确认到底什么是克里斯蒂娜想要的，将对话转入“解决式谈话”。克里斯蒂娜并没有将其他情况看作造成高年级生困扰的来源，相反，当她说“不过我真的该为这种情况做些什么”的时候，这似乎已经意味着她将自己视为解决之道的一部分。

会谈小提示：彼得并没有用与众不同的方式来邀请克里斯蒂娜进入解决式谈话。他一开始先邀请克里斯蒂娜描述自身的困扰以及她已经尝试过的方法。在克里斯蒂娜给予信息后，彼得很仔细地听，以便确认克里斯蒂娜是否界定出她所关注的议题，以及她是否想要有任何改变。当他听到“高年级生”是她关注的议题时，他将对话转向克里斯蒂娜对“高年级生”定义的知觉，以便增进对她所关注议题的理解。当克里斯蒂娜在描述的时候，他保持好奇的状态，尝试了解这些知觉暗示了克里斯蒂娜想要什么样不同的生活。他并没有详细地预估问题，反而是与克里斯蒂娜一起梳理清楚，她并不是想在学习上花费更多时间，也不是想要更高的成绩，而是想要将罪恶感消除。当彼得明白克里斯蒂娜想要从他们的关系中获得什

么以后，便可以开始发展构成良好的目标。这一步骤，我们会在第五章里详细说明。

● ● ● 注意事项

需要强调的是，我们在这里说明的是彼得和克里斯蒂娜一起“建立理解和意义”的过程，并没有把克里斯蒂娜归类为某一种特别类型的案主。所以，我们没有描述或诊断克里斯蒂娜为合作性和自愿性的案主。实务工作者如果将案主假定为自愿或非自愿、合作或不合作的服务对象，就会对案主具备哪些建构解决之道的能力抱有不合乎实际的期待。我们拒绝用这种分类方式来看待案主，这样就可以对案主的种种可能性抱有更多的希望。

● ● ● 当案主表示其他人应该改变时

这样的情况通常发生在会谈的初期，实务工作者和案主已经能够一同确认所关注的议题或问题，但是却没法确认案主在建构解决之道中所扮演的角色。双方的对话表明案主通常能够详细地描述问题，并说明寻找解决之道的重要性，但是案主并未觉察到自身是解决之道的一部分。相反，案主认为解决方式需要改变配偶、孩子、雇主、朋友或同事等。以下的对话就是这种情况的实例。

茵素：我可以怎么帮助你呢？

爱丽丝(Alice)：我希望我的儿子还有被挽救的可能。他从来都不是一个有动力学习的孩子，但他最近的情况越来越糟。他聪明，但是不爱学习。不，应该说他一直都很懒。他的爸爸也是这样，没有一点儿上进心，只想着跟朋友出去鬼混，都变野了。我担心我的儿子会跟他爸爸一样。他现在都不准时回家，也不会想着帮忙做家务，只会翘课。

茵素：所以，我该如何帮助你呢？

爱丽丝：我已经不知道该拿他怎么办了。当他不回来的时候，我就会像疯子一样不停地担心。街头充满了暴力，做母亲的总会担心孩子。当然啦，他父亲是另外一种状态。当他跟那个女人在外面鬼混的时候，他眼里只有那个女人，儿子对他而言什么都不是。我曾求他想想孩子，但这样有用吗？混蛋，没有！我在努力维持一个完整的家，但他却一点儿也不感激我。

……………………………………

在上述的案例里，茵素和爱丽丝正发展出对问题的共同理解——爱丽丝的儿子对学习缺乏动力，并且有不良行为。然后，没有任何迹象可以显示，爱丽丝知道自己可以做出什么改变来建构解决之道。她看起来对现状感到无能为力，并且以“问题式谈话”的方式讨论着她的儿子和丈夫。在一开始我们和案主对话的时候，情况就与茵素和爱丽丝的对话很像。人们只有将自己视为解决之道的主要部分，才能够靠自己的力量前行。作为一名实务工作者，这意味着你需要有能力和一部分没有将自己视为解决之道的案主一起工作。

会谈小提示：在这种情况下，案主通常想要实务工作者去改变他所提到造成困扰的人，不论是配偶、孩子，还是同事。如果问题制造者并不在场，案主还可能询问实务工作者是否可与对方见面会谈。换言之，案主希望让实务工作者去改变他人。

不过很多情况下，要邀请制造麻烦的一方进入服务是不太现实和可能性不大的事情。而这种情况下，案主会希望从实务工作者那里获得具体的指导，用于改变那个问题制造者。最后，案主还可能只是想要表达自己对生命中重要人物的失望与失落，却不去探究有谁或什么事情应该被改变，只希望实务工作者成为其倾诉的对象。

通常的观点是，如果案主不愿意对自己的生命改变负责，那么他应该被告知这一点：一味指责别人并不能解决他们自己的问题。伊根（2010：212）写道：实务工作者必须学习去挑战案主，让他们说出来，是什么阻碍了他们理解和处理他们的困难境遇，是什么阻碍了他们识别和构建改善生活的机会。这些阻碍包含在“自我挫败的思维模式”“失能的外在行为”“对世界的曲解”以及“未使用的优势和资源”等之中。伊根也指出，实务工作者面对“停滞不前”“坚持失能行为模式”和“无法把握机会”的案主时，可采取面质的方式（Egan，2010：238－239）。但我们并不赞同这种说法，因为挑战和面质案主目前的知觉并不是最有效的方式。我们倾向于采用在第三章中所描述的那些技巧，通过那些技巧，我们试着尊重案主目前的知觉，同时我们也将焦点从那些问题的制造者转移到案主的身上，或者转移到任何案主在正向变化发生中可扮演的角色上。通过提问，我们邀请案主从“问题式谈话”转向“解决式谈话”。以下，茵素就将开始这样一个过程。

茵素：我能看出来，你现在的情况很糟糕，我想知道，你认为应该发生什么，才能让你和儿子相处起来不那么困难？

爱丽丝：首先就是他应该去上学。我跟他说，如果不接受教育的话，他是不会有前途的。

茵素：这真的非常重要。我不知道他怎么样才能做到去学校，不过我们假设一下，只是一个假设：他去了学校并且能够留在那里(我们不知道什么原因)。如果这样的情况真的发生了，你的儿子会要求你对他的方式有什么改变？

爱丽丝：他希望我不要一直对他唠叨。这大概就是他可能说的——不要一直唠叨，能够跟他和蔼一点儿讲话。事实上，只要他去学校上课，并按照我说的去做，我就没有理由再对他唠叨啊。他根本就不知道我有多么担心他。

茵素：我相信你很担心他。你看起来真的很在意他。

这里请注意，茵素并没有挑战爱丽丝对问题的知觉，或是谁需要有所改变。她接受了爱丽丝的知觉：只要她的儿子能够有改变，就会对她有帮助。随后，茵素通过假设“她的儿子完全按照她所期待的那样变化了”，将对话的焦点从爱丽丝儿子有什么问题【问题式谈话】转到了爱丽丝的身上。当爱丽丝开始思考这种可能性的时候，茵素就接着问她，在这种情况下，她的儿子会看到爱丽丝对他的行为有何变化。爱丽丝说可能“不要一直唠叨”，这表明爱丽丝开始接受茵素的邀请，转换了会谈的焦点，并开始进入解决式谈话。通过与茵素的对话，爱丽丝可能建构了一个新的知觉：她可以对儿子做点儿不同的事情，以朝向解决之道——例如，对儿子少唠叨一点儿，或是和蔼地和他讲话。茵素下一步的任务是运用“解决式谈话”引导爱丽丝补充、拓展更多内容，什么是“对儿子唠叨少一点儿并且和蔼说话”的定义，以及她可以如何去行动。这也就是如何发展构成良好的目标，这个部分我们将在第五章中讨论。

如果案主拒绝进入“解决式谈话”的邀请怎么办？学生和工作坊的学员常问我们：“如果案主拒绝进入解决式谈话的邀请，并且继续批评和指责其他人，那么我们该怎么办呢？”这是一个很重要的议题，因为很多案主都会如此。

其实我们可以有几种方法来处理。第一种方法是，定期将焦点带回到案主身上，并且询问他：“有什么事情发生，会告诉你这个问题是可以被解决的呢？”你也可以问：“如果可以的话你希望我怎样帮助你呢？”另外一种处理的方法是，询问案主有多大的可能性可以发现解决之道，用0(没有任何可能)到10(完全可能)的量表，让案主选择一个数字并加以说明。如果案主深陷困扰，你可以采用“应对式问句”来询问。这些回应的方法将会在稍后的章节中进行讨论，详见第八章到第十章。

当案主看起来对改变没兴趣或者不想改变时

想象一下这样的场景，案主开口告诉你，他们没有兴趣和你一起工作。他们可能告诉你，他们没有问题，或者其他人才是真正有问题的。那些被强制来接受服务的案主——例如，被法院、儿童保护机构、学校或父母强制要求来的，常常会以这样的方式来开场。对于前来与实务工作者见面，他们可能会感到困扰、烦躁，甚至极其愤怒。

实务工作者常告诉我们，最困难的就是和这样的案主打交道。要说明我们是如何思考和处理这样的情境，最简单的方式就是用一个详细的案例来解释。

贝丝的背景资料

最近，茵素被邀请去为一个15岁的女孩提供咨询，大家都称她为贝丝·维瑟(Beth Visser)。在茵素见到案主之前，她已经了解案主的背景资料，同时也被告知，社会工作者(简称“社工”)和贝丝的父母已经不知如何对待贝丝了。

社工认为贝丝的核心问题是“不受控制、冲动性强、善于操控他人”。社工也描述了她曾尝试过的方法，作为相当有经验的专业人士，她从“问题解决”的视角来改变贝丝的核心问题。通过指出贝丝的错误、跟她讲道理、指出她言行不一致的地方、安排心理治疗师对她进行个别治疗、安排其他治疗师对他们全家进行家庭治疗以及送她去治疗性的寄养家庭，试图使贝丝能够稍微懂事一些。但这些方法并没有帮助贝丝真正停止她毁灭性的行为。所以，茵素能够理解社工的挫败感与失落感。

为贝丝提供过服务的社工和其他人士都认为这些尝试之所以失败，是因为贝丝非常不合作。他们认为贝丝的毁灭性行为源于她潜在的抑郁倾向。因此，他们相信唯一有用的治疗方式就是把她送进医疗机构，进行长期密集的个别治疗。

茵素接手这个案例时，社工正在向法院申请要求支付长期而昂贵的个别治疗服务费用。她希望能够把贝丝安置在另一个州的某家机构，这家机构以治疗问题青少年著称。社工选择这家机构，是因为其位置偏远，管理严格，而贝丝曾经有逃跑和威胁自杀的记录。

最近，贝丝报警说她爸爸虐待她。于是警察赶往维瑟家，将维瑟先生铐上手铐带走，去警察局按手印，然后再释放。与此同时，贝丝被带往医院急诊室进行检查，但她身上没有被虐待的痕迹。社工决定让贝丝先暂住在朋友家。

茵素被邀请一同前往贝丝的学校，社工原本打算在学校里和贝丝讨论昨晚发生的事情。会谈的地点在校长办公室，由社工开始对话。

社工：我想，昨晚你和你父母又一次发生了很大的冲突。你父母对你感到很沮丧。究竟发生了什么呢？

贝丝：这不是我的错。我爸爸无缘无故把我推到墙上。他总是把我推来推去。我朋友昨天也在场，她看到了，你可以问她。我妈总是站在我爸那边，我跟你说的都是实话。我爸爸没有任何理由就把我推到墙壁上。我只是说我想出去玩，想要一点儿钱。他无缘无故就用力推我，推得我的头都要裂开了。这完全就是虐待儿童。

社工：我看了警察的报告，报告上面不是这么说的。那现在，你认为你爸爸为什么要推你呢？

贝丝：果然都没有人相信我。每个人都认为是我的错。

社工：你要知道，贝丝，你说你头上流血了，但警察和医院的报告都说没有证据显示你的皮肤有破损。

贝丝：（双手抱头，开始大哭）每个人都跟我作对，没有人相信我，连我奶奶都说是我的错。我已经告诉你了，是我爸爸推我。你去问我的朋友，她目睹了整个过程。我爸爸也推了她。

社工：嗯，我很难相信你。因为你说的并不全是真话，而且这次医院的报告显示没有任何流血的痕迹。好吧，你现在不用回家了，我们会为你找一个临时的住处。

贝丝：（继续哭泣）每个人都跟我作对。现在我都没地方可以去了，我不要再去寄养家庭。他们把我当作宠物一样。

社工：你不认为你应该更加诚实一点儿说明究竟发生了什么事儿吗？你忘记上次你撒谎说你被强暴给你自己带来多大麻烦吗？所以，到底发生了什么事儿？

贝丝：没有一个人相信我。我告诉你的全是实话。这次我爸爸真的推我推得很重，把我的头都撞破了，我用浴巾包住了头，我看到浴巾上的血。他的拳头打到我这边（用手指着她头的右侧）。

社工：但警察在报告中指出，你爸爸承认他只是用手掌拍了你而已。

贝丝：这是骗人的！你必须相信我。那时我还用浴巾包着我的头（她用右手指着自己头的右侧），当我拿下浴巾时，上面有血。

社工：贝丝，对这件事你应该诚实一点儿啊。

贝丝：（再次开始哭泣）看，每个人都在跟我作对。没有人相信我，但我告诉你的都是实话。你应该相信我，因为我说的都是实话。

社工：我不知道我该相信你说的哪句话。不过，在找到帮助你的最佳方法之前，我会为你安排一个临时住的地方。

贝丝：我想要回家，但我不知道我爸妈是否乐意接纳我回家。因为我捍卫自己的权利，所以他们对我很生气。我不得不打电话报警，但我奶奶说我不该这么做。她现在都不和我说话了。没有人关心我。

社工：我会斟酌怎么做对你最好，贝丝。你爸妈不希望你回家，我们必须为你找个地方住。

贝丝：我不想去寄养家庭。如果我最后被送到寄养家庭的话，我会逃跑或者自杀。

随着对话的进行，贝丝变得越来越防备，深深地陷在自己的故事里。

她越是防御，社工就越是指出警察和医院报告的事实。很快，互动开始像是一场拉锯战，而不是有益的对话。显然，无论是社工还是贝丝，都认为自己没有被对方理解而感到沮丧，因为她们都认识到现在的对话会以跟之前一样的结局收场。

●●●● 会谈小提示：对案主的知觉保持尊重和好奇

像贝丝这样的案例，实务工作者通常都会贴上“老大难”的标签，表示案例难度很高。尽管工作者进行了最严谨的预估，表现出了强烈的助人意愿，但这些案主仍旧看起来不太愿意合作。他们不会跟从实务工作者事先设计的介入策略。最后的结果是，许多实务工作者都预期案主会有所抗拒。标准的教科书会教授大家如何识别并处理案主的抗拒。这一案例中的社工就是运用标准程序之一的挑战和面质处理这种情形的（Egan，2010；Hepworth et al.，2010）。贝丝声称被虐待，但这与警察、医院的报告说法不同。

我们的取向则会采用另外一种方式。正如我们在前文中所描述的，我们采用未知的姿态以及“慢一拍”引导的方式来和案主一起工作。当我们与案主开始工作时，我们假设案主的个人知觉及其对环境的知觉在参考架构内都是合理的。我们的工作是对案主知觉中我们所不理解的部分提出问题。我们也相信案主是有能力的，即使他们所描述的信息和观察对我们来说是难以置信的。

●●●● 会谈小提示：让案主对他们的知觉负责

尽管尊重案主的知觉是有意义的，但我们也会强调让案主对他们的知觉负责。例如，如果一个青少年说“当我少学习一点儿的时候，我在学校的表现会更好”，我们便会开始提出探索性的问句：“什么事情让你认为，当你学习少一点儿的时候，你在学校的表现会更好？”“学习少一点儿，是如何对你有帮助的呢？”我们会用尊重的语气来提出这样的问句，这会让案主有机会向实务工作者负责地解释他们的知觉。这些问句暗示着案主有能力对情境产生准确的知觉，并且对知觉进行有意义的陈述。矛盾的是，即便这样的责任会给案主带来压力，但是我们却发现，正如德·沙泽尔（1985）提到的，案主的抗拒会渐渐消失。

当我们开始会谈的时候，要注意以下两点：第一，案主对他们自身及其周遭环境的知觉；第二，案主对他们想要什么的知觉。无论案主是自己来找我们，还是被要求来见我们，我们对这两点都应重视。类似贝丝的案主被强制要求来见实务工作者，如此，他们对环境的知觉以及他们想要从专业关系中获得什么，还是深受他们当时的情况所影响。

● ● ● ● 会谈小提示：留意案主是如何到你这里来的

案主进入专业服务系统的途径会影响其与实务工作者工作的开展。因此，我们从一开始就会十分注意案主是在何时与何种情况下进入服务系统的，以及案主为何在这时候前来。这些信息会告诉我们下一步如何与案主展开工作。在贝丝的案例中，我们可以看到贝丝不是唯一的案主。社工、贝丝的父母、法院、学校都希望情况能够好起来。当茵素初次与贝丝见面的时候，她对贝丝周围的人所想要的，比对贝丝自身想要的还要了解得更多。至少在会谈的一开始，贝丝周围的人其实都是案主。留心贝丝来到这里的过程，茵素发现贝丝对其身边人想要达到的目标毫无兴趣，并且她对贝丝想要什么(如果有的话)也了解得较少。

注意案主如何进入服务系统，这一点十分重要，因为这对案主看待问题的方式、认为需要改变的人和事，有着重要的影响。从贝丝的角度来看，她指控父亲的虐待、与法庭及学校之间的关系紧张、扬言威胁要逃跑和自杀等可能都不是问题所在。对贝丝来说，问题可能是她的父亲有虐待倾向、整个服务系统具有侵入性。贝丝对问题的界定会影响她的行为举止，同时也影响着情况的发展以及她如何来回应实务工作者。

那些被其他人强制要求来见实务工作者的案主，通常也面临着被强制去完成某些事情，如停止喝酒、找到工作、当合格的父母、去学校上课、不要在街上游荡、停止虐待等。这样的案主通常会认为，他们对什么是自己的目标以及如何达成这些目标，通常都没有选择。他们也常把这些命令看成毫无理由的惩罚，是不公平的事情，或是“某人找碴儿”的证据。在这样的情境下，正如黑利(Haley)所指出的，周围的所有人都期盼实务工作者扮演社会控制者的角色(Haley，1987)。大部分被强迫来的案主其实都能意识到这一点，他们因此便会预判实务工作者只会倾听周围人想要什么，而非他们想要什么。

当然，对被强迫的案主来说，他们自然的反应便是抗拒，并试图破坏他人对他们的控制。因为当人们让自己臣服在他人控制之下的时候，不知道为什么，人们便会觉得自己的尊严被剥夺了。或许正是这个原因，在历史和文化的长河中，反抗是对压迫最常见的反应。这样的视角让我们可以理解，为什么贝丝会向她的社工做出如此反应。让我们再次回到贝丝和社工的对话，我们可以看到她们两个人无法就问题达成共识：贝丝认为问题是虐待儿童，而社工认为贝丝夸大了事实并撒谎。此外，她们两个人也无法一起确定目标：贝丝说她想要回家，而社工认为这是不可能的，并且说她必须为贝丝安排一处住所。

我们在观察中发现，如果双方没有对问题及案主想要的达成共识，那么案主就不太可能有兴趣去改变，至少他不会朝着他人想要的方向去努力改变。正如先前所提到的，在助人领域中，很多人相信社工应该挑战和面质案主的否认，以帮助案主正确知觉问题并做出改变。有些学者指出，面质的技巧会有助于将抗拒最小化，并协助案主在新的领域内能有所发展(Ivey，Ivey，and Zalaquett，2010：239)。这一观点认为，如果事实无法支持案主的知觉，实务工作者应该采用面质的方式让案主改变其对问题或目标的看法。然而，通过面质的方法去改变一个人的知觉，其实是很困难的事情。因此，学者们都把面质视为一项复杂和高级的技巧。

会谈小提示：倾听和找出案主想要的，并以此为基础向前推进

让我们再次回到贝丝的案例，当茵素与贝丝共同界定出贝丝想要的目标时，看一下茵素是如何将注意力放在案主的知觉上的，并关注案主是如何来的。社工看到自己和贝丝不断重复着令人沮丧的互动模式，便向茵素寻求如何继续服务的建议。茵素则询问贝丝，问她是否愿意回答几个问题。

茵素：我坐在这里，听你诉说你是如何的沮丧。贝丝，如果可以按照你的方式，你希望生活能有怎样的不同呢？

贝丝：（被激怒了）我已经告诉过你，我想回家，但没人肯让我回家。

通过简单询问贝丝想要的生活有什么不同，茵素确定了贝丝真正想要的是“回家”。和其他许多在此情境下的案主一样，贝丝已经说了很多遍什么是她不相信或是她不想要的，而当案主被尊重地询问什么是她想要的

时，她会很快给予回应。茵素立即意识到，或许贝丝可以和她在“回家”的议题上发展出建设性的工作关系。贝丝对社工说的“讲实话”和“对发生的事情要诚实”已经毫无兴趣，于是茵素进一步询问更多细节，以便了解什么是贝丝想要的。

……………………………

茵素：我有些困惑，贝丝。为什么“回家”对你来说那么重要呢？

贝丝：因为我想和我爸妈住在一起，而不是住在寄养家庭中。我已经有一个家了。

茵素：我可以看得出来，回家对你来说很重要。你认为你爸妈知道这一点吗？我的意思是，他们是否理解与他们住在一起对你很重要？

贝丝：我爱我的爸妈，他们都知道这一点。

茵素：你认为他们真的知道吗？我不太确定他们是否知道。你可以做些什么，才能让他们知道你有多么爱他们，以及你多么想和他们住在一起呢？

贝丝：嗯，我想回家。

茵素：是的，我知道你很想回家，所以你可以做些什么才能让你回家呢？我的意思是，要有什么事情先发生，然后你才能够回家。你认为呢？

贝丝：我爸妈需要允许我回家。但他们不会这么说的，因为昨晚的事情，他们对我很生气。

……………………………

茵素邀请贝丝拓展她想要回家和爸妈一起住的期望。随着对话的进行，茵素越来越肯定这就是贝丝真正想要的。随后，她邀请贝丝讨论她需要做出哪些努力，才能让回家这件事发生。请注意在整个过程中，茵素是如何停留在贝丝知觉上的。茵素以未知的姿态获得了更多的信息。她没有给贝丝任何建议或意见，因为她知道贝丝一定会拒绝。相反，茵素让贝丝拓展知觉，以便能清楚了解贝丝的立场和想法。即使这意味着对贝丝而言有很多事情要去做，因为她可能从来没有用这样的方式思考问题，但她的动力似乎得到了激发。我们认为能够达到如此效果，是因为茵素紧紧围绕贝丝真正想要的来展开工作。

……………………………

茵素：嗯，我可以理解他们今天对你有多生气。这样的话，你爸妈认为要发生什么，才会让你回家？

贝丝：他们认为这都是我的错。但我爸爸真的打了我。

在这里，如果被贝丝的企图所牵制，由着她拉回到之前发生的事情，讨论谁应该负责，那会谈将毫无成效。那位社工其实早就这么做了，并且和往常一样毫无进展。如同其他案主没有选择，需要见另外一位实务工作者一样，贝丝可能与成年人、社工、寄养家庭的家长、心理学家、心理咨询师以及其他试图帮助她的人，有着好多年争论的经历。这些争论——究竟发生了什么？为什么情况会这样发生？究竟是谁的错？——很难找到解决方法。相反，它们通常会带来挫败、误解和伤害。防止这种问题式谈话的一种有效方法是，认可案主对事实的知觉，将对话的焦点放在案主想要什么，以及案主认为要实现它们需要采取哪些行动上。这就是茵素与贝丝对话的方式。

茵素：我可以看得出来，你认为你爸爸真的打了你。（充满了真诚的好奇）所以，要发生什么，你才能回家？

贝丝：爸妈说了，我需要先道歉，然后保证以后会听他们的话。

茵素：如果你道歉，保证以后会听他们的话，你觉得他们会有多大可能相信你呢？

贝丝：我知道我爸爸对我很生气。

茵素：所以，他们会说你需要先做些什么，才能让你回家呢？

贝丝：我可能需要等两天，直到他的气消了，然后我再向他们道歉。

我们来分别比较一下贝丝与社工、茵素的对话，看看这两种对话会产生什么不同的结果。贝丝和社工的对话陷入了僵局。但与此相反，贝丝和茵素一同确认了什么是自己想要的，并开始努力思考可以做些什么来让目标达成。茵素以未知的姿态询问贝丝的知觉，并且接纳贝丝的知觉，这让茵素的工作得以产生效果。茵素将焦点放在贝丝身上，并且当贝丝将对话切换到问题式谈话时，茵素再度邀请她回到解决式对话中去。尽管其他人都对贝丝感到很失望，但茵素却假定贝丝是有能力的——有能力在困难的境遇中思考和描述什么是她想要的，也有能力发现和善用自己身边可获得的力量和资源。

遇到看似抗拒或没有兴趣改变的案主，实务工作者可采取以下策略。

■ 假定案主有充分理由去如此思考和行动。

■ 放下你的评判，理解案主知觉背后谨慎、防卫的态度。

■ 一定要询问案主，就他的知觉而言，他最感兴趣的是什么，也就是询问案主最想要什么。同时，接纳案主的回答。

■ 使用案主的说话方式来回应，而不是试图用你的说话方式来转述案主的用语。

• • • 如果案主想要做的事情对他们不利怎么办

我们在工作坊中常常对参与者和学生讲到要接纳案主的知觉，尊重他们想要的，这个时候有人会提问：如果案主想要的对他们不利该怎么办？其实我们很少遇到案主会坚持做那些我们觉得对他们不利的事情，不过，这样的情况也有可能会发生。

让我们假设有一位案主——比尔（Bill），他告诉我们继续喝酒对他及其家庭都是有利的，而且这是他想要的，这个时候我们该怎么办呢？要抽象地回答这个问题其实很困难，因为案主针对某一个点说的话，其实会和先前讲过的话有关。从广义上来讲，我们的回应会和前面讨论过的其他情境一样：采用未知的姿态。我们会假定案主是有能力的，并且采用“慢一拍”引导的方式，使用他的语言来回应，同时邀请他拓展他的知觉：“生活中发生了什么告诉你继续喝酒对你是有好处的？”“是什么告诉你，这对你的家庭是有帮助的？”或许我们也可能使用关系问句，邀请他从其他重要他人知觉的角度，思考什么是他想要的：“假设我问你的太太，你继续喝酒对你的家庭有什么帮助，你觉得她会怎么回答呢？你的孩子又会怎么说呢？”

无论案主一开始所说的目标看起来多么不切实际，甚至危险，我们始终相信，实务工作者仍旧应该保持尊重的姿态。即使是在很极端的情况下，如果实务工作者能够采取认真和尊重的姿态来对待案主，绝大部分案主还是有能力达到目标的。虽然不愿意这么做，但是实务工作者还是有可能不得不剥夺案主自决的权利。但我们建议这个方式必须在好几个建构解决之道的程序都无效后才使用。当我们在后文讨论危机情境的时候，我们会重新讨论这个议题(如虐待和自杀等)。

• • • 如果案主什么都不想要

在极少数的案例中，即便你在第一次会谈的时候已经采用了好几种建构解决之道的方式，但案主似乎仍然不想从他和你的专业关系中获得什么。这样的情况会影响你在会谈结尾阶段给案主的反馈。可能在这样的情况下，你无法建议案主去做出任何改变，因为他已经告诉你好多次他不想要有任何不同。但是，你还是可以回应案主。我们会在第七章讨论结尾阶段的反馈时来说明这个议题。

增进案主的合作与动机

几乎每一本讨论如何与案主一同工作的教科书——无论是心理咨询、家庭治疗、医疗、护理、心理学、社会工作、药物滥用治疗、职业辅导，还是其他的助人职业——都会讨论如何减少案主的抗拒、矛盾反应或不合作的状况，以便增进与案主的合作关系，加强案主改变的动机。这种讨论其实延续了深受弗洛伊德影响的医疗式助人模式，弱化了以能力为本的助人模式。专业人士将案主分为合作与抗拒两种类型，意味着相信只有专家才知道什么是对案主最好的。当案主不认同专家的意见，不依循专家建议的介入方案时，案主的不顺从通常就会被归因于案主对现实的扭曲，甚至是个人深层的病理因素。在医学模式中，专业人士很少(即使曾经有过)会为专业关系的失败负责。

教科书一再告诉初学者，案主会存在抗拒行为，所以当实务工作者和案主一起工作的时候，需要能够倾听案主的话并识别案主的抗拒行为。一旦实务工作者察觉到案主抗拒，特别是有明显的抗拒形式，他们就会被教育去挑战和面质案主。因为案主被假定为没有能力改变，除非他们愿意承认自己的问题。

医学模式假定实务工作者和案主之间的关系是“主体与客体”的关系，这就是说，实务工作者（主体）被期待通过专业的预估和介入去改变案主（客体）。如此，一旦案主表现出进步，实务工作者就有功劳；当案主没有改进的时候，实务工作者显然就没有功劳，实务工作者和案主都会对服务有效性感到疑惑。然后，案主的“抗拒”可以成为案主没有改进的主要因素，如此实务工作者便可以不用承担案主没有进展的责任了。

德·沙泽尔（1984）在一篇有着戏剧性标题——“抗拒之死”的文章中指出，在助人专业领域中，“案主抗拒”这一概念是由实务工作者的观念或其所建构的事实来进行表述的，很少有其他客观的事实作为支撑。德·沙泽尔从非常不同的角度看待这个问题，他建议实务工作者应当将案主抗拒的行为看作案主选择合作的特殊方式。例如，案主如果没有遵循实务工作者给出的治疗性或问题解决式的方案，并不代表着案主在抗拒，因为抗拒也是一种合作方式，这种方式旨在告诉实务工作者他们的方法不适合案主的做事风格（de Shazer，1985：21；1991：126）。

由于抗拒的概念来自医学模式的假设，德·沙泽尔对抗拒的概念进行了再建构，他基于自己的假定，将抗拒视为合作的一种形式。德·沙泽尔假定案主有能力找到他们想要（或需要）的，也有能力达成这样的目标。实务工作者的责任是协助案主发现这些能力，并引导他们创造出令自己更为满意的生活。

一旦我们认为“案主是有能力的”，我们便会得出一个具有挑战性的结论：与其说是“案主抗拒”，还不如说是“实务工作者抗拒”。我们之所以失败或陷入僵局，并不是因为案主抗拒，而是因为我们没有认真听案主的话、没有把他们所说的当作一回事。

在建构解决之道的取向中，我们通过“停止使用自己的参考架构”，用心倾听案主，邀请案主一同参与建构解决之道的对话。在本章的开头，我们就引用了美国原住民谚语来展现我们对案主动机的看法。

告诉我，我会忘记。给我看，我也未必能记住。只有带上我一起参与，我才会明白。

（美国原住民谚语）

……………………………………

正如本章案例所阐述的，案主的合作程度与动机强弱可以短时间内发生改变，这取决于案主认为会谈对他们是否有效或有帮助。如果案主认为会谈有效，那么我们就必须尊重案主并询问其对自己的问题的界定、什么是他想要的以及解决的可能性所在。例如，在贝丝的案例中，我们可能很轻率地就误认为她想回家跟爸妈同住的想法是不切实际的。相反，茵素却看到这个提示的可能性，并且用语气尊重的问句和她继续对话。茵素放下自己的参考架构，同时在"做什么能够让贝丝回家"的议题上开启彼此的对话。

在建构解决之道中，如果案主的声音被听见，并被邀请来一同形塑自己的未来，那么即便如同贝丝那样声名不佳的案主，也有可能与其父母实现合作。贝丝可能最终决定先在安置治疗中心住一段时间。如果她的选择是来自同实务工作者尊重性的对话，那么她就更愿意去配合这个方案，而不太会以逃跑或自杀来威胁。在思考什么是对她最合适的、什么是她的治疗方式的时候，贝丝本人才是真正的决定者。我们相信，这样的参与代表着真正的赋能。

茵素与贝丝接下来的对话展示了她们两个人构建可行的短期计划的过程。

……………………………………

茵素：这看起来似乎是个好主意，你可以先等几天，直到你爸妈气消了再向他们道歉。在你等待的那几天里，你可以做些什么呢？

贝丝：我想我应该每天去上学，遵守各项规定，和爸妈好好说话，不要向他们提出任何要求。我知道怎么和佩姬(Peggy)的妈妈相处。和他们住在一起的时候，我会做家务。佩姬的妈妈说，我愿意住多久都可以。

茵素：哇，你知道很多事情啊。大家都说你很聪明，我看那是对的。告诉我，为什么佩姬的妈妈愿意让你住在她们家呢？没有人愿意让别人家15岁的孩子住在自己家的。（两个人都笑了）

贝丝：她很和善，我也很喜欢她。我经常帮助她洗碗、整理桌子，还做一些其他事情。当我住在佩姬家的时候，我很听话的。她妈妈说我想住多久都行，因为我在那里可以帮她许多忙。

茵素：真的吗？ 我都不敢相信啊。青少年常常被贴上"脏乱差"的标签。

贝丝：（笑了）嗯，我就是啊！住在朋友家里的时候，我知道怎么好好表现。

这段对话开启并展示了贝丝从未表现出的另一面，展现了贝丝的优势和她过去的成功经验，她可以运用这些朝着自己想要的目标前进。此外，这个对话在建构解决之道的轴线上维持得越久，贝丝越有理由相信自己是一个能助人、爱干净、守规矩的人。茵素的任务就是保证解决式对话能继续进行。

茵素：贝丝，你从哪里学会这些的啊？

贝丝：从我妈妈和奶奶那里。

茵素：你妈妈和奶奶知道她们教会你这么多吗？

贝丝：嗯，我想她们不知道吧，因为我从没告诉过她们。

茵素：你要怎么做，才能够让你妈妈知道她已经教会你这么多事情呢？

贝丝：我想，我应该直接告诉她？

茵素：你会如何告诉她呢？我的意思是，告诉你妈妈你从她那里学习了好多。

贝丝：她现在对我很恼火，过几天再告诉她吧。

尽管在会面伊始，社工和贝丝无法在贝丝"说实话"的议题上建立工作关系，并且贝丝对服务保持防卫和不合作的态度，但是在和茵素的对话中，贝丝渐渐地改变了态度，且看到了自己想要什么，也有了一个初步计划。很清楚的是，还有很多事情等着贝丝和她身边的人一起去完成，但在讨论她如何回家的议题上，贝丝和茵素已经发展出合作关系。

在本章中，我们已经讨论了实务工作者和案主开始会谈时，可能面临不同的会谈情境形式。在此，我们的目标是去阐述如何在不同的情境下与案主建立合作关系。虽然对实务工作者来说，每个情境都会不同，但建构解决之道的实务工作者都在尝试同样的行动：仔细倾听，然后获取案主想要有何不同的细节。我们认为，尊重案主，围绕案主真正想要的来建构解决之道，将会增强案主改变的动力，增进与案主的合作。

第
五
章

奇迹式问句：如何拓展案主的期待

有些人会看着事情的发展，然后问"为什么？"我却梦想着本不可能之事，并问"为什么不呢？"

(Robert F. Kennedy 改述自 George Bernard Shaw)

只有当人们开始创造可能性的景象时，他们才能朝着自己满意的方向前行。一旦如此，他们的问题便会迎刃而解，或至少没令人头疼了。

(Saleebey，1994：357)

萨勒贝伊(1994)以既有研究为证，阐述他对案主潜能的信念。这些研究(Modcrin，Rapp，and Poertner，1988)以一些被诊断为有慢性精神疾病的案主为研究对象，其中不少案主接受过住院治疗。研究者们假定案主是有能力的，并确认其定义的目标，结果在案主身上见证了奇迹般的效果。

这些人，几乎毫无例外，开始一同建构生命——无人预期他们会如此。但神奇的是，他们"不为病情所困"。事实上，他们的病症都差不多，但病人之外的角色驱使他们开始诉说病症以外的故事："我是一个上班族""我是一名司机""我是某人的配偶和父母"。所有病症被赋予了象征意义。

(Saleebey，1994：357)

我们和案主之间的经验与此类同。正如德·沙泽尔(1991，1994)以及其他学者(如 Berg，1994；Berg and de Shazer，1997；Berg and Kelly，2000；Berg and Miller，1992；Berg and Steiner，2003；de Shazer et al.，2007；Fiske，2008；Furman and Ahola，1992；George，Iveson，and Ratner，1999；Lee，Sebold，and Uken，2003；Mcdonald，2007；S. D. Miller，Hubble，and Duncan，1996；O'Hanlon and Weiner-Davis，1989；Talmon，1990；Walter and Peller，1992，2000；Young，2009)所发现的那样，案主建构生命活力的能力令人印象深刻。

为了说明建构解决之道的过程，我们假设有一个人想要计划自己的假期。让我们称她为安妮(Annie)。在日复一日的生活压力下，安妮觉得她的生活或许应该发生些变化。一天，她暗自思量："如果能够找个地方度假该多好啊。"如果她一直有这个想法，那么她就会开始思考，她大概想去什么地方："我想要远离这里，或许离开这个国家，或许去比较温暖的地方。"在评估旅行所花费的时间和金钱之后，如果她仍然觉得计划可行，那她便会开始更仔细地思考，在她到了当地后，可以去哪些地方玩、想做哪些事等。她可能会和去过这些地方的朋友聊聊，也可能会找旅行社的业务代表询问，或去图书馆、书店找找旅游方面的书。在她浏览过有关巴哈马群岛、墨西哥、希腊、巴西、夏威夷的介绍后，如果安妮开始思考要去哪一个地方，她就会对书中所介绍的内容逐渐形成更丰富的概念：巴哈马群岛有如画般的海滩和浮潜的乐趣，希腊和墨西哥有展现古代文明的遗迹，巴西的里约热内卢有激动人心的夜生活。在对几个可能会去的景点有了更深入的了解之后，她可能会偏爱其中的某些景点。此外，当考虑可行性的时候，她也会思考要如何抵达目的地。她开始计算花费："我可以坐飞机，又快又便宜；我也可以乘船，这稍微贵了一点儿，但是很放松。"考虑如何到达目的地，很可能还会影响她决定最后去哪个地方。安妮可能会因为觉得费用太高，而将出国度假改为去国内比较温暖的地方旅行。她也可能妥协："至少这样我可以自己开车去，也比较省钱。"

让我们从几个角度来观察这个案例。第一，安妮从一开始不清楚要去哪里，到了后来慢慢思考一些问题，例如，到了当地会发生什么等。她思考得越深入，发现自己越被执行的可行性所影响。第二，考虑如何抵达目的地也会影响她对目的地的选择。由于考虑到需要花费多少时间、费用以及其他相关的各种事情，安妮开始慢慢改变她的知觉和对行程的看法，于是不同的旅行地点对她产生了不同的吸引力。第三，她发现要计划一次旅游，还有好多事情需要去做。第四，这个过程显然不是找到一个完美的旅游目的地，而是找到一个让她能有足够动力去旅行的地点。

我们发现案主对目的地的思考优先于对交通方式的考虑。当案主开始思考自己的生活要有什么不同时，似乎最有效的方式是先界定"什么"是想要的不同，然后再思考"如何"才能让它们发生。虽然有的时候这两者会被混为一谈，甚至还会掺入问题式谈话，但是，"什么"比起"如何"具有更高的逻辑优先性。基于第四章所讨论的基础，本章将聚焦更多的会谈问句，以便实务工作者能够使用这些问句，围绕"什么是他们想要改变的"与案主展开一系列对话。到了第六章，我们会将焦点转向与案主讨论"如何实现这些改变"的提问技术。

当实务工作者与案主讨论“他希望生活有何不同”时，案主的动机会急剧增强。接下来，许多案主会对如何更清晰地界定“什么是我想要的”感到困扰。通常，他们一开始的描述是抽象和模糊不清的。案主可能会说：“当我感到有动力去学习的时候，我会知道情况开始变好了。”“当我不再对我的生活感到沮丧时，我的问题就会得到解决。”“我会和我爸妈相处得更好些。”“我会使我的孩子们回到我身边，让保护性服务彻底从我生活中结束。”因此，一旦案主开始陈述他们希望看到的改变，实务工作者的下一个任务便是开启一段新的对话，通过询问“当问题被解决的时候，生活会变成什么样”，以协助案主将抽象且模糊不清的概念转变为一个清晰且生动的景象。茵素和米勒(1992)将这一过程称为“与案主一起制定良好的目标”，这个过程是焦点解决会谈的合作环节之一，需要案主与实务工作者双方的共同努力。

焦点解决学派的实务工作者归纳了“良好的目标”的几个特征。在界定和简单解释完每项特征后，我们将介绍奇迹式问句，它能够让我们与案主一起制定良好的目标。在本章中，我们将介绍两个新的案例：阿艳(Ah Yan)和威廉斯家族。我们在稍后的章节中仍会回顾这两个案例，以便说明建构解决之道的各个阶段。

良好的目标的特征

对案主的重要性

最重要的是，无论案主制定的目标与你作为实务工作者所认定的首要目标是否一致，目标对案主而言都必须是重要的。只有与案主一同确认他们真正想要的是什么，实务工作者的努力才不会从一开始就付诸东流。第四章中贝丝的案例就已经说明了这个道理。当实务工作者尽力去了解案主想要的是什么，案主就会感觉受到了尊重，因此也更能形成自尊和意愿去改变他们的生命(de Shazer et al.，2007；Saleebey，2009)。

••• 具有人际互动性的用语

在前文的比喻中，对于要前往哪个目的地，旅行者一开始不是很清楚。同样，对案主来说，制定目标也是如此。假如你问案主“在问题解决后，他的生活会发生怎样的不同”，他通常可能这样回答你：“我会觉得自己好多了。”或者说：“我的工作态度会更好些。”这时，你可以邀请案主对这些陈述做进一步澄清，你可以问他们：“当你觉得自己比较好的时候，其他人会注意到你有什么不同呢？”或者再问得更加详细些：“他们还会注意到你有什么其他变化吗？”

正如我们在前文所讲到的，米德(Mead，1934)认为，人们对自己的期望、优势、局限和可能性的知觉深受其社会情境中的重要他人的影响。通过运用关系式问句，我们可以协助案主制定良好的目标。假设有一位案主对“当问题解决了，自己的生活会有什么不同”完全没有头绪，你可以这样问他：“如果你妈妈此刻在这里，当我问她你的变化时，你觉得她会怎么说呢？”案主可能这么回答：“哦，我想她大概可能会说，我看电视的时间少了，诸如此类的事情吧。”

有时候，实务工作者和学生会问我们，当案主完全与外界隔离的时候，我们该如何对他们的人际关系进行提问。其实很少有案主是完全与外界隔离的。例如，一位带着孩子的单亲妈妈，如果她的孩子已经具备了语言能力来描述他所看到的东西，那我们便可以询问妈妈：“如果你有任何变化，你的孩子会怎么形容呢？”

茵素的一位案主照顾年迈的父亲好多年，在父亲过世后感到很沮丧。案主提到，当她在工作的时候她不会感到沮丧，因为身边有很多友善的同事；但当她回到家的时候，她就觉得自己像是完全变了一个人。这位女士透露，她们家的小狗对她的情绪起伏都变得十分敏感。于是，茵素就问她：“如果你们家的小狗可以讲话，当你问题解决时，它会怎么形容你的改变呢？”这位女士回答：“它会说我变得有精神，想让我一早带它出去遛遛，跟它开开心心地对话。”

具备情境化的特征

由于案主已经和自己的问题抗争了无数个日日夜夜，所以他们往往感到沮丧和无力，他们描述问题的时候，就好像这些问题无时无刻不在折磨着他们。因此，我们会试图协助他们考虑如何将想要改变的部分限定在某个地点或情境中。假设有一位案主跟你抱怨，她经常迟到，这对她的生活已经造成了巨大的困扰。与其邀请案主就“如何在今后的任何重要活动和场合中不迟到”设定目标，还不如问她“现在，对你来说最重要的事情是什么？重要到你不会迟到”。她可能会对你说，最重要的事情就是上班准时，因为如果和家人或朋友见面迟到还可能获得原谅，但是上班迟到会被开除。

出现“想要的行为”，而非“问题不见”

案主在描述什么是自己想实现的目标时，常常会用“我不想”来进行表达。例如，有一位女士因为家庭问题来找你，当你问她：“你希望家庭生活有什么变化？”她可能会这样回答你：

“我经常和我的孩子争吵。我不想再对他们大吼大叫了，因为这样对他们不好，对我也不好。我不想我的儿子再跟他的姐姐吵闹，也不想他再从我的钱包里偷钱，对我撒谎；我不想我的女儿再离家出走；我不想我的丈夫再喝酒了，希望他能够来帮帮我。”

对案主来说，这样的目标陈述几乎是没有帮助的。因为这是负面的描述，充满了负能量。但是，如果能够聚焦在案主拥有的一些正能量上，就会促使案主尝试摆脱这种负面的情绪。人们更乐意去做那些令他们看起来是积极正向的事情。例如，对一个想要减肥的案主来说，起来走动走动会比不断提醒他们不要走进厨房拿起整包的薯片和饮料大吃大喝要来得更加容易。

德·沙泽尔(1985)提出了一种更直接的方法来回应案主的负面陈述，以便使案主能开始描述想要的改变，即实务工作者需要询问案主：在问题解决后，什么样的情况会将其取代？

乔安妮(Joanne)：我很讨厌我儿子对我撒谎。我知道，如果他不再对我撒谎，那么情况会有所改善。但他撒谎的时候，居然还能对我摆出一副若无其事的样子，这把我给吓坏了。

茵素：你的担心不无道理。所以，如果情况好转起来，他不再撒谎了，你觉得他的什么行为会取代撒谎呢？

乔安妮：当然，他会变得更加诚实啦。

茵素：这样的话，他看起来会如何？他做些什么不同的事情，会让你知道他变得更加诚实了呢？

乔安妮：嗯，他会承认他曾经撒谎了，并且为此向我道歉。

茵素：那他还会做什么其他的事情呢？

乔安妮：我不知道，我从没想过这个问题……可能他讲话会坚定和坦率，不像以前那样闪烁其词或含糊其词……他会敢于直视我的眼睛，抬头挺胸，而不是弯腰驼背。他会对我更加坦率吧。

茵素：我可以看得出来，你对你儿子真的很了解。所以，他会直视你的眼睛，语气会坚定，并且抬头挺胸。这样很好。你真的很了解你的儿子，不是吗？

乔安妮：当然啦，我是他的妈妈嘛。(笑起来)做妈妈的都很清楚自己的孩子在干什么。我一直这么告诉我的罗比(Robby)。

开始的一小步，而非最终的结果

案主遇到问题时，不会在一开始就向专业人士寻求帮助，他们可能在尝试不同的处理方法，却没有达到令自己满意的效果时，才会选择去专业人士那儿寻求答案。一旦做出向专业人士求助的选择，案主就希望问题能够立即得到解决。

案主的这种期待其实很常见，但这并不能阻止他们寻求建议，他们会迫切恳求你来减缓他们的痛苦。尽管如此，专业人士仍然不能对案主承诺他们做不到的事情。在大部分的情况下，案主要立即找到解决问题的答案其实都是不现实的。在更多的情况下，只有当案主能够采取一些最基本的或阶段性的步骤，尝试在生活中有些改变和不同，才能获得最终的解决方案。我们能够做的是协助案主发现新的行动步骤，以便建构更加成功的解决之道。

当你询问案主，他们如何知道自己的问题已经解决了，我们可以预料他们的回答会是最终结果如何，而非初步发生改变的征兆是什么。例如，在先前的案例中，当茵素询问这位母亲她希望有什么改变时，她说的是最终的结果——罗比能够更加诚实。于是茵素便继续问她，这样看起来会如何呢？母亲回答："可能他讲话会坚定和坦率，……他敢于直视我的眼睛，抬头挺胸……他会对我更加坦率吧。"所以，茵素继续这段对话。

茵素：你一定很了解罗比。显然，要他能够对你一直保持诚实，那肯定需要花上一段时间。是否有迹象会让你觉得"嗯，他已经开始变得对我更加诚实了"？

乔安妮：是的，我猜也需要一段时间。(微笑)当然，我真希望他明天就能改好。迹象应该是，当我们两个谈话的时候，他能够看着我，让我看到他的眼睛。

茵素：所以，有什么是你现在在他眼睛里看不到，但是当罗比开始对你更加诚实时，你能够从他眼睛里看到的呢？

在这段对话中，茵素邀请乔安妮降低对罗比的期待。乔安妮回应道："当我们两个谈话的时候，他能够看着我，让我看到他的眼睛。"由于我们将焦点放在儿子的某一部分改变上，这样乔安妮会更容易注意到儿子的眼睛在注视她，也会增加她和儿子互动模式改善的可能性。

• • • 案主确认自己角色

当案主开始与实务工作者一起工作时，常常会为情况没有好转而感到失落，因为案主往往相信自己的问题是由他人造成的，所以会觉得自己对解决问题无能为力。因此，当实务工作者询问案主“当问题被解决的时候，情况会有什么不同”，案主回应说，他们认识的某些人会有所不同。实务工作者跟随案主的知觉，要求案主多描述他们生活中的重要他人将会发生什么样的变化，这十分有效。

茵素：所以，能否告诉我，如果你们两个讲话的时候，罗比能更多地看着你，这对你会有什么帮助呢？

乔安妮：这样就太好了！这能让我的生活轻松很多。我也不用再那么害怕——害怕他会对其他人做出同样的事情。我就不用再担心他会离家出走。我可以对其他人，如我的女儿和丈夫，花更多的心思。

茵素：如果他这样做的话，也就是说，他能够在对话的时候更多地看着你，他会发现你有什么不同呢？

乔安妮：哦，我不知道。我想我可能不会对他大吼大叫了吧。你知道的，我可能会保持安静。

在茵素的引导下，乔安妮能够开始考虑自己和儿子之间的关系可能有怎样的改变。虽然保持安静和不再大吼大叫的意义仍有待讨论，但是茵素通过焦点解决的问句，已经使乔安妮开始将焦点转移到自己身上。通常，案主转移焦点后会感到快乐，希望油然而生。

使用具体的、行为导向的、可测量的术语

协助案主设定具体的、行为导向的且可测量的目标，能够帮助案主和你一同明确在朝向令人满意的解决方向上究竟进展了多少。案主觉得自己有所进步时，会有更大的热情去创造美好的生活。因此，与其设定模糊不清的目标(如“当问题解决的时候，我会感觉更好”“我会更加快乐”)，倒不如与案主一同用行为导向的术语来设定目标。例如，当乔安妮说她希望儿子能够更加诚实，茵素便通过提问的方式来鼓励她，设定了更加具体的、行为导向的且可测量的目标。

• • • 使用合乎现实的术语

当案主被问到想要有什么变化时，一些案主的回应可能会不切实际。例如，“我的心脏病会痊愈”“当我要求儿子在家帮忙做家务的时候，他每次都会听话乖乖完成”，或“我会中大奖”。这些结果看起来非常美好，但是对实务工作者来说，这样的目标可能并不太现实。事实上，当案主聚焦不切实际的目标时，他无法创造一个充满希望和美好的未来。

合乎现实的目标就在案主的生活中，他能够做自己力所能及的事情。起初，你可能不太清楚案主的能力和情境，你需要询问得更详细，以便了解案主的目标是否切合实际。这可以用好几种方式来进行。例如，案主告诉你，他希望跟儿子能相处得更好。经过和你的一番讨论，案主将目标界定得更加清晰：跟儿子能够有更多的相处时间，常问儿子希望在周六做些什么事，并且认真倾听儿子的答案。你可以接着询问：“这些事情都有可能发生吗？”“这些事情你都可以做到吗？”如果案主回答“是”，那么你可以继续追问：“你怎么知道自己可以做到？在这些事情中，有哪些是你已经做到的呢？”很快地，你和案主就会对案主的优势和过去的成功有更清晰的了解，也能够知道在案主的生活里，哪些事情是可能发生的。

另外一种鼓励案主更现实地去思考问题的方式是邀请他们思考：当他们自己发生变化以后，他们与其他人之间的关系可能会发生什么变化？例如，一位父亲告诉你，当女儿做错事情的时候，他希望自己能够更加心平气和地和女儿对话，而不是冲她大吼大叫。这时候你可以问他：“假设你能够做到这样的话，你觉得女儿可能会有什么变化呢？”通过这样提问，你其实是在间接地询问他，就他对自己和女儿的互动情况的了解，他自己的目标是否合乎现实。

• • • 对案主具有挑战性

在服务伊始，案主常常会对自己和生活感到沮丧。他们可能因为自己需要帮助而感到失望和羞愧。很多案主宁可遭遇生理问题，也不愿意遭遇个人或家庭问题，因为生理问题只要去医院接受治疗即可，而个人或家庭问题意味着他们与周遭亲人的关系产生了裂痕，他们需要对此负责。

我们要让案主明白，解决问题需要很大的努力，这可以增强案主的价值和尊严，因为：第一，案主可以更加确信他来寻求专业帮助是正确的做法；第二，万一进展有限或止步不前，案主也没有必要感到失败；第三，案主快速进步时，他的自尊会因为这些棘手的问题能够在短时间内获得解决而大幅提升。

不用明说，只要提醒案主继续努力的必要性，实务工作者便可以将改变和探寻解决之道的责任放在案主身上。实务工作者通过尊重案主，提醒案主继续努力的必要性，便能传递这样的信息：唯有案主参与，改变才会发生。大部分案主都会接受这样的提醒。虽然案主们希望有更加简单的方法，但他们从自身过往的经验中明白一个道理：成功源于自己的努力。

• • • 结论

第一，良好的目标是从案主自身的参考架构中发展出来的。在焦点解决的会谈中，对于什么是案主需要的或什么是他们应该努力的方向，实务工作者不会提出建议；相反，实务工作者会通过“未知的问句”、案主的用语、“慢一拍”引导，坚持邀请案主构思自己的目标并用自己的语言陈述目标。第二，当案主开始和实务工作者一同工作，案主不太能在一开始便设定良好的目标。目标往往是在和实务工作者的不断互动中发展出来的。就像在建构解决之道的过程中，目标设定对案主来说是一项艰巨的任务，这需要实务工作者的耐心、坚持和技巧。

奇迹式问句

茵素等在意外的情况下发现了奇迹式问句。在与一位身处困境的妇女对话时，茵素得知这位妇女的孩子们很不听话，学校已经对他们不守校规的行为加以警告；她的丈夫酗酒 17 年，还因此丢掉了工作而无法养家。这位妇女沮丧万分，告诉茵素她没法再坚持下去了。茵素询问这位妇女："你认为需要发生什么，才会让你觉得我们的对话能对你有所帮助？"案主说："我也不清楚。问题太多了。恐怕只有奇迹出现才能帮助我吧，但我不敢奢望那么多。"顺着案主的话语和思绪，茵素问道："好的，假设奇迹发生了，你的问题都被解决了，那么你的生活会发生怎样的变化呢？"

令茵素感到惊讶的是，这位看起来似乎深受打击的妇女竟然开始有力气描述生活改变后的种种景象。她说她的丈夫"可能会更有责任感，会继续工作，会管理好财务"，孩子们"会在学校和家里都听话，尽自己的本分而不会胡闹"。最重要的是，她说她自己会变得不一样："我会更加有活力，有更多笑容，对孩子们会更加温和，而不是大声斥责他们，我能够好好地跟他们讲话。我甚至可以和我丈夫正常交流，就像我们刚结婚的时候那样。"

茵素开始思考，究竟在刚才的对话过程中发生了什么促使案主有所改变？她们发现，虽然我们通常都认为奇迹是不现实的，但是案主对奇迹发生后的生活描述却相当合理。这位妇女描述了一个功能良好的家庭，她将对奇迹的描述转换成了一系列从自身出发、值得去实践的目标。于是，奇迹式问句就这么诞生了。

奇迹式问句之所以有效，主要有以下两个原因：第一，通过询问奇迹，给案主一个机会，能够不加限制地思考任何可能性。他们被热烈地邀请，对他们所希望看到的改变进行定义。第二，奇迹式问句聚焦未来，引起案主思考：有一天，当我们的问题不再是问题的时候，生命会是什么样子。这样的做法让案主将他们的焦点从当下和过去的问题转向未来更美好的生活，也就是乔治、艾夫森和拉特纳(George，Iveson，and Ratner，1999)所称的"想要的未来"。

奇迹式问句被实务工作者反复试验。实务工作者在使用奇迹式问句的时候，最好能够以刻意夸张的方式来进行。

现在，我想问你一个奇怪的问题。假设，今晚你在房里沉睡，屋内一片寂静，然后一个奇迹发生了。这个奇迹就是你的问题解决了。但是，因为你睡着了，你不知道奇迹已经发生了，所以当你第二天一早醒来，你会

发现有什么不同，让你知道奇迹已经发生，你的问题已经被解决了呢？（De Shazer，1998：5）

用这样的方式来向案主使用奇迹式问句，目的是让案主想象在问题被解决以后，他们的生活会有什么改变。这对案主来说并不容易，大部分案主需要一些时间和协助才能实现这种转换。作为实务工作者，你在这个过程中发挥着重要的作用。当你对案主使用奇迹式问句的时候，我们有如下建议：

- 提问的时候要缓慢而温柔，使用柔和的语调，给案主时间将焦点从问题转向解决之道。
- 一开始便告诉案主奇迹式问句的独特与奇异，清楚而戏剧性地开启建构解决之道的历程。
- 运用间歇性的停顿，让案主有时间消化奇迹式问句，并通过奇迹式问句的不同组成部分来帮助他厘清个人的经验。
- 因为奇迹式问句要求案主对未来进行描述，所以要使用未来时态的问句：情况将会有什么不同呢？什么将会是奇迹发生的征兆呢？
- 当探问后续的追踪性问句时，应当经常重复以下句子："奇迹已经发生，而困扰你的问题已经获得解决。"这样做是为了促进对话转向建构解决之道。
- 如果案主又退回到问题取向的谈话，实务工作者则需要慢慢地将案主的焦点转回到建构解决之道上。

下面，让我们来看看彼得和一位名叫阿艳的案主之间的对话。

• • • 阿艳的奇迹愿景

阿艳是一位30岁的亚裔美国人，已婚，育有两个孩子。她来公立机构寻求帮助，在这里和彼得进行会谈。

彼得：有什么事我可以帮助你的？

阿艳：（非常焦虑）我感到……我有问题，我感到焦虑不安。我刚才尝试让自己坐下来，使心情平静，但我一直担心有什么事情会发生。

彼得：阿艳，发生了什么事情，让你觉得自己焦躁不安？

阿艳：我，我不知道……我只是一直有这样的感觉，内心感到非常害怕，我整个身体都在颤抖。我好害怕，我觉得自己快要喘不过气了。

彼得：嗯，这听起来很令人害怕。（阿艳点头赞同）那么，还有什么事情让你感到害怕吗？

阿艳：是的，过去一年里，我觉得自己快要疯了。每次早上起来我就看到我的头发掉了满地；还有，我洗澡时大把大把的头发掉落在我手里。我去看医生，问他："医生，这是为什么？为什么会这样？"他们给我做了一大堆的检查。

彼得：那看医生、做检查对你有帮助吗？

阿艳：是的。嗯，检查下来没什么问题，但他们告诉我应该如何治疗自己。医生建议我多走路、骑自行车或者多休息。

彼得：这样有帮助吗？

阿艳：我不清楚。这些我都试过了……或许有一点儿作用吧，但我仍旧会不安，而且呼吸急促。

阿艳能够描述她的问题，但她没法觉察到任何存在的问题模式，也没有发现有什么可以持续帮助她的。医生们也感到很困惑，因为她的身体并无大碍。这也是阿艳前来寻求帮助的原因。

经过10分钟的会谈，彼得选择使用奇迹式问句来设定目标。

彼得：现在，让我来问你一个不太寻常的问题。假设（停顿），今晚你睡觉的时候（停顿），奇迹发生了（停顿），今天你所提到的问题都被解决了（停顿）。但是因为你睡着了，你并不知道奇迹已经发生（停顿）。你醒来后，什么现象会首先让你知道情况已经变得不同（停顿），奇迹已经发生？

阿艳：我不知道。我猜……我猜我应该会更加像我自己。我依然会笑，但不是那种表面的笑。我现在就是表面上笑着，但内心还是会感到害怕——害怕自己要病倒了，甚至会没命……我好害怕自己就这么没命了。

彼得：你说你会更加像你自己。那当你做自己的时候，情况会有什么不同？

阿艳：没有吧。我想……我想要出去走走，我会开怀大笑。我现在会笑，但我仍感到害怕，害怕自己会病倒。

彼得：那奇迹发生的话，什么将会取代害怕呢？

阿艳：哦，我不知道。我总是感到自己深陷困境。这个问题我不知道怎么回答。

彼得：是的，这是一个非常难回答的问题，我看得出来你真的在努力和自己的恐惧做抗争。它不时让你的生活变得辛苦，让你备受煎熬。我想，你有充分的理由要到这里来——看看能不能做些什么。（阿艳点点头）我很好奇，奇迹发生的那个早上，你丈夫会注意到什么，让他知道情况变得有所不同，事情开始好起来了，一定发生了什么。

阿艳：我跟他说话的时候，他会告诉我，我都变好了，一切都好转了。我开心的时候，他也会跟着开心。

彼得：所以，当奇迹发生的时候，你会更加开心？（她点点头）所以，是什么让他注意到你变得更加开心了——无论是内在的还是外在的。

阿艳：当我和他说话的时候……他会看得出来我更加开心。我不会再一直哭，我会去吃些东西，我也会在家里做更多的事情。

彼得：当他看到你做这些事情的时候，他会有什么反应？

阿艳：（显得没那么紧张，开始有些轻松）他会变得更加开心，因为我害怕会让他很担心。他会经常拥抱我、亲吻我，会来问我，他能够帮忙做些什么。

彼得：他还会做些什么呢？

阿艳：大概就这样吧。我不知道……可能会一起出去走走，或做些别的什么吧。

彼得：你刚才说到你有两个孩子，他们多大呢？

阿艳：大的叫迪迦，六岁；小的叫阿兰，三岁。

彼得：哇，有两个小朋友，那你一定是一个非常忙的妈妈吧。（阿艳点点头，停顿）所以，让我们再回到这个奇迹，你的孩子们会发现有什么不同呢？

阿艳：迪迦嘛，我不知道。当我生病的时候，他会关心我；当我在发抖的时候，他会跑过来对我说："妈妈，明天早上我给你煮汤喝。"他会想着来帮忙。

彼得：如果奇迹发生，会出现什么不同呢？

阿艳：他会跑出去，荡秋千，骑自行车，或在屋里屋外跑来跑去。

彼得：这对你来说意味着什么呢？

阿艳：我很喜欢这样，因为这就是他。这样就说明他不再担心我，而是无忧无虑地奔跑和玩耍。

彼得：那阿兰呢？她会注意到什么？

阿艳：她啊，她会开始注意到一些事情。我想她会……她是一个讨人喜欢的孩子。她喜欢被拥抱、被亲吻，喜欢别人对她说“我爱你”。她会非常开心，会注意到我们在玩游戏或在一起，我们都很享受这一切。

彼得：还有什么人会注意到情况已经发生变化了呢？

阿艳：我不知道，可能是我的大嫂吧，因为她知道我经历了些什么。

彼得：嗯，那她会观察到什么呢？当她在奇迹发生的这个早上见到你，引起她注意的第一件小事情会是什么呢？

阿艳：她会看到我的笑容。她会惊讶地说：“阿艳，你在笑耶！”

彼得：当奇迹发生的时候，你们家还会有些什么其他不同呢？

阿艳：我不知道，我想应该就是这些吧。

彼得：嗯，没关系。你已经提到了好几件会不一样的事情。我再来问你一个问题：假如你可以决定明天早上奇迹中的某个部分会出现，那你觉得哪个部分最容易出现呢？

阿艳：哦，我不知道，可能是我会和我丈夫多说说话吧。

彼得：你可能会和他说些什么呢？

阿艳：嗯，你知道的，没什么特别的，也就是跟他说“早安，今天天气真好。你今天有什么打算？”诸如此类的话。

彼得：所以你可以做到这样？（她点头）可是我们怎样能够让这些发生呢？

阿艳：就直接去做吧，我想。

彼得：真的吗？如果你决定去做些什么，只要下定决心，你就可以做到？

阿艳：（点头）是的，不过这会很困难，我心里仍旧感到很害怕……

彼得：是的，我知道。从你所说的这些，我能够明白，对你来说，这真的需要花很大的力气才能做到。

通过奇迹式问句，彼得邀请阿艳进入建设性的对话中。在对话过程中，阿艳开始构建假设性的解决之道。当被问到“问题解决后会发生怎样的变化”，阿艳一开始只能模糊地回答道：“我猜我应该会更加像我自己。”于是，彼得继续询问，协助阿艳去形塑一个生动且可以达成的景象。彼得问她，什么将会取代她的害怕(借此来邀请她描绘一些可能出现的正向事件)。彼得还问她，当她比较像自己的时候，她会注意到有哪些改变(借此来鼓励她进行具体、详细和行为化的描述，并说明她在其中扮演的角色)。彼得还问阿艳，她的丈夫和孩子会注意到她有哪些变化(借此来鼓励她描述在人际互动情境中的可能性)。彼得追问，当她的家人注意到她的改变时，她会有什么样的反应(借此来邀请她进行情境化、具有人际互动且符合现实情况的思考)。随后，彼得询问其他人是什么事情让他们注意到了阿艳的改变。接着，彼得问阿艳，奇迹中的哪个部分对她来说在第二天早上最容易实现(借此邀请她思考哪些可能性最符合实际)。最后，彼得也承认，要将奇迹转换为现实需要花很大的力气。

阿艳最初对彼得的提问给出的答案是“我不知道”。彼得对此回答并不惊讶。他保持沉默，给阿艳时间，好让她把思考转变成语言说出来。彼得的耐心及沉默被证明是有效的，因为在彼得沉默时，阿艳开始组织对自己有意义的答案。

大部分案主会觉得这些问句具有挑战性和引导性，但当他们开始努力设定目标时会感到更加快乐，并对未来充满期待。这些问句吸引了案主的注意力，他们也会非常努力地进行回答。

有时候，案主拒绝回答奇迹式问句。他们可能会说“奇迹不可能发生”或“问题在我的生活中已经出现好久，已经很糟糕了，我知道我身上不可能有任何奇迹发生”。如果你遇到这样的情况，你可以说：“嗯，假设真的有奇迹，哪怕是一个很小的奇迹。”如果案主仍旧坚持将焦点转回到问题是如何令他感到痛苦的，那么你可以回应“如果问题被解决或是没那么严重”来代替“当奇迹发生时”。例如，你可以问：“如果你的问题被解决，或是问题没有那么严重，你会注意到生活中发生了什么变化？”你可以使用这样的问句让焦点从问题式对话转向目标设定。你可以使用不同的问句，来协助案主设定良好的目标。

如果你对焦点解决的对话方式还不太熟悉，那么你可能需要花些时间不断练习，才能自如地使用奇迹式问句进行对话。为了更好地帮助新手，我们设计了一套设定目标的工具和问句清单（详见附录）。学生们可以在课堂演练中使用这些工具。很多运用焦点解决的新手表示，这些工具有利于他们学习建构解决之道。

• • • 威廉斯家族

在实务工作中，你常会被要求和一群人一同会谈。虽然在这样的情况下，焦点解决会谈的基本构成要素并不会发生变化，但你必须敏锐地觉察每位成员的知觉。一旦这些知觉产生冲突（它们其实常常如此），你就必须朝向一个具有整合性目标和解决之道的方向努力。为了向大家示范这个过程该如何运作，我们列举威廉斯家族这一案例。

要在一个家庭里设定良好的目标，你会同时和两位或两位以上的家庭成员一同工作，但他们往往对问题的根源、当家庭问题被解决时生活会有什么变化等问题有着不一样的看法。因为知觉的不同，他们往往会将对话带往不同的方向——通常是从各自的立场出发，将对话引向问题式的会谈。这个时候你必须理解，家庭成员之所以这么做，是因为他们试图通过这种方式来提出能够改善家庭状况的重要信息。此时，你需要寻找办法，让大家再次回到当前任务——设定良好的目标。有时候你会发现家庭成员间气氛紧张，在这种情况下，请记得尊重挑起冲突的家庭成员，探究他们不同的知觉，并去了解：当问题解决时，他们认为情况会发生怎样的变化。这样的做法会鼓励他们将焦点转移到设定目标上。此外，与个案辅导一样，请实务工作者注意每位成员对自己或别人所做出的努力，并给予大大的赞扬。

在下面的对话里，茵素做到了上述所提及的各个细节，并标识出目标设定过程中的开端和停顿。我们会说明茵素处理的过程和她问句背后的动机。

威廉斯家族成员的情况如下：32 岁的格拉迪丝（Gladys）和她的四个孩子，以及她 28 岁的弟弟阿尔伯特（Albert）。四个孩子分别是 12 岁的马库斯（Marcus）、10 岁的奥菲恩（Offion）、8 岁的奥莱因卡（Olayinka）和 7 岁的阿耶什（Ayesh）。阿尔伯特被他母亲赶出家门，现在和姐姐格拉迪丝及其孩子们同住。没和格拉迪丝住在一起的时候，他就暂住在其他亲戚那里或朋友家中。格拉迪丝劈头就说，阿尔伯特是一个游手好闲不去工作的家伙，并提到自己的丈夫已经被关在监狱里五年了。茵素在了解了他们家庭的一些信息后，开始探索这群人来见她的目的。

茵素：现在，你们到这里来，发生怎样的事情，会让你们觉得“我们来见这位女士，这还真是个不错的决定”？

格拉迪丝：我的胸一直很痛——医生说这是压力造成的——你可以帮帮我，让我不那么痛吗？

茵素：所以，如果你可以处理这些问题的话，你胸痛的毛病就会好？

格拉迪丝：希望如此吧。

茵素：嗯，那还有其他的吗？还会发生其他事情吗？

格拉迪丝：如果我的孩子们开始做他们该做的事情，我就不用再对他们大喊大叫，或者惩罚他们。

茵素：嗯，所以他们会更听你的话？

格拉迪丝：是的。

茵素：（开始朝向某些合乎现实情况的方向询问）嗯，但他们不会凡事都听你的话，是吧？

格拉迪丝：是啊，不可能一直听话啦。

茵素：这个年龄段的孩子没法总是听话的。

格拉迪丝：但有的时候他们可以做得到。

茵素：所以，你希望他们能够一直听你的话？

格拉迪丝：是啊，不过我还想学一些方法控制自己的行为，知道如何说“Yes”或“No”，可以让我妈妈和我亲戚听我的意见。就像是，我说什么，他们能够照着去做。

茵素：所以，当你说“No”的时候，他们也能够听你的。

格拉迪丝：是的。

茵素：嗯，那还有其他什么呢？

格拉迪丝：我不知道，我现在还想不出其他的。

马库斯：我们所有人能够好好相处。

茵素：**【尊重案主的用词和参考架构】**你说“好好相处”，这是什么意思呢？假如你们全部能够好好相处，你会怎么做呢？

马库斯：我会学着分享。

茵素：嗯，学习分享并好好相处。还有其他的吗？

马库斯：没有了。

茵素：没有了吗？

格拉迪丝：但是他刚才说的那些——他的意思是分享别人的东西，而不是他的东西。

茵素：（对着格拉迪丝）所以，你赞同要学会分享，好好相处吗？

格拉迪丝：我赞同，不过他必须学习怎么和别人分享他的东西。

茵素：好的。（对着马库斯）我猜你说的是你也想要分享。我的意思是，你想要学习分享，对吗？（马库斯表示同意）好的，很好。那你呢，奥菲恩？

奥菲恩：让这个家庭能够更常聚在一起，就像家庭聚会那样。

茵素：所以家庭聚会的时候，你们会聚在一起？

奥菲恩：我们会花更多的时间在一起。

茵素：花更多的时间聚在一起？嗯，所以有更多共同的美好时光？

奥菲恩：是的，我们大多数时候都在外面，从来没聚在一起做些什么。

格拉迪丝：（笑起来）他整天就想着怎么把我弄疯，才不管他自己要做些什么呢。这是不够的，他需要在乎自己的事情，知道吗？

茵素：这并不是你想要表达的意思。我的意思是，你并不是在说你要把你妈妈弄疯了。你说的是大家应该聚在一起。

奥菲恩：差不多是这样。

茵素：差不多？

格拉迪丝：嗯，上帝还真是仁慈。

茵素：【邀请做具体的、行为导向的目标描述】所以，当家庭成员都来参加聚会时，你们会一起做什么呢？

奥菲恩：玩耍。

茵素：一起玩耍，那还有其他的吗？

奥菲恩：一起很开心啊……而且（指着阿尔伯特，也就是格拉迪丝的弟弟）不要有舅舅在旁边。（阿尔伯特大笑）

阿耶什：要他在旁边的。

茵素：你们一个希望他在旁边，而另一个希望他不要在旁边。（大家都笑了）【继续探索每个人的知觉】好的，那让我来问问你，阿尔伯特，让我们先回到格拉迪丝说的她正在处理的问题上。她希望不要再发生胸痛，希望能够和孩子们和平相处，她希望孩子们能够听她的话，家里人也能够听她的意见。让我们来假设这一切都发生了。那么，你觉得她会发生什么改变，让你知道“哇，她正在逐渐好转中”？

阿尔伯特：我感觉我不知道(笑起来)，因为，哦，我也可以这么跟你说，我不把心思放在这些俗事上，好吗？而且我不认为——嗯，我不知道什么会发生改变。

茵素：等一下，你说你不把心思放到俗事上？

阿尔伯特：是的，我常常坐在那里，然后单纯地思考，有时候我会大声讲话，而她总是在旁边笑话我。所以，每次我在她旁边的时候，她都会笑话我。所以对我来说，不会有什么事情是不同的。

茵素：【聚焦在此事的建构上】我明白了，但是你喜欢他在你旁边吗？

格拉迪丝：有时候吧。有时候他会让我很生气，因为我告诉他不要做某事，他却偏偏这么做，还会让孩子们跟着他一起做，然后孩子们就会有样学样的。

茵素：好的，所以有时候阿尔伯特在身边让你感觉很好，而有时候却不是。

格拉迪丝：是的。就像是明天，他会帮我把地下室的一些东西搬出去，然后把取暖器和热水器搬进来。有时候我会给他些钱，而他会把我给他的钱用来买烟或是买这些裤子(指着阿尔伯特的裤子)。

茵素：【赞美】所以，阿尔伯特，看起来你姐姐也很帮你的忙啊。你帮她，她也帮你。

阿尔伯特：你可以这么说。

茵素：嗯，好的，所以在某种程度上，你们可以学习互相帮助。

格拉迪丝：你在一个没人会去帮助别人的家庭中长大，你就会想说——为什么你们从来不互相帮助呢？你会告诉自己“嗯，我不应该成为这个样子”。所以，你会努力尝试不要如此，你会到外面去帮助别人。我不仅帮助他，我还帮助其他人。我猜我的心里是这样想的……

茵素：所以，你并不是从你母亲那里学会这些的。

格拉迪丝：当然不是，因为我妈妈从来不是这样的，她成天就知道赌博。

茵素：【回到目标设定】假设你不需要再来我这里，而且你可以说“我们已经从那位女士身上得到了帮助”（面朝格拉迪丝），此时你的家庭会发生怎样的变化，让你可以说“我们不用再去见那位女士了”？

格拉迪丝：当他们不再做他们现在正在做的事情时，比如……

茵素：【询问会出现什么情形】那么，相反他们会做些什么呢？

格拉迪丝：他们会学习如何控制自己的言谈举止，去做他们该做的事情，我可以让他们到别人家去玩，甚至是在那里过夜我也不用担心。就好像是，他们不会在那里胡乱打闹，不会学习别人家孩子的坏习惯。无论他们在外面还是在别人家里我都能信任他们。

茵素：【询问具体的、行为导向的、可测量的描述】那么，他们在别人家里做些什么，才能让你信任他们呢？

格拉迪丝：他们的表现就跟他们在家里的时候一样。例如，如果马库斯去他的朋友家，他可能会和其他小男孩打打闹闹，和朋友的妈妈顶嘴。反正就是惹是生非。如果奇迹出现了，他就不会这么做了。他可能去别人家里和小朋友好好玩，度过一段快乐的时光，然后回来。

茵素：好，所以他不会做你不想让他做的事情。他会表现得非常棒，像是一位绅士。

格拉迪丝：是的。

茵素：好，很好。那奥菲恩呢？奥菲恩会有怎样的变化，让你可以说“我们不用再去见那位女士了”呢？

格拉迪丝：奥菲恩有个毛病，就是一旦他让你去做什么事情时，他期望你立刻就去完成。比如，如果他正要跟你讲话，但你又在跟别人说话没法儿认真听他讲，他就会非常烦躁，甚至会打你。

茵素：【探寻被期待的正向行为】所以，他会停止这种行为。他不采取暴力的话，他会有什么样的表现呢？

格拉迪丝：如果他跟你在讲话你不想听的话，他就会说“那就算了吧”。他可能就去做他自己的事情。可能过一会儿再跟你说他想说的。他看到你很忙，他不会很烦躁，也不会来打你……

茵素：好的，所以他会等一会儿再来跟你讲话，而且是平静地讲话。

格拉迪丝：是的。

茵素：好的，所以这就是他会去做的。嗯，所以他这么做的话，马库斯和奥菲恩也会这样做，是吗？（转向这些男孩子们）【用互动性的词语邀请对方对目标进行描述】假设你们都可以做到，你们都学会了这些，你们的妈妈会有什么不同呢？

奥菲恩：那她要做的事情就会少很多。

马库斯：她不会再感到胸痛了。

茵素：她不会再感到胸痛了。她没有胸痛会怎么样呢？

马库斯：我们可以出去野餐，去再远的地方也不会感到累。

茵素：嗯，我想你应该很希望看到你妈妈那样，没有压力，能够出去野餐。你们也是一样。嗯【赞美案主的优势】，你们一定很关心妈妈，是吗？那妈妈知道吗？

马库斯：我不清楚她知道不知道。

茵素：你不清楚？妈妈知道你们有多关心她吗？马库斯，你觉得呢？

马库斯：她不知道吧。

茵素：她不知道？她不知道你们有多关心她？那你呢，奥菲恩？你是怎么看的，你觉得妈妈知道吗？

奥菲恩：我不知道。

茵素：你也不知道哦。

格拉迪丝：你们知道我有多爱你们吗？

奥莱因卡：是的，妈妈。

格拉迪丝：我觉得你们不知道。（她提高了嗓音）我觉得你们不知道，你们知道的话就不会像现在这样了。

茵素：【重新将焦点回到母子关系的优势上】等一下，你是怎么看的，奥菲恩？你知道吗？

格拉迪丝：你知道吗？

奥菲恩：我知道。

茵素：你怎么知道妈妈很关心你呢？

马库斯：如果她不关心我们的话——我们没有爸爸在身边——如果她不关心我们的话，我们能感受到。

茵素：是的。她是单亲妈妈，她很关心你们，所以你们知道她很关心你们。那你呢，奥菲恩？

奥菲恩：我知道妈妈关心我们，我们有其他小朋友没有的东西。

茵素：比如呢？

奥菲恩：我们有每个小朋友都会羡慕的东西。

茵素：真的吗？你是说任天堂①之类的？

奥菲恩：是的。

茵素：哇！【赞美案主的优势】你一定很努力地和你的孩子们相处。

格拉迪丝：我一直都在努力，想尽力做到最好。我还常常祷告，希望他们能够健康成长，行在正道上。

茵素：嗯，他们应该都知道你很努力。

格拉迪丝：我希望他们能都知道吧。

茵素：好的，听起来他们都知道。

阿尔伯特：他们都知道，但他们就是不乖乖听话。

茵素：【邀请全家一起思考其他可能的未来】现在，让我来问你们一个奇特的问题，我会问你们每一个人，好吗？假设我有一根魔法棒。你们知道神奇的魔法棒吗？（朝向孩子们说，他们面露怀疑）你们不相信是吧，没关系。假设我有一根神奇的魔法棒，我就这样轻轻地挥舞着它，好吗？今天，嗯，在我们谈话结束之后，你们都会回家，然后就上床。

格拉迪丝：好的。

茵素：然后，每个人都睡着了。整个屋子里的人都在睡觉，这时候我挥舞我的魔法棒，金粉随之撒下。这时候，魔法降临了，忽然间你们今天提到的问题都消失不见了。但你们并不知道，没有人知道，因为你们都在睡觉。

格拉迪丝：嗯。

茵素：好的，各位，你们每个人都在睡觉。当第二天早晨你们醒来，你们怎么知道，昨晚在你们睡觉的时候，奇迹已经降临了呢？

对许多小朋友来说，奇迹有时会太抽象，没法激起他们的想象力。然而，威廉斯家的小朋友却像大多数成人一样，能够想象魔法棒、金粉和奇迹。

奥莱因卡：那时候会有不同。

茵素：【强调奇迹是一个不同的未来】所以会有变化哦，你怎么知道

① 任天堂：日本电子游戏公司及其开发的电脑游戏名称，此处指电脑游戏。

会有变化的呢？会有什么不同呢？

奥莱因卡：我们……会去做妈妈希望我们做的事情，打扫屋子啊……

茵素：【扩大案主关于人际互动的内容】所以你们会自己开始打扫屋子，并且去做你们被期待要做的事情。嗯，很好。你们这么做的时候，妈妈看到你们每个人都能做她希望你们做的事情，那么她会有什么反应呢？

马库斯：她会摸摸自己的头，心想到底发生了什么事情呢？(笑起来)

茵素：那你呢？你怎么知道前一天晚上发生了奇迹呢？

奥菲恩：看见我的哥哥姐姐们都忙着打扫屋子和做其他事，我可能会想"为什么你们都表现得那么好？你们有什么要求？"

茵素：那是妈妈会说的？

奥菲恩：那是我会说的。

茵素：(朝着阿尔伯特)那你怎么会知道呢？你怎么知道前一天晚上发生了奇迹，魔法降临了？

阿尔伯特：我怎么会知道啊。

茵素：怎么说？你怎么会不知道呢？

阿尔伯特：因为我已经告诉过你，我不把心思放在这些俗事上。我没有……我有时能好好地思考，有时候就是不行。

茵素：【再给阿尔伯特一个机会，让他可以参与到发展奇迹中来】好的，那假设你现在能思考(笑声在家里洋溢起来)，然后奇迹出现了，问题都解决了。

阿尔伯特：好吧，你挥动了魔法棒，然后我醒来了，我可能，嗯，可能我会变化咯。我的意思是，我并不知道啦。

茵素：【坚持】好的，假设你真的变化了。

阿尔伯特：但是这23年来我都没有什么变化啊。我不认为改变会来得这么快。

茵素：嗯，所以我们需要使用魔法啊。

阿尔伯特：好吧。

茵素：【再一次邀请他思考可能性】这就是为什么我们要用魔法来实现这些。假设它真的实现了，你会有什么不同吗？

阿尔伯特：如果它真的实现了的话，我可能会改掉酗酒的毛病，不再和那么多女人乱发生关系，不再吸食毒品。

茵素：是吗？

阿尔伯特：我会有我自己的住处，找一个漂亮的老婆，稳定下来，生一些孩子，我想是这样吧。

格拉迪丝：这听起来挺不错的啊。

阿尔伯特：我花了23年来尝试这么做，但是一切仍旧没有发生啊。我想，我真的需要一根魔法棒。但是魔法棒究竟在哪儿呢？

茵素：【鼓励阿尔伯特思考情况会有什么变化，而不是担心如何让奇迹发生】等一等，所以这些都是你会去做的事情？

阿尔伯特：是的。

茵素：因此，你会找一个漂亮的姑娘安顿下来，你会……

阿尔伯特：找份工作，结婚，生一群孩子。

茵素：就像其他人一样。

阿尔伯特：是的。

茵素：【邀请他通过身边重要他人的眼光来看自己，以拓展可能性】嗯，所以当你这么做的时候，你姐姐会注意到你有什么不同，让她知道你已经改变了？

阿尔伯特：好吧，她可能会说"嗯，他一定又去干坏事了"。我也不知道。

茵素：这是她会想到的吗？

阿尔伯特：是的。

茵素：但是，你有了正常的生活，有了工作，她应该会知道吧。

阿尔伯特：（转向格拉迪丝）你怎么知道我有了改变呢？

茵素：【为阿尔伯特创造机会，让他可以从身边重要他人的视角看自己】是啊，你怎样才会知道他有改变了呢？

格拉迪丝：我会说"上帝一定是在我睡着的时候，过来净化了这个男人的生命，并且让他离我而去"。

茵素：【继续坚持，运用案主的话语邀请他探索未来的可能性】假设他真的做到了。假设上帝在你睡着的时候降临，那么阿尔伯特会有什么变化呢？

格拉迪丝：他会有变化？

茵素：他会的。

格拉迪丝：他不会再玩任天堂了。

茵素：【继续朝着一个共同的奇迹图景去努力】那么，他对你会有什么不同吗？

格拉迪丝：对我？我希望如果我让他安排孩子们上床睡觉，他不会对我说“让孩子们再待5～10分钟吧”。如果我说“让孩子们上床睡觉吧”，他会说好，并对孩子们说“你们妈妈要你们现在去睡觉”，说完他会让孩子们去睡觉。

茵素：所以，他会帮你一起管孩子们？

格拉迪丝：是的。

茵素：那你呢？【尝试聚焦在她可以努力的一小步上】所以当你明天早上醒来，上帝昨晚已经来过了，你如何知道，上帝已经创造了一个小小的奇迹？有什么迹象会告诉你，哇，上帝一定来过？

格拉迪丝：当我对孩子们说……例如，我对奥菲恩说“奥菲恩去把澡盆刷一下”，他不会说“我不要”或“我昨天已经刷过了”。我不是问他是不是刷过了，我是让他去把澡盆刷一下。或者，当我说“到楼下去……”

茵素：【询问出现了哪些正向的行为，而不是哪些行为消失不见了】所以，当你说“去把澡盆刷一下”，他就会去做？

格拉迪丝：他就会去做。

茵素：好的。他就会去做。

格拉迪丝：他不会对我说这次该轮到谁了，或是谁应该去做。

茵素：那么马库斯呢？马库斯会有什么改变呢？

格拉迪丝：他不会再说他比别人都厉害。他简直都快把自己当作上帝了。在我看来他自己做的连其他人的一半都不如，整天只会到处闲晃，说别人闲话，说“奥菲恩有一个朋友……”

茵素：那么，他会变成什么样呢？他会做什么呢？

格拉迪丝：他会努力成为弟弟们的好朋友，会努力让弟弟们尊敬他，而不是对他们说“你们别再跟着我”。他不会再讨厌他的弟弟们。

茵素：所以，他会做出哥哥该有的样子来。

格拉迪丝：是的。

茵素：嗯，好的，那奥莱因卡呢？她会有什么变化呢？

格拉迪丝：她不会再撒谎。当她不再撒谎——如果上帝可以施展神迹的话，她就可以永远不再撒谎了。她现在简直没有一句实话。

茵素：所以，明天你如何发现她不再撒谎了呢？

格拉迪丝：上帝会亲自对我说：“格拉迪丝，奥莱因卡今生从此之后再也不会骗你了。”我是认真的，可以看着她，听她讲实话，唉，这是不会发生的啦。

茵素：【鼓励她朝更加现实的方向去努力】上帝不太可能那么做。

格拉迪丝：是的，所以我不相信这会发生。

茵素：好，所以有什么迹象能告诉你，嗯，这个时候我可以相信奥莱因卡开始说真话了？

格拉迪丝：当她跑过来坐在我旁边，当她想一直围着我的时候。

茵素：她想一直围着你？

格拉迪丝：是的。

茵素：当她想围着你的时候，她会有怎样的举动呢？

格拉迪丝：比如，她会走过来。当我们在一个房间里看电视的时候，她就走过来。她不会说“我不想过来，我想回我的房间去玩”或者“我想去地下室玩”。因为她的玩具都在那儿。又或者她永远不要再尿床了。我会说：“哇，上帝真的眷顾了我的孩子，上帝让她再也不撒谎了，让我来为此感谢上帝吧！”但这是很难实现的一件事。

茵素：所以，她不再尿床了，开始变得诚实。你将如何知道她开始对你诚实了呢？

格拉迪丝：我不知道，我都没法想象。

茵素继续追问了一些问题，询问奇迹发生时家庭成员会有什么变化，以及这些变化会对他们的家庭互动产生什么影响。格拉迪丝开始揭示更多的个人优势，表露出她是多么希望她的家庭能够有所改变的。

格拉迪丝：他们认为自己很聪明，会上私立学校。

茵素：【聚焦在可能的成功上】他们真的去私立学校了？

格拉迪丝：是的，不是教会学校，而是那种没有宗教信仰的私立学校。

茵素：【探索可能的成功】你是怎么做到让他们上私立学校的？

格拉迪丝：因为我打电话（叹气）……打给克雷斯特维尤学校前，我给三所学校打了电话。这三所学校的态度都很差，说：“你的孩子们如果想来我们这儿念书的话，就填申请表吧。我猜你是可以填好交给我们的，但是我没法告诉你任何信息。”然后他们就把电话挂了。后来我拨了克雷斯特维尤学校的电话，校长秘书接的电话。我当时支支吾吾的，秘书询问了我孩子的名字并记录下来。她告诉我，过几天孩子们便可以入学，我可以带他们先去学校参观。她说我们可以过去和校长聊聊，她会尽力帮助我们。她告诉我学校有语言课程，会教法语。校长秘书对我非常友善。之前那三所学校的态度很差，我才不愿让孩子们去那里念书呢。我不会用他们对待我的方式去待人，我也不会让我的孩子去那种学校。

茵素：【确认案主的知觉】你做得没错，你真的很在乎你的孩子们，是吗？

格拉迪丝：是的，我会这么去努力。我跟他们一样大的时候，没有人关心我。因此，我告诉我妈妈："我绝对不会让我的孩子遭遇和我小时候一样的事。"她并不喜欢我这么对待孩子。例如，圣诞节的时候，我会给孩子们每人 100 美元，一年一次。我花了好长时间，差不多一年，才省下这 400 美元，因为我只有这一份收入。我很努力地为他们每个人省下这 100 美元，存在他们每个人的账户上。但我妈妈却很不高兴，她让每个孩子给她 50 美元。她居然要 50 美元！我告诉孩子们别给她。因为我花了很长时间才为他们省下这些钱。

茵素：【认同、赞美，并探索案主的优势】哇，你是怎么成为一位这么棒的母亲的？

格拉迪丝：在被虐待过以后。

茵素：是吗？

格拉迪丝：如果有人在你的人生中像对待狗一样地对待你，你就会说"我不会这么做，我不会这样对待任何人"。至少这是我的想法。我觉得其他人也会这么认为，但事实上并不是每个人都如此。我丈夫也被虐待过，但他就不是这么想的。他想要逃离，他想去虐待别人。

茵素：是的，所以你是如何学习成为一名那么棒的妈妈的？

格拉迪丝：通过被虐待的经历。我很小的时候被性骚扰，但我妈妈却从来不愿意听我讲述。她听到这些就会说"那又怎样？给我滚开！"从那时起，我就告诉自己"这样是不对的。如果我有孩子的话，我不会这样对待我的孩子"。

茵素：【赞美】你怎么知道这是不对的呢？

格拉迪丝：因为他们对我的所作所为就是不对的啊。

茵素：嗯，你那个时候已经知道这是不对的。

格拉迪丝：是的。

茵素：那时候你还只是个孩子。

格拉迪丝：是的。

……………………………………

• • • 设定良好目标的会谈艺术

上述对话向我们展示了本书到目前为止讨论过的焦点解决会谈程序。茵素使用了各种技巧，包括倾听可能性的线索、使用案主的用语、赞美、肯定案主的知觉、使用奇迹式问句及追踪性问句等。所有这些做法都是为了协助案主在他们自身参考架构内设定良好的目标。在此，茵素的任务是去探索一个可能的未来，肯定案主曾经做过的对情况有帮助的事情，并邀请他们能够强化这些成功。案主的任务就是根据他们自己的看法和过往经历来回答这些问句。

如果你是一位运用焦点解决会谈的新手，茵素和威廉斯家庭所做的目标设定的过程会对你特别有帮助。新手会觉得使用奇迹式问句很尴尬，哪怕案主可能会发现它的迷人之处。茵素和威廉斯一家的努力便提供了一种途径，让大家的观点都能被表达出来。

让我们重新回到对话的过程，并学习它的演进过程。茵素并没有选择通过奇迹式问句来开启目标的设定，相反，她询问一些其他问题，将威廉斯一家对问题的描述，巧妙地转移到目标设定的任务上来。她询问大家发生什么，会让他们认为当初来寻求茵素的帮助是一个很明智的决定，并以此为开场。她以大家的回答作为开始的重点，并继续使用追踪性问句来促进构成良好目标的特征。随后，她用不同的方式来重复第一个问句：家里的问题被解决时，情况会有什么不同？家里情况开始好转时，会发生什么变化？这个家庭不用再寻求茵素帮助的时候，情况会有什么不同？她用了许多追踪性问句，给这些家庭成员很多机会去进一步探索和澄清他们对问题的答案。只有家庭成员愿意花时间描述可能的未来，她才能使用奇迹式问句和追踪性问句。因此，在第一次会谈中，茵素先使用其他设定目标的问句，随后才使用奇迹式问句，并花了不少时间进行这样的对话。但同时，茵素也让对话从普通的问句转换到更加迷人的奇迹式问句，并开启和维持这些对话。

• • • 避免过早终止

这一长段的对话展现出实务工作者和案主间的努力，虽然对威廉斯一家来说，思索和决定出一个更具吸引力的未来只是一连串过程的开端，但是威廉斯一家，不论是个人还是整体，在离开茵素的办公室后都会去继续思考茵素的问题。当案主们开启他们的奇迹图景时，你不能期待它立即就结束。事实上，最好让他们的对话保持各种可能性的结局，这样大家才能够自由地深入探究各种可能性。

然而，我们需要明白，让案主对他们自身存在的各种可能性进行探究往往并不简单。我们常常会急于让他们结束，从我们的角度给案主提出建议，以缓解他们的困惑和挫败感。随着时间的流逝，我们会发现自己能够越来越轻松地维持对话，避免急于为目标下结论。经验教会我们，案主是多么的有能力。只要给他们一个机会，他们不仅能够激发并形塑一个令人满意的未来，同时在这样的过程中，他们能展示他们的优势和过往的成功。在和威廉斯一家的会谈中，茵素也有同样的发现。

第六章

探寻案主已有的优势与成功

如果我关注今天有什么美好的事情，我就拥有美好的一天；如果我关注今天有什么糟糕的事情，我便拥有糟糕的一天。如果我关注问题，问题就会增加；如果我关注答案，答案便会增多。

（Alcoholics Anonymous，1976：451）

在前文，我们将旅行计划的制订过程比作建构解决之道的历程。这两者都包含了两个重要的步骤：第一，旅行者与案主一样必须确定一个目的地。为了做出决定，旅行者需要收集每个目的地的相关信息；同样地，案主也需要详细描绘奇迹会让他们的生活有什么具体的改变。第二，一旦确定了目的地，无论是旅行者还是案主，他们都需要思考抵达目的地的最佳方式。旅行者会思考各种交通方式的优缺点，建构解决之道的案主则会探索例外。

例 外

定义

正如我们在第三章中所提到的，第一次会谈时，案主们会倾向于聚焦问题本身。他们可以详细地描述这些问题。例如，假设你有一位案主，名字叫乔伊(Joy)。乔伊会告诉你她的孩子们很不听话（“他们会和我顶嘴，喊他们做什么事情，他们都不去做”），会告诉你情况什么时候发生（“当我叫他们做家务的时候”），也会告诉你谁参与其中（“他们三个人都有参与，特别是老大，他最坏”），还会指出这个问题何时最严重(他们想要看电视，或者有朋友来的时候，情况最糟糕)。这些描述有助于案主发泄挫败的负面情绪，让他们有舒缓的机会。同时，这也可以帮助实务工作者评估案主所处情境的危机程度。但是我们发现，对问题的描述对建构解决之道无益；相反，对“例外情境”的描述倒是更有助于建构解决之道。

例外指的是在案主过去的生活中，某个问题本该发生却没有发生的经历(de Shazer，1985)。让我们再回到乔伊的例子，例外可能是指某一次她的大儿子肯(Ken)没有顶撞她，而是乖乖地去洗盘子。例外也可能是指问题程度较轻微的时候。例如，可能最近某一次，肯虽然没有在毫无顶撞的情形下就去洗碗，但和乔伊顶撞了五分钟后，还是去把碗洗干净了。

• • • 寻找例外的会谈

作为一名焦点解决学派的实务工作者，你将很快学到几种重要的探寻例外的方式。你需要了解案主是否知道，有任何例外在他们身上存在。你可能会问："在过去的几周里，是否有时候问题已经不存在了，或者，至少情况没那么严重？"如果案主没法回答这个问题，你可以继续追问："假设我问你最好的朋友，最近你的情况是否有所好转，你的好朋友会怎么跟我说呢？"

请注意，这些问题都是围绕着"最近"所发生的例外情境。最近的例外对案主帮助最大，因为案主对最近的经历会记得比较清楚，而且因为它们刚发生过，所以再次发生的概率也会比较大。

当案主可以确认出一个例外时，你需要追问更多的细节，特别要注意例外发生的时候和问题存在的时候两者的差异。聚焦"问题"本身的治疗师会关注问题发生时，"谁""在什么时候""在哪里""做了什么"；焦点解决取向的治疗师，则应当关注例外发生时"谁""在什么时候""在哪里""做了什么"。

听案主对例外问句的回答时，实务工作者要注意例外发生的时候和问题存在的时候两者之间的差别。在对话过程中，实务工作者应当用语意重述、总结和同理的方式来处理案主的差异，因为这些差异是建构解决之道的关键素材。

• • • 有意发生的例外和随机发生的例外

在案主尽力描述了例外的情境后，你可以进一步探索这些例外是如何发生的。为了探究例外的发生，你需要注意是谁做了什么，让例外得以发生。有时，案主能够描述例外是如何发生的。例如，当被问到上星期肯为什么没有顶撞她就乐意去把碗洗了的时候，乔伊可能会回答，她有意等到他吃完晚饭、看起来心情还不错的时候，提醒他这次轮到他洗碗了。如果她认为变化的产生是由她的行为转变而带来的，那么这就是德·沙泽尔(1985)所说的“有意发生的例外”。如果乔伊只是耸耸肩地回答道：“我也不知道，他一定是被雷劈了吧。”那么，从乔伊的角度来看肯的行为，我们可以将其称为“随机发生的例外”。我们需要敏锐地识别案主的例外是有意发生的，还是随机发生的。

• • • 阿艳的例外

让我们再次回到阿艳的案例中，看彼得是如何来和她探索例外情境的。阿艳想要消除她那种恐慌的感觉。彼得对她提出奇迹式问句的时候，她能够描述如果她的问题被解决，她本人、丈夫和孩子们可能会有的一些改变。基于这些可能的改变，彼得转而用例外的方式进行下一步探索。

彼得：阿艳，在过去的几个月里，有没有一些时候，情况就像你所描述的奇迹情境那样发生了？

阿艳：有的，有一些时候我觉得自己感觉很好。那个时候，我感觉不错，仿佛所有的问题都不见了。

彼得：你最近一次感觉很好是在什么时候呢？

阿艳：我不太清楚，可能是三周前的某一天吧。

彼得：那么，那天有什么不同呢？

阿艳：我感觉非常好。比如，我呼吸顺畅、不再颤抖、无所畏惧，我感到很开心。

彼得：真的哦，你感到很开心，不再颤抖！那一定感觉非常棒！那么它是如何发生的呢？

阿艳：(停顿)我不知道。

彼得：如果你丈夫在这里，我问他，那天你做了哪些不同的事，你觉得他会说什么呢？

阿艳：他会告诉我，坐在那里，停下手上的家务，好好吃东西。

彼得：他说的对吗？这么做有什么帮助呢？

阿艳：我不能只是坐在那里，看孩子们把东西弄得一团糟。我必须……家里来了客人，家里总是一团糟。

彼得：好好吃东西是什么意思？

阿艳：是的，我是这么做的——多吃水果，而不是饼干和糖果之类的食物。我嫂子也是这么对我说的。

彼得：她还说了些什么呢？

阿艳：她还对我说，早上应该吃健康的食物，而我通常都没这么做，所以我的胃经常不舒服。她要我出去走走、锻炼身体，感觉不舒服的时候就多做深呼吸。

彼得：那么这样对你有帮助吗？感觉很好的时候你是不是会多做这些事情呢？

阿艳：嗯，或许吧………我不太清楚。我讲不清楚我究竟是怎么了。我不知道该怎么做。我就是有这些感觉……我必须弄清楚我到底出了什么问题。

……………………………………

这段对话显示出阿艳解决之道的建构进展。她能够清楚地列举生活中发生的例外，她说在这时她感到很高兴。她能够描述例外发生的时候和问题存在的时候之间的差别："我呼吸顺畅、不再颤抖、无所畏惧。我感到很开心。"但是，当彼得继续跟进，她却没办法对这些例外的时刻做出更为详细的描述，也没法回答这些例外是如何发生的。就目前的对话而言，阿艳所经历的常常是随机发生的例外，而非有意发生的例外。因为，她没法一步一步详细描述她美好的日子究竟是如何发生的——不太像是她做了什么事情而让意外发生——她也不清楚自己该如何控制恐慌的感觉。到了这段对话的尾端，她开始表现出沮丧，因为她又退回到自己原有的参考架构中去了——"我必须弄清楚我到底出了什么问题"。

和阿艳的第一次会谈中，彼得在运用了奇迹式问句和追踪性问句后选择去探索例外。你并不一定要跟着这么做，但彼得的做法有很多值得借鉴的理由。第一，案主和实务工作者刚开始一起工作的时候，很少会注意到例外情境，因为他们通常都将焦点放在对问题的描述上。因此，在会谈一开始的时候就使用奇迹式问句会有些不合适。然而，一旦案主能够具体描述奇迹发生时，生活会变成什么样，就像阿艳那样，那时实务工作者便可自然而然地转向对例外的探索。第二，这样的操作顺序让案主提出的例外更有可能和奇迹的情境直接联结——这样的做法可以拓展案主所期待的生活中发生变化的景象。对于建构解决之道来说，例外的作用巨大，因为它最接近案主的期待。

• • • 案主的成功和优势

通过探索例外，你可以帮助案主觉察与他们自身目标相关的现在和过去的成功所在(De Jong and Miller，1995)。当你和案主一同发现例外时，你们都会了解到案主的生活正在发生一些美好的事情，如此，你和案主都会对未来充满更大的希望。例如，当彼得和阿艳意识到在最近的某一天，阿艳的感觉非常好——我们可以说，这是成功的一天——这让他们觉察到阿艳可以拥有一个更加美好的未来。同样地，我们也发现，案主确认例外情境往往能够提高其对建构解决之道的兴趣。此时，他们常会坐得更挺直、充满笑容、更加努力。

案主特定的优势往往也会在探索例外的过程中被发现。如果案主可以描述自己是如何让例外发生的，实务工作者便可以对此进行语义重述，然后赞美案主的优势。让我们再次回到乔伊和肯洗碗的案例。当乔伊发现自己对例外发生所做的努力——她决定等肯把饭吃完，并且有不错的心情时，才提醒他今天轮到他洗碗。 你可以指出她的努力，并用不同的方式对她的优势加以赞美。你可以问她："等他吃完饭，然后有一个好的心情。这样的做法对你来说是新的尝试吗？"或者问："你怎么知道等他吃完饭，这个做法会有帮助？"你也可以给予评论："看起来你对你儿子很了解。"或者说："你一定是个非常关心孩子的妈妈，你知道教育好孩子非常重要。"

• • • 尊重案主的语言和参考架构

在探索例外的过程中，实务工作者需要倾听案主的话语，通过邀请案主澄清自己话语的含义，以表达对他们的尊重。当阿艳告诉彼得，她曾拥有感觉美好的一天时，彼得就问她是什么样的改变让她觉得这一天那么好。阿艳的用语被看作通向她以往经验和参考架构的通道。阿艳被看作"理解其自身话语和含义"的专家，彼得的角色则是提问者，通过提问理解阿艳的世界观。

评量式问句

通过评量式问句，实务工作者可以帮助案主表达他们对过去种种复杂经历的观察，并对未来的可能性做出评估（Berg，1994；Berg and de Shazer，1993；Berg and Miller，1992；de Shazer，1988）。评量式问句邀请案主将他们的观察、影响和预测置于一个0～10分的量表上。例如，你可以问乔伊："在0～10分的量表上，0分代表了没有任何可能，而10分则代表了一定会发生。那么，你觉得肯在下周洗碗的可能性会是几分呢？"提出评量式问句时，实务工作者会选取案主生命中的某个特定时间段，例如"今天""你约好来见我的那天"或者"下周的某个时候"。评量式问句可以使案主复杂的生活变得清晰具体，同时也让案主和实务工作者能够更容易地理解情况。和奇迹式问句一样，在进行焦点解决对话的开始阶段，实务工作者就会向案主告知评量式问句的使用。德·沙泽尔（2001）曾提及评量式问句的起源。在20世纪70年代早期，他和一位案主进行会谈，当时案主宣称自己情况已经大有好转。德·沙泽尔问他有多好，他回答："在1～10分的量表上，我已经从1分变成7分了。"德·沙泽尔曾几次提及这是自发产生的，之后，他才开始经常使用这种评量式问句。如今，评量式问句已经变成焦点解决学派的代表性问句。

评量式问句有很多的用途。它几乎可以被用来评估案主在各方面的知觉，包括自尊、会谈前的改变、自信、对改变的投入程度、为了所期待的结果而愿意努力的程度、待解决问题的优先排序、对绝望的知觉以及对会谈的过程评估等（Berg，1994：102－103）。

接下来，我们分析第一次与案主会面时该如何使用评量式问句。

• • • 会谈前改变的评量

过去，我们通常假设要等到实务工作者开始协助案主解决问题时，案主才会做出改变。在对案主开展服务前，实务工作者通常将他们看作“陷入困境”或是“被击垮”的人。但我们相信多数的改变其实已经发生在案主的生活中。当案主被问到从他们预约到正式见到实务工作者期间，他们的生活有没有发生正向的变化时，有三分之二的案主的答案会是“有”。我们将这种问句称为会谈前改变问句（Weiner-Davis，de Shazer，and Gingerich，1987）。

在焦点解决的会谈中，你可以使用评量式问句来唤起案主对会谈前改变的注意。通过探索任何你所发现的改变，你可以使案主更加聚焦生活中的例外。有些案主被问到例外式问句的时候可能无法识别例外，但是当实务工作者使用评量式问句时，他们却可能辨识出会谈前的改变。通过后续的追踪问句，案主通常能开始辨识出例外。

和阿艳第一次面谈时，彼得邀请她对会谈前的改变进行评分。

彼得：阿艳，现在这里有一个0～10分的量表。我们假定0分是你来和我预约见面时，你心情糟糕的那种感觉，10分则是你先前所描述的，当奇迹发生时候的那种感觉。今天，你会给你的感觉打几分呢？

阿艳：嗯，大概是6分吧。

彼得：6分？你没开玩笑吧？这很高啊！那0分和6分之间有什么差别呢？

阿艳：我不能只是坐着。我必须做些什么……我要尝试做些什么事情，像是来这里，找出我哪里有问题。

彼得：除了来这里，还有什么让你会给自己打6分？

阿艳：和我嫂子谈话。她对我说：“如果你有什么事情想要说，那我们就来谈谈吧。”所以我会和她谈话，或者多出去走走。

彼得：所以，你后来经常出去走动，是吗？

阿艳：是的，周末的时候我会和我的丈夫、孩子们一起出去散步。

彼得：还有其他的吗？

阿艳：嗯，还有祷告。我现在经常祷告。

……………………………

对于上述对话，你可以注意到发生了四件事情。

第一，当彼得询问阿艳会谈前改变的评量问句后，阿艳停顿了一会儿。这意味着她虽然知道自己的感受比先前预约见面时要好些了，但是她还是需要思考一下，才能对自己的感受进行打分。

第二，通过使用评量式问句，彼得使阿艳能够使用更加有效和精确的方式来表达自己的感受。如果彼得没有使用评量式问句，而是问道："与你之前预约要和我见面的时候比起来，今天你的感受如何？"这个问题对阿艳来说可能就不那么容易回答。她可能会挣扎，自己该列举哪些经历，犹豫用什么样的词语来表达。然而，评量式问句让她能够以一种直接和精准的方式来呈现她的知觉。

第三，当彼得为阿艳选择6分而感到惊讶时，他接着用了一个十分有意义的方式，去探索他们初次会谈前发生的例外。他问阿艳，在0分和6分之间有什么不同。他期待阿艳能够说出一些感觉更好的例外情境，并能够更加详细地描述这些例外，但阿艳却跳过了。相反，她开始去辨识有什么事情发生，让她可以给自己打6分。彼得发现这个部分很有趣，因为他先前询问阿艳这些例外是如何发生的，她当时显得很困惑。但通过会谈前改变的问句，不但为他们双方确认了阿艳确实有例外存在，同时也让双方开始意识到：是谁可能做了什么，从而让这些例外发生。

第四，彼得询问阿艳0分和6分之间有何不同，而不是问6分和10分之间的差别。聚焦前者，可以将从对例外的辨识转向对解决之道的建构；而聚焦后者，那对话将会被带回到问题式的谈话上去。

毫无疑问，会谈前改变问句能够带来更多新的信息。对于复杂的议题而言，只去建立单一可能的解决方案是没有用的。这也是我们喜欢使用建构解决之道的语言胜过使用问题解决的语言的理由。

••• 奇迹评量

先前彼得询问阿艳的评量式问句，也可以被称为奇迹评量（de Shazer,

1994；de Shazer et al.，2007）。之所以这样命名，是因为会谈者将10分定义为“你刚才跟我说的奇迹”或“奇迹发生的隔天”。我们在前文对什么是良好目标的特征做了说明，当案主想要就此去建构一个他所期待的图景时，德·沙泽尔常常会在奇迹式问句后使用奇迹评量问句。案主回答奇迹评量问句时经常打的分数是3分，当然也有些案主会打更高的分数（de Shazer et al.，2007：62）。所以，让我们回到先前彼得和阿艳的对话，使用评量式问句可以让实务工作者和案主确认在朝向“奇迹”的道路上究竟走了多远，并且探究促成正向改变的种种例外。一旦这些例外被辨识，我们会继续询问案主，分数增加1分时，情况会有什么变化，以及我们可以做些什么让变化发生。换句话说，实务工作者可以运用这种评量的方式来建构“后续的步骤”，以便让更多的奇迹能够发生在案主的现实生活中。

• • • 动机与信心的评量

对实务工作者和案主双方来说，知道如何唤起建构解决之道的动机是十分有益的。如果案主能够对自身努力的程度进行评量，他的答案将对你形成结束会谈前的反馈有所帮助。如果案主有较强的动机解决问题，则更有可能继续去做那些曾经做过的有用之事，同时也会更乐意去尝试新的有效的解决策略。

对案主乐意投入的动机进行评量并不难。以下演示彼得对阿艳的动机的评量过程。

彼得：现在，我想问另外一个评量式问句，这次是关于你愿意花多少力气来解决你现在的问题。假设10分代表了你乐意尽全力来寻找解决方法，而0分代表了你什么都不愿意做，只想坐在那里等待好事发生。那么用0～10分进行评量，你觉得你有多少意愿去做呢？

阿艳：10分，我必须这样。

彼得：10分，那可是最高分了啊。是什么原因让你有这么大的意愿呢？

阿艳：为了我和我的家人，我必须这样。

当阿艳说她打10分的时候，彼得并没有停下来。通过询问阿艳的动力来源，彼得给了阿艳一个机会去表达，她之所以愿意如此努力是“为了我和我的家人”。和大部分的案主一样，阿艳会将她的动机和价值联结在一起。这一观察结果让我们确认，评量的关键是探究什么对案主来说是重要的，以及什么是案主想要的。

在你和案主发展专业关系的早期，你也会发现：定期评量案主对找到解决方法的信心，也是非常有用的。在第一次和案主会谈时，当和案主设定完目标、探索完例外以后，彼得通常会让案主来评量他的信心。通过评量的方式，案主将有很多机会进行“建构解决之道的谈话”，他们的自信心也往往会有所提升。

彼得：如果0分代表了你对找到解决方法毫无信心，而10分代表了你有绝对的信心。那么，现在你对自己能够找到消除恐慌感觉的方法有多少信心？

阿艳：10分，不达目的我决不罢休。

彼得：你是不是这样一种人：一旦你决定做某件事，你就有自信可以把它做好？

阿艳：我必须这样，我也想要这样。我不能让我自己一辈子坐以待毙。我希望问题得到解决。

彼得：好的，你从哪里得来的信心，认为你一定可以找到解决方法？

阿艳：嗯，是我妈妈，是她告诉我要完成学业，但我没有。她是对的，我吸取了教训。如果我想要做，我就应该去做到。

彼得：看来你是下定决心了。

阿艳：是的。

评量式问句使案主有机会以特定的方式定义自己。每次彼得给阿艳机会陈述她的决心和信心时，她就又多了一次深信自己是一个有决心且自信的人的机会。

同样地，通过评量动机和自信，你也可以去探索和增强案主的优势。彼得发现阿艳是一个有决心、关心家人的人，并且能够从过去的经验中去学习，有长远的个人目标，且能够将目标进行排序。阿艳的自我描述让彼得看到，阿艳有决心且能够从过去的失败经验中吸取教训，这给彼得留下了深刻印象。

通过回答有关动机和自信的问题，案主通常可以找到更多的例外，实务工作者也能够就此展开进一步的追踪。

例外：威廉斯家族

在和威廉斯一家的第一次会谈时，茵素将主要的工作焦点放在设定良好的目标上。而在后续的会谈中，她开始将焦点放在例外上。不过，她没有使用任何评量式问句。

威廉斯家中有格拉迪丝、她的四个孩子、时不时会回来和她同住的弟弟亚伯特。格拉迪丝因压力而被胸痛困扰多时，但医生也没法将其归因为生理因素。茵素开始帮助这个家庭去设定一个他们共同期待的愿景。在设定目标的过程中，家庭成员表示，如果问题能够获得解决，那么会发生不少事情：孩子们会更加听话并协助格拉迪丝，且彼此能够互相帮助；阿尔伯特能够有自己的房子，并找到一个不错的伴侣安定下来，生儿育女；奥莱因卡会更想待在妈妈身边，不会再撒谎；等等。一旦这些可能性得到界定，茵素便开始探索例外。

茵素：【询问关于例外的知觉】过去是否有任何奇迹发生？不一定是全部，哪怕一点点也行，有吗？

格拉迪丝：有的。例如，阿耶什已经连续两个星期没有尿床了。

茵素：【为了能够确认这个重要的例外，茵素以兴奋的口吻回应】她真的做到了？

格拉迪丝：昨天晚上她还尿床了，但是我没有说她，因为她已经连续两周没有尿床了。

茵素：【充满兴趣，并询问这个例外是如何发生的】两周了？那你是怎么做到的呢？

阿耶什：我没有喝太多的水，还有……

茵素：是吗？所以你不喝那么多水就不会尿床了？哇，已经持续两周了啊。

格拉迪丝：奥菲恩交了一个朋友。

茵素：交了一个朋友？一个好朋友吗？

格拉迪丝：是的。

茵素：（面朝奥菲恩）你有一个好朋友是吗？（奥菲恩用手比了“2”）是吗？两个朋友？

格拉迪丝：是谁啊？是安托万（Antowan）和布赖恩（Brian）吗？

茵素：那他们是好孩子哦？

格拉迪丝：是的。他们都是好孩子。我不介意他们来我家玩，在这里过夜都行。

茵素：【询问例外是如何发生的，并给予间接赞美】你是如何做到的呢？你是如何交到两个朋友的呢？

奥菲恩：我去了暑期学校，还有就是在自己学校里认识的。

茵素：是吗？嗯。【赞美】他们一定相信你也是一个好孩子，是吗？

奥菲恩：我也不知道。

茵素：他们一定这样认为的，是吧？嗯。（奥菲恩表示赞同）这非常棒，那还有什么其他事情发生了吗？

格拉迪丝：我想不起来了，我不知道还有些什么。

茵素：比如，刚才我们讨论过的奇迹图景中很小的一部分……

格拉迪丝：有时候，我不用命令马库斯清理房间，也不用要求奥菲恩把掉落在床后面的衣服捡起来，但是，房间里属于马库斯的那部分仍旧保持得很干净。

茵素：【赞美一个显而易见的长处】他很爱干净。

格拉迪丝：是的。但是，当你看到房间里属于奥菲恩的那部分，你不禁会产生疑问：“这是同一个房间吗？”他喜欢……

茵素：不过他偶尔也会把衣服给捡起来，对吗？

格拉迪丝：每天晚上我都会听到马库斯对奥菲恩说：“奥菲恩，你赶快去把衣服捡起来吧，妈妈马上就要来了。”但大部分时候他都会说：“那又怎样？”也不会把它们捡起来。

茵素：【聚焦在例外的时刻】但有时候他也会听马库斯的话，是吗？

格拉迪丝：是的，有时候他会说：“好吧，我还是去把它们捡起来吧。”然后就去做了。

茵素：【赞美】真的吗？所以，有时候你也是一个男子汉咯？哇，这是一个很棒的开始。还有呢？哪怕是很细微的改变。

格拉迪丝：（指着阿耶什）有时，她不会把吃的东西带进房间里喂蟑螂。你看，他们要去上学，我必须准备好午餐。之前她一口没吃就把午餐带回家，说“不管了”，还把饭藏在房间里。为什么要藏在房间里呢？如果不吃，就直接丢进垃圾桶，但她偏不这么做。

茵素：好的，现在我想知道，在阿耶什身上，是否有一点点像奇迹的部分发生了呢？

格拉迪丝：我的意思是，我见过她把地上的衣服捡起来，那是她的新衣服，她会把它们挂好。是的，我从未告诉过她要这么做，但是她却会把它们捡起来并挂好。

茵素：真的吗？她会做这些事情？

格拉迪丝：是的，她知道怎么整理她的床，她知道如何擦地板，她还会去洗碗。虽然她只有七岁，但她会做许多事情。

茵素：【间接赞美，并询问这个例外是如何发生的】你在哪里学会这些事情的呢？

阿耶什：跟奥菲恩、奥莱因卡和马库斯他们学的。

茵素：嗯，是他们教你的吗？他们告诉你该怎么做的吗？哇，真的好棒啊！

格拉迪丝：（非常自豪）她还会自己搭配衣服，然后穿上。每个人都自己去拿衣服穿。他们会按着自己的心意穿衣服。

茵素：【通过指出孩子们如何穿衣服来进行赞美】他们真的都很棒啊！

格拉迪丝：如果他们穿了冬天的衣服，我会告诉他们：“你必须去换一件，这不是现在穿的。”他们就回去换一件来穿。他们会问我：“这件看起来怎么样啊？”

茵素：【确认例外及孩子们的优势】看来，他们有时候真的很听你的话，是吗？

格拉迪丝：有时候是啦，也不是全听，有些事情他们会听。

....

在这里，我们示范了如何探讨例外。茵素会询问案主有关例外的知觉。同时，她还会询问，在例外发生前后，他们有无变化。通过复述例外内容，实务工作者让大家看到不同的家庭成员能做的好事，借此也间接地赞美了案主的优势。例如，事实上有时候奥菲恩会听从马库斯的建议把自己的衣服捡起来，即便他未必能够一直这么做，但至少说明他知道自己该去收拾房间里属于自己的那一部分。如果例外出现，茵素会询问例外是如何发生的，同时通过收集信息来确认例外是随机发生的还是有意发生的。

和设定目标的时候一样，在讨论例外时，案主通常会轻视或无视自己对例外的知觉。由于轻视例外，他们往往会重新回到问题式的对话中去，不断论述问题有多么严重，自己如何深感挫败。这种情况是可以预见的，因为相比所需要面对和处理的复杂问题而言，这些例外可能无法一开始就得到案主或实务工作者的重视。但即便如此，当案主看到自己正在朝着正确的方向前进时，他便能够不断积蓄力量。所以，当家庭成员不讨论例外情境而又重新绕回问题本身时，茵素会听一会儿，然后借着那些已经出现的希望和进展，将案主的注意力重新拉回到建构解决之道的会谈上。简言之，作为实务工作者，你应该遵循以下原则：

- 经常使用探寻例外的问句来询问案主。
- 用心倾听例外，哪怕你的案主轻视了这些例外的重要性。
- 询问例外发生前后有什么不同（或者比较之下有哪些改善）。
- 询问是谁做了什么让例外发生。
- 通过讨论例外，重述案主的优势和成功。

探寻差异将创造新的差异

正如同设定目标一样，当实务工作者在探究例外时，焦点解决学派的初学者常常会有过早结束对话的倾向。一旦案主提到了例外，他们就想立刻把这个变化转换成解决之道。例如，一对希望减少冲突的夫妇可能做出如下描述："我们晚上一起出去吃饭的时候不太会吵架。"这时候，初学者往往会抓住这点说："嗯，如果你们可以经常去外面用餐，如每周一次，那么情况是不是会有所改善呢？”

对大部分的案主来说，如果一下子提到结论会有些操之过急。因为例外式问句对大部分人来说比较陌生，他们更习惯聚焦问题的问句，所以被问到例外时，这可能是他们第一次意识到还有例外的存在。是否要让例外成为解决之道中的一部分，他们还没有做好准备。因此，基于实务原则，我们更应该给案主机会去讨论例外对他们的意义和重要性，而不是过早结束对话。

此外，德·沙泽尔(1988，1991)的观察对这个议题亦有帮助。受到贝特森(1972)的影响，德·沙泽尔指出探讨例外其实是探寻差异，而这一做法将会创造出新的差异。他强调解决之道常常建立在之前未能被辨识出来的差异(即例外)的基础之上(de Shazer，1998：10)。倾听和探索这些例外后，实务工作者需要将所有相关信息同案主的目标、优势结合起来，以此作为结束时给案主的反馈。反馈是用来给予案主机会，让发生过的例外重现，进而创造新的例外，向解决之道更进一步，也就是通过探寻差异而创造新的差异。

[illegible]

[illegible]

第
七
章

给予案主反馈

我们每个人在下星期里选出两天，选哪两天要保密，请你们在自己选的这两天假装我们讨论过的奇迹已经发生了。

(de Shazer, 1991：144)

在先前的几章里，我们已经探讨了焦点解决取向会谈的几个重要组成部分：如何与案主形成卓有成效的合作关系、如何尊重案主的意愿、如何设定良好的目标、如何探索例外等。本章将探讨实务工作者如何根据先前会谈阶段所收集的信息形成适合案主的反馈，以有效协助他们建构解决之道。

建构解决之道的过程中的反馈不同于问题解决取向的介入。一般的问题解决取向中，实务工作者对案主问题的本质及严重度进行专业评估，然后确定什么行动对案主最有益。实务工作者或采取这些行动，或鼓励案主采取某些行为，他们相信这些行动或行为会为案主带来正向的改变。因为这些行动是由实务工作者基于专业评估与理论采取的，所以在问题解决取向中，实务工作者就成为案主改变的主要推动者（Pincus and Minahan，1973）。

建构解决之道的取向并不像问题解决取向那样重视“会谈结束前的反馈”，它反而重视会谈过程中的每个部分。在建构解决之道的取向中，解决之道是由案主运用自己的优势，朝着他们所看重的目标方向努力工作建构出来的。案主才是主要推动改变发生的人。在会谈过程中，案主表露他们自己及其困境的相关信息，实务工作者通过“会谈结束前的反馈”，协助案主将这些信息的各个层面加以强调与组织，这正是案主建构解决之道的最有效的工具。

在本章中，我们首先将说明在会谈的什么阶段给予反馈。其次，我们将探讨反馈信息的结构。再次，我们将继续利用阿艳与威廉斯家族的例子，解释如何根据会谈来设计反馈信息。接着，我们提供焦点解决会谈常用的几种反馈方式。最后，我们提供一份与案主初次会谈的完整大纲，以说明初次会谈的重点。

暂　停

在焦点解决会谈中，我们通常会建议实务工作者在给予反馈前，先让会谈暂停 5～10 分钟。短暂的休息对实务工作者和案主都有益。

通常你和案主在初次面谈伊始，就会向案主解释会谈流程与结构。同时，你需要说明你希望在会谈中能有一段暂停时间，并解释暂停的目的。暂停将给你时间去思考案主告诉过你的事情。我们注意到，案主通常都会欣然接受这样的安排。案主通常在暂停后会更加投入与实务工作者的谈话，他们往往会非常仔细地倾听实务工作者所说的一切。

有时我们会和团队一起工作，团队成员会在单面镜后观察会谈的进行。实务工作者在暂停期间与团队成员见面，他们会提出对反馈的建议。不过在大部分的会谈中，实务工作者是独立工作的，暂停时间则让实务工作者可以静静地思考。

在暂停期间，实务工作者会离开一会儿，让案主独自留在会谈室。如果是家庭会谈，实务工作者会让家庭成员留在客厅或厨房。通常，案主会思考我们之前的谈话，有时会阅读杂志或走到户外抽根烟等。如果你是在你的办公室与案主会谈，此时你也可以建议他们先回到等候室，等到你准备好反馈的内容，再邀请案主回到办公室继续会谈。

有些实务工作者会在暂停间隙给案主布置一些作业。例如，在和工作团队一起工作的时候，安德森(Andersen，1987，1991)会让案主听听其他团队成员的建议。或者，实务工作者在暂停期间也可以要求案主自行构想对现况有益的方案等(Sharry et al.，2001)。如果案主能想出一些建议，实务工作者通常会将其综合到自己的反馈中。

反馈的架构

我们建议实务工作者在给案主设计反馈的过程中，采用德·沙泽尔等(de Shazer et al., 1986)提出的反馈架构。这个反馈架构具有三个基本要素：提供赞美、建立桥梁、给予建议或任务。这样设计反馈的目的是让案主感受到实务工作者在倾听他们的谈话，表达你同意他们对问题的看法，赞成他们希望自己的生活有所不同的想法，肯定他们为了让自己的生活更令人满意而采取的措施。

赞美

赞美是对案主的肯定。第一，赞美能对案主看重的事情起到肯定作用。例如，阿艳很关心丈夫和孩子，所以她说为了家庭，她要知道自己究竟是怎么回事。我们可以称赞她为了丈夫和孩子而要求自己做到最好，是一个真正为家庭着想的人。第二，赞美能肯定案主的成功经验及其展现的优势。在阿艳的案例中，当她与彼得一起探索例外和会谈前的改变时，她说从预约会谈到真正与彼得初次会谈期间，有时候她的恐慌并不像之前那么严重，而且她尝试过好几种方法来控制自己的恐慌。阿艳应该获得赞美，因为她不断坚持和努力，并且试着找出不同的解决方法。

用一连串的赞美作为反馈的开始，能够对案主产生显著的效果。大多数案主都被困扰压得喘不过气来，从未想到自己会得到赞美。案主经常对自己过去的选择或未来的前景感到沮丧，并问实务工作者：“情况有多糟呢？”或者问：“你认为我们还有希望吗？”因而，用赞美来开启反馈不仅创造了希望，同时也给案主暗示了一个信息：问题的解决之道主要建构在案主描绘的成功(例外)和优势上。

当你赞美案主时，记得留意他们对赞美的反应。他们的反应是你判断赞美是否对他们有意义的重要线索。如果你的赞美符合他们的心意，他们通常以点头表示赞同，或微笑地说声“谢谢”。如果他们并没有这些反应，你可以在下一次与他们会面之前重新调整你对收集到的信息的看法。至少，案主会因我们的赞美而获得鼓励，也会因此而明显地流露出愉悦之情。

• • • 桥梁

桥梁是在反馈中，将开头的赞美与结束时的建议进行连接的部分。任何实务工作者对案主所提的建议，都必须让案主觉得有道理，否则这些建议将会被忽略，桥梁则保障了建议的合理性。

桥梁的内容通常来自案主的目标、例外、优势或知觉，一般而言，实务工作者会用“我同意你说的……”来开始陈述桥梁。如果可以的话，你应该把案主的用语包含进去。例如，在给阿艳的反馈中，彼得可以这样陈述：“我同意你所说的，阿艳，了解你那恐慌的感觉是怎么回事，对你来说是个重要的目标。对你或你的家人来说，如果你下半辈子都带着这种情绪生活确实不好。因此，我建议……”

• • • 建议

第三个组成反馈的要素是给予案主建议。建议可分为两类：观察型建议和行为型建议。

在观察型建议中，根据会谈时所收集到的信息，实务工作者会建议案主留意自己生命中那些可能有利于建构解决之道的部分。例如，彼得会建议阿艳去注意那些她觉得没那么恐慌的日子，尤其是与那些感觉很糟的日子相比，会有些什么不同。彼得还会建议她持续追踪这些不同之处——当感觉好点儿的日子出现时，她当时做了什么事情，跟谁在一起等，并且在下一次会谈时告诉他。

行为型建议需要案主确认去做某些事，即期待案主去采取那些实务工作者相信将会对案主在建构解决之道上有所帮助的行动。因为阿艳已经表示与嫂子的谈话对她比较有帮助，所以，彼得就建议她继续这么做，这就是一个行为型建议。

在给案主设计焦点解决的反馈时，你会发现，要决定是否给予建议以及该给予什么样的建议，是反馈阶段中最困难的部分。工作坊的参与者与学生们一直告诉我们，用一系列的赞美来总结案主的成功与优势，既简单又令案主振奋。一旦他们设定好一个建议，那么在建议前搭建一座衔接性的桥梁是非常有用且可行的。然而，即将提出的新建议却常会让他们感到困惑。因此，在构造建议时，你需要先回顾与案主之间的每一段对话，包括案主的问题、期待、目标、例外、动机等内容。

决定一个建议

案主想要的是什么?

在展开焦点解决对话时，因为案主所要的不同，会使你需要面对的会谈情境也不同。有时，案主会告诉你他们正面临一个问题，希望找到解决之道，而他们可能将自己视为解决之道的一部分。有时，案主则说他们真的遇到困境了，需要一个解决方法，但唯一的解决方法是他人首先做出改变。有时也有案主告诉你，他们来会谈是因为别人要求他这么做，他们自己并不认为有任何需要处理的问题或澄清之处，因而他们并不想和你开展任何工作。

第四章讨论了如何在这些情境下做出回应。诀窍就是对案主的知觉保持“未知”的态度，然后找出任何可以透露案主希望自己生活有所改变的线索。会谈过程几乎总是如此：在初次会谈结束前，焦点解决实务工作者与案主对案主想要的目标会达成更多的共识，即使一开始案主对自己想要的目标并不清楚。要记住：不论案主是否想要改变，你都可以给予建议。在会谈最后，如果案主已经知道自己想要什么，并且将自己视为解决之道的一部分，通常我们就会给予行为型建议。而当案主认为他们看到问题但尚未将自己视为解决之道的一部分时，给予任何行为型建议都是没有意义的，这时，你可以给予一些有用的观察型建议。只有极少数的案主会在会谈最后表示不想有任何改变，对这种状态的案主给予建议会有一些风险，这会让案主认为你在会谈过程中没有仔细听他所讲的。这种情况下，我们认为，赞美案主目前正在做的那些对其有意义的事情往往会有比较好的效果。

这是良好的目标吗？

第五章描述了良好的目标的特征等相关内容，并讨论了你在会谈中可以使用的问句。对大多数的案主来说，设定良好的目标具有挑战性，你不要把案主逼得太紧。

在设计反馈时，去思考案主的目标已经具备了多少特征是十分重要的。案主是否已经能明确说出他们生命中想要有什么改变？案主能否用具体、行为化的用语来定义这些改变？案主能否定义且描述出他们想要的目标，而不只是要求让问题消失？他们所确立的目标是不是一个起步，而不是最终的结果？案主能否用互动和情境化的用语来描述目标？每位案主准确描述自己想要什么的能力会有所不同。当他们的描述更接近良好目标的特征时，你就可以更自信地根据案主的目标陈述，给予他们行为型建议，这些建议对他们来说很有意义，并且对他们建构解决之道很有帮助。

有例外吗？

形成反馈的最后一个步骤就是回顾例外。案主能否识别出与他所要的改变有关的例外？如果能的话，你就给案主一个观察型建议，聚焦在对例外情境的观察上。如果案主无法识别出任何例外，但你们已共同界定出问题，那么你仍然可以给案主提供观察型建议，让他留意生活中的哪些迹象使其知道问题是有可能得到解决的。

如果你和案主所确认的例外是与案主想要的改变相关，就需要询问这个例外是随机的还是有意的。如果是随机的，你可以提供观察型建议。例如，当未来类似的例外情景再次发生时，要特别留意例外是如何发生的。如果例外是有意形成的，且案主能够详细说明自己对例外的发生有着怎样的贡献，这说明案主已经界定出一个合适的行为型建议，此时，你可以建议案主“再多做一些相同的事情”（de Shazer，1988）。

给阿艳的反馈

与阿艳会谈了 30～40 分钟后，彼得表示想稍事休息，思考阿艳跟他说的事，然后给予案主建议。一旦实务工作者形成了建议，构思相关的赞美和桥梁就相对容易了。

彼得最先考虑的是阿艳想要什么，他们已能一起去界定问题(恐慌的感觉)，也能一同界定出一个初步性的目标(减少她的恐惧以及被困阻的感觉，去做“那些对我和家人有益的事”)。阿艳表示她把自己视为问题的一部分，也是最终解决之道的一部分。当被问及有多强的意愿去解决问题时，她给自己的动机打 10 分，并说：“我必须这样做，为了我自己和我的家人。”

其次，彼得思考的是阿艳的目标是否合理。根据对话，彼得认为阿艳已逐步设定了合理的目标。她描述，当奇迹发生时，很多事情将会有所不同：她会更爱笑；她的丈夫会看到她为这个家付出更多；她和丈夫能一起让这个家变得更好；他们亲吻与拥抱的次数增多了，也许还会一同出游；儿子迪迦会注意到她的情况越来越好，因此他出门时会玩得更尽兴。

最后，彼得对阿艳确认出来的例外进行反思。他记得阿艳说，她曾经拥有一些非常美好的日子。经过进一步的探索，彼得发现她无法描述是谁做了什么让这些美好的日子发生，所以这些美好的日子可被归类为随机式的例外。但是，在后面的会谈中，当彼得问她从 0 分到 10 分，0 分代表她当初预约会谈时那种惊慌无助的感觉，10 分代表奇迹发生时的感觉，那现在的感觉是处于多少分时，她回答 6 分。也就是说，相较于 10 天前，她现在的情况好多了。阿艳知道，通过和专业人员谈话、与嫂子讨论、多和家人一起出门，奇迹可能就会发生。

总结起来，彼得得出如下结论：（1）阿艳迫切地想要寻找到解决之道；(2) 阿艳的美好日子属于随机式的例外；(3) 阿艳取得的进步可以被归类为有意的例外。彼得根据会谈的信息，形成了赞美和桥梁。

彼得：阿艳，我思考了许久，这些事都与你自己和你所面临的处境有关。我想提供给你一些想法和建议。因为我不想遗漏任何一项，所以我将它们都写了下来。(阿艳点头，表示她正在听，也理解彼得所说的。)

【赞美】首先，我想告诉你，你有几件事让我印象非常深刻。第一，我看得出来你非常关心你的家人。你想要和你丈夫多聊聊，希望看到他更快乐；你想让你的孩子迪迦能够到外面尽情地玩耍，而不用担心你。你是一个以家庭为重的人，所以你想要弄清楚为什么你有时会恐慌。第二，你清晰地描绘出了自己的奇迹图景，给我留下了深刻的印象。你很明确地告诉我，如果问题解决了，你的家里会有什么不同，你会有怎样的不同。此外，我也同样被你那愿意竭尽所能的心，以及深信终将觅得解决之道的坚持而深深感动着。第三，我看到你已经做了一些事情，如到这里来、祷告、试着和其他人聊天，以及常到户外走动，让情况发生了一些改变。当别人，如你嫂子给了你很好的建议的时候，你会愿意去尝试，看看它是否对你有效。有时候你也会想出一个很好的主意，如祷告，并且会有勇气与力量去尝试它。你所做的这些努力真的令我印象深刻。正是因为这些，我毫不惊讶你今天会打 6 分。

【桥梁】阿艳，我和你一样，不明白你为什么有时会感到恐慌。我们可以接着思考这个问题，同时，我有以下建议：

【建议】首先，持续去做那些能让你达到 6 分的事情。接下来，留意当你拥有一个美好日子的时候，会产生什么改变——包括发生改变时所有的相关信息：家里有什么不同告诉你好日子出现了，谁做了什么，等等。然后下次来时跟我分享。

最后一件事是，从现在到下次我们会谈之间选一天，假装奇迹已经出现。也就是说，在那一天你不要告诉任何人，只要表现得像是奇迹已经发生的样子，然后再回来告诉我，有哪些情况变得更好了。

彼得谨慎地将这项反馈告诉阿艳，并小心观察她对每一部分的反应。由于阿艳不断地点头表示赞同，并会微笑说“是啊”或“嗯，对的”，阿艳的反应让彼得觉得他与阿艳的对话是成功的。

对威廉斯家族的反馈

和这家人就他们所关心的议题、目标和例外进行了会谈后，茵素提出稍事休息。在威廉斯家族的案例中，茵素与一个团队一起工作。在休息期间，她走到单面镜后的观察室，与团队成员交换意见。由于威廉斯家族的多位成员参与了会谈，因而团队在得出最后的反馈内容前，先对每一位家族成员进行个别的讨论。他们先从格拉迪丝讨论起。

团队很快得出结论，格拉迪丝是那位提议要求协助的人。她不仅安排了这次会谈，而且当茵素问到该如何帮助这个家族时，也是格拉迪丝来为他们的问题下定义。她和茵素共同定义了问题（如格拉迪丝的压力和胸痛，为了关注孩子而需要对他们吼叫，用“处罚”的方式迫使他们就范），设定了一个初步性的目标（如让孩子可以更听她的话，让她对亲属可以表达出同意或不同意，让亲属们听她的话）。然而，会谈信息显示出，格拉迪丝没有将自己视为问题的一部分，她认为问题主要是出在孩子们不听话、她弟弟行为恶劣上。同时，格拉迪丝也没有将自己视为解决之道的一部分。她对奇迹式问句及追踪性问句的回答，主要都是以当奇迹发生时，别人会有什么样的改变作为前提（如亚伯特不会总是玩任天堂游戏，也不会住在她家；她的丈夫不会再做出犯法的事情；马库斯会成为好哥哥；奥莱因卡不再说谎；等等）。格拉迪丝确认了一些例外的存在，如马库斯会清理房间、阿耶什会收拾好自己的衣服、奥菲恩会和好孩子做朋友等。但团队注意到这些都是随机式的例外，因为还没有信息显示格拉迪丝和其他家庭成员知道该做些什么，才能促使这些例外发生。

于是，团队得出了一个结论：虽然格拉迪丝拥有动机以及一个整体性目标，但她的目标还没有形成，而且她也没有清楚地意识到自己在解决之道上的角色。因此，团队决定根据她所确认的随机式例外给予她一个观察型建议，认为这样对她比较有帮助。

团队还认为，孩子们知道妈妈所承受的压力，打算学习分享并和睦相处。茵素询问他们可以为实现家庭的奇迹图景做点儿什么贡献的时候，他们的回答却还是认为别的孩子们应有什么样的改变。例如，奥菲恩说当奇迹发生时，“我的兄弟姐妹们都会帮忙打扫家里”。此外，孩子们没有确认出任何的例外情境，或发展出任何企图想要努力找寻解决之道的倾向，于是团队决定仅给予他们赞美而不对他们提出建议。

团队认为，阿尔伯特的看法也和这群孩子相似。回答茵素的问句时，他的反应只是默认家庭存在问题。他和格拉迪丝及其孩子一样，不认为自己是问题的一部分，被要求为家族目标的制定做贡献时，他并没有给予什么协助。阿尔伯特倒是为他个人描绘出一幅奇迹图景，但他没有实施的动力。此外，他无法找出任何例外，无论是随机式还是有意的例外。于是，团队认为他就跟孩子们一样，需要赞美而不是建议。

团队对阿尔伯特和威廉斯家族四个孩子的回应，说明了准备反馈时的另一个原则：沿着较为保守的路线前进。反思案主在会谈中告诉你的信息，你通常会发现自己对要给予行为型或观察型建议常感到犹豫不决。在这样的情况下，采取较保守的态度来给予反馈较妥。因为阿尔伯特和孩子们的确在会谈中表示了他们都希望格拉迪丝所讲的问题能够有所改善，但又都不认为自己可以实现奇迹图景，也没有展现出能让奇迹成真的动机，也没有回想到任何例外，所以团队决定采取较为保守的做法，仅给予他们赞美，而不给予建议。我们常发现案主在会谈之后所付诸的行动，远超出了反馈中给予的建议。当你采取较为保守的立场，你反而常会因案主在建构解决之道的过程中采取了出人意料的行为，而为他们喝彩并真诚地赞美他们。

从茵素给予威廉斯家族的反馈中可以发现，家庭成员会提出意见和更多的反馈。

茵素：我有些话要跟你们说。

亚伯特：好的。

茵素：【赞美】我要对你们所有人说。首先是格拉迪丝，我想要告诉你，我对你遭遇的一切印象深刻。

格拉迪丝：我知道。

茵素：不，这真的非常不容易。尽管如此，你还是对自己想要成为什么样的好母亲有明确的想法，你真的做得非常好。

格拉迪丝：我还上过亲子教育的课程呢！

茵素：【间接地赞美可能的成功经验，并暗示优势和动机】真的？

格拉迪丝：是的，是在辅导中心上的。我还拿到了证书——嗯，我可以把它找出来。那时每周都得上一次课。

茵素：所以对你来说，做一位称职的母亲非常重要。

格拉迪丝：是的。

茵素：你为孩子们做得很棒。

格拉迪丝：【又发现另一个例外】是的，就像住我楼下的那位太太——我不太认识她，但她总是在打小孩。我告诉她："嗯，当我想要孩子们做什么而我已经说了超过五遍，但他们还没有过来的时候，我就说我会开始从1数到10，而当我数到10的时候，他们就要有麻烦了。"但是他们几乎总是在我数到10之前才会过来。

茵素：你很有办法啊，这很棒。所以说，即使你在遇到困难的时候，你的孩子也都很乖。【直接赞美格拉迪丝，间接赞美孩子们】我的团队注意到他们在这里的表现一直都很好。

格拉迪丝：是的！【确认更多的例外时刻】不论到哪里，他们都像现在这样。

茵素：真的吗？

格拉迪丝：除了我不在的时候。我不在的时候，他们就无法无天了。但如果我在他们身边，他们就会比较守规矩。

茵素：哇！他们在这里真的表现得很好啊！你看，他们是这么讨人喜欢，还很有礼貌，你拥有一群非常不错的孩子。显然，你很努力想成为一位称职的单亲妈妈。我感觉你似乎是靠着自己的力量把他们抚养长大的。

格拉迪丝：（愉快地）是啊。

茵素：所以我们真的非常佩服你这一点。

格拉迪丝：（笑着）谢谢。

茵素：【开始建构桥梁】我想，让我们感到惊讶的是，你的遭遇反而使你想要让孩子们过上比你更好的生活。

格拉迪丝：是的。

茵素：你希望他们能过上好日子。

格拉迪丝：是的，（指着马库斯）他不想上私立学校，因为有一个男孩子告诉他公立学校更好。但是，对我来说他真的很幸福，他可以上我从未上过的私立学校，他能得到我从未拥有过的。而那个小男孩，一个和他年龄差不多大的男孩，告诉他上公立学校更好，他就想去跟那个男孩上同样的学校。

茵素：你坚持并确信自己应将孩子们送进私立学校就读会比较好。

格拉迪丝：是的。我的确是费了很大的劲。

茵素：【赞美格拉迪丝的优势】你希望他们接受良好的教育。我的意思是，你克服了很多困难，才找到一所合适的学校。你很清楚，如果学校的人对你不是很友善，那么他们也一定不会友善地对待孩子们。你知道什么对孩子来说是比较好的，也知道他们应该接受什么样的教育。

格拉迪丝：是的。

茵素：好的。有时候他们甚至会做点儿事……他们会靠自己，他们会帮助你。

格拉迪丝：有时候是这样。

茵素：这是一个好的开始，不是吗？

格拉迪丝：是的。

茵素：实际上，他们有时候知道该怎么做，不是吗？

格拉迪丝：是的。我知道他们明白该怎么做，问题在于要让他们去做。

茵素：是的，的确如此。所以你教了他们所有道理。

格拉迪丝：是的，我试着这么做。

茵素：你做得很好啊。我们都有目共睹。

格拉迪丝：是啊，如果能持续做两周，我就会进精神病院了。

茵素：现在，阿尔伯特，我们想跟你说，我们真的非常喜欢你的奇迹愿景。

阿尔伯特：什么？

茵素：你的奇迹愿景。当"上帝来时"【引述格拉迪丝的话】，你会希望事情变得如何的那个愿景。我想有时候你会去帮姐姐的忙，这很好，你去她家里的时候，她可以指望你帮忙解决些问题。

【赞美】令我们印象深刻的，还有你们所有的人。你们都希望大家能拥有更美好的生活，你们希望彼此更加和睦地相处，组成一个很美满的家庭，希望一起过得很开心。

（转向格拉迪丝）孩子们喜欢这样，他们都知道这是他们想要的。因此，我们必须向你致以更多的敬意。

格拉迪丝：谢谢。

茵素：【搭建桥梁】所以你已经做得非常好了。我们知道，你希望你的孩子们过上好日子，同时也希望他们能够听你的话。我们也知道，有时候他们可以表现得很好，非常有礼貌，这都是因为你很努力。我们不太清楚的是，你究竟是如何办好所有事情的？我们希望能再次和你会谈。

格拉迪丝：好的。

茵素：【给格拉迪丝一个观察型建议】好的。我们想请你留意从现在到我们下次见面的这段时间里，你是如何做到为了全家做那么多事情的。

格拉迪丝：好的。

茵素：好。那么，让我们来约定下次见面的时间吧。

亚伯特：我也要吗？

茵素：当然，欢迎你再次来这里。

格拉迪丝：不，他不能再来了。

茵素：他不能再来？

格拉迪丝：是的，他必须回家去。

格拉迪丝在反馈结束时提出亚伯特不能再来会谈，这让人很吃惊，因为在会谈的一开始，格拉迪丝就说过，她想要进行的一项改变就是学习如何适当地对她的家人表示同意或不同意，以使他们更容易听她的话。格拉迪丝的反应又再次证实，在形成反馈时采取“保守”思想是明智之举。根据会谈中所得到的信息，茵素选择给格拉迪丝一个观察型建议而不是行为型建议。但是，在第一次会谈结束之前，格拉迪丝似乎就已经开始建构解决之道，并开始采取行动。

反馈的原则

在建构解决之道的过程中，实务工作者在会谈结束前给予案主反馈，是为了协助他们设定目标，让他们聚焦生活中和他们的目标相关的那些例外上，鼓励他们注意到谁在做什么事情让这些例外发生，尤其是他们目前自己正在做的什么事情让这些例外发生了。以下这些原则对如何形成反馈，以及如何将反馈传递给案主，都会有所助益。

- 先寻找到底线：会谈的信息表明了怎样的建议？
- 当底线不确定的时候，偏向较为保守的选择。
- 通过评估案主想要什么，对目标构成的完善程度、例外是否存在以及例外的类型进行分析，来发展反馈的形成。
- 对案主认为什么是重要的，以及什么是他们所想要的部分表示同意。
- 如果案主正在做的事情对建构解决之道有帮助，就进行赞美。
- 提出过渡性的陈述，让每项建议看起来都较为合理。
- 使用案主的用语，保持在案主的参考架构内运作。
- 让反馈简洁、易懂。
- 将反馈谨慎、从容地传递给案主，并观察他们的反应。

常见的信息

在形成反馈上积累了一定的经验后，你会发现某些情况一直重复出现，我们称之为“常见的信息”。在这些反复出现的情况中，你可以参考这些信息来建构反馈。常见的信息最初是由德·沙泽尔等(1985，1988)一起提出的，现在已经拓展到整个焦点解决领域(Berg，1994；Berg and de Shazer，1997；Dolan，1991；Durrant，1995；Furman and Ahola，1992；George，Iveson，and Ratner，1999，2011；Metcalf，1995，1998；S. D. Miller and Berg，1995；S. D. Miller，Hubble，and Duncan，1996；O'Hanlon and Weiner-Davis，1989；Selekman，1993，1997；Turnell and Edwards，1999；Walter and Peller，1992；Weiner-Davis，1993)。我们在这里介绍常见的信息中运用得最广泛、最精简的形式。随着经验的积累和实

务的推进，你可以将任何一条常见信息运用于你遇到的大多数反馈情境。

这些“常见的信息”力图把案主的注意力聚焦在案主经验中对建构解决之道最有益的层面与脉络上。正如上述原则所说的，你如何给予案主反馈是基于以下评估：（1）案主知觉到问题的存在了吗？他想要有什么不同？（2）案主是否已经设定好目标？（3）与案主目标有关的随机式或有意的例外是否存在？

• • • 案主没有知觉到有问题且没有任何目标

如果你判断案主没有和你发展出对问题的共同理解，也没有任何目标，同时从案主的角度来看，并没有你们两人可以一起工作的事情。在这种情况下，底线是你至少可以给予案主赞美，说明你非常高兴能与他再度会面。例如，茵素给予一位被药物滥用机构送来的案主如下反馈（Berg and Miller，1992：99）。

茵素：柯蒂斯（Curtis），虽然并非出自你本意，但你还是来了，我们对此感到印象深刻。你当然可以选择最简单的拒绝方式，不来就是了……你今天来到这里已经很不容易了，毕竟要牺牲你的私人时间，谈一些你很不想谈论的话题，你还不得不搭公交车来到这里……

我了解你是一个有独立思想的人，不希望让人来告诉你，你该做些什么。我同意你的看法，你应该不被干涉。但你也了解到，去做些大家希望你做的事情，会让那些人更快远离你的生活，你就可以更快地实现不再被打扰的愿望了。因此，我想要跟你再度见面，进一步想想做些什么对你会是有帮助的。我们下星期同一时间再见，好吗？

如果茵素给这位案主一个行为型或观察型建议，那是没有意义的。因为这只会表示茵素没有倾听案主讲话。通过在会谈结束阶段给予赞美，她能确定在案主离开时，案主会知道茵素认真听了他的感受，并且有备受尊重的感觉。这种方法增加了案主再来会谈的可能性，并可能更愿意决定与我们在他想要的目标上一起工作。

案主知觉到问题,但未视自己为解决之道中的主要角色

没有例外也没有目标

在这种情况下，你在暂停期间整理会谈信息，发现你和案主已经共同定义出问题，但案主却无法确认出例外，或者案主把例外无限缩小，以至于使你相信他们怀疑例外的存在。这样的案主倾向于详细地描述他们的问题有多么严重，他们相信那些问题都是由外在环境造成的。由于他们对自己在问题中的角色毫无概念，他们也看不出自己或许可以做些什么事来解决问题，因而往往感到很无力。一般来说，他们除了希望其他人能够做某些改变，对于自己需要进行怎样的改变并不太清楚。如同前文所述，你很容易对这样的案主感到不耐烦，并开始建议他们应做些改变来解决问题。

在这种情形下，你可以从两种常见的信息中进行选择。第一，简单重复一个问句，把它作为观察型的建议。我们对这样的案主经常使用提问的方式。在这种情况下，首先，你应该设定正向而尊重的语调，真挚地赞美案主，赞美他对这个问题的细心观察，以及努力思索这个问题对他产生的影响。以“同意这个问题已严重陷入胶着状态”的陈述作为桥梁，而给予这样的建议：

从今天到我们下次再会面的这段时间里，请去留意你的生活中发生了什么事，告诉你这个问题是可以被解决的。

由于案主可能不清楚他想要的是什么，因此对于这类案主的第二个选择，就是给予他一个能引导其朝向过去经验及对其脉络有所知觉的建议，如此便能逐渐获得会谈方面的一些灵感。这个建议被称为公式化的初次会谈任务，由实务工作者在第一次会谈中向所有案主提出，以帮助他们发展目标(de Shazer，1985)。公式化的初次会谈任务聚焦案主的生活问题，但却建议案主要特别关注生活中有哪些吸引他的正向之处，而不只是那些痛苦和有问题的部分。在这种情境下，无论案主的所做、所想

是否有效，都可以用赞美作为反馈的开场，去赞美他们为了和你会谈所必须付出的努力和时间。随后，在表示同意问题的严重性之后，给予他们如下建议(de Shazer，1985：137)：

从今天到我们下次见面的这段时间里，我希望你去观察你的家庭(或生活、婚姻等)中发生了什么你想要继续发生的事情，你可以下次来的时候描述给我听。

有例外但没有构成良好的目标

在这种情况下，你和案主已经对问题有了共同定义，且案主能界定出例外。但是，由于案主认为这个问题存在于外在世界，尚未觉察到自己能够做些什么改变来创造解决方法(茵素和她的团队形成格拉迪丝的反馈时，就面临了这种情况)。这时，反馈底线应围绕在已经识别出的例外情境，并给予观察型建议。

从今天到我们下次见面的这段时间里，请注意那些情况改善的时刻，这样你可以向我详细地描述。请注意那些时刻有什么不同，它们都是如何发生的？同时，也注意是谁做了什么导致了它们的发生。

这个观察型建议包含了两部分：第一，它向案主暗示例外时刻将会再次发生——按常理来说，这样改善的时刻是必然会再次出现的——这样就创造了希望；第二，它指出了有用的信息大都存在于案主自身的经验中。

如果案主能告诉你例外是如何发生的信息，但其描述的内容架构完全是以其他人(常是一个重要他人)有了一些什么改变所导致的时，这时候观察型建议稍做改变就会特别有用。虽然例外可能是案主自身有意行动的结果，但案主却坚持认为这是由其他人的行为导致的。例如，彼得曾有一名叫爱丽丝的案主，她对自己和老板之间的关系感到非常沮丧。爱丽丝用“傲慢、苛刻、无法沟通”来形容老板。然而，她也描述了在有些场合中，老板对她更有礼貌、更讲理且更坦诚——“那时候他的表现才更像是真正的人”。彼得追问这些情况是怎么发生的，但爱丽丝却无法界定出任何她曾做过的努力，并且推托说这些“例外会发生都是因为老板自己，因为有时候老板会比较努力去尝试”。她无法觉察自己在例外中所扮演的角色，对解决方法的可能线索也感到无能为力、毫无头绪。于是彼得给予她观察型建议，一方面尊重她对例外的知觉，另一方面也为探寻解决之道提供了一个潜在的线索。

爱丽丝，请你留意一下当你老板更讲理、更坦诚的时候，也就是他做事“更像个人”的时候。除了注意那些时候有什么不同，还要去注意——这样你下次来的时候就可以描述给我听——他发现你做了什么事情使得他更有礼貌、更讲理、更坦诚。记下这些事情，回来的时候告诉我有什么改善。

如果案主认为问题存在于他们自身之外，但又能识别出随机式例外的时候，那么可以增加一个预测的内容来修改基本的观察型建议，这样做也会行得通(de Shazer，1988)。例如，彼得也可以这样给予爱丽丝建议。

爱丽丝，我赞同你的看法。很显然，有时候你的老板似乎会更讲理、更坦诚，做起事来更有人情味；而有时候却不是如此。所以，从今天到我们下次见面的这段时间里，我建议你：每晚上床睡觉前，预测一下明天他会不会对你表现出更讲理、更坦诚、更有礼貌的一面。然后，每天结束时，在对下一天进行预测前，回想你昨晚的预测是对了还是错了。然后，再去想想你的预测和当天发生的情况有什么不同，记下你的观察结果，这样你可以回来再讲给我听。

德·沙泽尔(1988：183－184)指出，在这种情况下，增加一项预测的内容可能会很有用。他承认他并不知道这些建议到底是如何运作与发挥功用的，而且“乍看之下，让某人在上床前对明天可能发生的事进行初步预测似乎是很荒谬的”。然而实际经验却显示，这种预测的建议十分有效，为什么呢？

根据德·沙泽尔的说法，这种预测之所以有效，是在于其蕴含着建议的力量。案主已经承认例外的确有时发生过，通过给予预测建议，实务工作者暗示这些意外将会再度发生，或许就在下个星期的某一天。接受这个建议并预测一个更好的日子，案主可能会对更美好日子的来临怀有更高的期待，这样让案主在不知不觉中开始了美好的一天。为了期盼更美好的日子到来，案主更有可能去寻找这样的迹象，也因此能够更加关注这些迹象。根据德·沙泽尔的说法，一个预测建议包含好几个因素，进而增加了自验预言发生的可能性。

当你思考是否要在观察型建议中增加预测时，你应该思考案主是否相信随机式例外真的发生过。有时候案主认为例外曾经发生过，但却轻视了它们的重要性或者对它们是否存在感到犹豫不决。格拉迪丝就是这样一个例子。不过有些时候案主会比较明确地说"是的"或"有情况好转的时候"。当你询问："最近一次感觉比较好出现在什么时候呢？"他们会描述例外的时间和地点。或者当你问："那时候有什么不同呢？"他们还会给出具体的细节。

当案主能够对随机式例外有清楚的界定，且能够辨认出这些随机式例外与困境的差异时，在观察型建议的结构中增加预测的形式，就会产生效果。此时，建议的内容需要暗示在案主的内心，对于好日子与坏日子之间的差别，案主已经有了非常明确的划分。如果案主无法明确地界定随机式例外，那么我们建议你用其他方式来构造建议。例如，彼得对爱丽丝的反馈，以及茵素对格拉迪丝所做的反馈。在这样的建议中，实务工作者仅要求案主在此次与下次会谈期间去搜寻、注意任何例外，无论它看起来有多么的模糊不清。

• • • 案主有目标且将自己视为解决之道的一部分

• • • • 有清楚奇迹图景却无例外

你和你的案主对问题已有一个共同的定义。案主也接受他在问题解决上扮演的一些角色，并似乎被激励去行动。同时，案主也能够描述出一幅具体的奇迹图景，包括他们自己所做的改变。但是，案主却无法找到例外——当然更不可能识别有意的例外。在这种情况下，你可以赞美案主澄清了奇迹图景，并建议案主假装这些奇迹已然发生了(de Shazer，1991)。例如，彼得对一位名为安(Ann)的案主如此建议。

安，我能看出你经历了很多事情。家里的气氛很紧张。阿尔（Al，安的丈夫）和蒂娜（Tina，安的正值青春期的女儿）总是互相咆哮。我想这些都是让你决定到这里来的原因，这也表示你非常关心你的家人和自己。就像你说的，情况已经到了你无能为力的地步了。

安，在我们的讨论中特别让我注意到的是，你能这么清楚地描述奇迹图景。你说了一些当奇迹出现时，你在家会有怎样的转变，以及你将会在对待阿尔和蒂娜上有所不同。（她点头表示同意）。

我也赞成你的观点，必须采取一些行动。但是，我也和你一样，还不确定此解决方法是什么。因此，就现在而言，我提供给你的建议是：

在下个星期中挑一天，不要告诉任何人，包括阿尔和蒂娜在内。那一天，假装奇迹已经发生了，请注意，当天你家里会有怎样的变化，然后在我们下次见面时，你可以告诉我这些变化。

通过要求案主假装奇迹已经发生，实务工作者让案主去尝试他们可以创造的不同可能性。我们建议只是要求他们去做一次（或是两次），而非每一天，因为就解决之道而言，这只是朝向解决方法迈出的一小步，因而只需要些许努力即可。

记住，假装奇迹发生是一个行为型建议。这需要案主去做一些不同的事。行为型建议比观察型建议的要求更高，回报也更大；成功的滋味可能很甜美，然而失败的滋味却可能更加苦涩。在提出这个建议之前，你应该确信案主有足够的动机去执行这项建议。

• • • • 有强烈动机却无构成良好的目标

在这种情况下，你面对的问题是给案主找到底线。这些案主会说“有些事必须改变”及“我会做任何事来找到一个解决办法”。你可能会对这样的案主印象非常深刻，你会同情他们，因为他们几乎总是在尝试一切可以寻求解决的途径，但始终都没有任何成效。他们会详细地向你描述他们试过了哪些方法。他们愿意努力的动机是很明显的，然而他们却无法定义例外，特别是有意的例外。因此，当你在设计反馈时，你或许会发现，要带给他们改善的希望是很困难的。

在这种情况下，你如果只从自己的参考架构出发，试图去想出一些明确的方法让案主的情况有所改善是错误的。我们已经从案主身上学到一个比较明智的原则：信任案主对自己资源的知觉及对什么会有用的直觉式理解[①]。在构造反馈时，德·沙泽尔(1985)提出了“做一些不同的事情的建议”，让你可以将焦点放在案主及其资源上。下面我们就举一个此类建议的例子，并根据德·沙泽尔推荐的方式来进行对话。

你那么努力地处理你的问题，并且你是如此清楚地向我描述了到目前为止你所尝试过的让情况改善的方法，这些都给我留下了深刻的印象。所以，我可以理解为什么你现在感到沮丧和挫败。

我也同意你的看法，这是一个非常棘手的问题。

因为这个问题是如此棘手，所以我建议从今天到我们下次再会面的这段时间里，当这个问题发生时，你“可以做些不一样的事情——不管你所做的事情看起来有多么奇怪、不可思议，或多么不按常理出牌。不论你决定怎么做，唯一重要的是，你必须做一些不同的尝试”。

(de Shazer，1985：123)

这个建议让案主在需要的时候，能够变得自发且富有创意地面对问题。

成功地运用这项建议的案主，能够对自己建构解决之道的能力大感意外。例如，彼得曾经给一对抱怨婚姻和家庭关系的夫妇这个建议。他们的问题好几年前就出现了，当时这位丈夫罹患严重的背部疾病。由于这位丈夫成为一名身心障碍者，家庭经济收入锐减，使得这个五口之家入不敷出。夫妻之间、亲子之间都变得孤立和疏远。家庭成员间除了彼此指责，不再互相倾诉，也没有人能够开怀大笑。他们已经试过很多种方法，诸如每天全家一同用餐，每周进行一次晚间家庭活动，如出去玩或去看电影，但似乎都没有什么帮助。彼得深信，他们有很高的意愿朝着解决之道的方向努力，因而给他们提出“做一些不同的事情的建议”。

这对夫妇再次来会谈时，彼得问他们有哪些情况好转了。他们两个耸耸肩说不太清楚，但他们都面带笑意。进一步细问，他们都提到一个十分“怪异的晚上”。几天前，当家人们开始用晚餐，爸爸和孩子们围在桌子旁，而妈妈正从厨房里端出意大利面酱汁，其中一个孩子对爸爸冷嘲热

① 我们注意到，在某些情况下，必须将某些特定案主和社区资源联结起来。我们将在后续的章节中讨论这些情况。

讽，这位父亲“感到生气和郁闷”，他用叉子搅起面条，并“将它们弹向坐在我对面的儿子，并且打中了他的脸”。此时，其他孩子发出小心翼翼的窃笑声，并朝着正将酱汁放在桌上的妈妈看去。她回忆了当时的情形：“我当时非常生气，几乎准备要对丈夫开骂，骂他不懂得管教孩子，但是我想起来……你说过不管我做什么，我都得要做一些不同的事……于是我将汤匙放在酱汁里搅动了一下，把酱汁弹到丈夫身上，然后我们展开了五分钟的食物大战，面条和酱汁齐飞，弄得满厨房都是。”这对夫妇发现了一件不可预料却又十分重要的事情，进一步的讨论揭示出这个家庭花了“两小时去清理我们在五分钟内制造的混乱，但谈话和笑声却是我们这三年来从未拥有过的”。彼得在剩下的时间里和他们探讨他们在清洁的过程中做了什么事情让家人间能够产生交流，以及他们想要做什么才能让这种交流持续下去。

有构成良好的目标和有意的例外

在这种情况下，案主已经能够描述日子变得比较美好的时刻，并且一步一步地讲述了他做了什么才让情况发生的。此外，案主还指出，这些有意的例外虽然还不是完整的解决方法，但却朝着正确的方向迈进。也就是说，这是一个令人满意的好策略，能够协助案主完成其目标。大多数时候，这样的案主在中场暂停的时候，会比刚开始会谈时变得更充满希望与自信。彼得与拉尔夫(Ralph)的互动就是如此，在这种情况下，比较容易为案主构造反馈。以下是这类反馈的例子。

拉尔夫，你有几个地方让我感到印象深刻。第一，你非常想让自己和孩子之间的关系能变得比较融洽。第二，已经有一些比较好的时光出现过了，就像……(举例)。第三，你可以非常清楚、详细地向我描述，在这些美好时光出现的时候，你做了些什么，像是……(举例)。我可以从你做的事情看出来，为什么你说情况现在已经达到5分了。

我同意，要达到你理想中的亲子关系，这些都是你必须去做的。

因此，从今天到我们下次见面的这段时间里，我建议你继续做那些你试过的有用的方法。同时，多加注意你又做了其他哪些事情让情况变得更好了，这些是以前没有特别注意到的，然后下次来的时候告诉我情况如何。

这个建议就是邀请案主多做有用的事，但附加了一个观察型建议，这个建议暗示案主，他所做到的事情远比他自己所意识到的还要多，所以他可以多去注意这些既存而未觉察的策略。赞美案主的成功，并鼓励他们在这些优势基础上继续行动，是非常具体且有意义的方法。

如果想遇到能够界定出随机式例外的案主，就要去弄清楚，他们采取了什么行为使例外能发生。这些例外中蕴含了哪些能够被案主接受的潜在解决方法。不过，即使这些行为与案主想要的目标有关，这个例外也不能完全被理所当然地纳入案主的解决之道。例如，彼得有一次与一位年轻的妈妈会谈，陪八岁女儿早起练习钢琴令她沮丧不已。钢琴练习期间的气氛十分紧张，练习结束时，她和女儿有八成的时间都噙着泪水。这位母亲描述了两个有意的例外：每当她给钱让女儿去练习，以及每当她允许在正常的睡觉时间之后练习钢琴，就不会有这种问题。虽然彼得对于这两个例外印象深刻，但这位妈妈却不这么认为："这么做，对我来说不太符合我的行事风格。"因此，当情况如此时，彼得便知道出钱和在睡觉时间后练习都无法被纳入解决之道。

其他有用的信息

焦点解决取向的实务工作者已经发展出许多其他有用的信息(Berg, 1994；Berg and Miler, 1992；de Shazer, 1985, 1991；Weiner-Davis, 1993)，但因为大部分的信息相较前述的内容，不是已经讨论过了，就是具有特殊性，所以在这里就不详加讨论。但是，我们还是要来看看两个在实务工作中被广泛运用的建议。

克服冲动的建议

这个建议是德·沙泽尔(1985)和他的同事提出来的。当案主定义他们的问题是内心有一种强烈的感受，或很想去做某些事以引起某种改变时，这个建议就能发挥作用（例如：感到害怕、生气、沮丧；或者陷入某种行为不能自拔，如对人大吼大叫、打人、酗酒或吸毒等）。当你和这些人会谈时，你会发现他们虽然有所不同，但是都无法将自己看成解决之道、奇迹图景或例外存在的一部分。此时，无论是观察型建议还是行为型建议，你都应至少为案主提出一些不同的"克服冲动的建议"。在这里，我们可以给予那些能够描述出随机式例外的案主一些观察型建议。例如，我们假设有一位案主有恐慌的现象：

请留意你克服恐慌的那些时候。特别留意你能够克服恐慌的时候出现了怎样的不同，尤其是你做了什么才能克服恐慌。

如同其他人所说的，这个建议指出案主生活中的成功片段及其用来实现成功的优势，促进了解决之道的建构。

处理解决方法中的冲突观点

在和夫妻或家庭就他们所关心的事进行会谈时，他们常常会彼此争论什么是解决问题的最佳方法。此时，你无论站在哪一边都是错误的。因为那样做，你便会失去那些被你忽略或驳斥的一方的信任。为了处理这个紧张和难以应付的场面，你必须提出一个可以认可所有人的多元观点的建议。在下面这个案例中，茵素与一个团队合作，一同与一对夫妻进行会谈，这对夫妻正为到底该如何处理他们有严重问题的儿子而争论不休。于是，他们便使用了这种方法。两位家长说，他们明白各自不同的家庭背景导致了彼此观点的冲突。

你们两个人都很努力想帮助你们的儿子改掉偷窃的行为，这令我们印象深刻。你们两个人对应该如何帮助小孩改正这个行为持有不同意见，这也给我们留下了深刻的印象。我们能够明白，你们来自不同的家庭，所以学会了用不同的方法处理事情。

对于该采取哪种方法，我们团队的意见也一分为二。一半人觉得你们应该采取约翰(John)的想法，而另外一半则认为玛丽(Mary)的想法可能效果更好。因此，我们建议每天早上在你们起床的时候，抛一枚硬币，硬币上的人头朝上就代表采取玛丽的意见，所以那天你们就用她的方式和比利(Billy)相处；如果硬币的背面朝上就代表那一天要采取约翰的想法。同时，当那一天不是采用你的方法时，请你多注意在另一个人的策略中，到底对比利做什么事能奏效，这样在我们下次再见面的时候，你们可以告诉我相关情况。

这个建议有三个部分值得注意。第一，这个建议同时肯定了夫妻双方的观点，并且在一定程度上鼓励他们去做自己认为对比利最有利的办法。第二，这个建议消解了两个人的针锋相对，就像许多案主一样，他们认为解决他们的问题肯定只有一个正确答案(de Shazer，1985)，但这种想法往往只能导致非输即赢的僵局。每个人都暗自想着："要么是我对他错，要么是他对我错。"这个建议提醒我们，彼此的方法都可能蕴藏着重要的参考价值。因此，建构解决之道的方法之一，便是去发现和使用双方想法的精华部分，这样就提供给他们一个能顾到双方颜面的替代方式。第三，掷硬币是一个很聪明的解决办法，因为这样能避免外表独立而又固执的两人继续争吵。

收到这项建议时，大部分的案主都会综合双方观点来建构解决方法。然后，你可以探索每位案主的贡献，并为此称赞他们。不过，最后出现的解决方法不见得都是综合双方意见的结果，有时候解决办法可能是二选一。从理论上来说，当约翰和玛丽回来见茵素时，他们可能都同意玛丽的方法是最好的。在这种情况下，茵素将案主视为专家，并维持着未知的姿态，和他们一同探索他们是如何得出玛丽的方法对比利最有用这个结论的。一旦完成探索，茵素可能会称赞玛丽是一个非常了解儿子的母亲，而且有能力去执行这种方法；同时，茵素也会称赞约翰的智慧，因为他能够看出玛丽对小孩的管教方式是有价值的。

当案主在众多选择中举棋不定的时候，也可以运用类似的建议。在这种情况下，赞美他们在做出决定过程中的谨慎与小心是很重要的，因为案主正在众多被清楚定义的可能性中苦苦挣扎，他们常常会因为自己迟迟未能做出抉择而感到焦虑和沮丧。例如，一位案主正试着决定是否要和她有语言暴力的男朋友分手，彼得对她这么说：

纳迪娅(Nadia)，首先我想要说的是，我认为花时间去想想怎么处理你和比利的关系是很正确的行为。很多人可能都没有办法像你现在这样，这么有魄力去思考这个问题。比利对你来说很重要，有时候他很好，你们可以一起做很多事。而同时，他的确又很打击你，让你深受伤害，而且你并不知道他能否有所改变。

其次，你让他明白你的想法，这让我感到印象深刻。你坦诚地告诉他，有些事必须改变，否则你无法在这样的关系中继续相处下去。我明白要跟他说这些话是相当不容易的，那需要很大的勇气。（她表示同意）我和你一样，无法确定你和比利究竟是要继续维持下去，还是应该选择分手去开始新的生活，这的确是一个很困难的决定，要做这个决定真的还需要努力。因此，在你不断努力解决这个问题的过程中，我想给你一个建议。

我建议你在每天晚上睡觉前，抛一次硬币。如果正面朝上，你第二天就尽可能活得好像比利不再是你生活中的一部分，不要和他有任何联络。开始为你恢复单身要做的改变跨出第一步——例如，花更多时间和朋友家人在一起等。如果是反面朝上的话，第二天就还把他当作你生活中的一部分——你向我描述过这对你意味着什么。然后，你在做这些事的时候，注意发生了什么事让你越来越清楚是要离开他还是要继续保持关系。当然，无论是谁，都无法百分之百地确定该做哪一种决定。回来再告诉我，哪个选择更好。

当案主有很多选择却不知道该如何抉择时，另一种替代的方法是给提供他们观察型建议：要求案主留意发生了什么事情，告诉他们这时候对自己的问题感到困惑反倒是一件好事。建议案主分类记下令自己感到困惑的好的方面与坏的方面。这和先前的建议不同，这项建议并不是说在更加了解某一特定选项后，解决之道就一定会存在其中。但是，与先前的建议相同的是，它认为有时候感到困惑是可以被接受的，甚至这也会有益处。

对下次会谈的决定

请注意，本章所讲述的内容中，我们都假定案主将会继续回来会谈，并邀请案主向实务工作者描述在两次会谈之间所出现的进步。我们需要明白，这些做法是为了第一次会谈结束时而设计的。除非案主明确表示他们不会再回来，否则必须在初次会谈结束时，给他们建议再来会谈。如果他们拒绝这个建议，就要探索一些他们所在意的事情是什么。在第二次及以后的会谈中，要询问案主是否认为继续会谈对他有帮助，如果有的话，又要间隔多长时间来进行下一次会谈。在后面的章节里会讨论如何得知案主在这件事情上的看法。

在初次会谈期间，案主会对我们以及我们服务的情况加以评估。也就是说，他们会开始研判是否该信任我们，以及是否该认真地与我们进行会谈。此外，大部分来寻求协助的案主都认为需要不止一次的会谈来解决他们的问题。在这种情况下，如果在初次会谈结束前，询问案主是否想再来会谈，他们可能会觉得我们不想继续和他们一起工作，并认为我们对自己的能力没有信心，或者对他们解决问题的能力缺乏信心。因此，在初次会谈结束前，我们建议你告诉案主你想再见到他们，并告诉他们当他们再来时，你想要知道有哪些方面变得比较好了。这样的方法可以培养案主对实务工作者的信任与信心，还会有一个额外的好处，就是能够培养案主正向的期待。在初次会谈结束前的反馈中，你可以询问案主："那么，你觉得对你来说，什么时候再来会谈会对你最有帮助呢？"此类问句可以给案主传递一个信息：他们有能力决定什么才是对他们最好的选择，同时也让案主知道，你认为再回来会谈对他们是有帮助的。在后续的会谈中，如果案主对你和对自己的能力都变得更有信心，你就可以开始询问他们是否认为有必要再回来和你会谈了。

备忘录、大纲草案、笔记

作为实务工作者，你必须将案主在会谈中提及的信息组织起来。如果你对焦点解决会谈及反馈还不太熟悉，很容易在暂停阶段感到困惑和不知所措，最后就容易以你原先所熟悉的方式去回应案主。这样一来，你会对自己感到很沮丧，并怀疑自己能否一直以案主自身的解决之道为重点，作为给予反馈的基础。

很多工作坊的参与者与学生都发觉，做备忘录和笔记可以帮助他们不偏离主线。这对刚开始学习焦点解决会谈程序的人尤为有效。一旦学生的技巧较为成熟，做备忘录和会谈大纲草案也许可以作为定期复习的好方法。本书第五章和附录讨论了如何使用问句来设定目标。第五章里讨论了会谈的问句，并给出了一些范例。而附录中有两个部分和本章的主题相关：第一个部分是为案主设计反馈的大纲草案。可以在暂停的时候使用这份表单。如果案主同意其他实务工作者或学生可以一同观察会谈的过程，他们便可以使用这个大纲草案来记录他们在会谈过程中对底线的想法，以及对案主的赞美。第二个部分是对本章中提及的常见信息进行了总结。

在进行建构解决的初次会谈时，你可能需要用到所有的基本会谈技巧与反馈方式，这些在本书中都已经完整呈现。我们按照一定的顺序来描述这些程序，这样你在初次会谈的时候就可以遵照这样的顺序。这个程序从第四章开始。在第四章中，我们建议你在做好一些准备工作之后，可以以询问案主"我可以如何帮助你"来作为开场白，最后以给予反馈、与案主安排下一次会谈(如果你和你的案主决定要有下一次会面的话)来结束整个会谈。附录中的会谈大纲草案列出了这个过程中的每个步骤，可作为你第一次和案主会谈的指引。

提供这份会谈大纲草案给工作坊的实务工作者及学生时，他们常会询问该如何使用。他们想知道，使用这份草案来作为会谈的笔记是否明智。虽然我们两个会在会谈中做笔记，不过茵素并没有使用那个大纲草案，而彼得则会使用。茵素比较喜欢相信自己的直觉，去决定接下来遵循哪个焦点解决的顺序；而彼得则更偏向于以大纲草案来作为整个会谈的架构。我们都会记录案主的问题、奇迹图景、例外、对评分的回应等。茵素会将这些资料写在白纸上，而彼得则会将这些信息写在一份适当的大纲草案单上。将案主的话写下来，我们据此能够敏锐地察觉出案主在焦点解决会谈中想法的转变，并且能帮助我们设计会谈结束时的反馈。我们会将这些笔记放进案主的档案里，作为完成有关案主一切必要文件的基本资源。和本杰明(1987)一样，我们注意到，当我们向案主解释我们做笔记是为了更好地记住他们所谈论的事情与处境之后，他们均能对此表示同意。

第八章

后续会谈：发现、扩展和评量案主的进步

人不能两次踏进同一条河流。

（赫拉克利特，希腊哲学家）

总是坐在那里听我说话，总是留时间给我。鼓励我继续做我应该做的事情。他对我很有信心，帮助我继续做我认识到我必须去做的事情。

（来自短期家庭治疗中心的案主对实务工作者的描述）

本书从始至终都在强调，案主主要通过描述他们的成功经验和优势而不是通过分析他们的问题来建构解决之道。本书所呈现的焦点解决会谈过程都反映了这一主张。本章将说明在后续会谈里，如何通过继续鼓励案主依靠自己的优势不断前行。

后续所有的会谈目标都是一样的——围绕对于案主而言“有什么改善”来开启和维持对话。实务工作者的任务是催化案主开始探索从上次会谈以来案主所发生的例外，因为这些例外是建构解决之道的基石。

后续会谈的架构都反映这一目的。当例外在实务工作者与案主的互动中出现时，实务工作者会遵循焦点解决会谈程序，邀请案主去扩展并详细说明这一例外。这项工作占据后续会谈的大部分时间。之后，实务工作者会遵循评量程序来评估案主的进步，并促使其做一些额外的目标确立工作，包括决定案主接下来要采取的步骤，多加思考案主的生活要有哪些改变才能终止服务。然后，就像是初次会谈一样，实务工作者会稍微暂停并进行构思，再回来给予案主反馈。

本章将讨论后续会谈的每个构成要素，并将其列在本书的附录之中。此处所讨论的结构形式和附录里的草案大纲相吻合。后续我们将以阿艳和威廉斯家族的部分对话来举例说明。

“有什么改善？”

我们通过询问案主“有什么改善”来开始后续的会谈。许多工作坊的成员和学生都告诉我们，乍听起来这个开场有些奇怪。他们会问：

"以询问案主是否完成上次会谈所指定的建议和任务来开场，不是更合乎逻辑吗？"或者问："为什么不用比较谨慎的口吻询问'自从我们上次会谈以来，有没有任何情况好转了'"我们不做这两种询问是有原因的。

我们不会直接询问案主是否已经完成了建议，具体原因如下：第一，正如在第七章中所指出的，我们的建议并不一定就是案主问题的解决之道；相反，它们只是在我们和案主的互动中所出现的信息的拓展。我们应当牢记，给予建议时，必须维持"视案主为专家"的立场。是案主，而非实务工作者，才能最恰当地判断完成某项建议是否对他们建构解决之道有帮助。第二，不直接询问案主是否完成建议可以避免让案主和我们处于尴尬的境遇。如果案主没有完成建议，他们会觉得自己要被迫解释为什么没有照做，同时我们可能也得去解释，为什么我们现在提醒案主要采纳上次会谈中提到的建议。第三，如同在第七章结尾时提到的，案主的表现经常会超越建议的范畴。另外，还有一种可能是，就在上次会谈后不久，案主的生活又发生了一些改变，使建议变得不再合适。在这样的情况下，案主自然会朝另一个方向去寻找解决方法（在这种情况下，案主甚至可能会忘记我们的建议）。因此，我们会以足够广泛且可以涵盖一切可能性的问句来开始后续的会谈。

不要以询问"自我们上次会谈以来，有没有任何事情好转了"来开始后续会谈。如同茵素在其他地方提到的（Berg，1994：150），询问这个问题会让案主以为，我们对他们是否有进步存在怀疑，从而影响案主判断进展状况。总之，我们采纳德·沙泽尔及其同事们（de Shazer et al.，1986：2007）的建议，在后续会谈时只简单地问："有什么改善？"这个问题反映了我们相信案主有能力朝着他们想要的方向采取措施，无论措施是否有效。

通过询问"有什么改善"来开始后续会谈，最重要的原因是它再次反映了解决之道的建构，主要来自案主对例外的知觉。假如从上次会谈以来，问题存在的时候和例外发生的时候都在案主的生活中出现了，那么可以通过询问案主什么对其最有用——任何觉察到的已发生的例外——来开始后续会谈。

当你询问案主"有什么改善"时，你可以预期他们各种不同的反应。茵素（1994）根据案主的不同反应，把他们分为三类：第一类，无疑是占大多数的，他们能识别出从上次会谈以来，已经发生改善的部分。其中有些人能立刻识别出这些例外，而有些人则需要实务工作者的鼓励和探究。第二类案主会说“我不是很确定”或“我认为情况还是一样”。第三类只有很少数，他们会说情况变糟了。

当你遇到第二类和第三类案主时，继续多问一些类似的问句。随着探究和鼓励，很多一开始不确定是否有进步的案主，都会慢慢识别出后来被证明是有价值的例外。一个有用的技巧就是请案主去思考是否有某一两天过得比其他时候要好一些。例如，如果一位案主不确定是否有什么事变得更好了，你可以说：“好的，让我想想看。上一次我见到你是上周四早上，上周五是否有任何地方比周四下午要好一些呢？”然后你可以接着问：“上周末是否有任何地方比周五要好些呢？”一次只询问前一周的某一天。通常，随着实务工作者提出较具体的询问，犹豫不决的案主和那些一开始说情况变糟的案主，都可能会发现一些例外。

因此，随着实务工作者坚持询问下去，大多数案主将会发现例外已经发生。实务工作者的任务是与案主去开启和维系一段围绕他们的例外的对话，并朝向解决之道加速前进。由于在后续的会谈中，大部分的工作便是进行这样的对话，所以本章将阐述在此过程中你可以遵循的焦点解决程序。第十章将说明如何处理以下这种更少见的情况：无论实务工作者如何努力，案主仍无法识别例外，甚至可能感到深深的挫败。

EARS

一旦案主确认例外，不管这个例外有多模糊或难以置信，你的任务就是去仔细探索它。短期家庭治疗中心的实务工作者们针对此项工作花了多年的时间，并成功地造就出最新且最有效的方法（Berg, 1994）。他们用首字母 E、A、R、S 组成的单词 EARS 来概括实务工作者在这项工作上的重点。E 指的是引发（Elicit）例外，A 指的是拓展（Amplify）例外。首先，让案主分别描述例外时刻与问题存在的时刻，比较两者有些什么不同；其次，再探究例外是如何发生的，特别是案主在例外发生时扮演了什么角色。R 指的是增强(Reinforce)例外中含有的成功与优势，即通过注意例外，花时间对其进行仔细的探索及称赞。S 指的是重新开始(Start Again)，实务工作者再次开始询问："还有什么其他地方也改善了？"①

• • • 阿艳的案例

当你准备运用焦点解决方法进行会谈时，你可以预期在后续会谈中你会把越来越多的时间用来进行 EARS。让我们看看彼得和阿艳第二次会谈的对话，以说明这一过程。

彼得：阿艳，有什么情况变得好些了呢？

阿艳：嗯，有的。

彼得：嗯，那有什么地方让你注意到，情况已经变得好一些了？

阿艳：我又回去工作了。上个星期，我都没去工作。

彼得：【想知道回去工作能否是一种例外】哦，你这个星期又回去工作了？

阿艳：是啊，我这个星期回去工作了。

彼得：【注意到她看起来对自己很满意，并赞美这个明显的成功】嗯，做得很棒！

阿艳：谢谢。

彼得：那你今天去工作了吗？

阿艳：我们工作到 7 点，我刚下班。

彼得：哇！那你一定很忙吧？

阿艳：嗯，是的，这星期我们工作了 12 小时。

彼得：是一天 12 小时吗？

---

① 到目前为止，你已经知道询问"有什么改善"是另一种发现例外的方式。附录中探究例外问句的清单，描述了询问案主已有例外的各种方式和切入点，你可以仔细阅读并加以运用。

阿艳：是的，周六也工作。

彼得：周六？

阿艳：是的。

彼得：所以你每天工作12小时，一周工作六天？

阿艳：是的。

彼得：那么你一周要工作72小时？

阿艳：是的，但我上周都没有去工作，所以还好。

彼得：这周还好。那下周也要工作那么长时间吗？

阿艳：不，我想应该不会了。我想只有这一周吧，因为他(阿艳的老板)刚接到一笔大的订单，所以他想着把它全部完成。

彼得：这样来看，有的时候你会有很多工作，有的时候则比较少。

阿艳：是的。

彼得：你能回去工作，这是怎么发生的？

阿艳：我感觉好些了，就像是，嗯，我告诉他我准备好去工作了。

彼得：【现在更加确信已经引出例外，然后开始对它进行探索】所以，嗯，你是在哪一天早上醒来，觉得变好一点儿了，知道你可以回去工作了？

阿艳：周一。

彼得：周一早上？

阿艳：昨天。好像是周日，嗯，我不太清楚。整个周末好像都……不好，我像是一直在发抖。这让我觉得，你知道……那种状况……我有一种感觉，我觉得无法对抗它。我都想放弃了，只想……我不知道。这让我情绪很低落。

彼得：【肯定她的知觉，并请阿艳开始扩展例外】是的，这听起来很不好受。但是，在这个周末，你说你觉得有情况比较好的时候？

阿艳：是的，这个周末，我战胜了它。我和我丈夫去跳舞了。我们周六去参加了一场婚礼舞会，舞会中我觉得有些不舒服。我丈夫问我："你还好吗？"我说："嗯，我不舒服，我想到外面去。"他说："好，我们现在就到外面去。"接着我们就到外面走走。我们大概走了10分钟。然后他问我："你觉得还好吗？你想回家吗？"我说："不！我们不回家。"

彼得：【探索案例有什么不同，并间接赞美】真的吗？这对你来说是不同寻常的吗？说你不想离开？

阿艳：是的，是这样的。而且我说："我们不要停下来！"你知道，我只是——我必须继续。

彼得：【用间接的赞美来增强，并邀请她进行更多的描述】你怎么知道那时候你丈夫需要听你的话，和你离开舞会出去走走？

阿艳：【扩展她对例外以及如何使例外发生的描述】我不知道。我觉得，因为我们在——哦，那里有很多人，对吧？因为我觉得那里似乎太拥挤，我觉得自己好像无法呼吸了。我不知道自己是紧张还是怎么了，我只是告诉他我必须到外面去，所以我们到外面走了一会儿，然后我们聊了聊，后来感觉好一些了就回到里面去了。

案主通常需要花一段时间才能去概念化他们的例外，以及在例外产生过程中他们扮演的角色和这些例外在他们生活中的重要意义。与阿艳的会谈清楚地演示了这一历程。彼得的任务就是让她可以持续聚焦解决式谈话上。为此，他找出更多的成功和优势，通过赞美进行强化，最终进行更多的拓展。在接下来的对话中，请特别注意阿艳在建构解决之道的过程中，是如何对自己在例外中的角色形成一个更清楚和完整的认识的。

彼得：这真让人惊叹啊！【间接赞美】你原先就知道这样做会有用吗？

阿艳：没有，我就是想出去走走。有太多人在那儿了，真的很拥挤，我必须出去。我只是到外面走走，去冷静一下，这样对我比较好。

彼得：是的。随后你又回到舞会中，那种感觉是否再次回来吗？

阿艳：那种感觉想要再回来，但我忽略它，但它还是想回来——我就继续说话，就这样忽略它。比如……

彼得：【直接询问当例外发生时，她扮演的角色，并进行扩展】你是如何做到的——忽略这种感受？

阿艳：当它开始的时候，如果我的脑袋去想到底在我身上发生了什么，那么情况会变得更糟。如果我忽略它，就像别人说的，忽略它，忘记它吧！我就开始讲话，你知道，把注意力转移到跟我说话的人身上……然后我就忘了它了。

彼得：【使用案主的用字】那当你忽略它时，你采取了什么不同的举动吗？你提到，和别人说话？

阿艳：就是和他们说话，是的，或者开怀大笑，或者跳舞。

彼得：你喜欢跳舞？

阿艳：是的。

彼得：你很擅长跳舞吧？

阿艳：是的，我跳得很棒。

彼得：是吗？很好，不是每个人都擅长跳舞的。好的，我知道你喜欢和别人说话。你上次告诉我，你喜欢和你的嫂子说话。【探索更多她如何使例外发生的细节，进行扩展】所以，除了忽略这种感觉，你还做了些什么？

阿艳：我不知道。将注意力转移到其他事情上吧。因为，我也不清楚，我自己也在努力弄清楚。

彼得：我可以说，你真的在很努力地弄清楚。

阿艳谈到要弄清楚后，彼得回想起了她在初次会谈时，好几次用过相同的词语。在他看来，这些词语对她来说似乎有着不同的意义。在他们的初次会谈中，她谈到想要弄清楚是什么引起她发抖、气喘和掉头发的症状。为了克服这些症状，让情况变得好起来，她似乎必须去寻找某种隐藏的原因（她非常想知道是不是自己的内心或性格引起的）。现在，弄清楚状况似乎意味着发展一些策略，使她能够让自己的状况（据推测，发抖）维持在控制范围之内。随着她越来越清楚例外的时刻以及自己做了什么让例外发生，她对隐藏的原因的关心就被放在一旁或忘记了。

阿艳在用词上的变化是建构解决之道的过程中常见的现象：案主的知觉和意义会随着时间的变化而变化，有时变化十分显著。如果我们对这些转变有更多的觉察的话，会谈过程便会更加开放和有弹性，我们也能更好地追踪案主知觉和意义的转变。

注意阿艳在问题解决方法或问题本身的知觉上，是如何持续地发生着变化的。

阿艳：我也是这么想的。上周我离开这里后，去了图书馆，我找到一本书，叫什么来着，好像是焦虑恐慌或焦虑发作？

彼得：焦虑发作？

阿艳：我读了这本书，里面讲的很多症状就是我正在经历的。我觉得这些都是那种症状。你知道，书上说“担心得越少就越健康”，还说“谁在控制：你还是你的大脑”之类的。你知道，我试着去阅读这本书。或许问题就是这个样子，只是担心太多，你知道，这真的让我注意到“担心得越少就越健康”的意思。我不知道，反正这句话对我意义很重大。

彼得：这句话是在书里看到的吗？

阿艳：是的，我还在读这本书。

彼得：这句话是“你担心得越少，你就越健康”，这句话真的对你意义重大？

阿艳：是的，很有意义。还有就是“谁在控制”。

彼得：【重复回应】“谁在控制”？

阿艳：“你还是你的心智”或是“你的大脑”。我不记得它说的是心智还是大脑。说的好像是，你可以控制你的思想，你的大脑控制你。你知道，这似乎就是在说我是怎么回事。因为——我不知道，我看书上所提到的所有症状，都是我正在经历的。而且像是，我无法向别人解释清楚——当我有这么多感受的时候，我经历了所有这些症状，这些想法我全部都有。你知道，这很难向别人解释。因此，我找到了这本书，我正在读它。虽然我还没读完，但我已经开始在读它。

彼得：哇，你学到了很多东西。你家里有这本书吗？

阿艳：是的。

彼得：好的，这真的有帮助？

阿艳：是的，我正试着从这本书中去学习。

彼得：【再次扩展例外】我可以看到你正在学习，似乎你已经学到很多了。好的，你还做了什么不一样的事，让自己可以处于控制地位吗？

……………………………………

虽然阿艳已经指出好几件她做了让自己觉得好一些的事情，并向彼得及自己说明她是如何做到的，但是彼得还是继续追问更多关于她是如何让例外发生的细节。很显然，阿艳已经确认了自己在使例外发生过程中所扮演的重要角色。对彼得而言，阿艳正在建立对自己能力的信心。因此，彼得想要尽可能获得更多使她感觉变好的例外的细节。

……………………………………

阿艳：信念。在我做任何事之前，我内心里已经有了一个信念。我深吸一口气，说："好了，不要再去想有什么不对劲了。"你知道，因为我就是这种人。我有些恐慌，"喔，不，我到底出了什么问题？"而现在我会说："不，那是我以前的方法。"有时我想回到我以前的方法，那真的很糟。我现在会想："在发生事情的时候，我在想着什么呢？"我自言自语，我又会想到更多不对劲的地方——"这就要发生在我身上了，如果是这样的话，或是如果……"

彼得：所以，现在不那样的时候，你会做些什么呢？

阿艳：我试着——怎么说来着？（她吸了很大的一口气）

彼得：深呼吸。

阿艳：对，然后对自己说："好的，做你必须做的事，或者继续做你正在做的。不要停下来。"因为过去我都会停下来，然后开始想："喔，不，我哪里不对劲了？"现在我对自己说："不，你要一直做下去。"去做那些我必须做的事。或者说，我能够控制了。

彼得：这对你来说是新的经验吗？你做了什么不同的事呢？

阿艳：是的！这是新的经验。

彼得：做到这些事让你感到惊讶，是吗？

阿艳：是的。就像是过去的每一天，我试着去弄清楚一些事，我感到像是我能承受任何事，我能忍受它。就像我读的那本书上写的"谁在控制：你还是你的大脑"，或者，如果我真的很认真地去想，我就会做得到。

彼得：阿艳，那真令人惊讶！恭喜你！

阿艳：是的，谢谢。这真的有帮助。你知道，虽然不是全部都在我身上发挥作用，但我必须学习控制好我自己。我就是这么想的，这需要时间。

彼得：是的，这需要时间，也需要练习。

阿艳：是的，练习。

彼得：【持续增强和赞美她的成功与优势，特别聚焦她在例外中所扮演的角色】是的，你找到了有效的方法。看得出来你很努力。所以，你告诉我，你能够控制自己，通过深呼吸、持续做你当时在做的事情，有时候，你通过让自己离开那个环境一会儿来控制自己，就像你知道舞会太拥挤就需要离开一会儿一样。

阿艳：人太多了，还有很多人在抽烟，我当时想“我必须出去”。

彼得：去弄清楚什么对你是比较好的情况，以及明白你在这些情况中的需要，对你而言有什么不同吗？

阿艳：我想这取决于我在哪儿。比如，开车时，我就想：“好的，我在这儿。这时候我该做些什么事呢？”我没有办法下车，因为车子正在行驶，所以我只能把车窗摇下来……

彼得：所以，你为了让情况好转，就把车窗摇下。

阿艳：是的，我摇下了车窗。我会做任何让我在那个时候感到舒服的事情。上周日我在奶奶家，直到——不，是周六——我所有的亲戚都来了。正聊着天儿，我感觉自己又开始出现这些症状了，我就拿出报纸。我们全都在笑，渐渐地，我就安静下来了。我试着这样做，大家都没有意识到，我刚才出现了症状。

彼得：所以，通常你甚至不告诉你身边的其他人。

阿艳：是的，我不会这么做。

阿艳继续描述例外，描述她上周觉得比较好时是做了什么来控制自己。在后续的谈话中，阿艳能够描述她正在学着去分辨：对她来说，什么时候是适合的时机去告诉别人她的焦虑，而什么时候又是不适合的时机。除了和她丈夫跳舞的那次，她也描述了另一个与她表姐有关的例外。阿艳发现她表姐也感到恐慌，所以阿艳发现对表姐敞开心扉很有用。她得出结论：“我不是唯一感觉到恐慌的人”“表现出自己是人的一面，并没有什么”。

当彼得继续询问阿艳有什么改善时，阿艳开始说“我不知道”。于是彼得就转而使用关系式问句，继续和阿艳进行解决式的谈话。他问道：“所以，你觉得比较好的时候，你觉得你丈夫会不会注意到你有什么不同？”他还问阿艳，请她从她母亲和她孩子的角度来回答类似的问句。有时，新的例外会从关系式问句中浮现，有时则不会。无论如何，这些问句协助案主从另一个脉络或系统的角度来看待他们的进步所带来的成果。以下是一个简短的例子。

彼得：那孩子们呢？你想象一下，他们可能会注意到你有什么不同，让他们觉得你已经好多了？

阿艳：我不知道。他们总是超出了我的想象，全部超出了我的想象。我不知道，嗯，我不知道。他们还是一样在玩。我不知道，我猜他们还是那样——还是我认为的那样。他们甚至不会去看一眼他们的妈妈。我很好时，他们在玩。但当我觉得不好的时候，他们似乎……

彼得：你是说他们似乎会很担心，是吗？

阿艳：是的。他们虽然在玩，但是他们有点儿安静……看着我……

彼得：现在他们不需要再这么常常看着你了？

阿艳：是的，我好的时候，他们甚至不会想起我来。

彼得：他们想着自己的妈妈，但还是会去玩，就像一般的小孩子，那对你来说又是如何呢？对你来说，有什么不同吗？

阿艳：很好，真的很好。那是我想要的。（含着泪水）他们不应该担心我才对。让他们做他们自己，他们还只是孩子，他们不应该担心这些。

彼得：是的，我看得出来，真的很好。（停顿）所以，还有任何其他比较好的事，我们还没讨论过的吗？

阿艳：没有了，我们已经都讨论过了。

多做同样的事情

如果案主能识别出例外，实务工作者就询问做些什么事可以让例外再次发生。如果案主似乎不清楚例外是如何发生的，这个问句会特别有用。不过，就算案主能够陈述他已经做了什么使例外发生，这个问句还是很重要。例如，彼得可能会问：“对你来说，你会继续去做哪些事情？这些事情是你已经做过，并且让你感觉比较好的。”他也可能会问：“对你来说，要让所有这一切都延续下去，有什么是最重要的？”不过，彼得没有问这两个问句。相反，他通过评量案主的信心来获取类似的信息。

评　量

和阿艳讨论了哪些方面已经改善后，彼得感觉阿艳似乎发展出与焦虑有关的几个例外，并且对于如何使例外发生的步骤也有了更清楚的知觉。因此，彼得判定她已经准备好往下一个方向前进后，便根据后续会谈的草案大纲转向了评量。在评量阿艳目前对自己进步水平和信心程度的知觉后，彼得利用她对评量的反应来确立下一步的目标。注意评量式问句是如何帮助阿艳和彼得对目前的进展察觉得更清楚的，并且弄清楚接下来她需要做些什么。

• • • 评量进展

阿艳告诉彼得，他们已讨论完上次会谈后发生的所有改善，于是彼得开始进行评量。

彼得：好的，很好。让我再用数字来问你一个问题，可以吗？如果 10 分等于奇迹发生时的情况，0 分是你决定要来和我会谈时的情况，那么这周你会给自己打几分呢？

阿艳：现在吗？

彼得：是的，现在。

阿艳：7 分或 8 分吧。

彼得：哇，7 分或 8 分！好的，当然，这很合理。你已经告诉我，你觉得比较好了，你为了让情况好转所做的一切事情——你回去工作、你笑得更多，甚至当这种感觉来袭时，你有办法处理它。

阿艳：是的，是的，你说得对。我已经开始这样做了。

阿艳选的数字，彼得觉得很合理。因为她有那么多有意的例外发生，所以彼得预期她会选一个较高的分数。若她选了个较低的分数，他将探索这明显的差异是怎么一回事。这类探索往往会让实务工作者发现一些重要的新信息。

评量信心

彼得接着继续评量阿艳对维持其改变的信心程度。

彼得：好的，所以你在 7 分或 8 分……嗯，而且我已经问过你能维持在 7 分或 8 分所做的每一件事。现在，如果我问你："在 1 到 10 分的量表上，1 分表示你没信心，10 分代表你有绝对信心，你认为，你可以让自己维持在 7 分或 8 分的信心有多少？"你会怎么回答？

阿艳：我想是 9 分。

彼得：真的吗？

阿艳：是的，因为有些事情，我不知道……

彼得：那你的信心是从哪里来的呢？什么事告诉你，你可以如此自信，如此确定？

阿艳：我想要保持那个样子……让它可以重复发生。

彼得：【赞美明显的优势】所以，你已经做出了决定。

阿艳：是的，我决定了，我想要……

彼得：这种决心是从哪里来的呢？

阿艳：我不知道。嗯，我就是现在的感觉，这种感觉很好。我就是想保持平静，所以恐慌就再也没回来过。我只想维持在这样的状况。我知道这种感觉很积极，这非常好。

阿艳似乎有一种直觉，直觉告诉她，她能维持最近的改变，但除了强调这是她现在的感觉，她却不能清楚地说出这种直觉的来源。有些案主能更完整地描述他们信心的来源，甚至能进一步描述他们过去拥有优势的经验，但阿艳却无法这样做。为了继续追踪下去，彼得可以询问她过去是否有过类似的感觉？如果有，它们是否也发挥了相同的作用？

接下来的步骤

在第二次会谈中，所有谈话内容都集中在阿艳的例外及其可能的解决之道上。在后续的每次会谈中都需要再次确认当下的目标，这很重要。因为案主对他们目标的知觉会有变化，正如他们对问题和可能的解决之道的知觉也会变化一样。例如，考虑上次会谈后有什么改善时，如果发现少有改善，案主可能会觉得他们一开始的目标是不切实际的，于是便会加以修改，使其变得更容易实现。另外，如果案主在建构解决之道的过程中获得超出预期的收获，那他们则可能会再确立额外的目标。

后续会谈中的目标制定，不见得一定要重复使用奇迹式问句。焦点解决取向的实务工作者能根据案主评量进展的答案，轻松而高效地转向目标制定的工作。例如，当阿艳说她现在的状况是 7 分或 8 分时，彼得可以问她：“9 分的时候，情况会有什么不同？”在她意识到自从上次会谈以来，情况有所改善的情况下，再请她去思考当分数往上移动，在她的生活中将会发生什么事情。这种做法其实是邀请她目前对自己接下来想要什么的看法。通过小幅度提高评量的分数，彼得鼓励阿艳朝着小而现实的目标继续前进。

在后续的会谈中，目标制定的工作会比在初次会谈时晚一些开始，因为要对出现的改善情况进行彻底的探讨。在进入第二次会谈约 30 分钟后，彼得针对阿艳的目标开始了对话。

彼得：让我们讨论一下接下来的步骤。如果你可以一直维持在 8 分，而不是在 7 分或 8 分，情况会有什么不同？

阿艳：我想我不会再那么害怕了，甚至去想……无论我到哪儿去——我的意思是，我有这些症状——你知道，我不认为我可以——完全忘了它的存在。我想我可以达到训练的水平。

彼得：【使用案主的用字】如果你忘了症状的存在，那么你会想些什么呢？

阿艳：更健康、更快乐和……我不知道。

彼得：达到9分时，你又会如何呢？

阿艳：9分嘛，我猜会比现在拥有更健康、更乐观的心态，我猜的啦，我也不确定。

彼得：所以，应该是发生了更多目前正在发生的事情。

阿艳：是的。

……………………………

除了奇迹式问句，在第五章中所有目标制定的问句，都可以在后续会谈中继续被运用。会谈的情境决定了目标制定对话的方向会走多远。有些案主有着不清晰或似乎不现实的目标，也有的案主可能上周几乎没有什么改善。面对这样的案主，你需要做更多目标制定的工作。当你和像阿艳一样的案主工作时，他们可能会花上将近30分钟的时间来描述进展以及他们如何获得进步。虽然你已经感受到他们的信心，但你只有很少的时间花在目标制定上，而且也可能不需要，因为这些案主已经拥有了较强烈的方向感。

当彼得问到后续可能的步骤时，阿艳的回答十分含糊：她将会有更健康、更乐观的心态。彼得可以通过澄清和具体化的方式来继续探索这一话题，但他选择设置有关阿艳与其丈夫、母亲和孩子的关系式问句来邀请她制定目标。以下对话源于彼得问了阿艳有关孩子们的关系式问句。请注意这个过程是如何针对目标进行工作的。在这个过程中，阿艳还提到了一个新的例外。这说明关系式问句可以被用来澄清，以促进案主建构解决之道。

……………………………

彼得：所以，当你的分数上升到8分时，你的孩子们会注意到些什么，去告诉他们，你已经比较好了？

阿艳：我会花更多的时间和我的孩子们在一起——我必须让他们出去玩一会儿。我看到别的孩子，我必须……我最小的小男孩，我从来都不想让他离我太远。我害怕他会发生什么事，或有什么事会伤害到我的儿子。就像我会说："就在家门口玩，不要离开家门口。不准！"所有到了他这个年龄的孩子都会骑着自行车在街区里四处游荡。就像是——让他去，让他去玩，就给他一定的自由。我告诉他："现在，好吧，这边有5间房子、那边有3间房子，就在这距离内；你过马路时一定要注意车子。"我不知道，我周六看着他，我让他离开，我看着他。

彼得：【注意到一个被引发出来的例外】那对你是不同的吗？

阿艳：我感觉这是，嗯，一种释放。很好，这是一大步，你知道。我还是有点儿想说："不准过马路。"

彼得：【探索这个例外】你星期六真的那样做了！

阿艳：是的。

彼得：【重复回应她的话】真的吗？你让他出去玩了？

阿艳：是的，他过了马路。

你的：所以，这是你做的另一件不一样的事，是吗？

阿艳：是的，他过了马路。我不知道，我还是有些害怕，但他总要长大。

彼得：他几岁了？

阿艳：迪迦六岁了。

彼得：他六岁了吗？这是你第一次让他过马路，是吗？

阿艳：是的，是这样的。

你的：【间接赞美，以一个字标识例外的发生】哇！

阿艳：我既想哭又想笑。我不知道。我真的让他过了马路，你知道，但这太难了，因为我害怕他会出事。

彼得：是的，这真的不是一件容易的事。

阿艳：我就是不能……我听过很多有关孩子被撞的事情。我就会去想那些困扰我的事情。我害怕失去他们。

彼得：是的，当然，一定如此。

阿艳：我看着他有点儿想笑，但又想哭。他长那么大了，我想要他在我身边。但我不能那么做，我就是不能。

彼得：那很不容易，是吗？

阿艳：我的小女儿因受伤曾被缝过好几针。我有时感觉到我本来是高兴的，但接下来某些事就不对劲了。它会让我想到不对劲或是想到不好的事，例如，我的小女儿出事了，但是我的小儿子玩得很好，这让我觉得很好，因为我让他出去玩，这样一来他会变得更有自信。

彼得：哇，这真的给我留下了深刻印象。那样做对你来说很不容易。你是怎样让自己做到的呢？

阿艳：有人告诉我“你不让孩子做任何事情是不对的。要让他们出去。你对孩子管得太多了”。

彼得：【再次聚焦阿艳的成功经验】上周六，是什么告诉你这些人的话是对的，让你觉得应该让他出去？

阿艳：因为我看见其他小孩子正在玩，而他盯着他们看。

彼得：是的，当然了。

阿艳：他觉得落单了。我想如果我是他，我也会觉得落单了，所以我必须这么做，我必须让他去。他已经有一辆自行车了，和他同龄的孩子们都有自行车。为什么他们可以出去玩，而他却不能呢？他会觉得落单的。

彼得：所以你很关心他，并且知道了做些什么对他是对的、好的，是吗？

阿艳：是的，然后我说：“好吧，你可以到那个有很多房子的地方去，那是你的范围，也是妈妈允许你去的地方。你不能绕过那个街区，因为那样我会看不到你。”我想他对此还是有点儿意见。接着我说：“你可以过马路，但要小心。你知道，在这个区域里，你不能走到太远的地方，因为你知道这条路上车子很多。”我看着他，觉得很好，因为他看起来很高兴。我的小女儿受过伤，她总是跑来跑去，然后被扎到了，缝了好几针。为什么我会让她出现这种事呢？但我不能那么想。我的表姐说：“我小女儿腿断过，还有，手指断过、手臂也断过，全都断过。”她还说：“总会有些事情发生的，如果他们遇到同样的情况，这没什么。事情总会发生的。”

彼得：事情总会发生的。

阿艳：这很难，我不知道——只是有点儿害怕——会发生些别的什么事情。你知道，我必须这样，如果我不让他们出去，他们就长不大，他们将无法学习到如何靠自己把事情做好。他们就会总想要我来告诉他们方法，但是我想要他们对自己有信心。我正在努力着。

彼得：【扩展和赞美她决定去做对孩子们最好的事】是的，我能明白。我看得出来你想让他们走出去，好让他们有自信。你真的很关心他们。

阿艳：是的，我爱他们。

彼得让阿艳能够得出自己的结论："我爱他们。"彼得并不是直接赞美阿艳对她孩子们的爱，而是用问句帮助阿艳得出对自己优势的评估。这是一种实实在在的赋能。在这个过程中，案主说出了自己的长处和优势。

结　案

在建构解决之道的会谈中，从初次会谈开始，你就需要同时思考与处理案主的结案问题。在初次会谈中，向案主提出的最初的目标制定问句就反映了这种态度："对你来说，你希望会谈后你的生活有什么不同，让你觉得来到这儿和我见面是值得的？"而相同的态度在后续会谈中还会继续体现。

在后续的会谈里，你能根据案主对有关进步的评量问句的反应来有效而自然地讨论结案的事情。在得出额外的目标后，你可以开始通过问句来讨论结案："达到什么样的分数后，你才会觉得不需要再来见我了？"下面是彼得问阿艳有关结束会谈的问句。

彼得：好的，让我问你一个问题。现在，你的状况是 7 分或 8 分。为了不再回到这里和我见面，你想要变成什么样子？

阿艳：学着不去担心……比如，不要老是往坏的地方想，要多想想好的方面。我就想让自己觉得舒服。

彼得：如果用数字来表示的话，你觉得会是几分呢？你现在的状况是 7 分或 8 分，对你来说足够了吗？你能以 7 分或 8 分的状况过日子吗？

阿艳：是的，可以，因为我现在有信心了。我不知道，当我不那么有信心时，就变得不确定。我有点儿害怕，比起积极向上，更害怕些。我试着努力赶走害怕。那本书对我有帮助。谈谈那本书，谈一谈就放开了……

彼得：那也会有用。

阿艳：我想，和别人说话的时候，我不知道，我不觉得像是—— 像是，当我不和任何人说话，像是没有人听见我，没有人。

彼得：你觉得孤单。

阿艳：是的，我觉得孤单。我觉得很挫败。我不知道，我只是觉得如此孤单。现在我会和别人说话——像我姐姐说的："我听说你感觉不太好。"她说："我跟妈说过你操心太多，你想得太多了。"既然你和一个人说了，就能和任何人说。有人就会在身边。我猜是我不想讲话，所以就没人在那儿听。现在我开始讲了，我们像是在相互分享彼此的问题，或……

彼得：现在，你有时会是那个先采取行动的人，这对你来说有什么不同吗？

阿艳：【似乎扩充了她对问题的理解】是的，是不同的。我总是听别人说，而我从不讲话，或许这也是我的问题：我从不讲，总是把每件事都藏在心里。现在，我开始……多少让我觉得"哦，有人在听我讲话"。这让我觉得比较好。

彼得：那很有意义，真的很有意义。你已经对此做了很多思考，是吗？

阿艳：我就是想要变得好些。我想要每件事都变好。

彼得：是的，我看得出你正在努力。好的，现在，我想问你，为了不要再回来见我，你需要达到几分时的状态？我还不太清楚。

阿艳：我只是想要摆脱那些症状。比如，我去找我丈夫——我觉得就是疾病发作，像是癫痫或其他什么的，我是指我有个弟弟有癫痫，我担心自己也有——你知道，他常发作。他不会记得任何事情。他会昏过去，而我不会。我知道发生了什么事，对我来说就像是一场噩梦。我越是去想什么事情在我身上发生了，情况就会变得越糟。但如果我努力忘记这回事，它就好像消失了。像是我试着去弄懂，我能否控制它，如果只是我自己的话。是我自己让我变成了这个样子，嗯，我不知道。它就是这么怪……

彼得：你现在正在控制它。

阿艳：是的，现在我注意到，如果我想的话就能控制它。

彼得：所以，怎么才能让你有信心确保让状况维持在7分或8分，你需要做的最重要的事情是什么？

阿艳：我觉得——我不太清楚。我正在尝试，我试着去让每件事都顺畅起来。我觉得真的是我让自己这样觉得的。我觉得就是我自己，我试着去想明白——我不知道。人们会告诉我，好的，他们告诉我，我已经精疲力竭了，我很累了；但是我只想要四处逛逛。他们告诉我那样，但是我不知道。我意识到我真的把自己逼得太紧了。我想这是我的问题，然后我想——我对此并不乐观，但是为了他们，我想我需要别人帮助我来表现出我自己，我不知道，像是如何去做……我不知道。我不知道，我无法解释。

彼得：好的。这样，我将暂停一下，想想你所告诉我的。可以吗？（她点头）还有其他任何事情是我们应该再多加讨论的吗？

阿艳：没有了，我说完了。

虽然阿艳自始至终没有给出一个数字，但她确实已经开始去思考：要结束会谈，她需要觉得舒服、有信心。如果要达到这种程度，那么自己一定需要有些改变。她说她希望这些症状消失，但她也似乎发现，症状的严重性和她自己有很大的关联（“是我自己让我变成了这个样子”），而且她能够控制它们（“是的，现在我注意到，如果我想要的话，我就能控制它”）。意识到阿艳还没准备好对结果定义一个评量分数，彼得决定先暂停并设计反馈，不再催促她想出一个评量分数。这个决定说明了一个重要的原则：案主已尽力用语言表达他们的想法，却无法用评量分数代替时，实务工作者必须接受这个情况并礼貌地给予回应。通常，这个问句已经埋下了种子，随后案主可能会对此给予更多的思考。

暂　停

现在，回到附录，再看一下设计反馈的草案大纲。请你根据第二次会谈获得的信息，完成对阿艳的反馈内容。在草案大纲上写下底线、赞美和桥梁。大声读出来，仿佛你正把这些信息传递给她。接下来，你会看到彼得在暂停时的思考，再比较你和他的结论有何不同。

与阿艳的第二次会谈提醒了彼得，案主的知觉在解决之道的建构过程中常常会有所变动。在他们的初次会谈中，阿艳谈到干扰她生活的问题，像是掉头发、发抖和大喘气等症状，她不知道是什么原因导致了这些可怕的症状。但随着第二次会谈的结束，她似乎得出了不同的定义，认为出现这样的问题是她自己，以及她所做的特定选择（“我意识到我真的把自己逼得太紧了”）。她的知觉、定义和意义随着时间的变化以及与他人的互动——与她丈夫、母亲、嫂子、孩子和彼得的互动——而有所转变。

在暂停期间，彼得不需要很长时间就想出了底线。如同他在初次会谈后所做的一样，他了解到问题（感到恐慌）和阿艳想要的（减少她的害怕）仍然没变。第二次会谈快结束的时候，阿艳似乎更清楚地意识到自己是最终解决之道建构的关键。彼得也注意到，从初次会谈之后，已有数个例外发生。由阿艳对这些例外的描述，可见它们属于有意的例外。最后，阿艳似乎能设定目标：她认为自己有意的例外是成功的（“现在我注意到，如果我想要的话，我就能控制它”），看起来她有很强烈的意愿去重复那些使例外发生的行动。因此，彼得认为底线显而易见地是建议她去做更多同样的事。彼得设计好赞美和桥梁，并决定让阿艳来选择下次会谈与否，完成上述准备后他便给予阿艳反馈。

反 馈

赞美

彼得：好的，阿艳，我想了想你告诉我的所有事情，我肯定你可以想象得到，对于那些发生的事情，以及在那些事情中显现出的你的优势，都给我留下了深刻的印象。首先，我感觉你有很多主意。单单是在上一周里，你就有这么多不去理睬它（恐慌）的方法，也做了很多让你自己可以处于控制地位的事情。例如，感到恐慌时，你会离开舞会，去休息一下，呼吸一些新鲜空气；再如，摇下车窗，做深呼吸，以及和你嫂子谈得更多且更加敞开心扉等。

阿艳：（微笑着点头）是的，谢谢。

彼得：此外，你想开导自己去认识这些恐惧感，我也对此感到印象深刻。你花时间尽力读懂那本书，这是你取得控制感的另一个途径。你对问题的了解越来越多，你也在那本书中发现了一些很有意义的内容——例如，“谁在控制”和“你担心得越少，你就越健康”。

阿艳：是的，对。

彼得：你很有勇气。你又找回了勇气，回去工作。这真的很了不起。虽然你觉得好些了，但是你并不知道当你回去工作时会出现什么结果。嗯，需要很大的勇气才能去冒险尝试新事物。例如，你尝试和别人说更多的话以走出孤单的困境，决定以不同的方式对待迪迦、冒险让他穿过马路。这对你来说，都是很大的进步，这真的需要很大的勇气和力量。

阿艳：是的，是需要的。

彼得：是的，难怪你现在的状况已经是7分或8分了！（停顿）你不仅在努力，而且能精确地、仔细地注意到你是如何完成这些行动的，这也给我留下了更深刻的印象。

• • • 桥梁

彼得：阿艳，我很同意你说的那句话——“我觉得真的是我让自己这样觉得”，而且我也认为你的解决之道，绝大部分都在于你获得了控制权。

• • • 建议

彼得：所以，我对你的建议是，你继续去做那些你已经弄明白、对你有用的事情。不断改善自身状况的同时，我还建议你再去关心原先你没有注意到的、其他你可能正在做的、有帮助的事情。

阿艳：(点头)嗯，好的。

彼得：好的，现在我正在考虑，接下来可以做些什么？你感觉你还要再来吗？

阿艳：是的，我是想着不要再来，但我还不清楚……我想要更自信的时候再确定。如果它又发生了怎么办？

彼得：好的，听了你说的，我也同意你的看法，那么，什么时候？一周、两周、三周，还是几周后再来谈？

阿艳：我想两周后吧。

彼得：好的。

阿艳：谢谢。

与威廉斯家族的第二次会谈

与威廉斯家族的第二次会谈，提供了一个在后续会谈中同时与数个家庭成员一起工作的例子。茵素听取了每位家庭成员的想法，但同时又以家庭为一个整体去探究他们的优势，并在优势上开展工作。

“有什么改善？”

格拉迪丝和她的四个孩子回来进行第二次会谈。如同她在初次会谈结束时提过的，格拉迪丝把她的弟弟阿尔伯特送走了，没有邀请他来参加第二次会谈。茵素一开场便以“从上次会谈我们碰面后，有什么改善了”作为开场白。格拉迪丝回答说，她送走了来访的妈妈。她和她的孩子们在“救世军的家庭营”里度过了愉快的一周，在那里游泳、钓鱼，享受各种休闲活动。格拉迪丝和孩子们说他们在那里玩得很愉快，相处得融洽和睦。接着茵素将话题转移到他们在家中的互动上。

……………………………………

茵素：【探索例外】好的。请问当孩子们相处得比较好时，他们的情况会是什么样子？

格拉迪丝：对我来说就是兄弟姐妹应该有的样子。他们在一起玩，不再打架，不用我一直坐在那里盯着他们。不过，他们在外面的时候才会这样。在家里我依旧还是得看着他们。

茵素：【再次聚焦原来的问句，并再次寻找例外】好的，所以，告诉我，他们相处融洽的时候是怎么样的？

格拉迪丝：很和平。

茵素：【注意到并使用案主的用字】你说像是兄弟姐妹应该有的样子。那是什么意思？

格拉迪丝：他们不再打架。他们不会小题大做地争论。比如马库斯，他总爱与人吵架。

茵素：马库斯不和他们吵架时是什么样子？

格拉迪丝：我不知道，不过，就像是，他得到了任天堂游戏，他觉得他是唯一可以玩它的人。他总是和其他孩子吵架，因为他们在他的房间里，也想玩任天堂。我要把它放在客厅里，让他用电视机玩，但他不愿意。所以我说："好的，我就放在你的房间里，你可以玩。"因为孩子们白天不在那里，这样他就可以玩一整天。然而，当他们回来后，他们就会想玩，但他不想让他们玩。

茵素：嗯，所以你希望他要和别人分享。【对着马库斯，询问例外】你觉得自己是什么样的人？你有时必须和别人相处，对吗？

马库斯：是的。

茵素：嗯，你和谁处得好呢？

马库斯：我和我的朋友，有时和奥菲恩也相处得不错。

茵素：你怎么做到的？

马库斯：例如……我和我的朋友，我们一起参加生日派对等。我们也会去打保龄球、篮球和棒球。像社区中心楼顶，我可以去那儿，而奥菲恩和其他人不能去，那里是只让青少年去的，我能去而且玩得很开心。

茵素：【间接赞美】真的吗？所以他去那里，你从来没有听到过有人抱怨他吗？

格拉迪丝：没有。但在家里，我却一天到晚听到有人抱怨他。我不懂他怎么能和其他人一起玩，却和家里的人没法玩在一起。我真的不明白。

茵素：【确认她的知觉】嗯，这肯定让你迷惑。

格拉迪丝：【回到问题式谈话】是的。这些人是你的兄弟姐妹，你必须和这些人待在一起。你得和这些人生活。等你长大以后，总有一天你可能会需要他们。他说他不想让他们在身边，他说他们——嗯，他总是说他想去某些可以和他同年龄段的孩子在一起的地方，但奥菲恩10岁，他12岁了，也是他这个年纪的啊！

茵素：现在，你担心他们会，嗯……吵架？你想要他们相亲相爱吗？

格拉迪丝：这正是我担心的。

茵素：好的。现在，你觉得他们比大部分10岁和12岁的兄弟更常吵架吗？

格拉迪丝：我不知道……我不是说他们俩，我是说马库斯，他经常跟人吵架，而且不听话。

茵素：你怎么理解这个事情的？他听其他人的话，却不听你的话？

格拉迪丝：叛逆。是的，就好像是"嘿，我来试探她一下。让我试试看我可以有多不听她的话"。对我来说，这就是他的想法。

茵素：这是你的想法。好的。【持续探索例外，询问奥菲恩的情况】目前，他有没有对妹妹们比较友好的时候呢？

格拉迪丝：很多时候他对她们都很好。

茵素：是吗？给我讲讲这些情况吧。（对着奥菲恩说）告诉我有关你对妹妹们好的时候，情况是怎样的。

奥菲恩：她们真的想要我跟她们一起玩，我就和她们玩了。

茵素：你是这么做的？真的吗？嗯。是这样的吗？他和你们玩？（对着奥莱因卡和阿耶什说）你们喜欢和他玩吗？（她们点点头）

奥菲恩：我们在一起玩的话会更开心，而且马库斯待在房间里玩任天堂，都不会来打扰我们。

茵素：【探索关于马库斯行为的例外】好的，当你单独和马库斯在家时，会发生什么事？没有其他三个孩子的时候呢？

格拉迪丝：那时我会去睡觉，而他会待在他的房间里，或是他会在家里任何他想待的地方，因为只有我和他，没有别人。

茵素：所以，那时他就没问题。

格拉迪丝：没有，他会出去骑自行车，或者去社区中心。但有时我不得不告诉他把电视机的声音开得小一点儿。

茵素：【探索例外时会有什么不同】你那时是怎么能够不制造麻烦的呢？

马库斯：因为我就像是拥有了整个房子。妈妈通常不会真的命令我去做任何事，比如我知道轮到我洗盘子或做某些事情，我可能就去洗盘子，然后我会问她："我可以去骑自行车吗？"因为她想要知道我去哪儿了，所以我不可以就这样离开家里。征求她的意见后，我就可以出去了。

茵素：【赞美】真的吗？你有时会洗盘子？

马库斯：是的，我们全都得洗盘子。我们轮流来。

茵素：哦，你们全都得洗盘子，不只是你。（对着其他孩子说）不只是你。你也洗吗？我的天哪，真的吗？

奥菲恩：我们全都会洗盘子。

奥莱因卡：我们轮流洗。

茵素：【赞美格拉迪丝】你把他们调教得真好。

格拉迪丝：他们讨厌洗盘子。

茵素：【继续赞美】但是他们还是洗了。

格拉迪丝：是的。

茵素：【强调格拉迪丝对她孩子们的教育很成功】虽然他们讨厌洗，但他们仍然会这么做。

格拉迪丝：是的，但他们不是每一次都能把盘子洗干净。

茵素：当然了。哇，你已经把他们教得很好了。

格拉迪丝：哦，谢谢。

茵素：很多在这个年龄段的孩子不见得会做这些事情。

格拉迪丝：真的吗？

茵素：【围绕这个家庭认为困难的问题探讨例外，对着马库斯和奥菲恩提问】那么告诉我，你们两个相处愉快的时候是什么样子的呢？

马库斯：嗯，好像，有时候，这个，真的从没发生过。但有时我们在外面玩，然后我——我和托尼（Tony），我们好像在玩一个游戏，接着我们就走了。"嗯，这个游戏我玩腻了。为什么我们不玩点儿别的？"然后我们来回地丢橄榄球。

茵素：你们没开玩笑？你们真的那样做？

马库斯：有时候我们会一起玩任天堂，只是有时候啦。

谈话进行到此，茵素已经清楚地了解威廉斯一家的成功和优势。他们描述全家一起去参加家庭聚会，三个孩子在一起玩得很好。格拉迪丝指出，她已经与那些不友好的亲戚们划清界限；而且格拉迪丝表露出她非常注重培养孩子们的责任感，希望他们能够做家务，以及能与孩子们相处融洽。在茵素看来，格拉迪丝明显是这个家庭的领导者，也是使家人凝聚在一起的关键人物。虽然，目前让格拉迪丝最烦恼的是马库斯的叛逆行为，但茵素决定暂时将这件事放在一旁，聚焦格拉迪丝的成功和优势之上。

茵素：【赞美并探讨格拉迪丝是如何使好的事情发生在她家里的】威廉斯女士，你是怎么萌生想要当一位好母亲的想法的呢？

格拉迪丝：我没有，它……好像是在我有了孩子后开始的，我不知道，我不想让我的孩子经历我曾经有的遭遇，所以我必须做些什么。我不想虐待他们。我猜这就是这想法的来源。但是，这不是我本来的计划，因为我本来不想要孩子。

茵素：但是，结果你却对如何当一个好妈妈变得如此用心。

格拉迪丝：是啊。

茵素：你非常努力在当个好妈妈。

格拉迪丝：我猜这也是因为在他们身上发生的事情，在发现他们的父亲虐待他们之后，我更加意识到我得看紧他们。现在我到哪里都会带着他们。以前，因为他父亲在家里，所以我不会拖着孩子们到我去的每个地方，我留下他们和他在一起。甚至在冬天，我要去兑现支票、付账单，然后回家。我会想为什么要把孩子们带出去，我没必要带着孩子们出门，他可以在家里照顾他们。加上我没有车子，他们得跟着我搭公交车，跟着我到处跑。可是他却对他们做这些残忍的事，我当时没发觉到他是这样对待他们，如果我意识到了，那时他们就应该跟着我。

茵素：【很快意识到单独谈话的需要】嗯，我想请你们四个去外面的等候室等着，因为我想和你们的妈妈单独谈谈，可以吗？

格拉迪丝：再见，Au revoir（法语：再见）。

马库斯：Au revoir。

格拉迪丝：Au revoir。

马库斯：Au revoir。

茵素：Au revoir？天呐。

格拉迪丝：是的，他们都在学习法语。

茵素：好棒啊。【再次聚焦马库斯】马库斯是个很聪明的孩子，是吗？

格拉迪丝：是的，在我看来，他很聪明。但是他应该可以得到最高分数，他却只得了B。最高分是A，他得A的次数比得B的次数多。

茵素：哇，你肯定为他感到很骄傲。他谈吐很得体。你注意到了吗？他能把自己的情况描述得很清楚。

格拉迪丝：但愿吧，因为去那所学校，你知道，他们教他正确的表达方法，我在家里也教他。如果他们说，比如，他总是说"不能"和"不是"，（咯咯地笑）我就会告诉他，我说这不是一个单词，他就会变得很激动。他去拿词典。他说这是一个单词，但至少我觉得他不该用这个单词。

茵素：他去拿词典，然后给你看这是一个单词？

格拉迪丝：是的，只是为了给我看这是一个单词。

茵素：你有个非常聪明的孩子，不是吗？

格拉迪丝：是的，别人也这么说。

茵素：是的，抚养一个聪明的孩子并不容易。你不觉得吗？

格拉迪丝：嗯，感谢上帝，我做得还不错。

茵素：是啊，真的。感谢上帝，你做得很不错，而且看起来你愿意继续做下去。

格拉迪丝：是的，因为我想让他们都去上大学。嗯，马库斯，他可以去学艺术。他真的不想上大学，如果他真的不要的话，我想他可以去上艺术学校。

茵素：哦，是吗？

格拉迪丝：是的。奥菲恩对豪华汽车和凯迪拉克很着迷，他更不愿意上大学。

茵素：在他这个年纪，是会这样的。

格拉迪丝：我说："要想得到那些东西，你就必须上大学。"他说："是的，好，如果我只能这样做的话。"但奥莱因卡和阿耶什，我还不知道她们的情况。

茵素：是的，她们还太小。你必须等一段时间。【赞美】哇！所以你对你的孩子们有很多期许。

格拉迪丝：是的。

茵素：【间接赞美，询问她优势的来源】你从哪里学习到要这么做的？

格拉迪丝：我不认为这些东西需要学习，这是我经历的事情造成的。如果说我学到了一些东西，那都是我经历过的事情教给我的。例如，当我怀了马库斯时，我才 15 岁，我想去上学，我就继续去。当我怀了奥菲恩时，我感到害怕了，我妈妈……我每个月付给她 100 元房租，另外付 50 元让她在我上学时帮忙照顾马库斯。她拿走了我的食物券——所有的食物券，而且当我怀奥菲恩时，她不想再照顾马库斯。即使孩子还没出生，我刚怀孕，还看不出来。那时我怀孕大概一个月，我说："我发现我怀孕了，可我想继续上学。"但她说，不行，她不想照顾他了。所以……

茵素：所以，即使在那个时候，你还是很有上进心的。

格拉迪丝：是的，如果我能去上学的话，我会继续上下去，但是她不想帮我解决困难。所以我想算了，接着她开始说，我必须找一个地方自己住，然后我就离开我妈妈家，就那样。

茵素：所以，从那时起你就变得非常独立。

格拉迪丝：嗯，但我不能离开啊。当我离开时，她就叫警察来抓我，所以我没能离开，直到我 18 岁时，我有了三个孩子，我才搬出来。

茵素：对你来说生活很艰辛啊，你一定经历了很多事情。

格拉迪丝：是的。我不想看着我的孩子重蹈我的覆辙。如果我可以阻止他们经历这些事情，我会去阻止的。

茵素：是的。

格拉迪丝：我妈妈，我坐下来试着跟她谈谈，就像我跟你说的这样，但她却告诉我她不想听。

茵素：【探索格拉迪丝是如何让成功发生的】所以，你知道，尽管你和妈妈之间发生这么多事情，但从某种角度来说，你决定不要被她影响。

这是怎么做到的呢？

格拉迪丝：是的。因为我知道我在她那里经历了什么，如果我听她的话，我的人生就会像她一样。

茵素：【强调她打破循环的决心和对独立的坚持】你想让你的人生与你妈妈的不一样。

格拉迪丝：是的。

茵素：你觉得你做到了多少，让你和她的人生有所不同？

格拉迪丝：我拥有了自己的家。我没有让男人来支配我、控制我。我自己养活孩子，如果我告诉他们得去做某些事情，他们通常都会去做。即使有时我需要威胁他们去做，但更多时候，我一告诉他们，他们就会去做。嗯，我没有——我只有一点点存款，今天我查了，我还有40美元，但这是我的钱。我可以——我有衣服可以穿，我不需要向其他人借衣服。当我准备好要洗澡时，我有体香剂、肥皂和洗发水。

茵素：所以，在你的年纪，你已经做得比你妈妈所做的要好。【邀请格拉迪丝扩大她对自己优势的知觉】你是从哪里获得这种上进心的？

格拉迪丝：我想要离开那个糟糕透顶的家。我曾被我的父亲猥亵，而我妈不相信我。他还打我，因为他不希望我告诉妈妈。她也打我，她说是我主动躺在她的丈夫身边的。我想要逃离那里。我一直对自己说："如果我可以搬出去的话，我一定要搬。"后来我来到这个城市时，我和我的丈夫——他三个星期没领到薪水了，我不得不四处讨生活，人们告诉我哪里可以领取免费的食物，也告诉我如何能得到一些孩子需要的衣服。嗯，还有，你知道的，怎样做义工来得到一些东西。如果你告诉我，我要如何做这些事情——我可能不会说也不会写，但如果你演示给我看或教我，那么我就能帮我和我的家人摆脱困境。这就是发生的一切。我妈妈，她上星期来我这里，离开前，她说她想要搬来和我一起住，被我拒绝了。

茵素：【间接赞美并询问这些例外是如何发生的】那么，你如何知道你不想那样做？当你妈妈想要搬来和你一起住的时候，你怎么拒绝她的呢？

格拉迪丝：（叹气）我丈夫目前在中途之家（halfway house），而且他……

茵素：是吗？哦，他在中途之家。

格拉迪丝：是的。因为他对孩子做的事情，是他把他自己送进去的。在我看来，这是一个开始。他比我父亲好。我说，好吧！或许，这样可以帮助他，谁知道呢？但是我真的在考虑，是等到我孩子都长大了，我才回到丈夫身边，还是在他们长大之前就回去，和我丈夫一起生活。等到他们真的长到能管好自己时，我想回到我丈夫身边。我不想要我妈待在我的房子里告诉我，我什么都不行。她就是这么说我的，但现在她不在我家了。她仍和我父亲住在一起，他没有服过一天刑。他虐待过我、我阿姨，还有我妹妹，你还会想和这样的人住在一起吗？她还来告诉我，我不能和我丈夫在一起。但我丈夫已经为自己的所作所为付出了代价。我不明白，所以我要对她说："嗯，我丈夫会回来的。"而我知道她不喜欢他，但我让她搞搞清楚，我仍旧是他的太太。接着我说："为了减少矛盾，你得回到你自己的房子，这样你就不用看到他了。"

茵素：很好，非常好。那么，我猜你会想讨论有关你丈夫回来的事情。

格拉迪丝：是的。

茵素：好的。那我们下次可以接着谈这个主题。

格拉迪丝：好的。

茵素：好，很好。那我想花些时间和我的团队谈谈。我大概五分钟之后回来，可以吗？

格拉迪丝：好的。

暂停

茵素并没有选择评量进展，也没有用这次会谈结果提出额外的目标。但是，在茵素提出对例外和优势的问句后，发现格拉迪丝已能运用这些优势来让例外发生。同时，也再次证实，即使在这么艰难的境遇中，格拉迪丝仍能对她的孩子和她的原生家庭做一些令人印象深刻的事情。未来可能让格拉迪丝的生活更复杂化的，是她丈夫被释放这件事。他曾经虐待过孩子，现在在中途之家等待获释。

此刻，你不妨也花些时间写下你的反馈，就像威廉斯家族是你的案主一样。根据第七章所讲的原则，组织你的反馈，把你的反馈分为赞美、桥梁和建议（要有依据）。下面，让我们来看看茵素是如何呈现她和她的团队所形成的反馈的。

● ● ● 反馈

● ● ● ● 赞美

茵素：好的。我的团队想要我告诉孩子们，你们在这里表现得非常好，我们对此感到非常惊讶。你们四个都是。坐在这儿讨论事情会有一点儿无聊，是吧？和大人坐在一起讨论是很无聊的，但孩子们真的做得很棒。同时，我的团队说在与你们谈话时，他们看出来你们的内心充满了爱和感情，在内心深处，对，就是那儿。他们特别想要我对马库斯说，你很聪明，成绩也好。【转向格拉迪丝】而且我们认为你能知道每个孩子都有他们各自的优点。

格拉迪丝：嗯，是的。

茵素：你能看到他们每个人的优点，每一个人的。他们都不同，但你能够了解。

格拉迪丝：是的。

茵素：因此，我们想再次告诉你，你一个人做了一件很了不起的事情。

格拉迪丝：谢谢。

茵素：这真的不容易！

格拉迪丝：是的，很不容易，一直都不容易。

茵素：一直都不容易。你还有一段很长的路要走。

格拉迪丝：是的。

茵素：但是，到目前为止，你已经做得很好了。

格拉迪丝：谢谢。

茵素：嗯，他们都是好孩子，绝对是好孩子。而且我认为，你在用心抚养他们，你希望他们未来能获得成就。

格拉迪丝：谢谢。

茵素：好的。那么，孩子们，我们希望能这样保持下去，好吗？你们再到外面等一下，我想和你们的妈妈再单独谈一会儿，可以吗？

格拉迪丝：再见。

阿耶什：再见。

奥莱因卡：再见。笨蛋。

格拉迪丝：（笑）我会找你算账的，你听到了吗？她叫我笨蛋。我会找她算账的。

茵素：（笑）嗯，又来了。我再次看到你经历了那么多事。可是，尽管如此，你已经达到这个程度了。你对于如何与孩子们相处，已经有了很好的想法——你知道你要如何抚养你的孩子。你想要他们做得比你好，你希望他们不要经历你所经历过的事情。你已经是个好妈妈，已经是了。你还有一段很长的路要走，但是你让人很惊讶：尽管你妈妈没有赞美过你，但你还是能看到每个孩子身上的优点。

格拉迪丝：是的。

茵素：而且你试着去弄清楚“我如何能帮助每个孩子发挥他的优点”。

格拉迪丝：【指出另一个成功经验】是的。当我坐下来看着他们每一个人的时候，我想我能做到。像是奥菲恩，在数学和阅读上他需要更多的帮助，这一定会使他学得更好；我还为他订购了一些书。

茵素：哇，你已经在这么做了，那真是太令人惊叹了。因为你妈妈从没对你这样做，但你还是知道该怎么做。

格拉迪丝：是的。

茵素：嗯，另一件事是你运用你的生命经验，不仅是帮助了你自己，还帮助了你的孩子。

格拉迪丝：是的。

茵素：你从你自己身上学到很多东西。

格拉迪丝：我不明白我丈夫为什么会那样做，因为他说那也曾发生在他身上；但它也发生在我身上，我却没有那样做。

茵素：你没有那样做。这是对的！

格拉迪丝：所以我不明白他为什么会那样做。

茵素：你说得对，是的。我们可以下次再讨论这个话题。（停顿）你很会运用资源，年纪轻轻来到一个陌生的城市。但你明白什么是你必须去做的。你学会了如何得到食物，如何照顾你的孩子。这一切都是你一个人做到的，没有人帮你。

格拉迪丝：是的。

茵素：所以，我认为你树立了一个非常好的榜样。

格拉迪丝：我一直说——你知道，我不知道怎么读书和说大道理，但没关系——如果你真的想做某些事情，你就可以找到方法。

茵素：是的，你现在就是这样做的。同样地，我认为你已经明白——你需要怎样对待你的妈妈——而且，你知道，你想要的是不一样的生活。所以你也明白对你和孩子来说，什么是最好的。这部分你已经知道得非常多了。

格拉迪丝：是的。我本来打算离开我所属的教会，但是因为孩子们也去，所以我就没离开。【显示出她深思熟虑地运用另一个社区资源】我带他们去过其他教会，但他们——他们想回原来的教会，因为那儿有儿童项目。

茵素：所以你是说，你在选学校的时候也会这样做。

格拉迪丝：是的。

茵素：所以你正在使用同样的方法。

格拉迪丝：是的，他们喜欢他们现在的学校。

桥梁

茵素：好，很好，是的。所以我的团队——我们全都对你为你自己和孩子所做的事感到惊叹，我们也认为你这样做很重要，很有价值。

格拉迪丝：是的，谢谢。

建议

茵素：所以，我们认为你应该继续去做你目前正在做的事，继续去弄清楚什么才是对你和孩子最好的。

格拉迪丝：好的。

茵素：还有，关于你该如何处理你丈夫的事情。你知道他什么时候会被释放吗？

格拉迪丝：不，我不知道什么时候，但他已搬到另外的地方，我去看他，孩子们也会去。他们与他在一起好像很自在。

茵素：好的。所以他已经离开监狱，目前在教习所。

格拉迪丝：不是——对我来说，它不像个教习所，它还是一个矫治机构，因为在教习所的话，他可以出来并回家一段时间，但他现在还不能上街。

茵素：所以他不能出来，他现在还不能回家？

格拉迪丝：是的，还不能，这个地方不行。他几周内都不能离开。

茵素：好的。那么，我们来商定一下下次见面的时间，可以吗？

格拉迪丝：好的。

茵素与格拉迪丝的工作进入她们第二次会谈的尾声，她们的工作向我们展现：以成功和优势为焦点的会谈方式，能够帮助案主更清楚地察觉，他们现在正在做的哪些事是有助于建构解决之道的。通过直接和间接的方式，茵素将对话导向了解决之道的讨论，茵素也持续给格拉迪丝机会去回忆以及用语言描述她过去的成功经验，而格拉迪丝真的做到了。当她能够把成功联系起来时，面对她和家人的挑战，她变得更有信心，她相信自己有能力成功地处理这些难题。

倒退、复发和没有改善时

生活总是跌宕起伏的。有时候，当你问“有什么改善”时，你必须有心理准备，你的案主可能会以事情变得更糟作为回应。他们可能会告诉你，本来已经变好的青少年如何在上周又被抓到做了坏事或变得更糟，或者他们又酗酒，或者比之前更加忧郁。你可能会觉得这些回答令人沮丧，特别是当你和你的案主在建构解决之道上已经很努力时，你的案主也会变得很沮丧，他们会为报告倒退和复发而感到愧疚或羞耻。在这些情况下，实务工作者很容易觉得似乎什么都没有用，而案主也会质疑这么努力到底有什么用。

我们会用不同的方式来看待倒退和复发。如果没有变化，我们将如何辨认出稳定？如果没有稳定，我们又怎能理解改变？同样地，没有失败，我们就无法理解成功。失败和成功是一枚硬币的两个面。大部分人都倾向于只关注硬币的一面，而忽略了它的另一面。例如，大多数人会告诉你争吵是如何开始与如何持续的，但他们忘记争吵总是有停止的时候。或许他们想告诉你，他们上周有 3 天又重新回到酗酒的状况，但却忘了提及由于某些原因，前两天他们滴酒未沾。

如果案主专心于他们失败的事情，且不回应你“有什么改善”了，此时，请仍充满尊重地倾听这些描述，同时接纳并一般化他们的失望，这样做很重要。案主觉得自己的话得到了倾听后，你可以再去询问他们争吵是如何停止的，或他们是如何不再继续喝酒的。我们相信，案主有能力控制自己的行为。因此，这是合乎逻辑的。同样地，一位母亲很想打自己出言不逊的孩子，我们可以问她是如何设法做到走出屋子、没打孩子的。当案主更清楚地意识到，自己有能力停止自己过去的日常行为模式时，他们停止自己日常行为的例子就会被视为例外，并因此用以建构某些解决之道。

在极少数情况下，当你询问有何改善的问题时，有些案主从头到尾对你的提问都会说：“没有，没有变好，事情很可怕，变得更糟糕了。”如果案主的态度表明他深感沮丧，并已经无法完成日常简单的活动，实务工作者则可以改而采用应对式问句，我们将在第十章中对此进行讨论。

结　论

我们已经介绍了在建构解决之道的初次会谈和后续会谈中会运用到的焦点解决会谈技巧与程序，既包括对个体的案主，也包括与一家人的谈话。或许，你已经对整个流程有些模糊了。因此，回到第五章，找出阿艳这个案例开始的起点在哪，并去阅读第五章至第八章中阿艳与彼得的对话。阅读的时候，请注意彼得和茵素是如何保持未知的姿态，持续邀请他们的案主成为自己生活的专家；也请注意焦点解决会谈是如何一直以案主所拥有的成功经验和优势的知觉来作为会谈的焦点的；同时，请注意实务工作者又是如何专注于案主的优势并给予反馈，再结束会谈的。

第九章

非自愿处境中的会谈：儿童、成对者与被强制的案主

社会工作者和其他临床工作者的致命弱项是有抗拒性的案主。

(Hartman and Reynolds，1987：205)

被贴上“抗拒”标签的行为，通常可以从“合作”的观点……进行有效的转换描述。

(de Shazer，1984：13)

“抗拒”“敌意”“不敬”“愤怒”“窘迫”“威胁”“态度差”“防备”“害怕”“困难”“消极”“不信任”“常被击垮”“逃避”以及“缺乏动机”……实务工作者谈到那些曾经与他们一起工作过的非自愿案主时，常常会使用以上这些形容词。当你从实务工作者那里得知许多案主都是如此(虽不至于是绝大多数)，这样的描述会让你觉得紧张不安(Ivanoff，Blythe，and Tripodi，1994；Rooney，1992)。

非自愿案主常是被迫或被逼着来与实务工作者会面的。非自愿案主包括儿童(他们可能由于尿床或乱发脾气之类的问题被父母送来会谈)，青少年(他们破坏门禁、不做功课，或者使用毒品，父母不知道该怎么办)，非自愿的成对者(如两个室友、一对夫妻，或是家长与孩子这样的两人关系)，他们中间可能有一个人坚持要两人一起去见实务工作者，而另一方却不同意。此外，非自愿案主还可能是被法律机构强制送来接受服务的人。例如，法官让某个酒后驾车的肇事者必须去接受治疗。

在我们的工作坊和实务会议中，很多有经验的实务工作者和刚踏进这个领域的新人都提到，专业文献并没有提供有效的实务步骤，去说明如何与非自愿案主一起工作。他们的观点并不令人意外，因为助人领域的实务程序最初是为那些自愿来访者而设计的(Ivanoff，Blythe，and Tripodi，1994)。这些程序如下：先通过积极的倾听、同理与案主连接，一旦建立了信任与合作关系，就开始往解决问题的方向前进。这种取向假定案主自愿选择来寻求帮助，虽然他们对于能否发生改变还不确定，但他们有意愿去理解和解决问题。

但传统取向的这个假定并不太适用于非自愿案主。从定义来看，非自愿案主并没有选择去见实务工作者。他们通常认为这些接触是不必要的，且具有侵犯性，他们认为实务工作者给出的解决之道毫无意义，有时甚至还是有害的(G. Miller，1991)。此外，研究显示，在非自愿情境中会谈的案主对于温暖、真诚和同理通常没有回应，他们也不会承认自己的问题。因此，与这些案主工作，常常还没有开始就已经宣告结束了。如何与那些被迫来见他们的案主进行有效的工作常让实务工作者感到十分困惑。

学界必须把更多的注意力放在如何在案主的动机与实务工作者所提供的服务之间形成适当的配合上（Ivanoff，Blythe，and Tripodi，1994；Rooney，1992；Trotter，1999）。例如，特罗特（Trotter）指导实务工作者去关注案主“正向或合乎社会的言论与行为”，并公开加以赞美。他还强调要质疑案主反社会的言论或行为，但这样做的时候须小心谨慎，需要通过正向评论来加以平衡。鲁尼（Rooney）写道，过往的研究支持以下策略：

（1）在任何可能的地方向案主强调他拥有选择权；

（2）告诉案主在治疗过程中该期待什么以及他们的角色；

（3）围绕目标和治疗程序签订契约；

（4）全程都鼓励案主的参与。

我们已在其他地方表述过，我们认为这些策略和假设背后的理念都是迈向正确方向的一步（De Jong and Berg，2001）。这些策略和假设都值得注意，它们试图把案主对选择和控制的意识最大化，并且向案主澄清所有无法进行谈判的事情，如父母（对儿童与青少年）的要求、特定机构或法院的要求等。当充分认识到这些时，我们就会意识到建构解决之道通过其范式的变迁，已经在案主的目标、案主的选择、改变的动机以及如何与非自愿案主进行会谈等方面给出了一个不同的观点。

以解决之道为焦点

在焦点解决会谈的早期发展阶段，短期家庭治疗中心的观察人员得出一个结论：并不是实务工作者直接改变了案主；相反，通常是案主通过自己选择去做一些不同的事情，而改变了他们自己。通过假定案主有能力去做改变，在案主决定要改变时，实务工作者有礼貌地询问和扩展案主想要有什么不同以及如何让变化发生。实务工作者能够最迅速和有效地催化这一过程。

短期家庭治疗中心的观察人员发现，当实务工作者并不企图对案主的结果进行干预时，案主的改变历程反而会更快、更真实。乍看之下，这似乎是一个令人吃惊，甚至无法接受的结论。你或许会问："难道实务工作者不应该关心一个酗酒者是否需要停止喝酒，或是一个忽视孩子的家长是否应开始关注孩子的需要吗？"我们的回答是："当然，从伦理观念以及如何提高案主生活质量的角度出发，我们非常关注案主改变的结果。"然而，不容忘记的实务原则是："需要确定怎样做才是对案主最有帮助的。"短期家庭治疗中心的观察人员很快注意到，这似乎是有些矛盾的现象：实务工作者对案主进行的干预越多，他们就需要使用越多的问句来催化案主改变的动机。直觉告诉案主实务工作者的干预降低了他们探索的自由，或降低了他们对生活进行自由选择的可能性，这样一来，他们反而会更不愿意投入改变之中。通过这些观察，我们可以得出一个结论：当实务工作者不再把自己看成改变的代理人，而是作为一名尊重案主、处于未知姿态的提问者时，案主会告诉实务工作者他们想要的是什么、他们的生活中会发生什么事情以及他们认为如何才能让这些事情发生。有趣的是，这个结论同样适用于自愿案主和非自愿案主。因此，你可以同时将建构解决之道的程序应用于这两类案主。

对非自愿案主建构解决之道的要点

在第四章里，茵素与贝丝的会谈说明了如何与非自愿案主进行建构解决之道的会谈。以下，我们将讨论引导原则、有效问句清单以及后续会谈的大纲草案等重点问题。

让我们回想一下贝丝——那个声称被父亲虐待的少女。虐待没法得到证实的时候，社会工作者试图指出她的错误，规劝她，面质她的宣称与警察报告中的事实不符，并威胁要送她去住院治疗等。但社会工作者的这种工作方法是无效的。与此相反，茵素和贝丝则展开了建构解决之道的历程。她试图去了解贝丝对处境的知觉，将注意力放在贝丝认为对她很重要的人和事上，了解她是如何进入服务系统的。随后，茵素开始去建构什么是贝丝想要的，并尝试从贝丝的角度去理解如何才能让这个目标实现。

• • • 以假定案主不想从你这里有任何收获开场

请重温一下第四章中贝丝的案例。首先要记在心上的事是：如果案主是非自愿前来与实务工作者见面的，他们通常会倾向于认定实务工作者无法提供给他们任何有价值的事物。许多与贝丝一样的案主都有过同样的经验，实务工作者并未真正倾听什么是案主想要的，反而更关注于如何使案主能像他们那样看待问题，并且采取他们认为可能有效的介入策略。然而，当你假定案主可能没有想要从你的服务中获得什么时，你应该保持清醒，将节奏放慢，做好准备去倾听案主抱怨他从前与其他实务工作者有过的令人沮丧的互动经历。

• • • 对生气和负面的回应

开始会谈时，你必须做好准备倾听如下内容：

- “我不需要来这儿。”
- “来这儿不是我的主意。”
- “你能帮我？我不这么认为。”
- “我已经看过很多心理咨询师了。心理咨询对我根本就没用。”
- “我不是那个有问题的人，我妈才是有问题的人。在这里的应该是她而不是我。”
- “我认识很多社会工作者，他们只会毁了别人的生活。”
- 或许案主只是一言不发地坐在你的面前，双手交叉，似乎表达着“我没有什么事情要和你说的”。

我们工作坊的参与者和学生都认为，会谈中出现这样的局面是最棘手的。记住，在类似的情况中，你一定要这样想：案主只是还没有要从你这里获得什么而已。还有，不要采取批评或事不关己的态度。因为在每位案主这些反应的背后都有故事，这个故事就是下一步的切入点。接受案主的知觉，并且向他们提出更多的问句。遵循这一原则，即把你下面的问句建立在案主刚才的回应上。你可以这样回应案主前面说的那些话：

- "嗯，你不需要来。是谁告诉你，你不用来这儿的呢？"
- "那么，你来这儿是谁的主意呢？你认为他们希望你来见我之后，情况会有什么不同呢？"
- "你认为我无法帮助你，肯定有自己的理由。你能告诉我那个理由是什么吗？"
- "嗯，所以你曾经见过心理咨询师。发生了什么事情吗？"
- "是什么事情告诉你，你妈妈才是那个有问题的人？"
- "你和社会工作者之间一定有过什么不愉快的经历，发生了什么事？他们做了哪些不同的事，可能就会对你有帮助呢？"
- 在你做完自我介绍，并询问案主是如何来到你的办公室的之后，他仍旧一言不发，这时你可以接着说："你不想说话一定有你的理由。你能告诉我你的理由吗？"这个问句把重点聚焦在案主"不想说话的理由"上，从而反映出我们相信案主是有能力的。如此，实务工作者就不会一直把重点放在案主"不说话"上，从而暗示了案主的不合作。

倾听"谁"和"什么"是重要的

一旦案主开始跟你讲述他们对于情况的看法，你就要专心地听，对案主来说，"谁"和"什么"是重要的。面对那些非自愿案主，你必须仔细听出在案主愤怒话语背后所隐藏的重要事情。例如，一个青少年可能说："我父母让我快疯了。他们总是问我是不是又在吸毒。"与其去探究青少年的父母数落了他什么或他的吸毒史，还不如通过问“噢，所以你想要和父母之间的相处情况可以有所不同咯”来建构解决之道。后者的回应方式强调了对这个青少年来说，“什么”似乎是重要的事情。如果他同意你的说法，你就可以针对他想要什么以及怎样才能实现提出更多的细节问句。虽然案主强烈的否定和愤怒的话语会吓到我们，尤其是当我们还是新手的时候，但是即使是这种情况也存在一线曙光，即如果我们认真去倾听，就会明白对案主来说，“谁”和“什么”对他是重要的，并且也会对案主想要什么有一些初步想法。一旦你了解并接纳这些案主的意愿时，会谈的氛围和案主的态度便会有所转变。正如彼得的学生告诉他的：“非自愿案主很快开始像是自愿前来的案主一样。”

运用关系式问句了解脉络

无论是自愿还是非自愿，案主都必须在他们目前的生活脉络中去选择是否以及如何做出改变。与非自愿案主一起工作时，从案主一开始的言语或转介机构给出的转介资料便可清楚地了解是谁和哪些机构构成了案主的生活脉络。例如，贝丝的生活脉络包括了她的父母、社工、先前的心理咨询师、服务提供者、警察和法院。在建构解决之道时，不要用“事实”以及案主生活脉络中重要他人和机构的“要求”来面质和挑战案主；相反，你可以通过关系式问句，邀请案主在其脉络中建构他们的解决之道。在贝丝的案例中，茵素很快理解到贝丝想要回家，因此茵素可以询问以贝丝父母为对象所构成的关系式问句，邀请贝丝把她的目标放在此脉络中加以考量。

- “我可以看得出来，回家对你来说很重要。你认为你爸妈知道这点吗？”
- “你可以做些什么，让他们知道你有多么爱他们，以及你有多么想和他们住在一起呢？”
- “所以，你可以做些什么，以便你可以顺利地回家？”

案主对于关系式问句的回答可以告诉案主自己和实务工作者，这些出现的目标和解决之道是否有用和是否切合实际。

• • • 考虑无法协商的要求

你可能会疑惑，实务工作者是否必须就转介或委托机构所坚持与要求的内容，去面质非自愿案主。例如，作为心理咨询师，一名少女的父母可能会告诉你，他们的女儿“必须远离她吸毒的朋友，不然就要把她赶出家门”。或许你遇到一位母亲，她的孩子们被安置在寄养中心，因为这位母亲与会虐待她孩子的男人住在一起。你知道，只要那个男人依旧住在那个家里，法院就不会让她和孩子们团聚。在这些实例以及其他许多类似的案例中，我们相信面质是没有必要的；相反，尊重且给出清楚的信息，继续询问未知态度的问句，这才是合宜之举。例如，你可以对那个少女说：“我从你父母那里了解到，他们坚持让你不要再去见那些吸毒的朋友，他们的想法你能够理解吗？”如果案主说“是的”，你就可以继续问：“那么，他们对此很认真吗？”或者“这么做的话，你有什么想法呢？”又或者“就你对父母的了解，你认为他们真的会把你赶出家门吗？要怎样做才能让他们改变主意？”

• • • 给予案主控制权

如果实务工作者使用接下来的指导原则，你会发现，与自愿和非自愿案主建构解决之道的工作方式与过程是一样的。经过思考、实践和对无数访谈的观察，我们的结论是：之所以会一样，是因为在运用了焦点解决问句后，实务工作者能将控制权和责任还给案主。实务工作者给予案主控制权的方式包括：询问案主会如何说明他们的情况（例如，“你怎么看待你的处境”）；如何谈论他们自己（例如，“当你父母说你________时，你同意吗”）；想讨论什么（例如，“你想有什么变化”）；什么可能是有用的（例如，“就你对你自己和你父母的了解，用什么方式来和他们谈论________，会是最有用的、最有效的”）。在建构解决之道的会谈中，案主很快就会意识到，他们能够安全、自由地去探索他们想要什么以及如何使它发生。正如在第四章中讨论过的，案主无须费力去保护他们自己，同样，实务工作者也不必费力与案主陷入拉锯战。

指导原则、有用的问句、与非自愿案主的会谈大纲草案

既然我们就如何与非自愿案主建构解决之道做了一些说明，那现在就将这些说明转化成一些指导原则，这些原则可以被放入第四章中根据茵素对贝丝的会谈所列出来的清单中。

- 对将要前来和你会谈的案主，一开始就假定他还不想从你这里获益。
- 假定案主的想法和行动都一定有其理由。
- 放下你的判断，并同意案主那些谨慎和自我防护姿态背后的知觉。
- 倾听出“谁”和“什么”对案主是重要的，包括在案主生气和挑剔的时候。
- 如果案主公开生气或批判，询问案主：冒犯他们的那个人或机构如果做些什么不同的事，对案主会更有用。
- 一定要去了解，就案主的知觉而言，什么是他最大的兴趣与关注点，即询问案主想要什么。
- 倾听案主的用语，并将之用于你后续的提问与回应中。
- 通过询问关系式问句，将案主的脉络引入会谈中。
- 礼貌地提出那些没有商量余地的要求，并立即询问案主对这些要求的知觉。
- 总是保持未知的姿态。

除了这些指导原则，附录里还有一份有效问句清单和会谈草案大纲，这些均可用到非自愿案主的身上。

与儿童建构解决之道

我们常常被问到，如何将建构解决之道的思考方式运用于儿童工作之中，因为大多数实务工作者相信，与儿童工作需要一些不依赖语言的技术和技巧。

大多数实务工作者也相信，我们可能会对儿童造成极大的伤害，因为儿童被认为很脆弱。如果你持同样的观点，那么和儿童一起的工作会被预设为一个特殊化的精细过程，而这会导致我们无法理解儿童的反应，只因一直在担心他们的词汇有限、表达能力有限。不过，仔细观察优秀的父母、老师、儿科医生和儿童照顾工作者的行为，你也可以学到很多方法；因为这些人对儿童成长、发展需要什么以及怎样帮助儿童具备了丰富的判断。

• • • 当儿童是非自愿的参与者

在助人领域工作这么多年，我们从未听说过会有儿童自己主动打电话给专业人士说："我有行为问题，我需要帮助。"来见实务工作者的儿童全都处于非自愿的情境。也就是说，他们的问题和成功都是由在他们生活中起重要作用和具有影响力的成年人来界定的，成年人通常按照他们认为正确的方式监控、评价、强化、比较、支持和训斥儿童，直到他们认为儿童表现合宜。当儿童需要被送到专业人士那里时，他们生活中许多关心和照顾他们的成年人，包括父母、老师、亲戚、邻居、保姆、牧师，甚至警察，都早已尝试过许多帮助他们的办法。如果你接待被送来寻求服务的孩子，通常意味着你将面对的处境是：到目前为止，已经有好几个成人努力过但却无效，因此成人们有很强的挫败感，迫切希望孩子能够有所改变（Berg and Steiner，2003）。

你可以从孩子们的角度想象一下，他们可能经常被告知他们犯了哪些错误。来到你的办公室之前，他们可能已经对所有"好的建议"、训诫、责骂及成人企图帮忙的意图感到精疲力竭、忍无可忍。你也可以试着想象，他们一定因为铺天盖地的负面信息和显而易见的失败而感到灰心丧气。你可以问问自己，儿童被送来寻求你的帮助时，是否已受到了这些信息的严重伤害？你可以合理地假定，你将面对的是一个看起来对你所能提供的服务没有任何兴趣的孩子。

• • • 准备好去与儿童会面

根据你要见的孩子的年龄，准备好孩子可以坐的小椅子、可以写字或画画的低一点的桌子、玩偶、故事书及其他适龄的玩具，这些都是不错的主意。此外，你也可以准备一些美术用品放在手边，如蜡笔、纸、白板等，这样您就可以让孩子边说话边画画。确保你的办公室对儿童来说是安全的，这样你可以保持从容冷静。同时，办公室还要够大、够整洁，这样孩子可以伸展身子、四处走动。

谈话的时间应该持续多久，这取决于孩子的年龄。根据经验，谈话的时间越短越好，尤其是对那些容易分心的孩子来说。可以考虑和孩子们走走，因为无论什么年龄的孩子，都精力充沛，喜欢四处走动。

• • • 正向开场

从逐步了解孩子来开始会谈。逐步了解谁是孩子最好的朋友、他的玩偶（如泰迪熊）的名字、他的宠物的名字、他最喜欢的书或电视节目等。留意与孩子有关的正向事物，如她头发上的缎带、他很酷的新鞋子、他所引以为豪的蜘蛛侠衣服，即留意这个孩子任何引人注目的部分。你也可以询问他的家庭、父母、有多少兄弟姐妹、谁住在家里等，还可以询问谁对此孩子是有帮助的（包括亲戚、表兄表姐、邻居和最喜欢的老师等），以及他们做了什么事情是有帮助的。这样正向的开场会很快吸引绝大多数孩子，而且这种欢迎他们的正向开场，与他们对一位实务工作者的预期是大相径庭的。

此外，一定要记得使用简单的日常生活用语，避免使用那些听起来像是训斥他们的话语。注意尽量使用孩子们的语言，对他们的童言童语无须矫正，因为孩子们的语言技巧有限，他们常渴望去取悦成人、倾向于模仿成人的语言。坐在地板上，和孩子的视线保持同一高度，这样他们就可以不需要抬头便看见你，这也是很好的举动。

以下是茵素与萨姆（Sam）会谈的开场部分，可用来说明如何与儿童开始进行会谈。萨姆是一个五岁的男孩，他被母亲带来咨询，咨询讨论的主题是他正在与学校社工进行的辅导，以及如何使萨姆在学校能更有效地控制住他的脾气。茵素以她注意到萨姆身上的第一件事情作为会谈的开始。

茵素：现在，你的嘴里还有软糖吗？

萨姆：（咯咯地笑）有。

茵素：软糖的味道怎么样？

萨姆：很好吃。

茵素：很好吃？嗯，很好。现在，我们一起来看看。我知道你五岁了，是吗？

萨姆：五岁半。

茵素：五岁半。对不起。所以，你什么时候满六岁呢？

萨姆：嗯，8月10日。

茵素：8月10日。啊，很好。你很大了，对吗？五岁半吗？对，没错。那你有兄弟姐妹吗？

萨姆：有姐妹。

茵素：姐妹。只有一个吗？嗯。比你大还是比你小呢？

萨姆：比我小。

茵素：比你小，嗯。

萨姆：一岁半。

茵素：一岁半。那还是个宝宝，对吗？

萨姆：嗯。

茵素：是的，很好。那么你肯定上学了，对吗？你上几年级了？

萨姆：我上幼儿园。

茵素：幼儿园，很好。你觉得幼儿园怎么样啊？你喜欢幼儿园的什么地方？

萨姆：我喜欢玩，喜欢到外面去，我还喜欢玩游戏。

....

在会谈的初期，你可以运用关系式问句引导出儿童的正向层面，以便能更快地与儿童有所连接，并增进对他们的了解。例如，茵素可以这样问问题，以便获得更多关于萨姆优势的细节："假如我问你妈妈，为了照顾你的小妹妹你都做了些什么，她会说你做的什么事情对妹妹帮助很大呢？"这种类似的关系式问句还包括：

- 你最好的朋友会说，当你们两个人相处的时候，你是一个怎样的朋友呢？
- 你妈妈会说你哪些事情做得很好，但是你不好意思告诉我？
- 你的老师呢？她会说你在学校里最擅长的是什么呢？

我们可以对这些问句进行调整以适应孩子的情况，以帮助他们找出目前做的让别人很欣赏的事情。通过询问关系式问句，你在告诉孩子：你相信他们已经有了成功之处，而且别人也以不同的方式对此认可。之后，你可以慢慢转向其他有点儿麻烦的领域，例如他经常发脾气、拖延或者不听爸妈的话等。

与成人建立同盟

与儿童、青少年工作时，不管他们几岁，跟儿童周围的关键成人建立起同盟关系非常重要。因为在会谈结束后，孩子还是得回去与父母、老师们和其他人继续互动。由于儿童的问题行为由成人定义，因而只有成人改变或修改他们对儿童问题的定义，才能使儿童的问题得以解决。儿童的问题会以两种不同的方式得到解决：第一种，这些麻烦的行为不再发生；第二种，成人认为这些问题行为不再是问题。

第二种解决方案发生的概率远超出你的想象。例如，父母双方可能认为，孩子们的手足竞争行为"问题"，就孩子的年龄来说，其实是正常的；而这两个孩子的坚强意志将使他们在往后的生命中，能更有效地面对类似的成人竞争。因此，在目前这样充满关爱的家庭里学会如何面对这样的竞争，反而是比较好的。有趣的是，当父母在讨论这些事情的时候，他们可能同时改变了他们谈论的方式；从"解决手足竞争的问题"到"学习如何在一个充满竞争的世界里与他人共同生活”。无论改变以哪一种形式出现，重要的是成人的看法发生了转变，他们开始认为孩子们已经改变或正在改变。这种转变会导致他们对孩子态度有所变化，这样就在成人与孩子之间创造了不同的互动方式，成人与孩子间能有更多温情并形成积极正向的关系。

比起孩子，成人拥有更强的理解力，知道怎样做以及做出改变需要的资源，所以我们喜欢与那些和孩子问题有关联的成人一起工作，特别是当孩子还很小的时候。改变可通过单独与父母工作，或者同时与父母、孩子共同工作来完成（下一节会讨论成对的会谈）。特别是当父母觉得自己受到了所谓具有“失控行为问题”的孩子困扰时，这样的做法更能对父母进行赋能。父母或其他成人通过发展出与孩子不同的互动方式，而感到被赋能后，他们也会通过这些更有效的互动方式，为他们的孩子赋能。

然而，要使所有父母或其他成人都参与会谈，是不可能或不切实际的期待。因为有时候，由于父母或其他成人被监禁、经常出差，或者因儿童被安置于家庭之外，而导致父母角色缺席。或许，即使获得父母或相关成人参与时，这些重要的成人也已经被孩子的行为弄得精疲力竭了，所以他们会要求孩子们必须先做出改变，然后他们才会相应地努力去做出改变。在这种情况下，实务工作者在会谈一开始就先与儿童一起工作，是必要且可行的。

获知儿童的知觉

有许多成人都对帮助某个孩子感兴趣，所以对实务工作者来说，可能很难弄清楚你和孩子正在努力工作的方向是什么。大多数你将要见的孩子已经有了好几个协助者，每一个协助者都对孩子的问题有自己的想法。他们会和你分享他们的想法，或要求你去做他们认为有帮助的事情，但这些意见也可能令你混乱。不论情况如何，你一定要去询问儿童本人，他们对自身处境的知觉是什么，以及什么对他们可能会有帮助。很可能的是，根本没人认真地去问过孩子：对于如何不使他自己陷入更大的麻烦，他自己的想法是什么。

在茵素开始与萨姆会谈后不久，茵素打算用评量式问句了解萨姆对自已处境的知觉。

……………………………

茵素：你正在学数学。哇！所以，你认识数字，对吗？嗯，很好。你也正在学字母吧？你还学会了辨别颜色，对吗？很好！我知道你已经和B老师谈过话。嗯，那么我想问你一些有关你和B老师谈话的问题，可以吗？

萨姆：是V。

茵素：V，哦，是V老师，好的，我以为她是B老师。所以我们谈谈这件事情，没问题吧？好的，很好。我想问你，既然你认识所有的数字——你已经在学数字，我要说的是，我要画一条线，就这条线。在这条线上，下面这里是1，最上面这里是10。可以吗？

萨姆：嗯。

茵素：好的。这个意思是，1代表……嗯，老师认为你有脾气或类似这样的问题……

萨姆：嗯。

茵素：它代表最糟糕，就是最不好的，可以吗？

萨姆：嗯。

茵素：这是1。而10代表什么呢？比如，V老师会说："嗯，萨姆的脾气问题完全得到控制了。我再也不用去和萨姆见面了。"那是10。同时，你的幼儿园老师也同意V老师的看法，你妈妈也和V老师看法一样。可以吗？所有的那些，就代表了10。你认为你现在在哪里呢？从1到10，你认为今天自己在哪个数字？

萨姆：嗯，10。

茵素：10？好，那很好。就是说你认为自己在10这个数字上。好的。假设我问V老师同样的问题，对V老师说："V老师，10代表萨姆不用来见你了。而1代表萨姆第一次来见你，他脾气最坏时。"那么V老师会说你现在是在1到10的哪个位置呢？

萨姆：9。

茵素：9。她会说你在9上。太棒了，非常好。那我再问一个相同的问题，可以吗？现在，我问你妈妈同样的问题。我问你、V老师以及你妈妈同样的问题。这次我又问了相同的问题，妈妈会怎么回答呢？

萨姆：嗯，嗯，9。

茵素：9。妈妈也会说你是9。哇！你的分数已经变得这么高了，是吗？你进步了这么多。你是怎么做到的？9分、9分和10分。

……………………………………

这是很有趣的一段对话，因为它表明，即便是对小朋友，只要他对数字有了大小的概念，评量式问句就可以被用来引出孩子的知觉。很显然，萨姆相信他在控制自己的脾气上已经有了很大的进步。茵素记下来想要得到更多的细节，她没有要萨姆用语言来描述1分和10分的意义为何，而是进行了如下询问。

……………………………………

茵素：嗯，好的。所以，当你现在不发脾气的时候，你会做些什么？

萨姆：我会乖乖的。

茵素：你会乖乖的。啊，很好。所以你知道，萨姆，如果你想要的话，你可以画一些画。你可以在这里画一幅画给我，告诉我什么是事情或你的脾气非常坏的时候吗？而现在，你在10分了，情况又有了怎样的不同呢？你可以画一幅画给我吗？真棒。

萨姆：用红色代表不好的情况。

茵素：你想要用红色，它代表不好的情况。好的，就这样。

萨姆：那也代表好的。

茵素：【关系式问句】是吗？那么现在你做得比以前好了，你表现得真的很好，妈妈会做什么呢？妈妈对你的方式会有什么不同吗？

萨姆：嗯……她会给我买东西。

茵素：她会买东西给你，如软糖。嗯，好的。我明白了……这是谁？

萨姆：Boom(砰，隆隆声)。

茵素：Boom，哦，这是你脾气很不好的时候。

萨姆：嗯。

茵素：好的。现在，你可以画一张你现在的样子吗？

萨姆：(挑了一支不同颜色的笔)嗯……

茵素：噢，你可以稍微解释一下这个吗？

萨姆：这是我给别人的东西。

茵素：这是谁？这个是你吗？

萨姆：嗯。

茵素：我明白了。这里有一个微笑。是的，你是对的。嗯，我明白了。画得很漂亮。

……………………………………

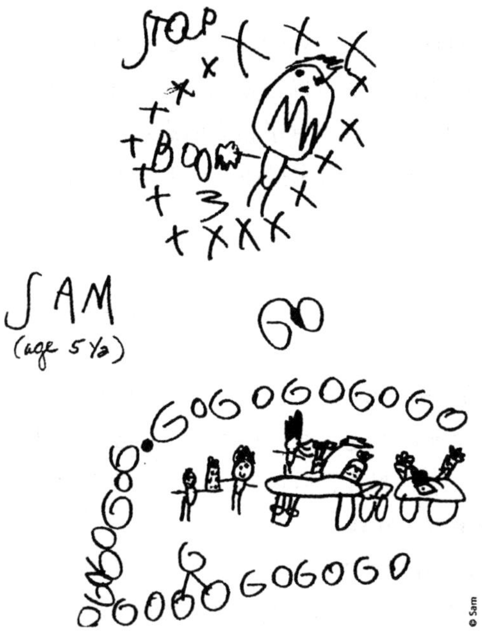

图 9-1　萨姆的图画

对许多孩子来说，先画一幅图来代表他们的知觉，再去讨论他们画的画，这样会让会谈比较容易进行。画画减慢讨论的速度，给孩子时间去思考，让心情平静下来。一旦画完，可以给孩子更多具体的、可讲述的东西。同时，这也让实务工作者更容易保持未知的姿态，如茵素所做的，她通过询问萨姆有关图画的细节来保持这种姿态。萨姆和大多数的孩子一样，很有创造力。他挑选红色来表示他突然脾气失控时的样子，而选了较柔和的颜色来画他在评量上更正向的图画。

有时，你尊重地询问孩子他认为“什么有助于情况的改善”，孩子们的答案令实务工作者深受感动，特别是那些你被告知正在犯许多错误的孩子的答案。茵素曾与一个孩子会谈，孩子的妈妈和老师都把他说成是一个麻烦鬼、破坏王。她问那个小男孩：“如果有一个仙女晚上来到他家，挥舞了她神奇的魔杖，让妈妈和老师所讲的问题都解决了，那么第二天早上，他会发现有什么不同？”孩子回答说，他会知道仙女确实来过，因为他醒来时会听见妈妈在唱歌，也会看见她在笑，而且他会有足够的钱给妈妈去买任何她想要的东西。这样的答案，除了会令你眼眶湿润，只要你继续提问“需要发生什么”才会使奇迹发生，以及继续寻求相关例外时，这孩子就会有更大的改变动机。

• • • 与儿童会谈的其他技巧

一旦你根据上述内容做好了调整，尊重儿童和青少年的发展水平，你就会发现与孩子建构解决之道的历程，本质上与成人是相同的（Berg and Steiner，2003）。无论前来会谈的案主年龄多大，改变是通过实务工作者留意对案主来说“谁”和“什么”是重要的、案主想要什么以及相关的例外等而发生的。但是，在与儿童和青少年会谈时，有一些事情“必须做”，有一些事“不能做”。

• • • • 多使用关系式问句

儿童或青少年常常对别人的评论和评价十分敏感。他们学会了很多与成人的相处之道；而这些成人（如父母）常常假定他们了解自己所养育的儿童，以“为孩子好”的立场去监督孩子的想法和感受，甚至还常常代替孩子们讲话。多次试图纠正成人失败后，许多孩子就放弃了，随成人怎么想。尤其是那些被视为麻烦、难相处、倔强、难以管教，以及在家庭、学校和社区里有无数违规行为的孩子，更是如此。

很多前来寻求服务的孩子被问到对自己究竟有何感受和想法时，常常感到困惑。因为他们尝试表达自己的意见时，常会被制止、嘲笑、不被理睬，所以他们不太喜欢回答有关自己的问题。相反地，他们更愿意对别人的观点做出回应。因此，关系式问句是与儿童和青少年工作时的完美工具，如同和所有非自愿案主的工作，关系式问句能在提问者与回答者之间留有一段安全的距离。

以下是可运用于儿童和青少年会谈的关系式问句。这些问句反映了聚焦于正向的重要性，特别是当你开始接触儿童和青少年、想与他们建立关系时。你要特别注意：关系式问句是如何提供了距离的元素，以及从一开始不想说话的案主那里得到回应的可能性。

- 如果问你妈妈，你在学校最好的科目是什么，她会怎么回答呢？你的老师会怎么回答呢？
- 你妈妈还喜欢你的哪些其他天分，是你不好意思告诉我的？

■ 你在家里的时候，你妈妈会说她最喜欢的是什么？
■ 你妈妈是怎么产生这样的想法，觉得你需要来和我这样的人谈谈？
■ 你妈妈需要从你的身上看到些什么，她才会觉得你再也不必来看我了？还有其他的吗？
■ 假如让你来决定做这些事情，在你和她之间会有什么不同呢？

关系式问句还有额外的好处，它可以教导儿童和青少年，别人的知觉是如何影响着他们与别人的互动，而无须实务工作者另给他们上一课。对儿童和青少年来说，“别人”是对他们具有权威影响力的成人，是他们必须去迎合的人。对儿童有重要影响的成人，是他们发展解决之道的必要脉络。因此，在先前的对话中，茵素不仅请萨姆评量自己在幼儿园控制脾气的分数，还问了萨姆他认为妈妈和老师会给他打几分。关系式问句有助于在“儿童的愿望”“他们愿意去做的目标”以及“周围成人对他们的要求”三者之间找到平衡点。很多时候，成人和孩子的愿望是相似的。 例如，孩子表现得更好、更安静、更能自觉遵守规则，和他人和平相处等。

●●●● 避免询问“为什么”问句

询问一个人行为背后的“为什么”看似合情合理，甚至也能表现出一种真正的关心。例如，如果一个人以前走路正常，现在却一瘸一拐，有人就会问：“他为什么一瘸一拐的？”然而，成人常常向儿童提出这个问题，将之视为一种责骂或训斥的形式，次数多了以后，他们通常会得到以下几种回应：耸肩、咕哝、沉默、“我不知道”或防卫的反应。许多孩子把“为什么”问句与严厉的声音、手指指着他们等会让他们感到不安、罪恶和羞愧的行为联系在一起。因此，你应该用“怎么发生的”来代替“为什么”。通过询问“怎么发生的”所获得的信息，和你通过询问“为什么”获得的信息是一样的，而且你还可能会获得更多你想要的有用信息。

●●●● 对于“我不知道”的回应

无论你是助人领域的新手，还是已有多年工作经验的实务工作者，在与儿童或青少年工作时最常遇到的问题，就是如何对案主的“我不知道”进行回应。特别是青少年，他们似乎很喜欢给出这个答案。如果你缺乏经验，要对此进行回应就会觉得特别困难和复杂，因为它会给你的下一步造成很大压力，如果你再问另一个问题，你可能又会得到另一个“我不知道”的反应。

第一个建议是保持冷静，不要过度反应，不要假定他们内心存有某些黑暗的动机或遭到了抵触，你反倒可以按照字面意思理解青少年的话。他们很可能真的没有什么答案，所以你可以诚恳地说：“我知道我正在问你一些艰难的问题。(停顿)所以，假设你真的知道，你猜你会怎么说？”请案主假装他们知道答案，这种做法不同寻常，会让案主们放下防卫，有时他们会用一种全新的方式来回应。第二个建议是引入案主的重要他人的知觉，你可以问：“你最好的朋友会说什么呢？”“最好的朋友”对儿童和青少年很有作用，因为就定义上而论，最好的朋友是站在你这边、接纳你且没有任何不恰当要求的人。

如果真的什么都不起作用，当然这种情况其实很少见，就试着把“我不知道”或沉默视为一个正向的特质。或许，这个孩子已经懂得话不要说得太快，或者他是一个深思熟虑的思考者，在他没把握之前不会回答问题。有时，你也可以去欣赏这类“坚决沉默”类型的孩子，对他保持好奇，并以这些为基础来给予他赞美。面对期待答案的成人，儿童必须拥有坚强的意志和决心，才能继续在成人面前保持沉默。如果你决定对青少年说出这些话，那么给他时间沉默就很重要。这需要你能够培养出一种能力与耐心，似乎拥有全世界的时间一样。有时候，儿童能够回答你的问题之前，需要你无条件地接纳他们。

当儿童以“我不知道”或保持沉默来回应时，表示他们对自己的处境感到如此沮丧和绝望，以至于他们彻底放弃了自己的未来。这时候应对式问句就十分有用。应对式问句易于回答，因为它们要求的是小的、无可否认的成功。例如，一个人在今天早上是如何做到按时起床或到达实务工作者的办公室的。把应对式问句和关系式问句结合起来提供了最佳的机会，去引导案主描述他们所拥有的优势，同时这也能唤起案主在艰难处境下继续尝试的决心。

●●●● 假定案主具备能力

最近茵素在一家院舍型治疗中心进行咨询，碰到了一个青少年的案例。这位名叫亚当(Adam)的青少年，想找一份工作以便供养自己独立生活，但他不断失败，无法完成自己的愿望。亚当对工作有许多想法，他可以轻而易举地找到快餐店之类的工作，或者要求薪水更高的厨房工作。一开始，社工对亚当的前景十分看好，但情况很快发生了变化，因为他无法用实际行动来实现自己的想法。社工发现自己在“不断地对亚当唠叨”，也知道别人也对他唠叨过，但其实并没有用。

这时，你可能会觉得协助案主遇到了挫折，好像你对他们的能力和动机很挑剔。在一起进行商量之后，茵素和社工决定对亚当试试另一种取向：假定他是有能力的，如果他下定了决心，他就能改变。在下次接触亚当时，社工小心翼翼地接近他，并在会谈中说：“你知道的，亚当，我一直在思考我对你找工作的唠叨行为，现在我意识到你没有找到合适的工作一定有你充分的理由。你可以告诉我这个理由吗？”亚当立即回答，说他真的没有什么充分的理由，他“就是懒惰”、不认真看待生活而已，现在是他整理生活、重新前行的时候了。社工和善地听着，但并没有期待亚当去做什么大事，而是在思索她和亚当这段对话与先前的不同之处。然而，下一次茵素和社工再讨论的时候，社工说亚当已受雇于某家快餐厅，而且两周内没有旷过一天工。

倾听例外的线索

一旦儿童或青少年开始参与会谈，并告诉你是什么让他们来到你这里，你就要留意例外的出现了。例外通常是进入解决之道谈话的入门通道。我们有一位叫辛西娅(Cynthia)的同事，是一位心理学家，她提到过一个名叫贾斯廷(Justin)的男孩的案例：他曾有在商店偷窃东西的不良记录。考虑到贾斯廷还年轻、罪行没有暴力性质，而辛西娅有帮助青少年的良好声誉，所以他被送往辛西娅那儿做最后的挽救措施。辛西娅与贾斯廷碰面时并没提到他偷东西的事情，而是问他怎么这么喜欢逛街、他在购物中心花多少时间和钱、他最喜欢的商店类型、他买东西花了多少钱等事情。贾斯廷很坦诚，说他从来没为任何自己所拥有的东西付过钱，如碟片、鞋子、衬衫、衣服或其他他想要得到的东西。在他们谈话的过程中，他提到自己有一次掏钱买了一张碟片。辛西娅意识到这是一个例外，就具体问他是如何决定掏钱买这张碟片的。贾斯廷开始很认真地回忆排队结账的经历，销售员如何给他一个印有商店标志的彩色封套，销售员又是如何把收据放进封套里的等。他描述他如何挥舞着商店封套走出店门、坐上公交车，并把封套放在他的膝盖上，一直拿着那张碟片，把收据拉出封套，让在他周围的人都能看见他买了这张碟片。

辛西娅说贾斯廷看起来很自豪，好像他完成了一件伟大的事情。她问了更多关于他如何决定去买那张碟片的细节，以及他付钱之后自己又有什么不同。在会谈结束时，她赞美他的成就及他不断变得强烈的良知，并说他妈妈一定会为他付钱买那张碟片的决定而引以为豪。此后的一年里，贾斯廷再也没有偷商店里的东西，并最终被免除监察。

一旦你和案主能识别出一个例外，就参照辛西娅的例子，尽可能去获得与例外相关的诸多细节，包括孩子是如何做到的。在下面的对话中，茵素也是这样来和萨姆进行会谈的。

茵素：啊哈，那很棒。你是怎么学会不再去打别人的？

萨姆：我，我……

茵素：现在当你想要打别人的时候，你会怎么做呢？

萨姆：数到 10。

茵素：数到 10。

萨姆：10、9、8、7……

茵素：让我看一下你是怎么做的。

萨姆：6、5、4、3……

茵素：让我看看，你是怎么数到 10 的。

萨姆：10、9、8、7、6、5、4、3、2、1。

茵素：很棒啊。

萨姆：倒过来数。

茵素：它也可以倒过来数啊。嗯，好的，那很好。所以数到 10，会有帮助。

• • • 结论

当你与儿童和青少年一起工作时要记住，他们通常是非自愿前来的，有时甚至是被迫前来会谈的。由于他们依赖身边成人的支持、认可与持续的关心，实务工作者需要将他们的改变归功于孩子的重要成人，这是非常重要的原则。如果孩子在与你的工作中变得更好了，与其将孩子的成功归功于你自己，不如赋能于孩子的重要成人——强调正是成人持续的关心和支持为孩子的成功奠定了基础，如此，对孩子才是最有帮助的。

既然儿童具有创造力和想象力，我们就可以不断想办法让他们发挥这些长处。最重要的是，你要真诚地去倾听他们认为“什么是对他们有帮助的”，并尊重他们的想法，和他们一起来建构解决之道。所有的孩子都很敏感，如果你对他们很真挚、诚实，他们是能够看得出来的。真诚和尊重也意味着不要承诺你做不到的事情，或者勉强自己使用儿童和青少年最近流行的时髦语言，除非对你来说这是自然的。尽力去享受与他们在一起的工作，乐意向他们学习，因为他们和其他案主一样，在关于他们自身以及我们如何帮助他们方面，有很多东西可以教给我们。

成对案主的会谈

成对者是指有着亲密关系的两个人，如家长和孩子、丈夫和妻子、学生和老师、同事、室友等。成对关系者对彼此的关系不满意时，实务工作者就通常必须同时会谈两个人。当两个人一起来见你时，几乎总是其中一人想来会谈的意愿超过另一个人。例如，在亲子当中，几乎总是父母认为要来会谈，而不是孩子。当父母自愿前来，而孩子通常是非自愿的时候，本章所讨论的指导原则就可以发挥作用了。这种类型的会谈也被称为“联合会谈”。

你可能和助人领域的其他实务工作者一样，会因为要同时与两位或更多的人会谈而感到有些惊慌。这很正常，因为其中一位案主很可能是非自愿的，且另外一个人可能又正是令他挫败和压迫的来源。彼此生气、准备在你面前争斗到底都是成对关系人的典型状况。然而，别忘了他们也是带着包含私密语言和相处关系的过往故事来见你的。他们彼此间的非语言姿势，包括身体动作和姿势、嘀咕声、叹气、低头看地板和抬头看天花板、转眼珠等，都极其合拍。当你进入这个会谈时，如果你企图快速地解释这些信号，以理解他们的关系里正在发生什么，你将会不知所措。较好的方式是采取未知的态度，使用一些精心设计的问句，并假定他们会像其他个案一样，将有利于你进入他们的关系。

• • • 聚焦关系

在成对或任何联合会谈工作中，一个重要的原则是在关系层面多加考量。这可能对你来说是个挑战，因为大多数来寻求你帮助的夫妻或家庭成对案主，都只想在个人的人格层面上进行讨论。一位母亲可能这样说她的女儿："她很自私，她的喜怒无常影响了全家人，她做起事来像是家里没有别人一样。"你可以想象，如果成对者中有一人抱怨，那么说明关系是处于不令人满意的状态，而且那位"自私的"女儿也会对妈妈有抱怨。她可能会说："我妈总是批评我，说我在家里好吃懒做，说我和不好的朋友出去玩。"在初次会谈时，当成对案主以相互指责开始时，你可以通过语意重述和摘要，逐渐把焦点放在两个人的关系上。你可以对这对母女说："好的，所以现在，你们之间的情况都不是你们俩想要的。"在关系层面的思考和回应，将使你避免陷入双方的负面观点中，避免另一方不得不在你面前为自己辩护。在后续与成对案主进行建构解决之道的会谈时，实务工作者需要询问每位案主的个人想法，同时将焦点放在双方的关系上。

• • • 开始会谈

提前了解成对案主是如何决定来见你的将对后续工作起到帮助。通常，想要会谈的那个人会来电预约并对问题进行简要陈述，例如："我和儿子关系不太好。我们需要一些帮助。"在你们正式见面并相互介绍之后，一种开始的方式是对妈妈说："我明白你打电话来的意图，你很关心你和你儿子之间的相处形式。"以这种方式开始，你可以预期到妈妈会以她对儿子的担心和抱怨来作为开场白。你必须询问儿子对妈妈目前担心的问题的看法，然后用语意重述和摘要的方式将重点聚焦到关系上来。在语意重述和摘要的同时，努力去听出在两个人的关系中，什么对彼此而言是重要的，各自想要有什么变化。在此，可依循本章先前所提及的与非自愿案主工作的指导原则。

另一个开始会谈的方法更受欢迎，因为它提供了一个好机会，避免或减少成对案主之间发生常见的冲突。由于成对者之间长久的相处史以及对彼此的熟悉，会谈很快就有可能失控，家庭成员、夫妻或朋友随时都可能揭开旧伤疤。他们知道彼此熟悉的口头禅，也知道如何去攻击对方的软肋。对于这种情况，你需要明白，他们在寻求帮助以及准备好告诉你他们各自对问题发表看法之前，彼此已经有过许多的讨论和争执。一个避免双方再次发生争执的方法：先从非自愿的一方开始，并将重点放在其优势上。在以下的会谈中，茵素就是这么做的。她和一位名叫亚力克斯(Alex)的 15 岁男孩及他的母亲南希(Nancy)进行会谈，南希之所以带着亚力克斯来会谈，是因为一些家庭琐事引起的争执。

茵素：你好。

亚力克斯：嗨。

茵素：你说你的名字是亚力克斯。

亚力克斯：是的。

茵素：亚力克斯，好的。亚力克斯，你几岁啦？

亚力克斯：15 岁。

茵素：15 岁。哦，那你上二年级还是三年级呢？

亚力克斯：一年级新生，高一新生。

茵素：(对着亚力克斯的妈妈)哦，好的。他是个好学生吗？

南希：优秀学生。

茵素：嗯，好的。嗯，他这么好的头脑遗传自谁呢？

南希：来自他妈妈。

茵素：(笑着)当然是来自他妈妈那儿啦。

南希：是的，是的。

茵素：你怎么想的呢？你的好头脑遗传自谁呢？

亚力克斯：(加入了这个玩笑)哈哈，我不是很确定哦。

茵素：你不是很确定。你不确定，是吗？

亚力克斯：是的。

茵素：你有一个好的头脑。你是与生俱来就这么聪明吗？还是你自己开发了你的智力？

亚力克斯：我想是我开发的。

茵素：你认为是你开发的。

亚力克斯：是的。

茵素：(也加入了玩笑)遗传就一点儿关系都没有吗？

亚力克斯：没有。

茵素：(每个人都笑了)好的，很好。他最擅长的科目是什么？你最擅长哪一科呢？

亚力克斯：可能是英文和数学吧。

茵素：英文和数学。哦！很了不起。

南希：是的，我为他感到很骄傲。

注意茵素利用妈妈作为亚力克斯的权威见证人。通过询问亚力克斯的妈妈茵素把对话聚焦于亚力克斯的优势上，吸引亚力克斯参与对话。此外，茵素还询问南希，亚力克斯在学校的表现是否良好。一旦她发现亚力克斯学习很好，他们三个就开始具体讨论亚力克斯的这个优点，并且在此过程中聊得很开心。你也可以做相同的事：认真地询问成对案主中自愿前来的那位，另一个人擅长什么，或欣赏他哪一点。讨论过非自愿前来者的优势之后，你可以参照下面茵素与亚力克斯、南希的对话，看如何使情况保持平衡。

茵素：所以，你喜欢妈妈什么呢？妈妈做了什么把家照顾得很好呢？

亚力克斯：她是一个好厨师。(笑着)

茵素：她是一个好厨师。啊哈。(笑着)我看得出来他很爱吃，嗯？

南希：嗯，是的，他不会错过任何一餐。(笑着)

亚力克斯：嗯，在她的身旁很有趣。她喜欢……我喜欢她和我朋友互动的方式。

茵素：你的朋友？

亚力克斯：是的。

茵素：【留下深刻印象】我的天啊！

亚力克斯：是啊。

南希：我还是橄榄球队后援团的主席，所以……

茵素：橄榄球队后援团。

南希：我经常去他学校，而且……

茵素：啊，这样啊。太好了。真棒。

亚力克斯：她是真的很热心，而且……

茵素：她非常热心。

亚力克斯：是啊。

茵素：啊，所以妈妈很聪明，也很忙碌，还是一个热心的妈妈。

亚力克斯：嗯。

茵素：啊哈。好极了！太好了！

案主们通过焦点解决问句描述彼此的优点并进行赞美，这在会谈过程中并不少见；即便他们之间有着严重的冲突，这样的情况也会发生。这并不令人惊讶，因为在成对的关系及相处中，共同愉快的时光和挫折的记忆是一样多的。这种开始的方式很有效，可以使成对案主的关系更加友善，激发他们的希望，减少他们的冲突，从而促使后续解决之道的建构更加迅速和顺利。

朝向共同的目标工作

询问案主想要什么

减少成对的案主之间冲突的方法之一是尽快开展后续对话，询问每位案主各自想要有什么改变。将会谈焦点放在询问每位案主想要什么样的未来上，这会让案主远离过去关系中的问题和挫折，进而转向更有建设性和更让人满意的事情。同时，这也是一种开始朝向共同目标的工作方式，对于增进关系是不可或缺的。在找出亚力克斯和妈妈彼此欣赏与钦佩对方之处后，茵素立即转向让他们讨论希望两人的关系有何不同。

茵素：所以，在今天的会谈里，什么样的结果会让你们认为这个会谈是有帮助的呢？

南希：嗯，对我来说，如果能让亚力克斯有一个清楚的认知，或者说让他了解要遵守家里的规矩、帮忙做家务，在这些事情上有责任心，这样我就觉得这次会谈起作用了。特别是，我们轮流做家务，比如洗碗等。所以，如果他可以了解他该如何参与，不再那么顽固抗拒，就不是在我忙不过来的时候帮我，而是真的愿意帮助这个家。

茵素：【意识到解决之道包含了要去做一些不同的事】嗯。那么，你觉得他应该能够理解吗？他出于理解能够去做些事情呢？

南希：问得好。嗯，两者都有吧。是的，我很希望他能够理解并接着去做些事情。

茵素：去做些事情。嗯，好的。亚力克斯，对你而言感觉如何呢？这次会谈有什么样的结果，你才会说："嘿，来会谈并不太糟。"

亚力克斯：嗯，希望她能了解我对这个话题的感觉是什么。

茵素：在这个话题上。

亚力克斯：是啊。

茵素：嗯，好的。所以，你只是希望妈妈能理解？还是你还……

亚力克斯：只要能理解。

茵素：【关系式问句】只要能理解。好的，很有意思。好的，假设她做到了。妈妈能理解你对这件事的想法和感受，是吗？

亚力克斯：嗯。

茵素：好的，如果真是这样，会有什么不同呢？

亚力克斯：我想是她的反应，嗯，她以后的反应。她会如何反应——不是现在，是她在一个星期后的反应或以后的反应，她的反应可能不同。

茵素：好的。

南希：对什么的反应？

茵素：对，说多一点儿，她会如何改变。

亚力克斯：嗯。例如，我放学回到家，刚练完跑步，上了一整天的课，在学校忙了一整天的事情，如果……或者如果我去爸爸那里，正好是一个星期前，我待在爸爸那里，所以我没有在家吃饭，没有在家吃任何东西，那么我不认为该由我去洗碗，我又没有弄脏碗盘。

茵素：哦，好。是的。不错，你逻辑不错。

亚力克斯：是的。

茵素：嗯，好的。所以，一旦妈妈明白这点，那么，你去看你爸爸的那个晚上，她就不会让你去洗碗了？

亚力克斯：是的。或者我们可以达成一个共识，我应该少洗一些碗盘或……

茵素：啊哈，你是指少洗一些碗盘，还是洗碗的次数少一些？

亚力克斯：少洗一些碗。

茵素：少洗一些碗。

亚力克斯：是的。

茵素：在你该洗碗的那天，少洗一些碗。

亚力克斯：嗯。

茵素：【关系式问句】嗯，好的，我可以理解。(转向南希)好的，那对你而言是怎样的呢？如果亚力克斯明白了为什么他必须参与帮忙做家务，你们两个人之间会有什么不同吗？

南希：会有不同的。嗯，你知道的，减少争吵，不会你一句我一句地说："不，这次轮到你了！""不，不是轮到我！"对他来说，他应该明白每个人都会轮到，不论他那天是不是去他爸爸那儿，你知道的，家还是家。他或许周四没有在家吃饭，因为他在他爸爸那里，但是周五还是有碗要洗。这就是轮流，轮流洗碗就是这样。如果轮到他，他就应该去洗碗，不论他在哪里。

茵素：所以，你希望在家中能减少一些摩擦和争吵。

南希：是的。

茵素：在他和别的孩子之间吗？

南希：还有和我之间。

茵素：还有你。好的。那么，这会让事情……这会有什么帮助呢？

如何将焦点停留在关系上

虽然不是所有的案例都跟亚力克斯和南希一样，能够一开始便能讨论他们想要有什么不同，但如同在先前几章中所描述的，茵素通过澄清、拓展与发展每位案主的目标来开场。注意茵素如何小心地鼓励每一个人，使他们的目标浮现并聚焦在他们的关系之上，这样他们才有机会朝着关系中的共同目标努力。茵素通过一种可识别的、谨慎的方式做到这一点。一旦每一个人各自能定义其想要有什么不同时，茵素便请他们各自去想象在想要的情况发生之后，在自己和别人之间会有什么样的改变发生。例如，当亚力克斯说他希望妈妈理解他在洗碗这件事情上的感受时，茵素请他去假定当他妈妈能够理解他的想法时，什么样的改变是他期待看到的。因而，亚力克斯继续把焦点放在他和妈妈的关系上，并开始描述妈妈可能怎样调整在洗碗这件事情上的要求，而能根据他的各种情况有所调整，例如考虑那天的忙碌程度，或者轮到他洗碗的那天他恰好去了爸爸家。

维持平衡

先前的对话示范了茵素如何仔细地在她与亚力克斯和南希的互动中保持平衡。正如同在会谈的前面部分，她花了相同的时间来探索两个人的长处，而现在她也会轮流询问每个人想要的事物，以及希望在关系中产生的变化。亚力克斯回答了他想要的不同以及他认为两人的关系会出现什么不同之后，茵素转向南希，问她如果亚力克斯明白他必须帮忙做家务，她和亚力克斯之间会出现什么改变。在与成对案主的会谈里，维持这样的平衡可以有效地表示对双方的同等尊重，而且也向他们表达：为了建构一段更令人满意的关系，两人的参与和想法是建构更令人满意的关系的必要条件。有时，成对案主中的一个人来参与会谈，就是要求实务工作者去改变另一个人，例如父母要求实务工作者要好好“修理”他们的孩子。但即使实务工作者真的这样做了，也可能仍旧没有帮助，因为孩子很快便会认为实务工作者是站在他面前的另一位家长。

增强建构共同目标的邀请

除了聚焦关系，给成对的每一位案主同等的时间，还需要通过提问不断邀请案主朝着他们关系中的共同目标继续工作。当成对案主各自被邀请去思考他想要的未来，并假设其在关系里会引发改变的状况时，两人都获得了反思各自想法中可能有用之处的机会。这些反思将引出其他的可能性，使实务工作者可以继续追问关于案主如何将这些可能性指向未来，并且思考关系中可能产生变化的意义为何。在大多数的案例中，这个过程揭示了两位案主想要改善关系的共同目标，而这个目标的实现需要他们共同努力。

如果案主纠结于问题式谈话

在和成对案主进行的会谈里，如果你问每个人各自想要什么改变，他们可能无法像亚力克斯和南希那样马上达成共识。甚至，无论你多么仔细和谨慎地提出你的问题，案主还是在描述他们不想要什么。也许一对夫妻会这样说："我们厌倦了总是吵架。这日子没法过下去了。我们像是相互痛恨。"也许一位家长会说："我儿子一直对我很不尊重，他以为他什么都知道。"这样的情况发生时，记住运用本章先前提及的原则，关于如何使抱怨转变为一个初始目标的指导原则。例如，你可以回应先前的抱怨："所以，你们想要彼此相处得更好，对吗？"或者说："所以，你想要你的儿子对你更尊重，这是你的意思吗？"一旦案主接受这些隐含在他们抱怨中的共同目标，你就可以进一步提出先前列出的问题。例如，在想要儿子更尊重父母的案例中，你可以问如下问句：

- 所以，当你的儿子变得对你更加尊重时，你将会看到他做什么而让你知道"嗯，他现在终于开始尊重我了"？
- 假设他开始去做那些事情了，那你们之间将会有什么不同呢？
- （看着儿子）假设你尊重你的妈妈，像她刚刚描述的那样，那你会看到你妈妈有什么不同，可以让你知道"嗯，妈妈终于意识到我开始尊重她了"？
- 【再把重点放回到关系上】假设你看见妈妈的反应，你会做些什么不一样的事情呢？

询问奇迹式问句

一旦你的案主回答了这些起步问句，愿意由你主导为两人关系建构出共同目标，你就可以询问奇迹式问句给他们机会，进一步去发展出构成良好的目标。询问了奇迹式问句后可以使用你通常情况下会问的追踪性问句，就和你同个别案主进行会谈时一样。注意，会谈成对案主自然会鼓励你更多地使用关系式问句。即使另一个人在场，你也可以把另一个人放在关系式问句中。例如，假设你与名叫安和奥德丽的两个室友会谈。你可能会问："假如我问奥德丽在奇迹发生之后，第二天早上，她会注意到的第一件事情是什么，她会怎么说呢？"即便安说："她在这儿，为什么你不问她？"你也可以回答："喔，我想要听听你的观点，就你对她的了解，你觉得她会最先注意到什么？"案主应该能够回答这些问题，因为他们在直觉上就知道，投入一段关系中，很大程度上意味着需要与另一个人的想法、感觉和反应一致。

如果成对案主正在严厉地相互指责，那么你也可以在会谈中早点儿使用奇迹式问句避开冲突并转向有意义的对话。茵素有一次与一对非常直率、善于表达的夫妻会谈。这对夫妻在太太莱斯莉(Leslie)的坚持下来和茵素见面，因为她已经忍无可忍了。莱斯莉说，她在没有丈夫的帮助下，承担起整个家庭的重担，既要做好经理人的工作，还要独立照顾两个孩子。比尔是她的丈夫，每周工作60～70小时，一直在努力发展他自己的事业。会谈开始时，这两个人诉说着他们对彼此的极度失望，也埋怨彼此已经很久没有亲密感了。除此之外，还争论着他们的关系走到如此地步谁的错比较多。于是，茵素决定使用奇迹式问句，以找到如果情况按照他们想要的方式来发展，会有什么不同。此举可快速促成他们的语言从生气的埋怨到寻求某些共同目标的改变。

比尔：(叹气，深吸一口气，首先对茵素的奇迹式问句做出回应)那天早上我做的第一件事情就是微笑，而不是逃避。

茵素：你会对莱斯莉微笑。

莱斯莉：他会抱住我。

茵素：他会抱住你，好的。

莱斯莉：那一刻是奇迹出现的真正迹象。

茵素：嗯，好的，假设他这么做了，那么你会对他的行动有什么反应呢？

莱斯莉：我就不会背对他。(笑着)

茵素：好的，是这样吗？这是她会做的事吗？那样对你来说是一个奇迹吗？

比尔：是的，这当然是啦。

茵素：那对你来说是一个奇迹。

比尔：那太不一样了。

茵素：所以，当她面对你的时候，当你对她微笑时，她会面对着你而不是背对着你。如果你看到她这么做会做些什么呢？

比尔：我不知道，我想我可能会抱她。

茵素：莱斯莉，你会怎么样呢？他给你一个拥抱时，你会做什么？

莱斯莉：嗯，假如他给我……一个拥抱的话，我也会抱住他。

茵素：好的，接下来会有什么不同呢？

莱斯莉：明天是星期六，谁知道呢！(用迷人的姿势对着比尔说，并

且笑着）

茵素：（笑着）好的。

比尔：真是个奇迹！

……………………………

●●●● 运用评量来继续创造可能性

即使大多数成对案主可能会同意他们想要改善两人的关系，但对于应该改善什么、谁和什么必须做出改变，双方有着截然不同的看法。有时在与成对案主会谈的过程中，你会感觉他们又陷入僵局，以至于缴械投降，拒绝再继续前进。这时，实务工作者很容易想给予建议或面质他们表面的抗拒。千万不要这么做！相反，你可以使用评量式问句。评量式问句能使对话保持在朝向共同目标的方向上，并且有助于找到通向目标的途径。即使是那些对他们的关系彻底失望的案主，也很少会将关系评量在分数的最低处。他们或多或少已经开始往他们想要的10分方向前进。询问评量式问句能帮助案主触及他们的成功和优势，给他们提供一条有效的途径，以讨论下一步的做法。以下是茵素对亚力克斯和他的妈妈使用评量式问句，邀请他们继续建构一个双方都能接受的解决之道的示例。

……………………………

茵素：好的，那么让我以这种方式来问你。说说你认为你妈妈改变的可能性，如果你的坚持说服了你妈妈，你觉得可能成功的概率……10分代表你非常自信地可以用某种方式让妈妈改变对这件事的看法；你对此非常有信心，这是10分。1分是“算了吧！妈妈是绝对不会改变她的主意的，我现在就可以放弃了，我打算将精神花在其他事情上。”你觉得现在的你处于1到10分的哪个位置上？

亚力克斯：现在吗？

茵素：是的。

亚力克斯：可能是1分吧。

茵素：可能是1分？

亚力克斯：是的，但随着我不断地要求，分数就会增加。

茵素：是吗？

亚力克斯：是的。

茵素：即使现在只有1分，你也不打算就此放弃。

亚力克斯：是的。

茵素：哦，好的。你从哪里知道你妈妈有希望改变的？

亚力克斯：我不想说，嗯，她不示弱，但是我想我知道怎样说服她。

茵素：哦，你是个非常聪明的年轻人。

亚力克斯：是的。

茵素：好的。

亚力克斯：但我的意思不是那样。

南希：如果我现在掐着他的脖子，可以吗？

茵素：（笑着）

南希：（笑着）我现在可以掐着他的脖子吗？

茵素：嗯，所以你是了解妈妈的，对此你似乎很有信心，而且你也知道怎么做，假如你坚持得够久的话。

亚力克斯：嗯。

茵素：我明白了。好的。（转向南希）那么你呢？让我用这种方式来问你。你对亚力克斯很了解，你知道他是什么样的孩子，他有多坚持。那么，在同样的量表上，你认为他说服你的概率有多少，是几分呢？

南希：他说服我的机会吗？

茵素：是的。

南希：嗯，我会给他 4 分左右吧。

茵素：4 分左右。所以你给的分数比他自己给的分数要高？

南希：嗯。因为我认为我是通情达理、愿意去听他的意见的，但这并不意味着我打算改变主意。

茵素：是的。

南希：但是，至少我愿意通情达理，他或许会说服我。他还是得去洗碗，但是他或许可以说服我。

茵素：我明白了，好的。这很难，是吗？

南希：嗯。

茵素：我明白了。（转向亚力克斯）那你是怎么想的呢？你如何去看待这件事？妈妈认为你的机会大概是 4 分，达到了 4 分，而你给的分数是 1 分。那么当妈妈……我的意思是……你认为到了 4 分的时候你和妈妈之间会有什么变化呢？

亚力克斯：我希望家里的情况会有变化。

茵素：好的。那么你可以解释一下什么将会改变吗？在这个家里，什么样的事会发生呢？

亚力克斯：嗯，她对于我的想法、感受更能了解。

茵素：妈妈会更了解你。

亚力克斯：是的，而且我对她也是。

茵素：好的，很好。假设你达到 4 分，如果你们两个人都达到 4 分，你认为你们俩之间会有什么改变？会有什么不同吗？

南希：我希望关系进展的程度可以降低。嗯……我想，如果我们各自了解彼此和接受彼此的话，嗯，那就会减少争吵与摩擦。

茵素：好的，即使你可能仍旧坚持那些相同的规定。

南希：是的。

茵素：摩擦会减少。

南希：我希望如此。

茵素：好的，而且关系也会没那么紧张。

南希：是的，我希望。

这段评量式对话向亚力克斯、他妈妈以及茵素揭示了这样一个事实：亚力克斯的妈妈愿意倾听亚力克斯的谈话，愿意听他的想法，这样做也可能减轻家庭关系的紧张程度，减少家庭成员之间的争吵。茵素现在可以接着询问：当家里的紧张气氛有所缓和、你们的争吵有所减少的时候，两人各自会注意到有什么不同？要使那些不同发生，又需要做些什么？同时，她还可以探问关于那些不同的例外。这段对话已经成功地实现了对共同目标的聚焦，后面的工作便和其他建构解决之道的会谈程序一样了。

其他技巧

对更多冲突和干扰的处理

虽然询问焦点解决问句可以减少成对案主之间的冲突，但是有些成对案主仍可能会继续争吵，相互进行语言攻击，或是又回到问题式谈话中。

这里，我们介绍一些处理这种情况的其他方法。如果案主回到问题式谈话，一种做法就是像茵素那样。她会打断案主并说："好的，好，我们待会儿再回到这个话题。"但她很少会再回到这个话题，因为一旦两位案主能够清楚地定义共同目标，他们就没必要也不渴望回到原先争执的话题上。另一种处理冲突与干扰的做法是温和但坚定地中断那位制造干扰的案主："如果我要做到对你们有帮助的话，我就必须听清楚你们两位讲的话。一次只能一个人说话，这样我才会有收获。你能同意吗，________（第一个人的名字）？你也可以吗，________（第二个人的名字）？"让两个人同意这个基本原则很重要。一旦达成一致，如果争执再起，你就可以礼貌地提醒两位案主他们刚才已经同意的规则。

● ● ● ● 保持中立

成对案主的会谈中有个隐含的原则，就是实务工作者必须保持中立。一旦你失去中立的立场，开始偏袒某一方，你对案主的帮助就会减少。如果你没有保持中立，你就可能伤害到两个人。你偏袒的那个人可能会不切实际地相信自己的想法比另一个人的想法更有价值、更正确，而另外一方则会觉得自己没有得到尊重。保持中立，听起来容易，但做起来可不简单，特别是当议题深触人心的时候，例如帮助受到照顾者虐待的小孩，或是帮助遭到丈夫以卑鄙或虐待的方式对待的妇女。

面对遭遇恶劣、不公正对待的案主，你如何能意识到自己是否已经失去了中立的立场，最可能的一个信号是：你开始对成对案主的其中一个人产生负向反应。例如，在亚力克斯和他妈妈的案例中，你开始相信亚力克斯的妈妈不公平、不讲理，并开始认同亚力克斯没在妈妈家用餐时，不应被要求去洗碗。一旦你在解决事情上同情某个人的立场，你就会缩小而不是扩大解决之道的选择范围。避免偏袒的方法就是：不去接受任何一个案主提议的可能性或方法，只聚焦于他们的关系上。例如，在关于亚力克斯该不该洗碗盘的问题上，茵素并没有卷入其中，而是聚焦于要如何减少家里的紧张和争吵，并且对此产生更多的理解。在其他更重大的议题上，例如，是否该结婚、如何减少家庭成员间的咆哮和尖叫、如何减少已逐步暴力化的争吵等，实务工作者更应该采取同样的中立姿态。只有实务工作者保持中立，成对案主才拥有建构解决之道的最佳机会，此机会也才能促进及刺激解决之道的发生。与成对案主中的非自愿一方或其他非自愿情境下前来的案主一同工作时，只有保持中立，实务工作者才能将自己的助人作用发挥到最大。

•••• 总是寻找善意

第一次与成对案主见面时，他们生气、受伤、失望的表象会让你很容易忘记他们本是彼此关心的。对一个人生气、受伤和失望的另一面，就是希望得到那个人的关心、尊敬、珍惜和爱护。记住这个想法会对你很有帮助。察觉情感的两面，而不只看到表现出来的那一面，这对你会有所帮助。记住，当人们真的不关心另一个人时，他们不会对另一个人有激动的反应，只会冷冷地走开，避免冲突发生。例如，一般来说，你并不会因为陌生人对你不尊重而不高兴，反而容易认为该陌生人今天碰到了什么倒霉事，或者是无意、没教养等而不加以理会。案主会对另一个人如此生气，是因为他们深深地爱着对方。对你而言，察觉情感的两面，会使你更容易提出问题，邀请案主去建构更令人满意的结果。

我们实务工作者的任务是促进与强调成对关系人之间的关心和善意的信号，进而帮助他们逐渐对彼此的关系充满希望。你可以通过强调抱怨中的正向的一面来达到这个目的。例如，父母对孩子表达强烈不满时，不要把这些不满解读为父母讨厌或不喜欢他们的孩子，这让你陷入误区、讨厌这对父母；相反，你可以视父母的反应为：这些父母并没有放弃孩子。你可以为父母来见实务工作者而赞美他们，尽管他们对孩子很失望，但他们仍然没有放弃。你也可以问："我猜，你比任何人都更了解你的女儿。你认为她究竟有什么能力，让你觉得她是可以变乖的？"类似的方法也有利于处理夫妻的敌对关系。当夫妻为他们的共同生活的方方面面争吵而来寻求你的帮助时，其实还是想要继续在一起。此时，实务工作者不应对这对伴侣感到无望，你可以问："你们已经朝夕相处两年之久，是吗？因此，你们彼此都相当了解对方。在你们之间存在什么，让你们觉得，你们两个人应该是可以相处得更好的？"另一个类似的问题是："这段关系有什么地方可以告诉你，你们是可以相处得更好的？"

案主会通过描述例外来回答这些问题。也就是说，他们会开始讨论过去他们关系中状况比较好的时刻。一旦他们那样做了，你就回到熟悉的会谈基础上，继续去搜集过去成功的细节：它们是怎么发生的，他们认为需要做些什么才能让成功再次发生。记得去理解埋怨背后的关心和情感，使用未知态度的问句是建构善意的关键；同时，这也能说服你和你的案主相信，在成对关系里有着足以建构令人满意关系的资源。

当成员一方拒绝会谈时

一些学生和实务工作者常会问我们，怎样处理成对案主中的一方拒绝参加联合会谈的情况。例如，家长和青少年组里的那个青少年或夫妻组里的丈夫拒绝去见专业人士。这并不是关键问题，因为你和另一位案主仍旧可以围绕关系继续工作。单个案主带来的抱怨及其建构的目标，通常会涉及他们生活里的重要他人。因此，真正的关键是通过询问关系式问句去运用案主的能力与专家角色，把那个没来的人带进会谈室。例如，如果你正和一位青少年的爸爸在会谈，爸爸说，"儿子无法沟通、争强好胜，甚至拒绝来见心理咨询师"，这时你可以问以下问题：

- 你的儿子认为他自己是无法沟通、争强好胜的吗？
- 假如他在这里，就你对他的了解，你猜他想要在你们的关系中发现什么不同之处？

结论

和成对案主工作时，实务工作者要一直将会谈焦点维持在关系上。这个焦点开始于实务工作者询问其中一人欣赏对方什么，并且持续通过目标设定和例外探索，去连接浮现的共同目标。与成对案主进行联合会谈，并不需要特别新的焦点解决问句或原则，只需要对本书前面描述过的程序略做调整即可。

与强制性案主的工作

有时，你会遇见被法院命令接受服务的案主，他们和那些被学校、父母或配偶以非正式的形式强迫来的案主不一样。本章先前所讨论过的对非自愿案主的描述，都适用于这些强制性的案主。本节以蒂姆(Tim)的例子来说明如何运用先前列举的指导原则。蒂姆是一位被强制送进寄养照顾体系的案主，他有两个儿子(分别为两岁、四岁)，由于他对小儿子有身体施虐行为，所以该县儿童保护部门的工作者免除了他对两个儿子的抚养权。

准备开始

面对强制性会谈对实务工作者来说都会有些额外的要求。由于涉及法律的强制性，你和案主都会受制于某些不可协商的要求。例如，在彼得与蒂姆的工作里，他和蒂姆两人都必须遵守外来的期待，即寄养照顾部门工作者(彼得)和蒂姆需要在 30 天内制订出一份正式的协议，主要内容如下：在孩子们回到蒂姆身边之前，蒂姆可以做出什么改变，使法院消除疑虑。这个要求和其他要求形成了双方工作的背景脉络，蒂姆和彼得可能共同形成的任何解决之道将必须被建构于此脉络之中。作为实务工作者，你有责任去理解这些要求是什么，并随时准备好在恰当的时机清楚而又礼貌地与案主沟通这些要求。不能协商的事宜有一个好处，即你不用在案主面前为这些要求申辩。同时，只要这些不能协商的事宜生效，你和案主都必须在它们的限制下工作。在强制性会谈的情况下，你必须准备好向案主澄清你的角色。

此外，清楚地知道案主的相关资料也是非常重要的，例如，应该知道案主最近发生了什么事情，让他必须来见你。除此之外，记得依照本章先前列举的指导原则来进行会谈。

彼得与蒂姆开始的对话如下所述。就目前所知，彼得已打过电话预约这次见面，但蒂姆的电话打不通，所以彼得就在未告知的情况下出现在蒂姆的门口。

彼得：(敲门)

蒂姆：(打开门)你是？

彼得：你好，请问你是蒂姆 · 史密斯(Tim Smith)先生吗？

蒂姆：是的。

彼得：嗯，我的名字是彼得·德容。【角色说明】我来自儿童服务中心，隶属于寄养照顾部门。

蒂姆：哦。

彼得：嗯，这是我的相关证件。

蒂姆：是有关我的孩子吗？

彼得：是的，是关于你的孩子。

蒂姆：哦。

彼得：嗯，我上周曾尝试打电话给你，但是发现你的电话打不通。

蒂姆：哦。最近，我真是要疯了。

彼得：【陈述他所知道的案主状况】嗯，我知道上周有个预备的听证会，是吗？

蒂姆：对，是的。

彼得：而且你的孩子被带走了。

蒂姆：是的，你知道任何有关这件事的消息吗？你参与了这件事或其他什么吗？

彼得：【进一步澄清角色】是这样的，我来自寄养照顾部门，我知道你的孩子现在在寄养中心。

蒂姆：哦，那个儿童保护服务机构的工作人员之前说过。

彼得：【角色澄清】对，是的。这就是我来这儿的原因，我想和你谈谈接下来可能发生的事。而且，我希望和你能约一个见面的时间。【将控制权交给案主】如果可以的话，我现在能和你谈45分钟吗？

蒂姆：嗯，这样，我想想。好吧，不过你知道的，我还是对法庭上发生的整件事感到很生气。我的意思是，那是错的，听起来像是，你知道的，如果你当时在场的话，我想我是不会让你来我家里的。

因为蒂姆没有料想到彼得会来，所以彼得需要详细介绍自己是谁，并澄清他的角色。很显然，和许多强制性案主一样，蒂姆的脑子里想得最多的还是他最近在法庭上的经历。蒂姆认为法庭对他不公平且不尊重。牢记我们和非自愿案主工作的指导原则，彼得接受蒂姆的知觉并开始探问细节（详见下面的对话）。在他倾听蒂姆说话的过程中，试着注意什么对蒂姆是重要的，并加以语意重述；这样，蒂姆能够就彼得对其观点的理解进行澄清和补充说明。这个过程可以逐步减少见面时的紧张和潜在的分歧、冲突，同时这也是一个能促进合作关系的最快方式。

………………………………

彼得：【接受案主的知觉】嗯，好的，我明白。我是说，嗯，从儿童保护服务机构的工作人员那里听说了，在法庭上发生的事情并没有按照你想要的方式进行。

蒂姆：是的，完全不是，一点儿也没有。我的意思是，只有一个又一个的谎言。

彼得：【询问细节】哦，是哪些呢？

蒂姆：嗯，是的。儿童保护服务机构的工作人员在说谎，而且，法庭只听她的话。嗯，那么你同她是一伙的吗？还是只在这件事上和她是一伙的？

彼得：【角色说明】嗯，不是的。只要儿童进入寄养照顾体系，寄养中心就会指派一名工作人员去和家长进行沟通。

蒂姆：嗯，他们曾说过这件事。

彼得：这主要是为了了解家长怎样处理这样的状况。

蒂姆：嗯。

彼得：需要说明的是，保护服务部门的工作人员在这件事情上并不会参与。

蒂姆：哦。

彼得：嗯，未来或许会再回到法庭，但是你的案子现在已经被指派给我了。

蒂姆：好的。

彼得：【探问更多关于案主知觉的细节】我知道，在法庭上发生的事让你很不舒服。

蒂姆：嗯，是的。

彼得：你生气的是被证实确有虐待行为。

蒂姆：是的，因为根本没有任何虐待，他们却说有。

彼得：实际上，儿童保护服务机构的工作人员说，嗯，在法庭上甚至还有大声喊叫的情况发生。

蒂姆：嗯，是的。我想让别人听到我的想法。

彼得：【确认什么对案主是重要的】哦，你希望你的想法被听见。

蒂姆：是的，一点儿也没错。

彼得：但你好像觉得你的想法没有被听见。

蒂姆：是的。

彼得：【对于案主所认定的重要的事表示尊重】那么，我想认真听听你想要说的话以及……

蒂姆：好的。

彼得：也想试着看看我们可以如何一起工作。

蒂姆：好的。

彼得：嗯，为了让你想要发生的事情真的能发生，我们来看看你对这个情况想要做些什么。

蒂姆：嗯，好的。

彼得：【给予案主控制权】我们现在有可能谈一谈吗？

蒂姆：嗯，我们可以现在谈。我的意思是，听起来，嗯，你知道的，我不认识你，但是听起来你似乎是和我站在一起的，像儿童保护服务机构的工作人员就不是，但你是和我站在一起的。这样的话，或许我们现在可以谈一谈。

彼得：我会尽力对你保持坦诚。

蒂姆：好的，那很好。

彼得：【承诺案主对他的案情享有知情权】都讲清楚了，就不会有意外了。

蒂姆：嗯，我当然会这样，我肯定会对你坦诚的。

彼得：好的。

蒂姆：嗯，是的。这听起来不错。好的，你可以进来了。

彼得：好的，谢谢。

到目前为止，他们第一次见面的时间不到五分钟，蒂姆就愿意让彼得进屋进一步谈谈。他们在门口谈话的内容，是你在面对强制性案主时会出现的典型状况。通常一开始，案主会多疑且自动防御起来，他们很在乎他们的知觉是否被倾听和尊重，也在意自己能否知道案情的进展情况和法律制度的运作方式。除非他们意识到你和那些不听他们讲话的人是不同的，否则你是不可能被邀请入内的。

••• 获得更多关于案主的理解以及想要什么的细节

虽然彼得现在知道蒂姆想要从作为社工的他这里得到什么，但是他对蒂姆目前的处境以及他可能想要什么样的改变，仍旧了解的有限。进屋后，他询问了关于蒂姆目前处境的更多信息，继续倾听谁和什么对蒂姆是重要的，以及蒂姆可能想要的是什么。

彼得：好的，让我们回到刚才的话题。嗯，对于发生过的事情，你是怎么想的？对目前的处境呢？

蒂姆：嗯，我不知道。我从来没有，你知道，我真的不确定。我只知道，我的孩子们从我身边被带走了。在法庭上他们告诉我，我的孩子现在在某个寄养家庭里。

彼得：嗯。是的，他们现在在那里。

蒂姆：对，不过我不知道事情是怎么样的。你知道的，这真是令人气愤，我不知道何时才能看到他们。

彼得：嗯。

蒂姆：我的意思是，我知道他们想见到我。嗯，我知道这很荒谬，真的很荒谬。这是疯狂的，真的很疯狂。我认为这个制度就是为了赚钱，这就是他们在做的事，带走孩子来赚钱。

彼得：嗯，好的。对于整件事情，你已经说了很多。有一件非常清楚的事就是，你想见你的孩子们。

蒂姆：是的，我想要见到他们，是这样的。他们在法庭上说过那件事，法庭上他们说我每周都可以见到我的孩子。

彼得：嗯，是的。今天我们结束之前，我们会谈谈这件事，安排一下第一次的见面。

蒂姆：好的，太好了，你知道，为了见到我的孩子，让他们回来，我愿意做任何事情。

彼得：好的。

蒂姆：是的，任何事情都可以。

彼得：这一点，嗯，非常清楚，你想要回孩子。

蒂姆：是的，毫无疑问的。你知道的，他们属于这里。

彼得：好的。

蒂姆：他们属于这里。

在强制性会谈的情况里，案主想要什么通常清晰可见。显而易见，蒂姆的两个儿子对他来说很重要，他想要他们回家，他相信他们属于这个家。理论上，法院也想要达到同样的结果，前提是蒂姆能够证明他确实能为他的儿子们提供一个安全且照顾周到的家庭环境。

以关系式问句询问脉络

作为一名会谈者，要去注意前面段落中的最后一句话，因为它把举证家庭环境让法庭觉得可以接受的任务放在了蒂姆而不是彼得身上。彼得以未知问句来询问有关背景脉络（蒂姆的解决之道必须在此脉络中建构），彼得认为这样对蒂姆最有助益。显然是儿童保护服务机构的工作人员把孩子带走，并说服法院孩子必须被安置在寄养照顾体系中，所以彼得就从这件事开始。注意，通过使用关系式问句，彼得回避了选择站在蒂姆这边还是保护机构工作人员那边，这样一来便于了解蒂姆的知觉。不论最终的解决之道是什么，蒂姆的知觉都需要被尊重。

彼得：如果儿童保护服务机构的工作人员在这里，你感觉她会怎么解释带走你孩子的原因？

蒂姆：嗯，你知道，她的话很荒唐。如果她在这里，她会说我是个糟糕的父亲，她还会说我虐待孩子，如打他们的屁股，但这都不是真的。我知道有些邻居打电话给儿童保护服务机构，说我很大声地和孩子讲话。我不知道他们对儿童保护服务机构说了什么，但他们说的都是谎话。所以我想，她只是按照她的方式来办事，而且我认为会跟她在法庭上做的一样。嗯，所以我认为这真是荒唐，真的很荒唐。关于这个情形，你知道的，我还是……

彼得：【澄清案主的知觉】所以，对你来说，在这当中没有任何符合实际的地方。

蒂姆：是的，一点儿也没有。

彼得：没有发生过虐待?

蒂姆：一点儿也没有，完全没有。

彼得：【提及案主的脉络】现在，我读了这份报告，这份报告上说肖恩(Sean)身上有伤痕。

蒂姆：哦，肖恩，对，是肖恩。他在沙发上玩的时候，摔了下来。你知道，他正在玩耍。他才两岁，刚开始到处爬，而且我当时不在场，他摔下来的时候弄伤了自己。

彼得：他从沙发上摔下来?

蒂姆：是的，从沙发上摔下来。他哭了一会儿，但是他没事。但儿童保护服务机构的工作人员却认为那是我干的，是我打了我儿子或其他什么的。其实根本不是这样的。

彼得：哦，好的。

蒂姆：你知道的，接下来发生的事情就是我的孩子被带走了。

彼得：【澄清案主认为的事实】嗯。当他从沙发上摔下来的时候，你不在房间里，还是说你有其他什么事。

蒂姆：是的，我不在，我根本都不在那里。

彼得：我明白了。

蒂姆：这件事发生的时候，我去了商店，有一家店就在转角，一家杂货店，我当时正好很快地走到那里，就是去买包烟。回来的时候，他就在哭了，事情就是这样的。

彼得：嗯。好的，所以你完全不同意那个结果……

蒂姆：是的，不同意。

彼得：……那份报告的结果。

蒂姆：嗯，嗯。

彼得：好的，关于目前的处境，以及儿童保护服务机构的工作人员把你的案子告上法庭这件事，你还有其他要告诉我的吗?

通过使用关系式问句获得案主关于自身脉络的相关细节，实务工作者可以触及一些和事件相关的主题，而不会破坏案主与实务工作者之间建立的信任。事实上，用这种尊重的方式来询问这些棘手的问题，还能促进合作关系的发展。

通过关系式问句，我们还可以了解蒂姆脉络中的另外几个重点。蒂姆已清楚描述了他的总目标——与他的孩子们团聚，其他的关系式问句应该能反映出这个目标。这样做说明彼得在倾听蒂姆的讲话，并在蒂姆想要的方向上工作。这也会促使蒂姆对自己的处境更充满希望，增加他采取行动实现愿望的动力。彼得可询问的有效的关系式问句如：

- 根据你在法庭里听到的，在把孩子还给你之前，法庭会期待你做些什么？
- 你认为需要做什么事情才能说服保护部门的工作者确信把孩子送回家是安全的？还有别的吗？
- 假设你的孩子们可以回答这个问题的话，在目前的情况下，他们会希望看到什么事情发生？
- 如果问孩子们在回家之前想看到什么不同，他们会说什么呢？

上述的每个问句都在询问蒂姆的脉络，在蒂姆回答后，继续询问一些问句，让蒂姆能更详细地描述如何在目前的处境中，朝自己想要的方向前进。例如，一旦蒂姆讲出他认为法院期待他做什么，彼得便可以问蒂姆：

- 如果你决定那样做了，你和你的孩子们之间会有什么不同？
- 你和法庭之间又将会有什么不同？
- 对你来说，还会有哪些不同？
- 就你对自己的认识，你刚说的这些事情中，哪一件是你会去做的呢？
- 你怎么知道你可以做那件事？
- 这件事足够说服法庭把你的孩子还给你吗？
- 你认为就法庭来说，要把你的孩子们还给你，你必须做的最低限度是什么？

彼得询问了蒂姆几个后续问题，而蒂姆也都给出了答案。

共同建构案主的能力

对案主来说，他们需要希望和信心，去采取新的行动和必要步骤以获得勇气和毅力。而希望与信心来自一个人能不断觉察自己的成功经验及其相关优势。强制性案主常常会觉得无力对抗司法制度，并较少意识到他们过去的成功和长处。因此，如果你询问强制性案主关于他们想要什么，一定要密切注意与过去成功经验相关的线索。以下对话显示了彼得是如何与蒂姆一起朝此方向工作的。

彼得：海迪(Heidi)，对吧？海迪是在六七个月前离开的吧？

蒂姆：是。

彼得：嗯，她是孩子们的母亲吧？

蒂姆：对，是的。我们没有结婚，但是我们在一起分分合合有六年多了。

彼得：【注意到一个成功的线索】哦，六七年了……

蒂姆：我们没有一直在一起，有时候在一起，有时候不在一起，就这样反反复复的。

彼得：【询问细节】嗯，这肯定对你来说是个很大的变故。

蒂姆：对，是这样的，不可思议。她离开我，留下了两个男孩。

彼得：你有两个男孩。

蒂姆：是的，就这样被带走了。

彼得：【赞美】嗯，有很多单亲父亲或母亲可能不会要这些孩子，但是你却能抚养你的孩子。

蒂姆：对，我也将这个告诉了法官。我说，作为一名单亲爸爸，我一直在尽自己最大的努力。

彼得：【询问细节】这对你来说很不容易吧？

蒂姆：嗯，是的。我真的很辛苦。

彼得：嗯。

蒂姆：你知道，要和学校保持联络以及为了让他们待在这里，你知道吗？我又当爸又当妈，压力真的很大。虽然压力很大，但是我没有放弃。

彼得：【询问更多的细节并间接赞美】你是如何做到的？

蒂姆：嗯，就是很多，自己就想要做，在整件事情上你要像个男人，因为通常是女人在做这些事情。一般都是男人离家出走，由女人来抚养小孩。而我完全不是那样的。我自己就是在寄养家庭里长大的，而且在不同的寄养家庭间搬来搬去。我不允许这种事发生在我的孩子身上，这就是我现在这么恼火的原因，我不愿让这种制度来抚养我的孩子。这就是发生在我身上的事情，这样是不对的。所以，那是我这样做的原因，照顾着我的孩子，我要把他们抚养成人。

彼得：所以你对此非常坚定。

蒂姆：当然啦，一点儿也没错。

彼得：对此非常坚定，所以，你的自我意志就是源于此吧？

蒂姆：对，是的，你知道……

彼得：因为你有在寄养家庭中长大的经历。

蒂姆：对，我从一个地方被赶到另一个地方。你知道的，为了这个被斥责，为了那个被骂，这种成长经历对我毫无益处，你了解吗？我的孩子不能那样任人安排。

彼得：那么，你想要你的孩子有什么不同呢？

蒂姆：我要他们在自己的家庭里长大，由他们的父亲来抚养。嗯，你知道的，我就想要这样。我现在做的就是这个。我让他们上学。我去工作就把他们放在日托所里，我会花时间和他们一起做些事。就是这样的，所以那就是我想要的不同，就是：继续维持这一切，让他们回到我身边。

• • • 回到熟悉的场景

与强制性案主一起工作，一旦你澄清了自己的角色，你就应该注意并探索出什么方法才能有效地消除他们最初对司法制度的怀疑和愤怒；同时，通过提出蕴含在案主脉络中的问句，开始共同建构案主想要的事物。如此一来，你便回到了熟悉的场景。因为建构解决之道的这些程序聚焦于：对案主来说重要的是什么，以及案主想要什么，所以它们通常会带来合作性的工作关系。从这点开始，你和强制性案主的会谈，就和其他案主的会谈形式十分相似；然后继续进行目标制定的工作，包含奇迹式问句、评量案主的信心与到目前为止的进步，并且制订会谈结束的反馈。在后续的会谈中，你仍可以依循会谈草案大纲的指引继续前行。

• • • 如何提出案主反对的建议

如果你像其他实务工作者和学生一样，到这一步你可能会提出这个问题："好的，我可以理解这个取向，很适合与强制性案主开始会谈，并且能和他们讨论他们想要什么，以及怎样让他们所想的和法庭的期待相适应；但是在实务工作者完成了所有这些以后，仍然必须向法庭提交一份案主坚决反对的建议，这时，又该怎么办呢？"

用这种方式和案主工作，很少会发生实务工作者与案主对某一议题的讨论结果差之千里的情况。但在这类案例中，我们仍旧要去思考，实务工作者是否可能不经意间中断了案主建构解决之道的工作。例如，一位寄养照顾的个案管理者曾经问彼得，一位案主一开始和她合作得很好，但后来因为她告诉案主在下次(三个月后二审)法庭审理时，她将建议让孩子暂时不要回家，需要继续接受寄养照顾。此时，案主马上变得很生气，并和她保持距离。她之所以如此建议法院，是因为最近所记录的事件表明，这位母亲在看管她四个年幼孩子的过程中，有好几次都出现了长达 30 分钟的疏忽。这是一个主要的考量，因为这位母亲在监护孩子方面有照顾不周的历史：她最大的儿子，目前在收养机构，曾被性虐待，被发现他会对其他弟妹有性方面的举动。然而这位母亲和社工之前都同意，这个儿子能否回家取决于母亲能否提供持续且周到的照料看管。

虽然你可以理解，实务工作者一定有重要的证据，证明这位母亲无法维持保护年幼孩子所必需的周到照顾，因而建议孩子此时还不能被送回家。但是，实务工作者和案主仍然可以一起进行更多建构解决之道的工作。在这个案例中，这位母亲和社工都同意，所有孩子在一起生活的安全能够得到保障时，大儿子就可以立即回家，这已是清楚的共识。所以社工便可以使用下列问句，邀请案主继续建构解决之道，而不是告诉这位母亲社工反对大儿子回来，这样会中断解决之道的建构历程。

- 我可以想象，孩子们的律师和法官会很关注你在监督、照顾孩子方面的疏忽。你觉得他们的反应会是怎样的？
- 既然我们知道密切看管好孩子那么费力，你觉得需要发生什么才能使法庭相信，让你大儿子和他的弟妹重聚不会有问题？这些事情可能发生的吗？

社工也可以用评量式问句来获取这位母亲对于安全议题的知觉。

- 假如我问大儿子特迪（Teddy），如果他现在回家，他对年幼弟妹能否有适当的行为举止，他的信心如何？在 0 分（没信心）到 10 分（百分之百的信心）的量表上，你认为他会把自己放在哪个位置上？是什么让他目前把自己放在那个位置上的？如果他可以多得 1 分，他会认为情况有什么不同？他认为需要什么，才能使这些改变真的发生呢？你猜法庭对他的信心评分会有什么评论，对于法庭来说，这个时候特迪的评分足够让他回家吗？
- 假如我问较年幼的孩子们，当哥哥在旁边的时候，他们会觉得有多安全？如果问到是什么让他们处于那个位置，你认为他们会说什么？你猜在哥哥回家之前，他们想要看见什么不同之处，好让他们能尽可能地感到安全呢？
- 就你对你目前处境的理解，在 0 分到 10 分的量表上，0 分代表较年幼的孩子们一点儿也不安全，而 10 分代表他们百分之百安全。如果你的大儿子现在回家的话，你认为较年幼的孩子将会有多安全呢？是什么告诉你应该是这个分数的呢？

在询问完前面的问题后，如果案主和社工还没有对给法庭的建议达成共识，社工还可以进行如下询问：

- 你知道我必须对法庭提出一份建议，是有关此时能否让特迪回家，还是将他继续寄养照顾，三个月后再做评估。如果你站在我的立场上，像我一样了解你的处境，你会给予法院什么样的建议？什么事情告诉你，这次应该提出这样的建议？还有呢？年幼的孩子们会同意吗？他们会说什么？特迪会说什么？
- 假如我照你提供的建议去做，你猜较年幼的孩子的律师会有什么反应呢？法官又会有什么反应呢？
- 假设法庭决定这次不把特迪送回家，你认为我在接下来的三个月里应该注意什么？ 请告诉我，你在监督、照顾孩子方面取得了什么进步呢？年幼的孩子将会注意到什么让他们可以确定自己在家时会是安全的呢？

一旦实务工作者和案主间存在分歧或感受不佳，最恰当的处理方法，就是针对两人之间的议题，尽可能尊重地启动建构解决之道的对话，以开启各种可能性。在上述案例中，在我们所建议的部分展开更多的谈话，可以为案主的大儿子回家引出一个更详细的安全计划，从而促使社工、法庭与案主都更加清楚和有信心该往哪里前行。只要实务工作者没有直接说“这是我对法庭在下次审讯时的建议，这个建议是不会改的”，谈话就不会结束。实务工作者需要知道，终止对话是案主的选择，且案主需承受他选择的后果。然而，只要案主相信对话中自己的想法可能会被听到，他们通常就会选择继续对话。

结　语

在解决之道的建构里，没有最后的结语。在前面的案例中，即使法庭仍采取了案主不同意的行动，还是会有方法可以持续去建构解决之道。

第四章的结语中，我们讨论了影响案主合作和动机的因素，其中提到，我们发现德·沙泽尔(1984)重新解释了案主抗拒的表现，认为那是独特的合作方式。这么说不是因为这一结论从理论上和道德上看令人信服，而是因为它是接近案主最有效的态度。如果案主对当前某个特定的谈话主题表现出愤怒、抗拒或缺乏动力，最有用的方法是提醒我们自己：案主是有能力的，只是我们还没找到与他们合作的方法。我们察觉到，案主的抗拒是给我们一个信号，即感觉到的阻抗代表着案主的看重之处。我们要努力就此提出未知状态的问句，而不是将案主断定为不合作或缺乏动力的人。这种态度适用于与所有的案主建构解决之道，不论他们是自愿的案主还是非自愿的案主。

第
十
章

危机情境下的会谈

……………………………

重大紧急危机事件表明：我们所拥有的重要资源，远比我们想象的多得多。

（W. James 转引自 H. James, 1920：254）

至少，优势视角能使得工作人员明白，尽管每个人都会遭受打击或患疾病，却都能活下来（有些人还能茁壮成长）。他们采取行动、积累资源、应对难题。我们需要知道他们做过什么、怎么做的，以及他们从中学到了什么，在克服困难的过程中有什么资源（内在或外在）是可以用于走出自身困境的。

（Saleebey, 1992：171－172）

……………………………

在助人专业中，危机指的是引起人们强烈反应的各种事件或环境。罗伯茨（Roberts, 1990：4）列举了以下几个例子：暴力犯罪，自杀未遂，滥用药物，遭遇自然灾害、离婚、分手、性无能或遭遇交通事故等事件的后果。其他事件还包括遭受性侵犯、经历军事战争、被诊断出重病晚期、某位家人或挚友去世等。这些事件打乱了人们的生活，经常会让他们觉得混乱、失序、受伤、害怕以及孤独。受害者还可能会经受创伤事件的重现、做噩梦，甚至失去关注日常生活的能力。

在危机发生之后，人们需要及时的帮助以稳定自己的情绪，调整自己以适应这场意外。意识到这种需求之后，一些医院设立了危机服务，包括危机热线、性侵犯危机干预项目、受虐妇女儿童庇护所、青少年危机中心以及家庭危机干预项目等。其中，为受害者提供持续性支持及治疗的支持性团体以及个别辅导服务的服务规模正在不断扩大。

詹姆斯和吉利兰（James and Gilliland, 2005）回顾了几种对危机的不同定义。例如，该领域早期的理论家（Carkhuff and Berenson, 1977；Parad, 1971）一致认为，危机主要取决于个人对某个情境的知觉和反应如何，和环境本身的关系不大。他们认为，"危机是将事件或情况视为超出个人现有资源和应对机制所能负荷的感知或体验"（James and Gilliland, 2005：3）。该解释承认每个人对同一创伤事件的反应不尽相同，人们调整自己需要的时间也不同。我们和案主交流的经验证实了危机是一种知觉的机制。我们还想补充一点：案主对危机事件的知觉确实是在不断变化的，焦点解决会谈便是一种有利于案主知觉朝正向转移的取向。

以解决之道为焦点 vs. 以问题为焦点

和刚经历过一场创伤事件、考虑自杀或伤害他人的案主会谈时，你可能会忍不住追问创伤事件的细节。你想要对问题进行一番评估，看案主陷入危机的程度究竟有多深。在你搜集到这些信息后，你才能有信心提出后续建议。这种“以问题为焦点”的回应方式，说明你又回到了“问题解决取向”上。它的吸引力在这种情况下非常明显。刚刚经历过创伤的案主很可能不知所措，或对生活失去控制感。他们会退缩、沉默寡言，或者会说：“我做不到，我快疯了。”这些反应似乎说明案主缺乏资源，会让你觉得此时开始建构解决之道十分勉强。

学生和工作坊的参与者告诉我们，他们发现和处在危机中的案主工作时，很难具有焦点解决的精神。他们问：“难道我不应该充满支持和同理来探索案主的危机状况，然后建议案主用什么方法可以变得稳定吗？难道我不应该在案主变得更投入之后，才在后续的会谈中进行建构解决之道的工作吗？”在我们的经验中，大多数处于危机中的案主，一旦他们进入建构解决之道的历程，便会开始出现进步。和其他案主一样，处在危机中的案主把重点放在他们期待出现的不同上，利用他们过去的成功经验和优势来改善心境。因此，焦点解决的程序对他们和对其他人一样有用。也就是说，我们也应当注意处于严重创伤状态的案主往往一开始只能制订短期计划，并且以频繁的会面作为回应。短期计划通常包含着今晚住哪里、如何度过今晚、和谁一起、吃什么等主题。实务工作者与严重创伤的案主工作时，需要在间隔较密集的各次会谈中对上述主题进行讨论，并以“一次做一小步”为原则。我们发现，相较于替他们做决定，这种做法对这些案主更具有赋能的效应。

现在，我们将简述与身处危机中的案主进行会谈的纲要，这一纲要将邀请他们把那些因为危机事件而被隐藏的优势和资源都利用起来。有时，这种会谈与其他第一次会谈的过程是一样的，有时则需要使用另外一种问句——应对式询问(Berg，1994)。

以“我可以怎么帮助你”开场

刚开始会谈时，你可以像任何初次会谈一样，通过询问案主如何帮助他来开始工作。这种方法立即使你处于未知的姿态，避免一些你可能产生的预设，包括你认为案主在危机中可能的样貌以及他们对你的要求等。就像其他案主一样，最近经历过创伤或痛苦生活的案主，通常会以描述创伤事件及其对事件的反应作为开始。问题是由他们描述的，而你的任务(详见第四章)是去倾听案主的知觉，了解什么人与什么事对案主来说是重要的，案主希望见到什么特定的改变等线索，同时注意他们用来描述这些知觉的语言。

如果案主看起来很害怕、愤怒，或者案主不停哭泣，你可以使用第三章提及的同理心和确认案主知觉的技巧来向案主保证：你是真诚地关心他们的困境，非常愿意从案主的角度去理解他们的经历。同理和确认知觉的回应，也给案主扩大和审视自己感知的机会。这将会减轻伴随创伤而来的疏离感，并且还会促使案主将创伤经历表达出来，从而产生控制感。

有时，创伤事件刚刚过去，案主会表现出退缩。他们要么不愿意说话，要么说不出话来。在这种情况下，你要注意案主的非语言表达，问问他们那个时候经历了什么，并再次向他们保证你的关心。你可以说：“从你脸上的表情可以看出，你似乎很紧张。我想知道你是不是正在想刚刚发生在你身上的事？我希望你能明白，不论你想说什么，我都愿意倾听。”有些感觉混乱的案主无法说明自身状况，遇到这样的情况，你只需坐在那里默默地陪伴他们就很有帮助了。一旦案主开始说话，你就可以像任何建构解决之道的会谈一样继续下去。

介入受创伤的案主，在开始阶段就像你介入其他案主一样。焦点解决取向不仅坚持案主具有能力和优势的信念，也坚持改变必然发生的观点。一个人所经历的创伤事件代表着一种改变。许多问题解决取向的实务工作者倾向于把危机视为对个体平衡的破坏，而把危机干预视为恢复正常平衡的介入。然而，我们发现，把创伤性的改变视为一个需要整合自身优势和力量的特别机会，将是一种更有效的办法。它可以将案主引向任何方向，这取决于案主的期望、动机和能力。

案主对他们的创伤经历的叙述，会形塑出这个取向的精神。例如，案主有时打电话来坚持要求立刻安排会面，因为他们说自己“正在危机中，没有帮助就无法应付”。当天稍晚时，在案主被接见之后，他们通常就冷静许多了。当进行建构解决之道的会谈时，案主大都能描述他们做了什么来改善处境，并知道接下来他们需要做些什么。事实上，有些案主甚至都不会在他们紧急约定好的时候露面。这种情况下，有些实务工作者会认为这些案主是制造混乱的人格错乱者。但我们更愿意相信这些案主已经找到了处理方法。

实务工作者需要承认，无论案主在自身生活中遭遇了什么，他们都在不断适应中；他们适应创伤事件，就像适应生活中的其他事件一样。不论是实务工作者还是案主自身，都无法预知案主将会用何种能力来面对创伤事件。你只能按照你平时的做法——采取未知的姿态，接纳案主的能力，直到案主以某种形式将这些能力展现出来。

“到目前为止，你已经尝试过什么方法？”

如果你询问遭受创伤的案主什么将会对他有所助益，他几乎只会回答发生了什么事情。一旦你认为案主已经表达了他们的问题及其反应，你也有机会确认他们的知觉，并且当展现了你的理解与关心时，你就可以继续询问案主已经采取了什么方法来处理这种情况。很多处于创伤中的案主，仍然能够说出其应对策略。有些案主说：“我通过深呼吸来克服我脑中的影像。”其他案主可能会告诉你，他们给最好的朋友或家人打电话：“与我信任的人说说话。”他们也可能寻求过紧急服务，例如找到医院危机处理部门或危机处理专线，或者和某个“了解我那类问题”的人谈谈。

如果案主已经靠自己采取了一些措施，你就能以一般初次会谈的方式来回应他们。你可以对案主已经做的事情给予直接或间接的赞美；你也可以探索案主是从哪里获得了这样的灵感，在这一过程中他是否对自己曾感到惊讶；你还可以询问案主是如何有效地整理自己和掌控情境的。如同任何初次会谈一样，我们期望在问题式的谈话中能听到一些对成功经验或能力的描述。

“你想要情况有何不同？”

在一些案例中，经历创伤的案主可以描述他们为了使自己适应危机而做出的努力；但在另外一些案例中，案主只能说出创伤所带来的痛苦和恐惧。不论是哪种情况，你都要询问案主，他们希望和你会面之后可以发生怎样的变化，这一点非常重要。这个问题试图开启目标制定的谈话。虽然一开始你可能会觉得，去问创伤者这类问题有些不妥，但我们发现，这种方法效果明显。这会引导案主去思考：在痛苦的情境中，他想要走向何处。这也能传递一个信息：他们可以控制自己的生活，尽管目前这种力量看起来非常微小。此外，你也可以从案主的答案里了解到他们目前有无制定目标的能力。

即使案主处于最艰难的环境中，我们也不要去怀疑案主的能力。案主往往一开始会进行问题式谈话，讲述他们如何被创伤击败，没有能力处理内在情绪的混乱或处境。然而，当我们转向目标制订的问题时，他们往往又能开始有效地工作。这类情况屡见不鲜。了解案主的痛苦程度和创伤事件的严重程度并不能精确预测出案主在目标制定工作上的能力。因此，你必须避免自己根据创伤事件或案主症状的严重性做出任何假设。如果案主能对你谈论他们自身的痛苦，那么你可以在初次会谈时开始询问有关目标制定的问题，观察这样的探询会带来什么结果。通常，一旦案主开始知觉到自己可能拥有解决方法，案主的心情和信心就会随之改善。

茵素在和一位名叫乔琳(Jolene)的案主谈话时运用了这一取向。乔琳没有事先预约就来了，她说她遇到了危机，需要帮助。三天前，她发现结婚四年的丈夫偷偷带着东西离家出走，并且一去不回。乔琳说：“从此之后我没有精力做任何事，就是一直哭。”她吃不下、睡不着，无法像过去一样过正常的生活。虽然她看起来很茫然，但是她却能够回答出自己的名字、地址、每天该做的例行公事、现在与谁一起生活等问题。乔琳说她结婚四年，还有一个两岁大的女儿。在会谈初期，她反复述说此刻她主要的问题是不能入睡，而且脑中混乱得不知道该思考什么才好。

乔琳：睡觉，我必须睡觉。

茵素：假如你能够睡着了，这会对你有什么帮助呢？

乔琳：我希望知道他为什么离我而去，他是不会跟我说的。我不知道他住在哪里，我打电话问他在哪里工作，但他都没有接电话。

茵素：所以，这件事让你感到十分震惊——他想要离开你？

乔琳：我从来都没想过他会对我这样，我们从来没有吵过架，他从来没有说过他不快乐。所有的婚姻都有遭遇困难的时候，所以我想我们的情况是很正常的。

茵素：如果我们假设——我知道他不会来这里跟我谈话——但是如果我们假设他在这里，我问他回来和你一起住的可能性有多大，你猜他会说些什么呢？

乔琳：他会说，他再也不会回来跟我住了。我在睡觉的时候听到一些声音，我刚起床，就看到他拿着一个包出门了。我求他不要走，但是他就这么走了，说他再也不想要婚姻生活了。他不会回来了。我必须找出办法，继续我的生活，照顾我的宝宝。但我最近真的好累，我需要睡一会儿。

听到乔琳说睡得不好，茵素并不感到奇怪，重大事件刚发生后人们常会如此反应。了解了乔琳对自己目前问题的看法后，茵素开启一段对话，让乔琳开始思考自己可能的目标。

在这段对话中，虽然乔琳看起来有些茫然，但是她却能运用解决式谈话来表达她期待生活有何不同。为了邀请乔琳更切合实际地去思考，茵素询问乔琳丈夫回家的概率有多少。即使乔琳极度悲痛，但她并未崩溃或转回问题式谈话之中。相反，她开始思考茵素的问题，回答说丈夫不可能回来了。茵素无法预测乔琳有无能力去制定目标。为了解乔琳的状况，茵素必须开启这样的对话，看后续会如何发展。

听了乔琳的答案，茵素注意到乔琳虽然对丈夫离家出走的原因仍感到困惑，但她能够考虑到未来的生活以及孩子的需要。很显然，孩子及教养孩子的责任对她来说非常重要，这对她接着要选择如何去重组未来生活而言具有重要的影响。然而，茵素还听到了乔琳对自己眼前需要的假设——需要睡眠。为了尊重案主对事情的优先排序，茵素接着由睡眠的需求这一话题做进一步的探索。

茵素：所以，当你试着要睡觉时发生了什么事呢？是什么事情阻碍了你睡觉呢？

乔琳：我睡不着，我一闭眼就会对他所做的事情感到很愤怒，还会去想他现在在外面是不是有了别的女人。然后我就更生气，会开始哭。之后，我又不得不再次让自己冷静下来。

茵素：【注意可能性的线索，询问乔琳问题，并转向解决式谈话】请问，你在那些时候是怎样让自己冷静下来的呢？

乔琳：我试着不去想我有多生气。我就读书、看电视、深呼吸。只要我停止去想……我走来走去，很生气，然后开始哭。我哭了很久。上帝啊！我不知道我有这么多的眼泪。

你可以看到乔琳和茵素之间的对话，已经具有初次会谈的一般特征了。乔琳虽然开始谈她的睡眠困扰，但她也谈到已经做了一些事情来试着走出困境，这便开始进入建构解决之道。乔琳的回答混合了问题式谈话和解决式谈话，为了让会谈对话的焦点能放在解决式谈话上，茵素可以有以下几种选择：① 可以赞美乔琳所做的努力；② 可以询问乔琳，哪一种方法能让她最好冷静下来；③ 可以探索自从乔琳的丈夫离开后，睡眠问题上发生了哪些例外时刻；④ 可以请乔琳评量目前适应的程度，通过询问乔琳"你会做什么事情让自己冷静下来，而那时和现在相比会有什么不同"，而再次回到目标制定的对话上来。

以下是和乔琳会谈的其余探索部分，就如同任何初次会谈进行的过程一样。茵素会提出旨在制定目标和探索例外的焦点解决问句，然后休息一下，再给出反馈。对茵素而言，似乎乔琳在放松方面的努力是有用的；当她睡觉时，她仍会努力让自己冷静下来。在茵素的反馈中，还提到了一个额外的建议，可以协助乔琳使自己冷静下来。

乔琳，首先，我想告诉你，你今天来到这里是对的，我相信对你而言这样做一定需要很大的勇气。三天前发生的事情令你很震惊，我想你的反应是很正常的，这是人之常情。我看得出来你哭了很久，对丈夫很生气，而且难以入睡，这些都是遭遇令人震惊的事件时的正常反应。尤其是，你丈夫离开的方式更伤害了你，这也使我更加理解你为什么会有这些反应。最重要的是你有可能永远也找不出他这么做的理由，就像你所说的，因为他拒绝谈论这件事情。我想让你知道，你处理这一切的方式，给我留下了深刻印象；尽管你是如此痛苦及不适，但是你对于要如何抚养女儿仍然有很清楚的想法。我同意你现在要做的是，想办法好好地睡一觉（乔琳点头表示同意），所以我要给你一些建议。

第一，既然你已经知道让自己放松的方式，我建议你继续使用它们。上床后用舒服的姿势躺着，放松全身，使用放松及呼吸技巧。第二，除此之外你关了灯躺在床上等待入睡时，你让你的舌头不要顶到上腭，同时保持双眼张开直到你不知不觉地睡着为止。第三，从这次会谈到我们下次见面的这段时间里，我希望你关注并持续追踪任何可以让你自己感觉好一点儿的事情。

询问奇迹式问句

一些工作坊的参与者和学生常常想知道，向身处危机中的案主使用奇迹式问句是否合适。当然，询问奇迹式问句不应该是你去做的第一件事，这要视情况而定。如果案主像乔琳一样，可以从对话中概括出来，对她来说，什么人和什么事情是重要的、做什么事情可以克服困境，这时你就可以询问奇迹式问句。如同第五章所说的，奇迹式问句可以让案主梦想未来，或者让案主可以“为自己描绘一幅更加多姿多彩的生活画面”。要回答奇迹式问句，案主是需要一些能量的，他们需要拥有相信生活可能会有所不同的一丝希望。如果案主真的拥有能量与希望，奇迹式问句便会产生作用。

然而，奇迹式问句的形式要加以调整以适应案主的具体情况。在和刚经历过生活重创的案主工作时，调低奇迹的期望是相当重要的。也许奇迹是案主第二天早晨醒来便能开始调整生活，或者像乔琳一样，可以睡得好一些。不过，当你问到奇迹的结果对案主有什么不同时，你要有心理准备，因为你常会听到案主此刻回答的是与问题知觉似乎毫不相关的答案。例如，乔琳可能会说："我更有力量了，而且会带我女儿出去玩。"虽然表面上看来这个答案和乔琳的睡眠问题毫不相关，但是当你更聚焦她与孩子之间的关系时，可能无形中就会帮助乔琳冷静下来。

相较于乔琳，有些处于危机中的案主会更加绝望无助，他们会用问题式谈话来回答所有的提问。这些案主会一直陈述生活中对创伤的反应与失序的情况，他们的态度似乎表达了他们能度过每一刻，这已经是他们所能应付的极限了。不过，这样的案主其实很少。一般情况下，强迫这些案主进行目标设定或询问奇迹式问句都是没用的。在这个时候，案主会觉得自己被痛苦缠绕，而且觉得注定会痛苦很久，甚至可能终生都会如此。

应对式问句

应对式问句企图将案主的注意力从来自生活中那些可怕事件的恐惧、孤独和痛苦中转移，而重新聚焦于案主在这样的情境中是如何生存下来的。应对式问句对感觉被击垮的案主来说是一种修饰过的、有意义的、解决式的谈话形式(Berg，1994)。这些问题帮助案主及实务工作者一起发现案主摆脱痛苦经历的时刻与方法。随着经验的积累，你会发现询问应对式问句其实就是探索例外的一种特殊形式。

杰曼(Jermaine)的案例

一天，茵素在办公室接到一位情绪非常激动的男士打来的电话。男士名叫杰曼，说他“最近过得很痛苦”，并且最终听从太太的建议“来寻求一些专业的帮助”。杰曼表示他有“创伤闪回和暂时失去知觉”的情形，并且问秘书：“请问我可以立刻就来见某位治疗师吗？”茵素答应在当天稍晚些的时候与他会面。

杰曼走进茵素的办公室的时候看上去明显不安。他驼着背，看起来很疲倦，有黑眼圈，紧张地搓着双手。当茵素开始和他交谈时，杰曼聚焦在他的症状上。杰曼说他半夜会因为创伤经历重现而醒来，很难入睡，心悸，手心流汗。他害怕出门，如果不得不出门，就会一直东张西望，看看是不是有人在跟踪他。“最重要的是，”他说，“不能入睡使我感到很紧张，要是我可以摆脱那些噩梦该有多好。”回答茵素的提问时，他再三表示，这些反应“一点儿都不像正常的自己”。

茵素问杰曼这些症状是从什么时候开始的，杰曼说大约是在三个星期前。有一天，他从家附近的自动取款机里提取了一些现金。取完钱后，他就回到车上。令他大吃一惊的是，有两个男人在车子后座上，拿枪对准他的头。他们拿走了杰曼的钱，并胁迫他开车再到别处的自动取款机上取钱。在极度害怕中，他按照匪徒的要求去做，开着车不断地换自动取款机取钱，直到取完当日取钱金额的上限为止。

令杰曼更恐惧的是，匪徒决定绑架他，并把他关在一间地下室里。绑匪拿走了他的钥匙和钱夹，因而知道了他的名字和住址。第二天，在“打爆你脑袋”的威胁下，绑匪又叫他做同样的事。他们开车载着他从一台取款机到另一台取款机，直到又取完当日取钱的上限为止。

随着相处时间变长，绑匪逐渐对杰曼放松了警惕。在杰曼被绑架的第三天晚上，当绑匪在楼上办派对的时候，他用力砸被锁的地下室大门，并哀号：“我胃里难受，我想吐。”其中一个绑匪便让他走到后门外，这时他撒腿就跑，并成功逃脱。从那以后，他说他一直努力“尝试让自己恢复，但做不到”。他还补充：“我很疲惫，因为我太害怕了，太疲惫了，我无法回去工作。此外，只要一想到我失去了那么多钱，我的情况就变得更加糟糕。”

茵素询问杰曼，到目前为止，他已经试过什么方法来处理这一创伤事件及其影响，杰曼说，他曾告诉太太发生在他身上的一些事情，以及所做的噩梦，但是他也提到“事情经过的很多部分都没有说出来，因为怕会吓到太太”。茵素相信“所有经历过被虐待及侵犯的人，都有自己应对、反抗虐待的独特方法”（Dolan，1991；Wade，1997，2007），茵素决定通过询问应对式问句来探索到目前为止杰曼已经做了哪些事情。

• • • 探索应对策略

只要去询问“你发现，到目前为止，什么是有帮助的”，就可以开启关于“应对”的对话。这个问句意味着，你认为案主已经发现了一些方法，可以开始用来调适他们的创伤经历。同时，这不仅展现了你尊重案主自发产生任何应对策略的价值，也强调你想要从这些应对策略着手，围绕这些策略提出一些别的策略。茵素用这个方法与杰曼一起工作。

茵素：我敢肯定半夜惊醒、流汗以及心悸，是令人很害怕的事情。所以，当你从噩梦里及创伤经历重现中醒来时，你发现什么事情可以帮助你冷静下来呢？

杰曼：（停顿了很长时间）我静静地躺在床上，因为我无法判断噩梦究竟是真的还是假的。当我静静地躺着的时候——非常害怕——我可以听到我太太睡觉时的呼吸声。

茵素：【探索案主的意义】嗯，那这意味着什么呢——听她的呼吸声有帮助吗？

杰曼：（再次停顿）你知道的，我以前没有想过这个问题。在她睡着时，听她的呼吸声对我有帮助，她躺在我的身边。（停下来思考）因为我听到她在我身旁呼吸时，代表着我在家里和我的家人在一起。这也意味着我是安全的。

茵素：我想你是对的。

杰曼：我在那儿躺了很长一段时间，听到她的呼吸声是如此平静——然后，当我的眼睛适应黑暗时，我可以看到她熟睡的脸庞。

茵素：所以，看着她熟睡的脸庞会有什么帮助呢？

杰曼：当我能看到我太太的脸庞时，这代表着我真的安全，我真的在家。我不用再那么害怕了。知道我的家人是安全的，对我也有帮助。

茵素：还有什么其他事情是对你有帮助的？

杰曼：当我无法入睡时，我就在黑暗的房子里走来走去，戴着耳机听古典音乐，那会使我平静下来。我也试着看电视，但电视里放的都是广告。我也试着去看书，但是也看不了多少。

茵素：我想你是对的，你只能看这么多。另外，你发现还有什么其他事情是对你有帮助的呢？

杰曼：我试着做家务。我太太工作这么辛苦，我很难过。她每天回家时很累，她的工作真的很辛苦。我就试着打扫房子来帮助她。（无力地微笑）我们现在拥有全镇上最干净的房子，因为我每天都打扫。她疲惫地回到家时，我会尽量把饭先做好。

茵素：我想，她一定很感谢你所做的这些。

杰曼：她是个好女人。我告诉她，我很幸运能拥有她。她的工作表现很好。她告诉我应该花些时间来恢复。我很珍惜这段婚姻。

茵素：我能想象她会说你也是个好丈夫。

杰曼：对，她总是对我这么说。

就像其他建构解决之道的对话一样，围绕应对策略，通常会有一个互相发现的历程。在杰曼告诉茵素之前，茵素并不知道杰曼是如何应对这一切的，甚至连杰曼自己也不知道。至少在回答茵素的问题之前，杰曼并不知道自己对问题的应对达到了什么程度。清楚自己已经做了什么事情可以让杰曼变得更有信心，了解自己并没有被问题卡住或打败，而且他甚至已经在逐渐复原了。通过这样的对话，他能充分意识到是自己发展出了这些策略。我们发现，这样的觉察胜于其他事情，因为这样的觉察能在案主身上建立起希望与动力，从而使案主能在这样一个最艰难的处境中继续努力。

• • • 与更大图像的联结

为了与案主建立应对的动力，你需要关心及赞美案主与重要他人之间的联结，这对他们来说是十分重要的。这些联结通常为案主提供了应对重大意外事件的动力，而且成为了解案主的切入点。因此，当杰曼提到他帮助妻子做家务、打扫屋子、准备晚餐来帮助自己应对困境时，茵素在这些方面间接地赞美他，他们很快就将杰曼的婚姻关系加入对话中，这段成功且具有鼓励作用的婚姻是他生活中力量与希望的来源。

• • • 对想自杀的案主使用应对式问句

大部分的实务工作者在与想要自杀的案主进行会谈时，会感到疑惑和焦虑。考虑到此举的结果对案主的影响，以及自杀行为给那些活着的人带来的痛苦，实务工作者会有这些反应是可以理解的。任何经历过家人、朋友或熟人自杀的人都知道，自杀造成的后果对活下来的人来说是很可怕的，会困扰他们多年。

当案主提到自杀时，许多刚尝试实务工作的新手会失去冷静。从事此项工作的实务工作者在刚开始执业时，第一个冲动是想去说服案主接受自杀是不合常理的、是危险的，自杀行为会令他人受伤，或者只是对目前的处境做出一种扭曲式回应。然而，这样的冲动行为会不自觉地增加案主自杀的风险，因为这种驳斥案主知觉的行为会使得案主感到被孤立。有些新手甚至会采取反对且同样极端的介入取向：轻视或拒绝相信这是案主因绝望所致的求救信号，甚至有时不太相信案主有什么原因会如此绝望地寻求帮助。

事实上，大部分新手相信，当案主谈到自杀时，可能需要运用医疗等手段。然而，在实务工作者求助于医生前，应该让有自杀念头的案主能先进行应对式的对话。

转向应对式谈话。万事开头难，实务工作也不例外。最艰难的部分就是和想自杀的案主开启谈话。因为想要自杀的案主常常会告诉你，他的生活充满痛苦、折磨与伤人的屈辱。他们深切地感受到自己的失败。作为一名有感情的倾听者，你很容易觉得自己已被卷入案主的无助感中。

我们发现，对案主的未来保持希望的最佳方法是告诉自己事情总是有另外一面的，然后开始去寻找另外一面的意义。从某种角度来说，现在与你谈自杀的案主，他仍然出现在你面前，仍然活着，而且还在呼吸，这是值得实务工作者重复提醒自己并谨记在心的。即使有着过去的创伤和目前的痛苦，案主仍在很努力地继续活下去。从这个角度来看，提到自杀的案主和杰曼没有什么差别。如果你想协助案主激起自身的优势力量，重建对情绪及处境的控制感，询问应对式问句并鼓励他们扩展答案，会是最佳策略。

提到自杀的案主，会觉得自己活在被击败的感受之中。应用应对式问句的某些意义是，在尊重案主目前对生活感到无望的知觉之下，同时仍持续邀请案主去思考如何让他们继续活下去。

“你今天早上是怎么起床的？”从小的、无法否认的事情开始，这一点很重要。这个问句同时满足了小和无法否认这两个标准。一个人能够到达你的办公室，或者能起床、穿衣服，然后在家中与你见面，对一个非常沮丧的人来说，要付出很多努力才能完成。

当你用真挚而好奇的态度询问应对式问句时，要有心理准备，你的案主会感到困惑，露出一副难以置信的样子。有时候，案主的表情看起来像是“我在这里告诉你我生活中所有的遭遇，你却问我是怎么起床的，我真不敢相信你会问出这么令人难以置信的问题来”。有的时候，案主会认真考虑这个问题并试着回答。不论是哪一种状况，应对式问句是一个能触发案主开始描述微小成功的起点。有位名叫露丝（Ruth）的案主是这样回答应对式问句的。

茵素：【在倾听并同理露丝生活中发生了许多可怕的事情后】最近发生了这么多让你感到沮丧的事情，但令我惊讶的是，你今天早上还能起床面对这新的一天，你究竟是怎么做到的？

露丝：什么？起床？任何人都可以做到啊！

茵素：【间接赞美】哦，我并不这么认为。有些和你一样沮丧的人甚至一整天都起不了床。

露丝：是的，我知道。我自己也曾经那样过。我忘记那时候的样子了。

茵素：【快速地确认今天是比较好的一天，肯定这是个例外】所以，你今天早上做了什么不同的事让你可以起床并来到这里，而不像其他人或其他比较糟的日子里的你一样，只是躺在床上呢？

露丝：一开始是很可怕的。我甚至拿出枪来，一直看着它，但之后我把枪收起来了。我还想过要吃一瓶药，但最终还是决定打电话到这里，因为……我不知道，我内心某个东西让我觉得现在去死是一件很愚蠢的事情。

……………………………………

正如露丝的回答所展现的，询问如何起床的问题，会引发建构解决之道的第一阶段有用的重要信息。接下来，茵素可以做的是：① 确认更多的今天早上“有什么不同”的细节，如同探询任何例外一样；② 在过去较糟的日子里，露丝是如何应对的；③ 此刻对露丝来说，帮助她知道“觉得现在自杀是一件很笨的事”的那种内在力量到底是什么。

不管采取哪种做法，茵素都能回到焦点解决实务工作者熟悉的场景。她探索(应对型的)例外，并在此过程中，倾听什么人以及什么事对露丝而言是重要的。

“你是如何让自己坚持这么久,然后来到这里的?”这是前一个问句的变形。如果案主告诉你，他很惊讶自己还活着，因为就在“昨天”或“几小时前”他差点儿就自杀了。这时，你提出这个问句就很合适。在你尊重地倾听案主细数他们的痛苦并开始正视痛苦的深度时，你便可以运用这个问句将对话转换到应对式的谈话上。

“你多久会出现一次这样的想法?”在询问案主出现自杀意念的频率时，你会惊讶地发现，他们并非时时刻刻、百分之百或全神贯注地想着这件事。即使在哭泣时，案主仍然会说出他们要送孩子去上学、为家人准备食物、出门购物、上班以及做其他日常事务等。我们常常会对处于沮丧之中却能继续进行日常活动的人们印象深刻。因此，潜在的解决模式会与问题模式相伴出现。询问自杀意念出现的频率，就是在向案主传达这样的信息：每个人都有不去想自杀的时刻。即使面对有95%的时间都在想着自杀这件事的案主，你仍旧可以去探索在剩下的5%的时间里，他们在做些什么。我们希望借此能确认是什么帮助案主降低自杀意念出现的频率，甚至让他们暂时摆脱这个念头的。

“你如何让自己能够应付这个问题如此之久?”有些案主与他们痛苦的感觉奋斗了许多年。有时，他们会感到被击垮、绝望、失去了控制感。在企图自杀的时候，许多案主都有一种强烈的倾向，给自己或别人提出过高的要求。因此他们会充满了挫败感，无论是对自己还是对重要他人。

如果你遇到这样一个案主，你可以询问他们是如何设法应对这一切的。这个问题再次以事实为基础，邀请案主确认他们是如何应对这些显而易见、难以克服且维持很久的困难的。这个问句也暗示了他们过去的成功经验及优势，这是值得关注的。

“事情为什么没有恶化？”有时候，案主会对过去的恐惧——残忍的暴行、童年一再受到的侵害、损害身体的疾病——用非常生动、令人感慨的语言加以描述，让你对这个人竟能继续活着而感到惊讶。当你学会以好奇的方式和想要了解他的真诚态度提出这个问题时，你可能会听到一些令人激动、具有勇气以及富有尊严的故事。

彼得有一次与一位名叫琳达（Linda）的案主会谈，琳达在青少年时期曾被两个同事性侵害数次。这两个同事用威胁她和她妹妹的方式，控制了她将近两年。案主说，大约 10 年后，她仍然感受到创伤重现、失序及人格分裂的痛苦。当彼得在倾听时，他了解到这个女人几乎每天都重复体验到恐惧与羞辱，并不时地萌生想要结束生命的念头。彼得很惊讶她竟然没有被击垮。

彼得：我无法想象这些年来，你是怎么与这些情况共存下来的。我知道在很久以前，你就可能决定要放弃。但是，我知道你现在有一份工作，还能够照顾家庭。按理说你应该被击垮了，但很显然你并没有被击垮。究竟是什么让事情没有变得更糟糕呢？

琳达：每个星期我都有好多次想放弃，想终结仍存在于我脑海中的影像。这些影像是如此清晰、可怕。（她开始再次描述它们，变得惊恐，并开始流泪）

彼得：是的，我知道。从你所描述的事情来看，它们真的很可怕。所以，我想问你，是什么使这些影像和记忆没有完全占据你的生活呢？

琳达：这并不容易，但是我想我很幸运。我遇到了一个善良、温柔的人，他愿意当我的朋友，我们已经是多年的朋友了。（她叙述他们的关系）然后他问我是否愿意跟他结婚，我吓坏了。我脑子里一片混乱，似乎每一天的每一分钟都更加混乱一样，我怕随时会失去这个机会。但我不断地祷告，他也一直在等我，最后我就嫁给他了。我从来没有想过我可以跟一个男人在一起，能够去爱他。

在琳达及彼得探索她如何应对过去及现在的记忆与想象——她的丈夫、孩子及工作——并与受虐的记忆奋斗对抗时，便是应对式对话的开始。

评量式问句

当案主被鼓励去谈论他们的成功经验及优势时，案主的知觉会发生变化，无论刚开始的变化看起来多么微小，一旦你与案主找出他们的应对策略，你就可以使用评量式问句来增强他们在应对上的成功。评量式问句也可以协助案主在他们的挣扎奋斗中形成下一步行动。下面，我们会介绍可以对处于危机情境中的案主使用评量式问句的一些方式。

评量目前的应对能力

许多处于危机情境中的案主在谈论成功经验时，多少会抱有一些希望。此时有用的做法是使案主更明确地表达对成功的知觉（Berg and de Shazer，1993；de Shazer et al.，2007），我们选择评量式问句来达到这一目的。例如，“在 0 分到 10 分的量表上，10 分表示你对问题的处理和你想象的其他人做得一样好，0 分则表示你完全无法处理。你会觉得自己现在应对危机的程度是几分呢？”有时候，案主所给的数字会对应于先前的应对式对话；但也有时候，他们给出的数字会是一个意外惊喜。无论是哪一种，你都可以进一步澄清数字的意义，并以此帮助案主树立信心。

彼得曾经遇到一位名叫吉姆（Jim）的案主。一星期前，与吉姆同居的女友把他的东西全都扔到走廊上，吉姆开始有了“严重的自杀意图”。女友还附上一张纸条说她找到了新的对象，不想再看见他。吉姆说自己“被毁了”。他去了父母家，因为父母出门旅行去了。那天傍晚，他说：“车库的门开着，然后我坐进我的卡车，关上车窗，发动引擎，躺在前座，闭上眼睛。”令吉姆惊讶的是，“第二天我醒来时，我的车子还在发动着，车窗被摇下来，而我仍然活着。”

吉姆告诉彼得，他前来会谈是因为：“我亲戚怕我会再次自杀，并且说我应该来确定一下状况才行。”吉姆说他已经有所好转了，因为在之后的几天中，他开始吃东西，作息也比较有规律了。3 天前，吉姆回去工作了。彼得询问吉姆是如何面对失去女友的，吉姆回答说：“就是下定决心，不再让这件事困扰自己。”彼得赞美他的决心，并询问在此过程中，有什么人、事、物对他起到了帮助。吉姆则说他去整修自己盖的房子，并重拾他造枪的爱好。经过 30 分钟的应对式谈话，彼得请吉姆评量自己目前的应对情况如何。

吉姆：(长时间的停顿)我觉得是 8 分。是的，可能甚至是 9 分。

彼得：(惊讶)哇！我原本预期会听到 4 分或 5 分，但你说甚至可能是 9 分。究竟发生了什么事，让分数可以这么高？

吉姆：我知道，9 分似乎很高，这就是为什么我刚刚想了这么久。(停顿)也许和昨天上班时发生的事有关吧。我和老板从未深交或多说些什么。他是一个虔诚的教徒，他不喜欢我的生活方式、我开的玩笑以及我的其他方面……除了我做的工作，他无话可说，他又能说什么呢？所以昨天，我心想“管他呢，我已经这么尽力了，我要改变这个状况”。你知道吗，我们做到了。我们一直说话，说了很多困扰我们的事。

吉姆和他老板的新经验是一个例外，因此彼得立刻开始加以检视。彼得询问吉姆：到底发生了什么事；在这个重要的事件中，吉姆扮演了什么样的角色；和老板的对话是如何对吉姆有帮助的。当吉姆开始诉说时，彼得对吉姆在一周内能够有这么大的进步感到惊奇。吉姆不管他亲戚怎么想，他决定不再来会谈，因为他说：“我现在已经没事了，我不需要再来了。”

评量会谈前的应对改变

无论创伤事件过去了多久，都可以请案主思考一下他们现在应对得如何。与创伤事件刚刚发生的时候相比，自己又有了什么不同。即使是在创伤发生后的几小时，去询问这些问句也是有用的。只要案主的情绪已经调整得好到足以和你对话时，就可以询问这样的应对式问句。一旦彼此的关系开始发展，你便可以询问案主有关会谈前改变的评量式问句，如下面的例子一样。

彼得：艾伦(Allen)，我知道现在距离你被抢劫才过了几小时。从你所说的话中，我知道你已经开始缓过劲儿来了。我想知道，如果你可以告诉我的话，你到底是怎么成功地做到目前这一切的？在0分到10分的量表上，0分是你刚被抢之后的立即反应，10分是你应对得比自己想象中可能做到的程度还要好，你觉得你现在应对这情况的分数是多少？

在经历重大创伤事件后，几乎所有案主都会开始调整自己，通常也能对此问句打出比0分还高的分数。然后，你便可以探索案主到底已经做了什么，才使他能从0分达到目前的分数。

评量下一步行动

在和案主讨论评量数字代表着他应对的情况如何之后，你和案主便可以开始朝目标制定的方向前进。你可以接着询问："好的，你说你现在在3分的位置。为了维持在3分，你认为接下来要去做的最重要的事情是什么呢？"或者，你可以在稍后的会谈中调整一下，为目标制定做准备(详见第八章)，并开始和案主一起努力使数字提升1分："当你达到4分的应对程度时，你会采取哪些现在还没有去尝试的应对行动呢？""当你应对得更好一些，哪怕只是好了一点点，你觉得你的朋友会觉得你做事的方式有什么不同？""你需要什么才能使这些事情发生？"根据案主投入会谈的程度与状况，你可以再调整在本书第五章和第八章中提到的任何目标制定的问句。在一些案例中，修改过的奇迹式问句可以被用来探索有关将来如何应对的可能办法。

• • • 评量动机与信心

一旦制定出应对的目标，你就可以邀请案主评量达到这些目标的意愿程度，以及对最终会发现成功应对的方法有多大信心。想要回顾这种评量方法，请参看第六章所述。

反馈：多做有用的事

一旦你意识到对于觉得快被击垮的案主，你已经开始询问应对式问句时，这个会谈便接近一般的建构解决之道的谈话模式了。探讨应对方式是探索例外的一种形式，你也可以采用平常的方式来使用评量式问句。会谈结束时的反馈也是一样的。在探讨应对的情况中，反馈通常是有组织地集中在建议案主继续去做那些在此次应对式谈话中所找到的有效方法。茵素对乔琳的反馈就遵循了这一原则，这和本章先前所提到的内容一样。

另一个在会谈结束时给予反馈的例子，来自杰曼——那位被歹徒持枪绑架，并经历创伤重现、噩梦不断以及害怕离家的案主。茵素在反馈中做的第一件事就是赞美他。

杰曼，你告诉了我一个骇人听闻的恐怖故事。你不只在第一天被歹徒持枪威胁要你交出金钱，还被关了三天，然后又被胁迫反复地这么做。在这三天的每一刻，你都不知道自己会不会被杀害，或者能不能再见到你的家人。令我惊叹的是，你居然能找到忍受恐惧的力量。毫无疑问地，并非每个人都可以做到这样。你不但忍受了这一切，而且很聪明，能找到逃跑的方式。你在等待绑匪降低警戒的时机，提出一些让他们可以相信你并把你放出后门的方法，然后你就成功逃脱了。我想对你表示祝贺，你是如此坚强与聪明。

杰曼得知他的症状有一个名称——创伤后应激障碍(Post Traumatic Stress Disorder,简称 PTSD)。他说这个发现让他感到舒服一点儿了，因为知道了症状的名字意味着他正在经历的事情是有依据的，他没有疯。茵素确认创伤后应激障碍是杰曼目前参照的架构中的一部分，因为这个标签对杰曼有意义，所以茵素决定将这一点纳入反馈中。

由于你的反应是创伤后应激障碍的一部分，曾在你身上发生的事令你如此惊恐，且这种惊恐持续了好几天，所以我想你还会持续做噩梦、失去知觉、害怕离开你的房子，你在车内时，还是会害怕有人跟踪你，这样的情况可能还会持续一阵子。这种确认自身安全的高度警戒反应是一种正常且有用的求生本能。你的脑子似乎还在通过噩梦或其他方式一遍又一遍地体会那种恐怖，所以这使你仍然要花些时间，不断地随时去确认自己处于安全状态。

鉴于此，我建议你在确认自身安全的同时，持续去做你发现的能够对你有帮助的事情，并给自己时间来痊愈。你可以继续听音乐、打扫房子、煮饭、和你太太谈话，这样可以让你们知道你在持续恢复中。(他点头表示同意)希望你可以在未来的日子里，继续去发现还有什么其他事情是有帮助的，并且回来告诉我，哪些地方有了改善。

收集问题评估的信息

与受创伤或被击垮的案主会谈时，实务工作新手通常觉得使用问题评估的问句会更舒服，而不会使用焦点解决问句。虽然通过应对式对话建构解决之道，会比逐项进行问题评估来得有用，但有时实务工作者仍有必要进行问题评估。

随着案主与实务工作者的互动，案主的知觉及参考架构会有所改变。问题评估可以采用标准化的纸笔测验，或是由实务工作者提出一连串的问题，以快速对案主某些层面的知觉形成简要的概念。但是这一切都仅提供一个静态的观点，只有通过再次检视才会发现改变。此外，由于问题评估是对问题进行评估，并未测量案主的优势、过去成功应对的方式、对案主来说是最重要的人和事、案主寻求希望的能力，以及找到下一步的行动等，换句话说，它们并没有评量出解决之道的要素。因此，即使在危机情境中，我们仍建议将问题评估安排在建构解决之道的次要地位。

尽管如此，实务工作者还是要熟悉一些用来评估个体基本生存需求的主要标准。亚伯拉罕·马斯洛(Abraham Maslow，1970)界定并排列出人类生存需求的层次。他将最基本的需求层次定义为生理需求，例如对食物、水、空气、居住的需要。下一个层次被他界定为安全需求，如保护自己免受攻击及疾病的伤害的需要。这些需求比其他包含爱、自尊、自我实现需求等层次的形式更具体。在危机情境中，案主通常处理的是生理及安全需求。

每位案主认为满足自己需求的方式与内容并不相同。很多研究者已发展出一些规格化的问句，可用以了解在案主的知觉中，他们是否在满足这些需求上有困难。有些问句则能提供一些资讯，是有关满足需求困扰方面的客观指标。为了认识这些可以用来评估案主生理需求及满足安全需求的标准与测量的相关问句，你可以评估个体不同部分的心理状态、物质滥用的类型及程度、自残或伤人的可能性，以及儿童虐待与忽略是否存在等。(Cavaiola and Colford，2011；James and Gilliland，2005；Kanel，2007；Lukas，1993；Martin and Moore，1995；Sheafor and Horejsi，2008)。如果你熟悉这些信息，就可以更快地了解并同理案主在危机情境中的恐惧及失控的内在感觉，你对于案主所描述事件的层面及其个人反应的理解能力也会有所提高。阅读不同危机的亲历者留下的一手陈述会对你有所帮助，阅读小说也会很有用。例如，彼得的学生读了朱迪丝·盖斯特(Judith Guest)的小说《普通人》(*Ordinary People*)后，近距离观察了一家人失去儿子和兄弟后的反应。

一旦你熟悉了围绕在人类基本需求的问题评估信息时，你就会注意到：当你探索案主的参考架构，并开始建构解决之道时，很多信息会自动浮现。当你询问焦点解决问句时，案主会在问题式谈话以及解决式谈话之间来回摆动。问题式谈话包含了符合问题评估标准的资料，但常常会没有你或你的机构需要的特定信息。这很简单，实务工作者可以直接问一些特定的信息，然后再转向解决式谈话，如下列对话所示。

……………………………………

彼得：当奇迹发生时，你还会注意到有什么别的不同呢？

埃玛(Emma)：(停顿)我想另一件事是，我不会这么频繁地想到要去结束自己的生命了。现在我的生活这么不幸，我没有钱，儿童保护机构一直在我背后看着我。他们已经带走了我的孩子并且把他们放在寄养机构里。我的孩子不能跟我在一起，我很难过。

彼得：是的，我看得出你很爱他们，也希望他们现在能跟你在一起。

埃玛：我当然爱他们啦，我一直在想，没有他们我就活不下去了，我一直想要自杀。

彼得：你有这种想法多久了？

埃玛：从我孩子要被带走的前两周开始。

彼得：你以前有过这样的想法吗？

埃玛：我之前就曾沮丧过，但我从来没有像现在这样糟糕。我以前不会想到要自杀，但最近这个想法一直不断出现。

彼得：我想知道……你有没有真的想过要这么去做？你曾尝试去结束自己的生命吗？

埃玛：没有，我做不到。孩子不能和我在一起令我太难过了，但是我不能这么做——留下我的孩子在人世却让他们没有妈妈。(哭泣)我只是希望能够减少伤害。不能和他们在一起真的令我很伤心。

彼得：是的，我可以感觉到，与挚爱的人分开是多么让人无法忍受。(停顿)所以，我想了想你刚刚说的，听起来比较像是……你更像是把自杀当作停止受伤的一种方式，而并非你真的想去死。我的理解对吗？

埃玛：是的，你说得对！我不想死，我想和孩子们在一起，不想再受伤害。没有他们，我觉得很孤独。

彼得：有一件事我不太确定，虽然我知道答案，但是，我所属的机构要求当我们遇到的案主痛苦得想结束生命时，一定要提出这个问题，即你有没有想过，如果你改变主意决定结束自己的生命时，你会如何去做呢？

埃玛：没有，我从来没有想过这件事。我只想过，要怎样才能使痛苦停止。我不希望我的孩子有的只是一个死去的妈妈。

彼得：你一定非常深爱你的孩子，即使你受伤如此严重，你仍然决定忍受痛苦，一直等到孩子回到你的身边。

埃玛：（点头表示同意）是的，他们是我的一切。

彼得：所以，回到这个奇迹上。当奇迹发生的时候，什么事情会取代痛苦和自杀的想法呢？

你可以采用评量式问句来收集问题评估的信息。例如，彼得可以询问埃玛："从0分到10分，0分表示绝无可能结束生命，而10分表示完全有可能。你认为你选择自杀的可能性是多少？"一旦埃玛给了一个数字，如2分，彼得可以探索2分对她的意义。这种问题评估式对话，是以案主的知觉与描述为基础的。同时，也可以通过包含主动关系观点的评量式问句来进行扩展："假设我问你最好的朋友——用同一个量表——你真的会结束自己生命的可能性有多少，她会怎么说？"用评量式问句获得对问题评估的信息，会让你有机会回到进行解决式谈话的轨道上。一旦案主解释2分代表发生了什么事情时，你可以轻易地问：事情何以没有糟糕到是4分，6分，甚至是10分？

对处于危机情境中的案主使用应对式对话时，可能会揭露出一个看似矛盾之处：最佳的评估信息，是来自案主能进行解决式谈话的程度与类型。然而，对案主使用应对式问句及评量式问句来聚焦形成下一个步骤时，你可能远离了评估案主在目前危机中能否满足生理及安全需求的重要信息，而后者却又是问题评估的基本目的。因此，实务工作者需要去了解案主现今危机与问题的性质与程度，以评估案主能否运用自身资源来应对困境，或者是否需要采取更多资源与行动等信息，例如是否选择住院等医疗介入策略。

当案主仍处于被击垮的状态时

在努力进行应对探索及使用评量式问句之后，你可能得出的结论是案主仍觉得被击垮，且没有足够的内在和外在资源来应对目前的问题。遇到这种情况时，除了可以继续与案主探索应对之策，你也可以建议案主使用他们能够获得的社区资源。提供这种利用相关社区资源的信息，是你的工作机构或临床工作的一部分。你要记得对案主说明各机构所侧重的转介程序。如果你决定让转介的案主运用社区资源，而在这个领域或机构中又是新手，那么最好打电话给督导或级别较高的行政人员加以沟通。

一般来说，你与此类案主努力会谈后，他们会更易于接受药物、住院等非常措施。如果你与案主进行应对式对话，对话几乎没有揭示出任何当下的应对能力，那么案主常常也会开始觉得自己需要更密集的照顾和监控。从应对式对话中收集的信息，会让你对即将提出的建议更有自信且更为确定。

结　论

处于危机情境中的案主确实与其他案主不同。然而，即使案主把困扰他的事件描述得比其他案主更紧急、恐怖、令人害怕，实务工作者仍然可以像对待其他案主一样地对待处于危机中的案主，同样地使用建构解决之道。在本章的例子中，茵素和彼得对待近期生活中未经历创伤案主的方式，与他们对待处于危机情境中的案主的方式是一样的。主要差别是茵素和彼得聚焦陈述问题而非制定目标。对此，我们要暂时把制定目标的意图放一边，先回到应对式问句上。应对式问句可以揭露这些受到惊吓、被打击的案主，在日复一日、每时每刻的应对中，体会到的微小、不可否认的成功经验。当案主能确认微小的成功并能开始树立信心后，我们就可以使用评量式问句来帮助案主思考，在目前的情况下，下一个行动步骤是什么。之后，再制定目标。

当你将制定目标暂时放在一边，并先进入应对式问句的过程时，只是稍微改变建构解决之道中的程序和当时的介入意图而已，并不是转换到另一个截然不同的介入历程。因此，当你与最近经历创伤的案主会谈时，不要常常想他们是否处在危机情境中，而要多想想如何发现他们当下的能力。

第十一章

实证研究基础

我们已经检验了近30年的研究结果，包括来自沟通实验室的基础研究，还有其他描述性、相关性和实验性的研究。总体而言，这些研究都支持了焦点解决短期治疗的有效性……焦点解决短期治疗已经有了很多的实证研究支持，并且在实证研究的基础上茁壮成长。

（Trepper and Franklin，2012：411）

我认为，要提升心理治疗中“改变的灵魂与热情”的下一步，就是要对变化进行正式的监测，并且愿意和案主坦诚地讨论他们的进展。

（Lambert，2010：241）

你期待本书所描述的焦点解决短期治疗的会谈对案主有多大的效用呢？如果你准备充满信心地对你的案主使用焦点解决短期治疗的会谈，那么你有必要看看它对于不同个体及不同类型问题的效果。

近些年来，随着“证据为本实践”（Evidence-based Practice）的兴起，助人领域对其重要性越来越看重。正如这个概念最初在医学领域的兴起一样，它的初衷，是通过相关研究来推动对案主的介入能够有更好的效果（Sox and Woolf，1993；Woolf and Atkins，2001）。美国心理学会（American Psychological Association，2006）在开展大规模的研讨会讨论后，对此做出如下定义：心理学中证据为本的实践（Evidence-based Practice in Psychology）就是“最佳可行的研究”与“案主特征、文化、偏好之脉络中的专业知识”的整合。其他助人专业，包括心理辅导及社会工作，也采用了与之相似的定义（Kim et al.，2009）。

在证据为本实践的概念里，“最佳可行的研究”指的是不同类型的研究证据。例如，美国心理学会指出了9种形式的研究证据，都有助于建立某一实务类型与特定介入的证据基础。随机控制实验被视为“对介入效果形成因果推论的标准方式”（American Psychological Association，2006：274），但同时也需要其他形式的证据，来说明一些其他有关实务有效性的重要问题。例如，以近期的临床观察，来发现可能会对案主造成差异的实践方式；以过程成效评估来识别出改变的机制；在自然情境和实验室中进行研究，来确认临床实务程序的有效性；以及进行涵盖多种研究结果的元分析。

本书所提到的建构解决之道的方法，大部分是在过去的几十年里发展起来并得以完善的。最早的研究是缺乏控制组的描述性研究，这些研究倾向于通过询问案主是否相信自己的问题已经被解决、对服务是否满意来进行成效的测量。近期的研究则加入了比较组和控制组的设计，更接近于专业领域较为可信的实验设计，以便对焦点解决取向的效果进行最有说服力的检验。

短期家庭治疗中心的早期研究

观察、创新及收集数据

正如我们在第一章中所提到的，密尔沃基市的短期家庭治疗中心是焦点解决短期治疗的创始机构。短期家庭治疗中心最早期的研究属于探索性的质性研究，研究内容包括对案主取得进步（当案主定义有进步时）以及实务工作者对案主进步所做的贡献进行密集观察。观察团队由资深的治疗师、临床教授、研究生组成，他们坐在单面镜后面，而单面镜前是治疗师与案主（已签署相关的同意书）两个人在进行会谈。观察团队会仔细观察整个对话的过程，有时还会给治疗师提供可能有用的问句。观察团队会收集信息，为形成会谈结束前的反馈提供协助，同时也从整体的角度去观察可能对案主有效的部分。在会谈中或两次会谈之间，观察团队成员都会热烈讨论，讨论的主题包括：什么发挥了作用，该做什么研究来证明这一新兴治疗取向的效果。

关于短期家庭治疗中心是如何发展出焦点解决短期治疗的，利普希克等（Lipchik et al.，2012）有过更详细的描述。1982 年，观察团队中有人提出：与其让案主列出他们想要改变什么，不如请他们列出他们不想改变什么。观察团队中的成员同意此举可能会有作用，于是在一些案主身上尝试这一做法。后来，这些案主再来进行会谈时不仅讲到他们不希望改变的事，还开始关注他们生活中已经发生的正向改变。这一新的做法后来得到持续的运用与改良，最后促成了“公式化的初次会谈任务”的诞生。这一做法在后续的研究中被证明与一些正向的治疗效果具有关联性(Adams, Piercy, and Jurich, 1991)。

“会谈前改变问句”也是一个在焦点解决短期治疗的发展过程中被发现的做法。它同样来自观察团队成员的仔细观察、注意新奇而有趣的事物、持续讨论有趣的发现、在后续案例中运用这一方法，并通过系统地检测实施结果而得。韦纳-戴维斯、德·沙泽尔和金格里奇(Weiner-Davis, de Shazer, and Gingerich, 1987)讨论过一个案例，这个案例是关于一位母亲及其 12 岁的儿子的。她的儿子因为在学校表现不佳而被要求来参加辅导，在会谈过程中，大部分的对话是问题式的，母亲认为自己与丈夫离婚可能导致了儿子的忧郁，影响了他在学校里的表现。但是，她又提到在来这里接受辅导前的三天里，她的儿子在学校里“已经开始努力了”。治疗师注意到这个不同寻常的现象，转而开始询问男孩：真的是这样吗？你为何决定要这么做？你需要做些什么才能继续下去？治疗师将对话持续聚焦在解决方法上，仅用了三次会谈便完成了辅导。随后，观察团队便讨论和确认了许多焦点解决短期治疗师们曾经听到的案主所提起的相似现象：在治疗开始之前，有小的变化发生。因此，团队成员想知道，如果治疗师能够系统地询问案主在会谈前有何改变，并且在确认出会谈前的改变后，通过后续追踪问句询问细节，将改变不断扩大，这样又会发生什么呢？他们建立了一套程序，在新来的案主完成基本接案表格后，立即会询问案主以下问题。

我们机构正在着手进行一项研究计划，研究者给我一些问题，需要我在开始治疗前询问你：

1. 在许多时候，人们会注意到，从他们预约治疗到第一次会谈这段时间内，情况似乎已经有所不同了。对于你自己的情况，你注意到有什么不同吗？

2. (如果第一题的答案是肯定的)这些改变和你来接受治疗的理由有什么关系呢？

3. (如果第一题的答案是肯定的)这些改变是你想要维持的吗？

(Weiner-Davis, de Shazer, and Gingerich, 1987: 360)

在他们的第一项研究中，短期家庭治疗中心的团队成员发现，30 个案例中，有 20 个案例显示在会谈前发生了改变，并对问题 2 和问题 3 给予了肯定的回答。这项关于会谈前改变的研究结果引人注目，因为在当时的心理治疗领域，普遍有一种看法是，有意义的改变只有在进行第一次会谈时才会发生。而短期家庭治疗中心的团队则采取了不同的观点，并且对他们所发展出来的信念充满信心。他们认为案主的改变是持续进行的，通过询问会谈前的改变并扩大改变，治疗时间可以缩短，效果可以更显著。

• • • 介入的成效研究

短期家庭治疗中心除了研究创新的实务技巧，还进行过有关会谈介入的成效研究。研究会询问案主是否认为治疗是成功的。如同德 · 沙泽尔(1991：161)所言："毕竟，案主前来接受治疗是要解决问题的，所以他们才是最适合判断治疗是否成功的人。"这些研究询问早期的案主是否达成了治疗目标，如果没有，就询问他们有无明显的改善。德 · 沙泽尔(1991：162)提到了凯泽(1988；Kiser and Nunnally，1990)的研究结果："我们发现在平均 4.6 次的会谈中，治疗成功的概率是 80.4%；18 个月以后再联系，成功率增至 86%。"

1992—1993 年，短期家庭治疗中心进行了另外一项研究，包含了前来短期家庭治疗中心寻求服务的 275 名案主。这项研究用两种方式测试成效。第一种是期中结果，对案主在第一次和最后一次会谈的评分进行比较(0～10 分)，来看其间的进步有多大。第二种是期末结果，在最后一次会谈后的 7～9 个月联系案主，询问他们治疗的目标是否达成，如果没有，就询问他们有没有进步。期中结果的研究表明：25%的案主达到"明显进步"(在第一次和最后一次会谈间，有 4～8 分的进步)，49%的案主达到"缓慢进步"(1～3 分的进步)，26%的案主显示"几乎没有进步"(0～3 分的分数差异)。在期末结果中，则有 45%的案主表示达到了他们的治疗目标，32%的案主表示有进步，23%的案主说没有进步。而这 275 个案例的平均会谈次数是 2.9 次。

将短期家庭治疗中心的这两项研究成果与当时其他治疗取向的研究结果相比较，短期家庭治疗中心的会谈成效更佳。首先，会谈的平均次数减少了。加菲尔德（Garfield，1994）发现，各个治疗取向会谈次数的中位数在3～13次，以6次为最多。而在短期家庭治疗中心的研究中，1988年的案例平均会谈次数是3次，而1992—1993年的案例平均会谈次数才2次。由于加菲尔德的研究回顾了几种问题解决取向的成效，所以短期家庭治疗中心的数据表明，案主通过建构解决之道可以更迅速地取得进步。

其次，治疗效果更佳。兰伯特和伯金（1994）回顾了不同治疗取向的控制组研究。研究发现，心理治疗的平均成功率是66%，即66%的案主显示有进步。而没有接受治疗的人，只有34%靠自己得到了改善（1994：147）。短期家庭治疗中心在1988年和1992—1993年所做的研究结果显示，建构解决之道的效果比66%的平均数据要更高。此外，短期家庭治疗中心的效果是在2～3次的会谈中达到的，而兰伯特和伯金的研究效果是平均做了6次会谈才达到的。

焦点解决治疗的其他研究

成效的自然研究

随着焦点解决治疗推广到短期家庭治疗中心以外的机构，在欧洲和美国的一些地方也开始进行类似于短期家庭治疗中心的成效研究。1994年，欧洲短期治疗协会指定阿拉斯代尔·麦克唐纳（Alasdair Macdonald）为研究负责人，负责寻找和收集有关焦点解决短期治疗的相关研究成果。麦克唐纳提到，包括短期家庭治疗中心的研究在内，当时共有八个有关成效的研究，而后，则出现了更多的相关研究。这些早期的研究都显示，有70%的案主达到了他们的治疗目标或取得了显著进步（Gingerich et al.，2012）。麦克唐纳持续收集最近的研究，包含了更为广泛的各项最新成果。

金格里奇(Gingerich)和艾森加特(Eisengardt)的对照研究概况

第一份对焦点解决短期治疗进行对照研究的文献出版于2000年(Gingerich and Eisengardt，2000，2001)。研究者在2001年夏天检验了18篇正式发表的焦点解决短期治疗对照研究文献。这些研究文献的筛选符合以下标准：① 使用焦点解决短期治疗进行的研究；② 使用实验控制的形式；③ 以案主的行为或功能而非主观感受作为成效评估的依据；④ 在治疗结束或后续追踪时，进行成效评估。

此外，研究者用以下标准来评估各项研究的实验控制水平：① 使用随机方式分配组别，或可接受的个案研究设计；② 聚焦在一个明确界定的心理疾病上；③ 将焦点解决短期治疗和另一个可供参照的治疗流派进行比较，或者与对照组、无干预设计组进行比较；④ 使用治疗手册监控介入的严谨性；⑤ 使用具有信度和效度的效果测量工具；⑥ 有足够的样本人数，以便区分出组别间的差异。金格里奇和艾森加特采用了上述严格的标准，发现这18篇对照研究文献中，有七篇符合上述5～6项标准，属于严谨控制的对照研究；有五篇符合上述四项标准，属于中度控制的对照研究；有六篇符合上述三项及以下的标准，属于较弱的对照研究。

列举控制良好的研究并加以说明意义重大，因为这种研究通常为焦点解决实务提供了强有力的成效证据。在金格里奇和艾森加特的文献回顾中，林德福斯和马格努森(Lindforss and Magnusson，1997)所做的研究有着相当好的实验设计控制。这两位研究者对焦点解决短期治疗能否降低瑞典斯德哥尔摩哈格比监狱犯人的再犯罪率很感兴趣。哈格比监狱关押的是一群重刑犯，大多数为有严重罪行、高再犯罪率、药物滥用以及在受刑期间仍旧有违规行为的人。研究者随机分派30名犯人到实验组，30名犯人到控制组。实验组平均每人接受五次1～2小时的焦点解决治疗，而控制组则接受和狱内其他犯人一样的辅导。然后研究这些犯人在释放12个月和16个月后的再犯罪率，以此作为介入效果的研究资料。结果显示，在犯人从监狱里被释放12个月后，实验组的再犯罪率是53%，而控制组的再犯罪率是76%；在释放16个月后，实验组的再犯罪率是60%，而控制组的再犯罪率是86%。两组的再犯罪率达到了统计上的显著差异，而且实验组犯人再犯罪的罪行没那么严重。因此，研究者得出结论：焦点解决治疗使得犯人的再犯罪率降低，且罪行没那么严重，为瑞典的监狱系统省下了许多经费。

金格里奇和艾森加特（2001）的研究显示，在18篇对照研究文献中，有17篇文献指出焦点解决治疗使得案主有所进步，有10篇文献显示案主的进步具有统计上的显著性。此外，在11篇比较焦点解决取向与另一个标准化治疗的研究文献中，有七篇文献显示焦点解决治疗的效果与其他流派差不多或更好。2000年，金格里奇和艾森加特对焦点解决短期治疗当时的研究情况提出以下整体结论：

尽管目前的研究还无法指出焦点解决短期治疗的效能是如何建构出来的，但这些研究的确为以下结论提供了初步证据，即焦点解决短期治疗对案主有效果。研究场域和研究对象的多元化及研究形式的多样化显示，焦点解决短期治疗在各个领域中都是有用的。然而，这个初步结论还有待更加周全的研究加以验证。

• • • 过程研究

麦基尔（McKeel，2012：130）指出："有关改变过程的研究指的是在治疗室里，治疗是否产生效果以及如何产生效果，案主在治疗过程中经历了什么。"短期家庭治疗中心的团队采用过程研究的方式来发现和记录焦点解决问句及程序的有效性。麦基尔回顾了短期家庭治疗中心的过程研究及其他一些前期的相关研究。研究认为，焦点解决技术包括：发布初次会谈的任务，预设问句（如了解会谈前改变情况的问句、奇迹式问句），在后续会谈中探索哪些方面已经得到了改善，以及运用解决式对话。这些研究一致认为，焦点解决技术"实现了案主想要的治疗目的"（McKeel，2012：139）。

麦基尔也进行过一些研究，说明案主在建构解决之道过程中的体验。这些研究指出，焦点解决会谈增加了案主对于处境的希望感，提升了其对治疗目标的信心。此外，案主也提到他们的治疗之所以成功，是因为焦点解决的问句和技术起了作用。他们很感谢焦点解决短期治疗的积极氛围、案主和治疗师之间的合作关系，以及治疗师对案主优势的聚焦等。这项研究还指出，若治疗师过度聚焦技术而未能倾听案主在意的事情，没有同理案主的处境，案主便会对焦点解决治疗感到不满。

• • • 治疗对话的微观分析

微观分析起源于心理语言学的实验研究，它是一种用来分析沟通序列的方式。巴韦拉斯及她所在的维多利亚大学的研究团队，从 20 世纪 80 年代开始不断调整这个方法，并从 20 世纪 90 年代后期开始将微观分析用来评估焦点解决取向的对话及其他治疗流派的对话。他们早期的实验研究和最近的微观分析都给治疗对话的本质——合作与共同建构——提供了清楚的证据。巴韦拉斯(2012)回顾了这些研究结果，我们也将其融入本书中。这些研究都可以被复制。

微观分析作为发展焦点解决程序的实证研究基础，是非常重要的。微观分析研究的结果很有意义，同时，这些研究结果对于改进焦点解决取向的其他研究形式也有重要意义。例如，焦点解决短期治疗协会根据焦点解决短期治疗的标准，编制了一本治疗手册供大家参考(Trepper et al., 2012)。这本手册界定了协会对于焦点解决短期治疗核心要素的理解。在今后进行研究时，研究人员便可以采用手册中对于焦点解决短期治疗的操作性定义来和其他流派进行比较研究。这本手册强调焦点解决短期治疗的本质是“共同建构”，这是这一取向的核心要素。微观分析使焦点解决取向中合作与共同建构的细节变得可观察和可复制，进而使这本手册的清晰度和实用性都得以提升，同时也有助于扩大焦点解决短期治疗的实证研究基础。

• • • 元分析研究

上述资料分别说明了每一项研究所涉及的场域、研究设计、效果评量和研究结果。当研究涉及了焦点解决取向和其他模式的比较时，这些资料能够指出焦点解决取向和其他流派之间的差别。除了单独讨论各个研究的方式，另外一种方式就是对现有的研究进行元分析。正如肯德尔、霍尔姆贝克和韦尔杜因(Kendall, Holmbeck, and Verduin, 2004: 34)所说，元分析使用统计的方法，通过将个别研究结果转换成共通的评量单位(通常是“效果值”)来对多个研究结果进行综合分析。效果值通常是指在元分析中，各组研究的实验组(干预组)和控制组(比较组)之间的效果平均差异。

金(Kim)回顾了63篇有关焦点解决治疗的实证研究论文。在这些研究论文中，他筛选出研究内容至少涉及某个焦点解决取向的程序并采用统计方法来评量其效果。焦点解决最基本的四个程序包括奇迹式问句、评量式问句、使用暂停、暂停后的赞美与建议。设定了这样的标准后，金最后从中筛选出22篇研究论文进行元分析。他将研究主题分为三类，并分别计算它们的效果值。这三个类别是：内向行为问题(焦虑、抑郁、低自尊)、外向行为问题(多动症及其他行为问题)、关系型问题(家庭和关系困扰)等。

金指出，相比于其他的元分析研究，他发现总体而言效果值是小的。其中，内向行为问题比外向行为问题和关系型问题的效果值要大一些。同时，他指出，其中几篇论文的研究具有较大的效果值。这项元分析研究的效果值和其他类似研究相同，这些研究包括了硕士、博士论文和公开发表的论文[①]。同时，在比较组中，焦点解决的治疗和其他心理治疗流派的效果值基本上没有差别。不过，金也指出了这项元分析研究的局限：研究分析的样本量不大(仅针对了22篇研究论文中提及的样本)；其中很多实务工作者接受焦点解决的训练有限(一些实务工作者仅接受了2～20小时的

① 金筛选出的研究论文包括11篇硕士、博士论文和11篇公开发表在期刊上的论文。其中，硕士、博士论文的效果值都低于整体的效果值。

训练)；实务工作者是否参与过焦点解决的工作，缺乏具有严谨性和一致性的认定方式。金的研究作为焦点解决短期治疗早期的元分析研究，具有十分重要的意义。这项研究还涉及一些研究发现，并提到焦点解决治疗是一个颇具前景的新取向。不过，金的元分析研究结论尚不能认定为最终结论，因为其分析的各项研究有其各自的局限。第二篇论文的元分析研究(Stams et al.，2006)是用荷兰语发表的，金格里奇等(2012：106)将其译成英文，其摘要如下：

施塔姆斯等(Stams et al.，2006)的元分析研究发现，焦点解决短期治疗的总体效果值是0.37，就一般标准而言，这是一个从低度到中度的治疗效果。将有焦点解决短期治疗介入和没有辅导介入的研究进行比较(四篇)，效果值是0.57；而将焦点解决短期治疗和其他治疗流派的研究进行比较(七篇)，效果值只有0.16。这项研究有多种解释，其中之一是：焦点解决短期治疗与其他治疗流派相比，效果一样或略好一些；但是，焦点解决短期治疗的效果比没有接受任何辅导的明显要好得多。

不过，施塔姆斯等的元分析研究也存在一定的局限，其中一些和金的研究局限类似。因此，虽然这些研究的结论很有趣，也具有建设性，但是更严谨的结论仍有待于进行更加完善的研究。如研究中要有一致且经验丰富的焦点解决短期治疗师来进行介入。此外，更严谨的研究还需要对什么是焦点解决短期治疗进行明确定义，并采用严格的评量标准，以确保每位治疗师在研究过程中都真正实施了焦点解决短期治疗。金格里奇等(2012)的研究就提到了近期的两项符合上述要求的研究。

• • • 近期的两项重要研究

斯莫克等(Smock et al.，2008)比较了不同取向的辅导对药物滥用人员的影响。案主被随机分配到焦点解决团体治疗组或海哲登模式治疗组，后者聚焦问题并采用心理教育取向。案主由当地的假释行政部门转介而来，并被随机分配去接受焦点解决团体治疗或海哲登模式治疗。研究者用贝克抑郁量表和心理咨询效果问卷对案主进行前测与后测。研究者会给治疗师们提供治疗手册，以确保他们所执行的治疗符合标准。在研究过程中，研究者依据治疗手册的标准去评估治疗师是否严格遵守某项治疗模式；同时，也评量两组治疗师的技能水平，以控制这项干扰变量。研究结果显示，接受焦点解决团体治疗的案主有明显进步，而接受海哲登模式治疗的案主则没有。研究者发现，焦点解决团体治疗在两个量表的前测与后测上产生了中等的效果值(0.64 和 0.61)。这一研究结论很重要，因为抑郁症和药物滥用往往并发，对抑郁症的治疗会提升药物滥用的治疗效果(Smock et al.，2008：113)。

金格里奇等(2012)指出，第二项研究(Knekt，2008a，2008b)具有特别重要的影响，因为它是一项大规模的研究，有 326 位研究对象。这项研究有明确的诊断标准来确认谁可以成为研究对象；研究对象被随机分配到不同的小组；治疗师都受过良好的训练；使用不同的方式来评估治疗的效果；使用焦点解决短期治疗的会谈手册并严格评估治疗是否符合要求；最后将焦点解决短期治疗和其他两种治疗取向进行比较。这项研究比较了焦点解决短期治疗、短期心理动力治疗、长期心理动力治疗这三种治疗方法对抑郁症和焦虑症患者的效果。第一组病人在八个月内平均接受了 10 次焦点解决短期治疗，第二组病人在六个月内平均接受了 19 次短期心理动力治疗，第三组病人在 31 个月内平均接受了 232 次长期心理动力治疗。研究者在三年内采用不同的问卷进行成效评估，包括病人的抑郁、焦虑、工作能力、社会适应状况、就业或就学比率、请假天数等。研究结果表明，三种治疗在三年内表现出几乎相同的正面效果，且具有显著性。焦点解决短期治疗与短期心理动力治疗在第一年产生了较好的结果，而长期心理动力治疗在第二年中期渐渐赶上，并在第三年的效果优于焦点解决短期治疗和短期心理动力治疗，但两者并没有显著差异。金格里奇等(2012)认为，这项研究是目前有关焦点解决短期治疗最严谨的成效研究，是焦点解决治疗效果的有效证据，因为这项研究将焦点解决短期治疗和另外两种治疗取向同时进行了比较。

研究结论与今后发展

目前，有关焦点解决短期治疗的实证研究已经十分丰富，并不断发展。金格里奇等(2012：106)在回顾了焦点解决短期治疗的研究文献后，认为目前有46项关于焦点解决短期治疗的研究都显示出该领域的研究形态与品质都在不断发展中。值得一提的是，他们补充道："近年来，当焦点解决取向与其他治疗取向相比较时，焦点解决短期治疗已经显示出和其他取向具有相同的功效。甚至同等情况下，焦点解决短期治疗耗费的时间与成本更少。"(2012：107)

此外，许多研究也证实焦点解决短期治疗对于多元背景的案主及问题都有功效。特雷佩尔和富兰克林(Trepper and Franklin，2012)总结了焦点解决短期治疗在不同领域的研究，如学校(Kelly，Kim，and Franklin，2008)、家庭暴力与虐待(Lee，Sebold，and Uken，2003)、儿童保护服务(Wheeler and Hogg，2012)、药物依赖(Panayotov，Strahilov，and Anichkina，2012)、青少年(Corcoran，2012)、物质滥用(Hendrick，Isebaert，and Dolan，2012)以及管理和教练(McKergow，2012)等。

今后的研究重点应该进一步放在强化焦点解决会谈程序的实证研究上(Gingerich et al.，2012；Trepper and Franklin，2012)。首先，需要更加严谨地实施对照研究。因为对照研究本身就具有较高的价值，此外，要将对照研究纳入元分析研究中，因为元分析研究结果的解释力度更强。其次，这些对照研究应该要扩大临床研究样本，如同克内克特等(Knekt et al.，2008a，2008b)做的研究那样。同时，采用多元指标来评估治疗效果，并将焦点解决短期治疗的效果和其他具有实证研究基础的治疗取向进行比较。大样本临床试验对焦点解决短期治疗而言至关重要，因为这能为其提供充分的实证研究基础，并使其被更多领域接纳。

如果要使大样本临床试验成为有力的实证研究基础，参与研究的治疗师就必须达到该治疗取向的要求。因此，对于治疗手册的持续修订，以及参与研究的治疗师是否都符合焦点解决短期治疗的要求，必须进行严格的评估。值得庆幸的是，欧洲短期治疗协会和焦点解决短期治疗协会都设有内部的研究委员会，已经着手此事。再者，为了使他们能够持续强化治疗手册及评估工具，我们必须对过程研究和微观分析进行深入探究，使用焦点取向为案主提供服务的独特之处是什么？焦点解决取向会谈中，究竟有什么让案主发生了改变？

因此，本章所讨论的各项研究类型都需要更多的人进行深入研究。这些研究类型相互影响，而增加研究数量本身对焦点解决实务的整体实证研究基础积累也有贡献。正如我们在本章最后一节要阐述的，作为一名焦点解决的实务工作者，当你在用焦点解决取向为案主服务时，你有责任产生以实践为本的证据，进而为焦点解决短期治疗增加实证研究证据。

收集研究数据，改进实务工作，拓展实证研究基础

在本章一开始，我们提到焦点解决取向的会谈程序的发展是研究与实务合作的结果。在短期家庭治疗中心，实务工作者们密切合作，通过仔细观察、过程研究以及对成效的描述性研究，发现并记录了更有效的与案主工作的方法。类似这种实践为本的研究，在世界各地的一些机构中持续进行着，其中一个著名的实务与教学机构便是英国伦敦的短期中心。申南和艾夫森（Shennan and Iveson，2012）记录了短期中心的历史。该中心成立于20世纪80年代末，以类似短期家庭治疗中心的研究方式，从案主的观点出发，探讨焦点解决短期治疗的问句，并收集“什么是有效的”相关资料。他们进行了好几项研究，使得短期中心发展出自己的焦点解决会谈形式，这包括：① 与案主一同发展出其对于“所偏好的未来”的详细描述，而不是使用“目标”一词，因为短期中心认为“目标”一词过于狭隘；② 使用对“所偏好的未来”的“实例”一词，来探索案主的例外经验；③ 询问案主“你对和我们一起工作，最大的期待是什么”，而不是询问“在这段会谈中需要发生什么，对你来说才是有用的”；④ 取消会谈结束前的任务，单纯相信在会谈中共同建构出来的解决之道，已经能够对案主产生作用；⑤ 取消暂停阶段，而用简述“案主偏好的未来”与“案主已经

做了什么可以使之发生”来作为会谈的结束(Shennan and Iveson, 2012)。我们相信短期家庭治疗中心和短期中心所发展出来的实践与研究的合作关系，强化了实务工作者对案主的好奇心，并促使他们去思考“什么对案主是有效的”。如此，不仅推动了更多富有成效的实务研究的发展，也巩固了焦点解决短期治疗的实证研究基础。

当你在自己的实务工作上坚持焦点解决取向的时候，你或许没有机会向短期家庭治疗中心或短期中心一样，可以有一群致力于提高实务能力的同事一起工作，但这并不意味着你就无法来研究你的实务工作究竟对案主产生了什么正面的作用。持续改进实务技巧的有效的方法之一就是采用“治疗成效管理系统”(Lambert, 2010)。该系统要求治疗师熟悉案主的治疗效果，而行政单位则持续追踪案主的治疗效果，以便服务今后的案主并改善实务工作者的技巧。案主的反馈告诉治疗师，他所经历的成功程度如何。也就是说，案主的反馈应当在案主和实务工作者之间公开分享并讨论，以便确认治疗是否在正轨上，或当治疗未在正轨上时可否调整方向。大样本的控制实验研究结果显示，运用这一系统的时候，案主的改变程度和治疗效果都得以改善，特别是对那些原本对治疗没有正向回应的案主来说。兰伯特(2010)指出，运用“治疗成效管理系统”的研究效果值是0.34～0.92，所以这是一个对案主状况进行固定追踪的好方法。

此外，还有几个关于追踪案主治疗成效的系统，其中最简单的是“改变成果管理的伙伴系统”(Miller et al., 2005)。这个系统有两组各四题的量表——成效评定量表和会谈评定量表。成效评定量表是在每次会谈前，要求案主去评量一下自己在过去一周里，在以下四个方面的状况：个体层面(个人的幸福感)、人际层面(家庭、亲密关系)、社会层面(工作、学校、友谊)和整体层面(整体的幸福感)。在会谈结束后，案主须立即填写会谈评定量表。案主根据自己的感受来填写对会谈的评量，如：感受到多少“被理解和尊重”，这次会谈聚焦于“他想要的工作或讨论”的程度如何，治疗师的取向是否“对我很适合”，以及这次会谈“对我很合适”的程度如何。这个“改变成果管理的伙伴系统”包括了以下操作重点：如何向案主介绍量表，如何进行量表的评分，评分分数的意义为何，以及如何在与案主会谈的脉络中一起讨论评量的结果。这些量表还有可用于儿童及团体工作的版本。

吉拉斯皮和墨菲(Gillaspy and Murphy, 2012)记录了有关“改变成果管理的伙伴系统”的使用成效，并探究此系统与焦点解决短期治疗合作的有效性。

他们指出："即使是最好的治疗师，也只能对七成的案主有帮助(Hansen et al.，2002)；而且早点儿知道案主没有改变总比晚些知道要好。"他们认为，如果要把"改变成果管理的伙伴系统"并入焦点解决短期治疗的对话流程中，那就需要对建构解决之道的做法稍做调整。他们相信这样会事半功倍，并且建议要通过试验这些工具，让实务工作者有机会掌握治疗技巧，进而改善对案主的治疗效果。我们支持这样的建议，因为这些工作的目的是更好地聆听案主的心声，以引导实务工作；同时，对新的实务手法进行实验，以提升治疗中的"有效之处"，正是当年促进短期家庭治疗中心开创焦点解决实务的最大动力。

第十二章

专业价值与人类多元化

人本身就是有价值的。

（Biestek，1957：73）

我们在第一章中谈到建构解决之道与问题解决取向分别要用到的技巧，展现了不同的助人专业范式。如果你同意这个观点，就可能会问自己一些问题：

- 焦点解决会谈是否符合助人领域用来指导实践的价值标准？
- 对于不同背景的案主，焦点解决取向是否同样有效？
- 如果我决定对我的案主使用建构解决之道的技巧，那么如何让我的同事、督导和可能雇用我的机构或诊所接受呢？
- 我可以看到建构解决之道对个人及家庭是有帮助的，但它是否可以用于团体或组织等其他实践呢？

学生及工作坊的成员常常会提到上述问题。在本章和第十三章中我们会给出答案，答案都来自作者和那些已经在实践中使用焦点解决会谈技巧的学生及实务工作者的对话。

建构解决之道与专业价值

任何专业的基石都在于它的专业价值。专业价值概述了一个专业的基本认同，并且提供了一些标准——让实务工作者用来评估与案主一起工作时可被接受程度的标准。在助人专业中，所有的实务操作程序，不论是新的还是旧的，都必须不断地被详加检视，以帮助实务工作者更好地分析其与专业主流价值的距离。

许多助人专业是重叠却又被加以区分的，包括心理咨询、心理学、婚姻和家庭咨询或治疗、心理治疗、康复咨询、社会工作、物质滥用咨询等。在助人领域中，不同专业及其专业协会对引导实务工作者和案主互动的准则有着非常一致的看法。比较各特定助人领域的伦理守则[①]，就可以看出这一点。我们还可以通过翻阅本专业领域的实务教材来进行比较，每本书都会回顾该专业实务取向的基本价值观。（例如，Axelson，1999；Egan，2010；Hepworth et al.，2010；Lewis，Dana，and Blevins，2011）

本书在讨论专业价值标准和焦点解决会谈过程时采用了谢弗和霍雷伊西（Sheafor and Horejsi，2008）提出的价值标准与实务准则目录，因为他们的陈述比其他人更详细，能使我们的讨论更完整。接下来，我们将讨论适用于所有助人领域的价值标准，这些价值观可以被运用于实务工作者和案主的交流中。

● ● ● 尊重人的尊严

所有人都有权利被当成有价值的受造之物。这个信念包含了关于实务工作者如何与案主建立联系的几点暗示。最重要的是，案主必须以自身的本质被接纳。根据比斯特克（1957）的观点，我们应该接纳案主的所有方面——案主的优势及局限、积极和消极的态度、看上去健康或不健康的行为，以及讨人喜欢和令人生厌的特质和习惯等。正如比斯特克等所说的，所谓接纳，必须是无条件的，不能根据案主过去的表现来决定是否接纳（Rogers，1961）。

然而，比斯特克和罗杰斯很快指出，接纳不等于赞成。例如，一个实务工作者可以接纳案主喜欢看有暴力画面的电影而非家庭式电影，但可以不赞成这个喜好。接纳的重点在于，对案主来说什么是真实的，而非对他是最好的。

对于“尊重人的尊严”的承诺与认同，需要实务工作者维持不妄加评论的态度。对案主持有这种态度，意味着实务工作者没有兴趣对案主本人及其故事进行评论。评论包含了对一个人有罪或无罪的法律判定，或是有关个人态度或行为对错的道德陈述。评论相当于进行责备或做出道德评价。

---

① 可供参考的助人专业相关伦理守则汇编有《助人专业伦理守则》（*Codes of Ethics for the Helping Professions*）和《助人专业伦理与议题》（*Issues and Ethics in the Helping Professions*）（Corey，Corey，and Callanan，2007）。

实务工作者认同要在对案主保持不评论的态度的同时，还必须意识到案主的态度和行为一直受到家庭和社区的评价。在解决案主的问题时，实务工作者必须考虑到案主的家庭和社区所持有的法律和道德标准。如果实务工作者忽略这个标准，就会给案主留下不切实际、没有帮助的印象。

通过接纳和不批判的态度来展现对人的尊严的尊重，是案主和实务工作者关系中发展信任与合作的基础。当一位实务工作者用评价的方式来回应案主时，案主很快就会感到实务工作者对他们该如何思维、如何行为是有倾向的(有期望的)，这表示实务工作者的接纳是有条件的。一旦意识到这一点，案主就会怀疑实务工作者是否真的愿意理解他们，也容易对实务工作者能否带来帮助失去信任感。

通过建构解决之道，案主很快能感觉到被实务工作者接纳及其不批判的态度。从第三章提到的基本技巧开始，我们一直在强调：建构解决之道的基础是接纳案主的知觉并在其参考架构中工作。而注意案主的阻抗、挑战或面质案主的知觉等做法，并不会出现在这一取向中。

建构解决之道的历程也将任何访谈中出现的解决方法加以脉络化(De Jong and Miller, 1995)，即融入其背景之中。当案主在回答奇迹式问句，描述在问题解决以后生活会出现什么不同时，我们会问他们何以得知生活会出现这些不同。在回答的过程中，案主会描述他们生活中所处的家庭和社区脉络，解释他们的目标是如何在这些脉络中产生意义的。在焦点解决会谈中提出关系式问句，即邀请案主根据家庭成员及社区其他重要人物的观点来具体描述期望和确认目标，这表示焦点解决短期治疗非常看重重要他人与案主的关系。

与其他人产生关联，会提升案主的价值感，同时也会提升其尊严感。焦点解决会谈通过邀请案主成为自身和自己生活的专家而做到了这一点。通过注意案主的知觉，焦点解决取向向案主间接传递了这样的观念：他们的知觉在建构解决之道的过程中是最有价值、最重要的资源。因此，焦点解决会谈过程本身不只是尊重案主，还会提升案主的个人价值感和尊严感。

• • • 个别化的服务

每个人都是独特的，每位案主都希望“不仅把他当作一个人来对待，还要把他视为一个有着与众不同的个性特征的人”（Biestek，1957：25）。所有助人专业都强调每个人有其自身的态度、信念、希望、力量、成功、需求及问题。案主希望实务工作者能够倾听和关心令他们感到焦虑的议题，并在尊重其独特性的同时，懂得弹性地协助他们。

尊重每位案主的独特性，是焦点解决会谈的基本原则。采取未知的姿态，持续在案主的参考架构和语言中寻求确认与澄清时，焦点解决会谈揭示了每位案主对自己的问题、目标、过往的成功和力量的认识。解决之道是因人而异的，因为它们是根据案主的特定生活经历所产生的例外经验及应对策略而建构起来的。

有效地提供个别化的服务要求实务工作者要保持适当的灵活性。建构解决之道的过程可以使实务工作者灵活地工作，因为会谈是建立在案主所带来的知觉和经历的细节（如特定的目标、应对策略、优势等）基础之上的。它不受传统的预估及诊断结果的约束，也不会使实务工作者局限于某种干预方法。相反，它是由案主自己找到的独特解决之道，实务工作者则站在案主的身边“慢一拍”引导。此外，建构解决之道帮助实务工作者坚定了对于案主具有内在与外在资源的信念，因为多数案主可以建构出具有实际意义且令人印象深刻的解决之道。

• • • 助推案主的愿景

谢弗和霍雷伊西（2008：74）认为，实务工作者的基本目标之一是“介绍和提升案主的希望感，让案主相信改变是有可能的，有新的和更好的解决方法来处理这种情况”。这一价值目标要求实务工作者必须小心，不要给案主投射不实际的未来景象。

虽然焦点解决会谈采用了不同于问题解决取向的方式，但是焦点解决会谈对谢弗和霍雷伊西的价值理念是相当认同的。整个建构解决之道的过程都在通过扩展奇迹式问句的答案，以设定目标。同时，实务工作者鼓励案主对问题解决后自己的生活会是什么样的形成一个详细的愿景。与问题解决取向相比，建构解决之道的过程强调了实务工作者邀请案主利用自己的参考框架来创造愿景。这种方法不仅在来访者身上培养出希望感和动力，还践行了其他的助人价值标准，如提供个别化服务、提高案主自决能力等。

焦点解决会谈反对实务工作者在案主身上激发出错误的希望。首先，由于焦点解决短期治疗是由案主自己界定想改变的愿景，实务工作者的个人偏好对案主目标产生影响的机会就较少。其次，焦点解决会谈要求案主以专家身份来说明奇迹图景的哪些部分会实现、哪些部分不会实现，通过这种方式，也鼓励案主思考和解释在其生活脉络中，什么才是实际可行的。

・・・以案主的优势为基础

谢弗和霍雷伊西(2008)指出，在专业领域中，实务工作者的内心常会被案主的问题、局限或缺陷所盘踞。他们认为，跨领域团队的实务工作者对于案主的评估常是消极的，很少或根本没有提到案主的能力。所以，他们悲叹这种做法是“对待案主的消极方式”，指出“导致案主改变的关键是案主的能力和潜力”(Sheafor and Horejsi，2008：74)。

建构解决之道的取向强调探索和澄清案主的例外，不时地赞美案主的优势与成功，这两点证实“建立在案主的优势上”是建构解决之道的标志。

・・・鼓励案主参与

在谈到案主的参与时，谢弗和霍雷伊西(2008：74)重申了专业领域重要的格言：实务工作者应该“助人自助”，“和案主一起，而非对他或为他工作”。换言之，助人专业应当致力于为案主赋能。

我们相信建构解决之道不只符合了这个价值观，如同在第一、二章中阐述的一样，焦点解决取向还对案主的参与及赋能给予了更多的附加意义。通过使案主知觉的作用最大化，建构解决之道日益成为一种帮助案主进行自助的新的却更完整的方式。焦点解决取向邀请案主定义奇迹的未来、界定例外、探索过去有关的成功经验来建构解决之道，这些过程都在要求案主实现自助。焦点解决会谈进一步深化了和案主一起工作的理念。和案主一起工作指的是通过参与围绕案主所关心的事情与经历的对话，来与案主一起合作；真诚地和案主展开一段谈话，意味着探索和肯定案主与他人不同的独特性，即承认案主与实务工作者之间是有差别的，他们之间可能存在不同的希望与观点。在引导案主说出想法的过程中，实务工作者会不断地尊重并肯定案主的独特之处。

• • • 最大化案主自决的能力

这里讨论的各项价值标准会相互补充并同时发生。例如，当你鼓励案主参与时，你也做了个别化的服务，提升了案主的尊严。案主的自决也属于同一个价值标准群，是实务工作准则中最被强调的价值。

比斯特克(1957：103)将案主自决定义为“真正意识到案主有自由做出选择和决定的权利及需要”。正如比斯特克所说，助人专业对此项价值观的支持是一致的，因为自决不仅是人类的一项基本权利，而且是尊重人类发展的方式。人们通过选择的过程，形成、完善、确定了“我是谁”的感受。即使人们在和自己的问题做斗争的过程中有时会感到疲倦和失望，但是案主的自信和满意并不是在实务工作者为其做出决定时出现的，而是在案主履行自己的职责，通过选择而获得自己最佳生活时才拥有的。即使面对智力有限的案主，实务工作者也要尽可能使案主采用自决的方式来与之工作。

焦点解决的程序会有利于培养案主自决的能力。我们鼓励案主在建构解决之道的过程中对自己的生活负责：要求他们认清自己的问题，解释生活中发生了什么让这些事情成为一个问题，还要求他们说出何为令人满意的未来，厘清期望、动机与信心等知觉。例如，在阿艳与彼得的谈话中，阿艳告诉彼得她想减轻自己的恐慌情绪，想要一个令自己内心和外表都保持快乐的未来。当她的儿子感受到了她以往没有的沉着冷静时就会自由地出去玩耍、荡秋千、骑自行车。阿艳还描述了例外发生时，她的呼吸更顺畅，没有颤抖和担忧。她指出，她有十分的动机去努力，也有十分的信心能靠自己找到解决之道。

在这个过程中，阿艳担起了定义自己的问题和选择怎么办的责任。彼得通过提出问题与产生共同理解的方式，邀请阿艳从她对问题的回答中进一步建构解决之道。实务工作者运用这种方法与案主工作，会带给案主一个更深层次的自我决定。毫无疑问地说，这一点绝不同于那些“将案主知觉视为专业评估与建议的原始资料”的治疗取向，即使在那些治疗取向中，案主可以选择接受或忽略这些专业评估与建议。

培养可迁移性

理论上，实务工作者的工作方式应该让案主能够掌握他们在寻求服务期间学到的解决问题的方法，并可以用来解决生活中出现的其他问题。文特(Vinter，1985)把这种工作方法称为理想的可迁移性。谢弗和霍雷伊西(2008：76)发现了可迁移性的一个层面：

> 让案主能够应对未来的一个重要方面，是教导他们如何识别和利用在他们当下环境中所发现的资源。这些资源包括家庭成员、亲戚、朋友、服务社团，以及教会或者犹太教团体等。

可迁移性涉及提高案主对他们内在和外在资源的认识，焦点解决会谈能够做到这一点(De Jong and Miller，1995)。通过不断邀请案主探索和确信他们对自己想要什么以及如何实现的想法，焦点解决会谈让案主有机会更清楚地认识自己过往的成功和优势。比如，在茵素和威廉斯家族的会谈中(详见第五章)，茵素肯定格拉迪丝的目标是当个好妈妈，她赞美格拉迪丝从多个方面努力实现她的目标。她邀请格拉迪丝将这些内在资源说出来，也鼓励她今后持续运用。

焦点解决会谈中的关系式问句，还给予案主识别外在资源的机会。例如，当探索阿艳做得更好而旁人会注意到事情有什么不同的时候，彼得了解到阿艳的丈夫和嫂子会给予她很大的支持。同时，彼得也看到了阿艳一直在学习用新的、更有效的方法来运用这些外在资源。

本章后面呈现的数据也证实了建构解决之道的可迁移性。短期家庭治疗中心在1992—1993年的电话调查中提到了这个问题：“我们很好奇你在短期家庭治疗中心与我们一起工作时，我们来帮助你处理个人或家庭问题的干预方案是否有用？你会怎么说？对处理这些问题是有帮助，有阻碍，还是没有影响？”上述调查中，一半的案主会说，短期家庭治疗中心的服务帮助他们处理了更多其他的问题；另一半的案主则表示，服务效果虽没有帮助但也没有负面影响。凯泽(1988)对短期家庭治疗中心案主的研究，显示了更高迁移性的比例；当他询问这些案主同样的问题时，有67%的案主表示短期家庭治疗中心的服务帮助他们处理了其他问题。

使案主的赋能感最大化

谢弗和霍雷伊西(2008：78)将赋能定义为“帮助人们(个别及共同地)获得可以改变生活环境的权利以及能掌管生活的控制力”。他们也说明了实务工作者可以帮助案主获得对生活控制感的方式：协助案主与有用的资源与信息进行连接，发展出做决策与行动的技能，从而增加自我依赖及对生活脉络的改变能力。

实务工作者通过邀请案主设定目标，挖掘内在潜力及家庭、社区的资源，厘清可创造美好生活的其他资源，使案主能够驾驭自己的生活。

维护保密性

保密性要求实务工作者在为案主服务的过程中，对所获得的任何私人信息予以保密。如果实务工作者能满足这个需求，案主便能更容易信任实务工作者；也会觉得受到尊重，从而更有效地与实务工作者一起工作。实务工作者如果将案主所坦露的事情与看法向其他人泄露，就会对案主或他们认识的人造成伤害或令他们感到尴尬。

专业机构一般都会定期编写有关保密的原则。在开始会谈前，机构会对新入职的实务工作者进行专门的保密政策培训。这些保密政策反映出且常常超过政府的法律及规定对案主的保护。焦点解决的程序也必须在法律及机构政策下实施。例如，如果你要采用团队取向进行工作，就应该事先告知案主，团队也不能在案主没有签署同意书的情况下就开展工作。

焦点解决还会用其他方式来执行保密原则。助人专业长久以来的信念是，为了使案主进步，案主必须表达对过去深感痛苦及对羞辱事件的感受。有些实务工作者觉得必须去引出和探讨这些事件，甚至要去处理案主可被理解的抗拒。相反地，建构解决之道的取向以经验及成效资料为基础，认同案主可以通过其他方式，如问他的问题是什么，希望情况有何不同，有什么优势及资源可供使用等，来产生同样或更多的进步。因此，在焦点解决取向中，案主不会被要求去谈论问题及与私人有关的细节。案主可以决定，为了建构解决之道，哪些内容是需要被讨论的。我们发现，当实务工作者对会谈内容有所控制时，案主几乎总是会选择保护自己，即不会揭露对过去事件的感受及私密的细节。在阿艳及威廉斯家族的案例中就能看到这样的情况。

因此，焦点解决会谈能更深层次地维护保密性，如此，对从事实务工作者的人们也是有利的。你不必再担心要如何才能协助案主揭露重要议题，也不会遇到案主抗拒的情形。相反，当你允许案主对自己如何建构解决之道负起更多责任的时候，你将比以往任何时候都更能享受与案主一起工作的时光。

• • • 促进一般化

实务工作者也会为身心障碍者、长期精神疾病患者、心智迟缓者以及其他失能者提供服务，但一直以来的做法却有越来越孤立这些案主的趋势。这些案主通常被要求的生活方式常反映了人们对其有着障碍与低能的刻板印象。为了改善此类状况，焦点解决取向的专业助人者倡导“一般化”的理念，呼吁实务工作者在情况许可的范围内，协助这些案主能以一般常人的环境与方式生活（Sheafor and Horejsi，2008）。

焦点解决会谈与“一般化”的理念相吻合，因为“一般化”是许多身心障碍者的首要目标。案主受到鼓励去拓展对所期待生活的详细愿景，通过探索案主的例外经验来发现他们的成功与力量。通过被询问如何重复并超越过去的成功经验，同时去探究何人或何事会在此过程中对他们有助益，案主们会自信心大幅提升。我们发现，建构解决之道可以用来帮助重度精神病患、红斑狼疮患者、近期被诊断为晚期病的患者，以及具有其他生理障碍者。甚至在面对看似被击垮的案主时，焦点解决会谈也会有所帮助。当这些案主的应对策略得到赞美时，他们通常会感到有希望。案主也常会因此萌生了要与痛苦或失能“共同生活”的新想法。如同在本书第十章中所说的案例，与基奇 · 伯恩斯(Kidge Burns)在第十四章中所描述的案例一样—— 那些因急性状况(如中风、头部受伤)或慢性疾病(如帕金森病、多发性硬化)而有说话及使用语言困难的病患，我们可以看到案主的改变。

• • • 监测改变

由于案主及其生活的脉络一直在改变，谢弗和霍雷伊西(2008：78)认为，实务工作者与案主必须经常共同收集对案主有帮助的信息和资料，以便“对改变的历程进行持续的检测及评估”。如果这些信息和资料显示出没有任何想要的进步产生，那么实务工作者有责任采取其他策略。

在焦点解决会谈的过程中，实务工作者应定期监测案主的改变。案主对于监测性问句的答案，有助于发现自己的成功经验与优势。因此，定期监测是不可或缺的一个环节。评量式问句可用来提升案主对自身改变进行评估的能力。例如，阿艳回答了彼得提出的会谈前改变的问句，并给出 6 分的答案，表示她在来咨询中心做初次会谈时已经比打电话做预约时做得好很多了。在第二次会谈中，彼得要阿艳评量她的进步，阿艳选择了 7 分或 8 分。在这两个例子中，案主评量式问句的答案都成为一个跳板，可以用来探索生活中什么事情变得不一样了，以及她与其他人可能做了些什么事而促使进步出现。由于评量对建构解决之道是不可或缺的技巧，因而监测改变对实务工作者及案主双方来说都是十分自然的。

在监测过程中，若实务工作者发现案主没有进步，便有责任采取其他策略。建构解决之道的原则是“在建构解决之道时，如果案主所做的事情都无效，就要鼓励案主尝试‘不同’方法”。德·沙泽尔(1985)将此作为焦点解决基本原则之一，并据此提出了一个特别的建议：做点儿不同的尝试。

• • • 结论

焦点解决取向的程序很符合助人专业中各种引导案主与实务工作者互动的价值观。事实上，使用这些程序往往能提升助人者的能力，使助人者将这些价值观鲜活地带到与案主的工作中。回顾关于优势视角所引发的力量，以及近来对于赋能看法的讨论，你将会看到：正是这些价值观与传统的问题解决范式所采用的程序之间存在着矛盾，才激发出实务工作中更多合作及赋能取向的需求(Weick，1993)。

多元文化能力的实务

助人领域最近所使用的实务教科书要求助人者对人类的多元差异要更具有敏感度，有些书籍甚至会围绕这个概念来建立实务取向(Axelson，1999；Devore and Schlesinger，1999；Lum，2011；Sue and Sue，1999)。这些教科书认为，长期以来，助人专业领域似乎是以中产阶级白人男性的特质、行为与喜好在运作着，常贬低或忽视了贫穷者、女性以及其他有色人种的一般特征。如今，助人专业领域比以往更有使命去培养具有多元意识或文化胜任能力的实务工作者。

助人领域主要采用问题解决范式来培养多元胜任的实务能力，即实务工作者首先预估案主的问题，然后以这一预估作为干预的基础。专业的助人者必须在评估阶段以及后续的干预阶段尊重人类的多元化。这些实务教科书(Axelson, 1999；Ivey, Ivey and Zalaquett, 2010；Timberlake, Farber and Sabatino；2002)强调，有抱负的实务工作者必须了解各种不同社会背景、族群、种族的价值、信念与世界观，也要学习他们不同的沟通方式以及解决问题的方式等。这些作者还呼吁，新入门的实务工作者要积极检视自身的假设、偏见、种族优越感，认识到这些部分是专业实践中个人局限之所在，所以实务工作者应努力降低它们的消极影响。获得自我认识及不同群体的专业知识后，实务工作者要在预估阶段灵活地运用这些知识，以免使案主的文化特质被误解成案主的问题或缺陷。这在随后的干预阶段中应该再次被强调，只有这样实务工作者建议的干预方法才不会伤害别人，也才会产生效果。

我们对此持保留意见。当然，对实务工作者来说，学习和了解不同群体的世界观及生活方式很重要，而且所有实务工作者都要对自己如何看待多元差异的态度更清楚才行。然而，我们对建构解决之道范式的偏好，使我们不会在各种专业预估及干预的脉络中专门去解读这个差异。相反，焦点解决取向认为，文化多元性是人们各式各样的差异之一，所以实务工作者在会谈中需要采取“未知的姿态”来进一步确认案主的需求。

在助人专业领域中，目前对于提升实务工作者多元胜任能力的做法是不够的。想象你是一位白人、中产阶级的男性，你要去与一位失业并依靠社会福利维生的非裔美国女性会谈。假设你已经很努力地淡化你的阶级、种族和性别偏见，你还从专业文献中学习了不同族群的历史、风格、喜好及生活方式，也拥有与非裔美国人工作的经验等。有了这些能力与经验，你可能会觉得自己已经为会谈做好准备了。然而，这些准备并不足以保证你会拥有多元胜任的会谈能力。首先，因为你不能假设你要会谈的这位非裔美国人与专业文献里或你之前相处过的非裔美国人具有相同的特征。其次，每一个个体都是多维度(阶级、种族、性别、身体状况、性取向、族群、宗教等)的混合体，你没有办法预知这些差异在特定的案主身上是如何相互作用的。所以，即使你对案主所属的特殊群体有很丰富的了解，你也不能对新案主有太多预先的假设。你必须努力将每位案主视为具有特定优势、经验及特质的人。你必须这么做，否则你就会对他们产生刻板印象。

专业助人者必须有能力为不同族群的个体提供个别服务。我们相信，建构解决之道的历程会比问题解决取向更能贴近这一需求。实务工作者每次与案主会谈，会倾听案主的声音，并以此来组织整个会谈。首先，实务工作者做的最重要的事情，是去倾听什么对案主来说是重要的，案主希望自己的处境有何改变。焦点解决会谈的推动者与实务工作者很早就认识到，倾听案主的声音意味着在对话中尊重案主的陈述，并以案主的用语为建构的基础，而不是将案主的用语转译成专业用语。其次，由于分类系统与专业程序很容易令实务工作者忽略案主的声音，所以运用焦点解决的实务工作者认为“共同理解基础”应该通过案主与实务工作者间的对话来建构，这一观点的重要性日益凸显(见第三章)。一旦建构了特定的共同理解基础，例如了解案主想要的目标或过去的成功经历等，实务工作者与案主便能以对话的方式继续进行更多的细节探讨，包括任何正在发展中的解决之道如何更符合案主个人与社会的脉络等。当案主提供的细节都来自案主对其处境的知觉、所偏好的未来以及过去的成功经历时，整个对话便导向产生“案主塑造的解决之道”的合作对话，而案主的参考架构则持续受到尊重与扩展。此外，由于案主的知觉与语言在某种程度上会受到所属群体的历史、风俗、问题解决风格的塑造，因而在建构解决之道时，这些多元性的维度也会被一直整合于其中。不可否认，每一个多元的维度都可被视为有潜在价值的资源。

卢姆(Lum, 2011)在回顾了“多元文化主义与文化胜任实务”概念的历史发展后，将具有文化胜任能力的实务工作者界定为：能够对自身的价值观与偏见有所察觉，了解不同族群的世界观，并且在诊断与介入时具有文化敏感性。卢姆(2011：14)同意约翰逊和芒奇(Johnson and Munch, 2009)的看法，认为实务工作者的这种“认识文化”取向，没有留下足够的空间“从案主身上学习”。因此，他呼吁：“主流范式(模式)应从‘单一聚焦于工作者的文化胜任能力’转移为‘在助人历程中，工作者与案主双方的文化能力都能有所发展，形成工作者与案主之间具有共融性的关系’。”如同我们在本书中所呈现的焦点解决实务工作者与不同背景的案主之间的对话，建构解决之道的取向以未知的姿态和“慢一拍”引导的方式来进行实务工作，对卢姆及其他学者的观点做出了回应（Greene and Lee，2011）。

关于多元化的成效数据

为了证明焦点解决会谈对于不同族群都有效，我们列出短期家庭治疗中心的期中结果与期末结果的研究数据（De Jong and Hopwood，1996）。在这一研究时期，短期家庭治疗中心位于一个种族多元化以及经济多样化的区域。几乎有一半的案主主要通过保险制度来为其私人会谈付费，而另一半的案主则由政府的福利机构转介而来，其服务费用由政府支付。这些案主的多元背景情况如下：这项研究中的275位案主，56%的案主认同自己为非裔美国人，5%的案主认同自己为拉丁美洲人，3%的案主认同自己为美国原住民，还有36%的案主认同自己为白人。在他们第一次到访短期家庭治疗中心时，43%的案主为就业者，57%的案主则没有工作。性别方面，60%的案主为女性，40%的案主为男性。儿童、青少年与青年人，在这275个案例中占了大多数：约33%的案例中的案主是12岁或年龄更小的儿童；15%的案例中的案主是青少年（13～18岁）；整体而言，93%的案主的年龄为45岁以下。

以下是四个不同背景类别的期中结果和期末结果的数据。

年龄

案主（或他们的监护人）第一次来短期家庭治疗中心时填写的信息会反映出案主的年龄。当两位成人一起来寻求服务时，他们为了记录需求及获得第三部门（私人保险或医疗）补助的目的，会被要求界定出哪一位才是案主。

表12.1为依照年龄范畴所呈现的期中结果。如同第十一章中所解释的一样，期中结果是实务工作者对案主在接受服务过程中的进步情况进行测量。表12.1的案主资料只有60岁及以下的案主，因为年龄超过60岁的案例太少了，无法用来分析。表12.1的最后一行提供每个年龄段的案例数。

表 12.1 不同年龄的案主的期中结果*

期中结果	12 岁及以下	13～18 岁	19～30 岁	31～45 岁	46～60 岁	总　数
明显进步	24%	21%	29%	27%	13%	23%
缓慢进步	43%	58%	38%	56%	50%	49%
没有进步	33%	21%	33%	17%	37%	28%
案例数	46	24	21	41	8	140

* 表 12.1 至表 12.8 中的百分比都四舍五入为整数。

如果比较表 12.1 每一行提供的期中结果的种类，你会发现案主的年龄与期中结果并无显著关联。每个年龄段中有明显进步的人数比例都差不多。唯一例外的是 46～60 岁的案主，他们在最后一次会谈时表现出明显进步的比例要小一些(13%)。然而，这个比例仅是根据 8 个案例得来的，因而对整体结果的影响其实很小。观察不同年龄组没有进步的比例可以发现，13～18 岁、31～45 岁的案主没有进步的比例较小，且差异不大。总体而言，这些数据说明使用焦点解决会谈对所有年龄层的案主都一样有效。

表 12.2 提供了不同年龄段期末结果的数据。这些数据源于案主在短期家庭治疗中心结束会谈之后的 7～9 个月，短期家庭治疗中心主动接触并询问案主是否达成了干预目标。一些回答“没有达成目标”的案主也会被问及有无其他进步产生。

表 12.2 不同年龄的案主的期末结果

期末结果	12 岁及以下	13～18 岁	19～30 岁	31～45 岁	46～60 岁	总　数
达成目标	36%	42%	32%	52%	58%	44%
有些进步	40%	47%	36%	24%	17%	33%
没有进步	24%	11%	32%	24%	25%	23%
案例数	38	19	22	42	12	133

表 12.2 显示，19～30 岁的案主很少说他们的目标达成了，一些案主说会谈没有帮助他们朝向干预目标有所进步。总体而言，年龄与结果之间没有什么相关性。因此，对期中及期末结果两者的测量，说明建构解决之道对所有年龄段的人都能产生效果。

●●●● 工作状况

案主第一次来短期家庭治疗中心时，我们收集到的数据提供了对案主社会经济地位的概括。案主(或他们的监护人)都会被明确地问到其目前的工作状况。定期就业的案主都是由私人保险公司核准可以申请会谈服务的，而那些没有工作的案主大部分靠公共福利维生，且他们的会谈费用都由政府支付。表 12.3 及表 12.4 呈现了工作状况和结果的数据。

表 12.3 不同工作状况的案主的期中结果

期中结果	就业者	失业者	总 数
明显进步	22%	25%	24%
缓慢进步	59%	42%	50%
没有进步	19%	33%	26%
案例数	63	76	139

表 12.4 不同工作状况的案主的期末结果

期末结果	就业者	失业者	总 数
达成目标	50%	37%	44%
有些进步	27%	41%	33%
没有进步	23%	22%	23%
案例数	74	59	133

关于期中结果的数据表明，从初次会谈到最后一次会谈之间，失业者中没有进步的人数比例比就业者的比例要高。此外，期末结果的数据也没有体现出两者的差异。这里的结果显示，在实现了治疗目标的案主中，就业者的百分比(50%)要比失业者的百分比(37%)高一些。整体而言，就业者在焦点解决会谈的协助下取得了较好的结果。

●●●● 性别

表 12.5 和表 12.6 提供了女性与男性案主的结果数据。在这里可以看到，性别与结果之间并无关联。女性和男性的期中结果和期末结果的数据都显示出积极的结果。

表 12.5 不同性别的案主的期中结果			
期中结果	女 性	男 性	总 数
明显进步	28%	20%	25%
缓慢进步	46%	53%	49%
没有进步	26%	27%	26%
案例数	81	60	141

表 12.6 不同性别的案主的期末结果			
期末结果	女 性	男 性	总 数
达成目标	46%	44%	45%
有些进步	26%	40%	33%
没有进步	28%	16%	22%
案例数	79	55	134

●●●● 种族

当被界定的案主第一次来短期家庭治疗中心时，他们(或他们的监护人)需要按要求回答下列问题："你认为你自己/你的孩子属于哪一种族？"有如下选项：美国原住居民、亚裔美国人、非裔美国人、白人、拉丁美洲人以及其他。由于美国原住居民及亚裔美国人这两项案例数均少于5，所以资料中未能呈现。表12.7和表12.8呈现了其他三个族群的结果数据。

表 12.7 不同种族的案主的期中结果				
期中结果	非裔美国人	白 人	拉丁美洲人	总 数
明显进步	27%	21%	43%	30%
缓慢进步	45%	58%	28%	44%
没有进步	28%	21%	29%	26%
案例数	78	48	7	133

表 12.8 不同种族的案主的期末结果

期末结果	非裔美国人	白 人	拉丁美洲人	总 数
达成目标	48%	45%	36%	43%
有些进步	32%	25%	46%	34%
没有进步	20%	30%	18%	23%
案例数	60	47	11	118

这些群体在期中结果和期末结果上的差异很小。拉丁美洲人、非裔美国人及白人案主显示的模式有所不同，但这个差异也很小。拉丁美洲群体的人数本身就比前两者要少。

多元化与服务满意度

在服务结束 7～9 个月之后的数据结果表明，焦点解决短期治疗能有效对不同背景的案主建构解决之道。若案主被问到下列问题："总体而言，你对本中心提供的治疗服务，是满意、不满意，还是两者皆否？"在 137 位回答者中，有 72%的人说他们是满意的，16%的人说既非满意也非不满意，12%的人说不满意。再将不同年龄、工作状况、性别及种族的案主的满意度分开检验，结果其满意度并未因此而有所变化。

由此可知，大多数案主在建构解决之道时有所改善。这意味着实务工作者不需要根据案主的背景形成假设。相反，如果你对多元化差异有基本的了解，并努力摆脱对多元文化的偏见，你便可以进一步以未知的姿态和"慢一拍"引导的方式来进行会谈。如果你能以这样的观点来进行觉察，你将会看到，建构解决之道的历程本质上高度尊重多元文化，对人类的差异保持高度敏感性。

第十三章

机构、团体及组织的实务工作

建构解决之道与机构的实务工作

我们在第一章中提到，助人专业一直以来使用的是问题解决范式。这种范式不但对案主与实务工作者的互动结果有清楚的定义，而且对机构与心理健康门诊开展实务工作的其他方面也会产生影响。问题解决范式要求实务工作者运用专业知识，收集与案主问题有关的案例资料，利用这些资料对问题进行预估，为干预奠定基础。在机构的实务工作中，你会发现这个范式对你的服务记录以及你与机构同事、案主家属的互动等有着显著的影响。

问题解决场域的个案记录

个案记录一般包括案主特征、界定的问题，以及预估、目标、干预、所提供的服务内容、案主的进步等相关资料。个案记录有以下几项功能(Kagle，1991，2002；Sheafor and Horejsi，2008)：帮助实务工作者掌握案主的信息和取得的进步，有助于和同事、督导及家属进行沟通。同时，个案记录对机构来说也是重要的服务证明，是机构在申请经费及进行研究时的重要信息来源。

通常，机构会要求实务工作者为每位案主准备好以下相关文件。

(1) 预估报告。预估报告包括案主的相关背景信息、存在问题的信息、转介来源、实务工作者对案主及其问题的预估，以及(在心理健康体系中的)一份精神疾病诊断书(American Psychiatric Association，2000)。

(2) 干预(或服务)计划书。这个文件是对案主目标的陈述，以及说明实现目标的干预方式或服务计划。

(3) 进步记录。这个文件常常是手写的简要陈述，放在每次与案主接触后所写的个案记录里。记录描述了案主最近一次与实务工作者接触后达成目标的进步程度。如果案主出现了新的问题，该文件内容还包括再次预估和重新制定目标的说明。

(4) 结案报告。结案报告对案主所界定的问题、目标、干预、案主的进步，以及案主在何种情况下终止服务进行了摘要陈述。此外，结案报告还包括对后续服务或转介到其他机构的建议。

这些文件反映了问题解决模式分为哪些工作阶段。有时候，有些机构的工作程序是非常认同聚焦在问题上的。他们会要求实务工作者一旦怀疑案主存在某些问题，就要使用标准化的预估工具。随后，实务工作者也要将这些结果纳入初步的预估及治疗计划中。

将建构解决之道应用于对案主的服务过程后，你或许会发现这些文件的一些方面会与你和案主的工作没有关系。当你需要了解案主对自身问题的知觉时，你通常会发现专业的预估或诊断信息的帮助并不大。当实务工作者在工作中更加聚焦建构解决之道时，机构要求的个案记录会逐渐增加实务工作者的挫折感。

那么该如何处理这种情况呢？以下是一些建议。让我们先来看看彼得的经验。

彼得在一家聚焦于问题及病理的临床心理健康机构工作多年。在这个机构里，实务工作者必须在会谈时使用一份详细的病症分类调查表，以便获得那些可加入初步预估及干预计划的相关信息。这些信息还会出现在精神疾病的诊断上，并在向第三方申请付费时一并提交。由于预估和治疗计划必须在第二次会谈结束前完成，所以彼得从一开始与案主工作时，就得把会谈的焦点放在案主的问题上。

机构的政策要求他必须遵循这份调查表。后来，他决定向案主直接说明这一情况是机构的要求。在工作中开始聚焦于解决之道时，他会向案主提出如下建议：

机构要求我在第二次会谈结束前完成一个初步预估与干预计划书。初步预估时，我不仅要询问与你的焦虑、症状相关的问题，同时还要记录你的背景、家庭、个人史等信息。回答这些问题对你能不能产生帮助，这一点因人而异。干预计划包括期望未来有什么不同，以及案主准备如何实现期望。我多年的经验是，这样做对案主来说很有帮助。所以我建议：让我们今天努力把你所忧虑的一切信息都记下来，下次我们就可以更多地讨论你想要有什么不同。不过你还是需要知道收集这些初步预估信息的重要性，这样万一你需要从保险公司获得你在这里接受服务的相关费用，我能够给出一张诊断证明。如果你想要的话，我们今天也可以多谈一下这个过程。不知道这样的安排对你来说可以吗？

……………………………………

因为案主第一次来的时候常会聚焦在问题上，所以彼得的案主总会同意他的建议。随后，彼得会拿出机构使用的表格，并与案主逐项完成全部内容。如果离会谈结束还有一段时间，他就开始询问案主希望自己的生活里可以出现什么不同。通常，彼得会以“公式化的初次会谈的建议”使案主的注意力转移到建构解决之道上，以此结束这次会谈。在下一次的会谈中，他会通过询问奇迹式问句及追踪式问句让主题转到目标制定上，同时他也会探索例外，进行暂停，并在会谈结束时给予反馈。

这个机构也要求案主在干预计划上签名，以保证对案主自身干预计划的知情同意。在第二次会谈的暂停阶段，彼得会把从目标制定谈话中获得的目标记下来。在短暂休息后，他会与案主回顾这些内容，并询问案主是否认可。之后，他会给案主建构解决之道的反馈。在案主离开后，他会运用从两次会谈里获得的信息来形成初步的预估及干预计划。

不过，彼得对这种需要他妥协的形式仍然感到不太满意。第一，在建构解决之道时，没有必要询问案主有关其问题的细节及历史。第二，当案主在这份计划上签字以后，可能会使得案主在目标上就此固定下来，其实，让他们在会谈中思考各种可能性，才会对他们更有帮助。彼得想了个折中的办法，他让自己与机构聚焦问题的取向保持一定距离，同时采用焦点解决取向进行目标制定，并且在第二次的会谈过程中融入建构解决之道的所有要素。

另一种处理聚焦问题取向的记录要求的方法，是将问题解决取向与焦点解决取向相结合来进行记录。例如，美国加州贝克斯菲尔德市的肯恩县心理健康部多年来以社区为本，为慢性精神疾病患者提供服务。过去，肯恩县心理健康部的个案记录主要以医疗模式为主，必须记录案主出现的症状、所受的伤害以及诊断出的疾病名称等。渐渐地，该机构在服务中开始采用焦点解决取向，并重新修订了其记录内容。虽然，州政府仍然要求实务工作者要记录“医疗所需”（即症状、损伤、诊断等）的项目，但目前，肯恩县心理健康部已在聚焦问题的维度之外，将许多焦点解决与优势为本的问句包含在个案记录中。例如，“心理健康评估表”要求实务工作者询问“导致案主现在来寻求服务的问题”，在这个问题之后，肯恩县心理健康部的记录格式便会立刻提醒实务工作者接着去探索案主“所期待的未来”：“你希望发生什么样的变化，让它成为治疗的结果？”此记录格式也包含下列询问和内容：“在你现在和过去的历程中，有没有过得不错的时候？”“这位案主现有的资源与能力是什么？哪些资源与能力将会帮助他在问题中寻找解决之道？”对于每个问题与记录的范围，该记录格式都引导实务工作者要对特定问题的“例外”进行探索并将其记录下来。例如，当记录案主物质滥用的情况时，同时也要询问案主：他/她本可以使用药物却没有这么做的例外时刻是什么时候？他/她如何能做到不使用药物？他/她如何克服了某一次的复发？在他/她控制物质滥用上，有什么事情对他/她会有帮助？谁对他/她控制物质滥用有帮助？当案主家族史与个人成长发展史显示案主过去存在某些问题时，这一记录格式还会要求实务工作者去询问如下问题：

- 在你父亲和精神疾病作抗争的过程中，他是怎么做到管理他的疾病的？
- 你曾告诉我，在你成长的过程中，你父母“争吵并做了很多伤害彼此的事”，那么你是怎么面对这种情况的，同时还能在学校表现得这么好呢？
- 我看到你曾经和司法制度做过抗争，你从这些经历中学到了什么呢？

同样地，肯恩县心理健康部在后续会谈中仍旧探索症状与问题，以维持“医疗所需”的要求，同时也要求实务工作者询问例外的发生，并记录在上次会谈或接触后，案主“有哪些方面变得更好了”以及是什么帮助案主达成自己所界定的进展。

虽然这种将焦点解决问句融入问题解决取向的个案记录，会使得实务工作者无法完全停留在案主希望的愿景，以及与此愿景直接相关的过去的成功经历与优势上，但这种记录方式的确可以通过对问题的询问及对能力的询问，为案主与实务工作者的互动带来更多平衡。如果有关案主能力的资料都可出现在最初预估和进展的记录里，那么这些记录便提供了一个与案主相关的、更为完整与正向的图景，这份记录也可以提供给未来任何可能接触案主档案的专业人士，以便他们在实务工作中加以运用。

焦点解决场域的个案记录

有些机构更彻底地从传统的问题评估取向转到焦点解决取向，对案主的历史及问题评估的问句使用得更少。实务工作者在与案主的对话中得知案主有生理问题，必须被转介给精神医师或内科医师时，或是对话中指出有人可能正处于身体伤害的高风险中的时候，他们会使用问题评估问句。这一转变也改变了他们对文档记录的规定，使他们的文书工作更贴近建构解决之道的各个阶段。其中一个例子是“家庭解决之道”，这是英国伦敦一家大型公立机构儿童与家庭服务环节中的一部分。“家庭解决之道”提供了儿童及其家庭的早期介入方案，它的服务对象是那些挣扎于儿童保护议题，或由于其他困难而可能导致儿童被带离家庭或进入机构安置的儿童与家庭。此方案的三种个案记录的格式能够清楚地反映出建构解决之道的各个阶段。

第一种个案记录的格式是转介表，这是由工作人员在转介家庭来参与此方案时所需完成的表格。这个表格需要填写的信息包括：案主的族裔背景、家庭里使用的语言、是否需要翻译者协助；案主家庭是否了解转介过程以及能否接受被转介；导致案主家庭被转介的困难处境说明；需要由大型机构进行评估的相关作业是否已经完成；有无其他机构也同时在治疗此家庭；是否涉及儿童保护的刑事议题；其他任何的个人背景资料与犯罪记录，包括性侵害、暴力行为、药物滥用等，以及任何转介的工作人员认为该方案团队需要知道的背景信息；转介的工作人员对方案团队与案主及其家庭工作结果的“最大期待”是什么；为了儿童的福祉，转介的工作人员认为这个家庭是否必须做出一些改变等。需要注意的是，诚然，这张转介表确认与呈现了案主家庭现在与过去的问题，但并没有意图去收集更多详细的信息以评估问题。例如，“家庭解决之道”并不会要求转介的工作人员把之前所做的任何问题评估的文档送来。相反，“家庭解决之道”要求转介的工作人员能够将为何转介会在此时此刻发生说清楚，并且说明希望看到案主家庭接受转介后会有怎样的变化，以及一些可以确保案主家庭和方案团队进行有效与安全对话的信息。如此，正如我们先前在第四章里提到的一些议题，这张表格希望实务工作者在与案主开始建构解决之道前，能先去注意案主是如何来到实务工作者面前的等相关事项。

第二种个案记录的格式是初次会谈记录表。该表格要求方案团队能记录一些重要信息，包括：转介的原因；目前的状况；这个家庭对前来与方案团队工作的“最大的期待”；转介工作人员的“最大的期待”；案主家庭对于“所期待的未来”的描述；对例外的探索；部分“所期待的未来”已经发生的时刻；家庭的优势及家庭所采用过的策略；在不同时间点对进展、动机、信心的评量分数；所给予的赞美与反馈；危机程度的评估；对下一步工作的抉择；当案主家庭决定不再与工作团队一起工作时，给出结论性的摘要。这张表格需要案主家庭根据各个项目逐一叙述内容，其形式与本书附录中初次会谈的大纲相似。该表格和一般机构的个案记录表不同，因为它并没有要求详细记录有关问题的相关信息。即使是关于危机程度的评估，也是注重案主家庭有何意愿及能够采用何种步骤来降低任何疏忽与暴力的危机程度(例如，工作团队与案主家庭所建立的解决之道)，而不是基于特定问题的详细评估。

第三种个案记录的格式是会谈记录表，可以用于所有后续的会谈。需要填写的内容包括：第几次会谈；目前的状况；已有的进步；案主家庭的优势及采用的策略；针对进展、动机与信心等的评量；给予的赞美与反馈；危机评估；未来工作方向的决定；当案主家庭决定不再与工作团队一起工作时，工作者给出结论性的摘要。这张表格要求记录会谈过程的重点，这和本书提到的后续会谈大纲相似。

通过案主家庭成员的叙述，“家庭解决之道”所设计的各类表格让方案团队能够用案主家庭所用的语言来记录他们的知觉。因此，这些记录表格让方案团队可以记录每一个案主家庭围绕他们“所期待的未来”而建构出独特的解决之道；而不是对家庭过往经验与未来可能性视若无睹，只依据一套标准化评估工具或成效评估来做出专业评判。

现在有越来越多的机构开始认同，在与案主进行建构解决之道的工作时，的确需要使用不同于传统个案记录方式。如果机构及其临床主管想要他们的实务工作者更多地使用焦点解决治疗，就应该对个案记录方式加以变革。个案记录是机构告诉实务工作者应关注案主哪些方面的重要形式。因此，这些文档的要求，再加上督导所发挥的作用，对机构日常工作究竟采用哪种取向产生了深远的影响。

现在，有越来越多的新的个案记录格式范例出现。例如，阿琳·布雷特·戈登(Arlene Brett Gordon)是佛罗里达州棕榈滩一家家庭服务机构的员工，她致力于采用焦点解决实务模式来赋能案主家庭，便根据焦点解决取向的理念设计了一系列的文档记录格式。另一个范例则来自密歇根州的社会服务部门，这家公立服务机构设计了一个需要由工作者与案主合作完成的记录文档——"SUCCESS"计划。该英文字母缩写反映出这家机构已经将重点转移到以优势为基础的会谈方式及焦点解决取向上，他们从以下几个方面来探究案主身上的情况。

- S：拥有愿景(Seize a vision)。
- U：通过愿景来建构目标(Use your vision to get goals)。
- C：构思计划(Conceive a plan)。
- C：考量资源(Contemplate resources)。
- E：扩展技巧与能力(Expand skills and abilities)。
- S：善用时间(Spend time sensibly)。
- S：开始！有条不紊地进行！(Start! Get organized and go!)

还有一些机构通过对案主的进步进行打分来设计有条理的记录文档。表格的空白部分被用来记录以下内容：0 分和 10 分所代表意义的具体细节；案主现在位于哪一个分数上；案主进步 1 分时情况会有什么不同；案主会考虑或采取什么措施，好让自己可以在量表分数上能够向上移动；案主认为哪些资源会有助于自己的分数向上移动。

问题解决场域的个案研讨

在问题解决取向的场域中，个案研讨主要是以危机个案、慢性与困难个案为重点。通常，这些个案研讨的开场是：督导者询问被督导者有无任何想要讨论的危机个案。随后，实务工作者会详细描述个案危机的情况，包括案主正在纠结的问题等细节。实务工作者讲完后，督导者与大家分享他认为该如何减缓问题或摆脱这个困境。一个案例讨论完之后，他们会安排下一个实务工作者来提出自己的困难个案，然后大家继续讨论。

在问题解决场域中，个案描述会以对案主问题及其历史的详细阐述作为开始。无论在正式的还是非正式的问题评估中，这些资料都会被呈现，通常还会伴有精神疾病的诊断。随后，个案研讨的重点转向讨论案主问题的动力，在这个过程中会使用各种概念，还有家庭结构图、生态系统图等工具。最后，实务工作者分享对于介入与资源的观点，然后进入下一个案例的讨论。

如果你是一位运用焦点解决范式的实务工作者，但又受雇于问题解决取向的机构，那么你很快会意识到这样的机构似乎不太在乎案主想要什么不同，有什么成功经历、个人优势和资源。此时，你应当思考自己在机构内该如何最大限度地发挥作用，同时又忠诚于建构解决之道的假设和过程。以彼得为例。彼得就是在这样的机构执业，他很快发现，部分同事对焦点解决短期治疗持怀疑态度，彼得尝试说服他们，却收效甚微；同样，说服那些非自愿案主去做出违背自己意愿的事情，也没有太大效果。在这样的场域里，合乎建构解决之道理念的有效做法是：询问并倾听同事期望这个案例发生什么不同；目前哪些事情是有效的，哪怕只有一点点；同事做了什么让这个微小的进步能发生；以及案主会说实务工作者做了什么是对他有帮助的。能够接纳个案情况的复杂性，赞美同事为案主目标所做的努力，这些都是重要之举。我们的实务工作越具有合作性，就越能够获得尊重，现在，在问题解决学派的机构里，大家已经普遍能够接受在个案研讨中去询问案主想要什么。彼得常常会询问实务工作者，案主本人是用哪些词语来描述他们自己所想要的目标的。而此时，个案研讨会中的其他成员往往会接着就此询问更多的问题，而提出这个案例的实务工作者有时未必想过要问这些问题。随后，整个个案研讨会的重心往往发生了转移，大家会更多地去讨论该向案主提出哪些有用的问句来形成目标与策略，以便协助他们实现改变。彼得发现，那些遇到困难案例的实务工作者对此会更加放得开，他们更愿意尝试提出一些建构解决之道的问句。此外彼得还发现，在下次个案研讨时继续跟进该案例：询问这个案例有哪些方面改善了，案主认为自己什么地方变得好起来了，这些改善是如何发生的，案主会认为治疗师做了什么事情是最有用的；这样的做法会让情况变得更好起来。有实务工作者报告情况进展时，彼得便会给予赞美，并将之归功于实务工作者的创意与努力。

在问题解决取向的机构里，如果由你来提出案例讨论，你仍然可以保持焦点解决取向的观点与做法。轮到你提出案例讨论时，除了根据机构要求提供个案问题及其相关信息，你还可以提供你与案主合作建构解决之道的相关信息，并提出你对于其他可能性、有效步骤或方向等方面的想法，以期能有助于你与案主的后续对话。在陈述建构解决之道的相关信息时，务必要以案主的用语来描述案主当前想要的目标、例外与优势。以这样的方式呈现个案资料，会更容易邀请你的同事帮你一同思考什么是有效的问句，以继续与案主建构解决之道。如果我们能以这样的方式呈现案例，那么将在问题解决的工作场域中建立起焦点解决的工作路径，这其实已经向成功迈出了一大步。

焦点解决场域的个案研讨

在焦点解决取向的场域中，个案研讨是一项重要的工作，不但协助实务工作者解决疑难杂症，而且可以从中收获更多。和问题解决取向的机构一样，即使是采用焦点解决取向的机构，也倾向于关注处于危机或“卡住”的案例。然而，个案研讨的形式在这两种工作取向的机构中截然不同，因为在采用焦点解决取向的机构中，个案研讨的形式会依循建构解决之道的路径。我们曾经与一些机构合作，这些机构希望能将建构解决之道融入机构运作中的各个层面。根据与这些机构的合作经验，我们提出相应的原则与形式。个案研讨以建构解决之道的方式来进行，能够使同事得到最大的尊重，并且将各自的实践智慧、专业知识与技巧及其他资源都引入个案研讨中。

其中一个指导原则是，确保参与个案研讨的成员构成丰富，既有资深的实务工作者，也有入门新手。这样的组合对这两种群体的实务工作者都大有裨益。资深的实务工作者可以提供他们多年来在实务中累积的实践经验，而那些刚入门、年轻的、经验较少的实务工作者则可分享他们在此领域中的最新进展，以及刚从课堂或文献中学到的专业知识。虽然参与个案研讨的实务工作者并不见得都能在专业程度上相一致，但是个案研讨可以协助参与者拓展资源、提升专业性。例如，得知某位参与者的妹妹是一位经验丰富的注册园艺师，大家就可以请他的妹妹帮忙推荐一位受过训练的园艺志愿者，教导那些在贫苦社区的孩子们学习如何打造社区花园。

还有一个指导原则是给个案研讨的协调人或主持人的建议。个案研讨的协调人或主持人，为了引导成员对个案的实务工作有所助益，他需要确保成员们提出的建议是必要且被期待的，且不会引起个案研讨的匆匆结束。非常重要的是，我们需要假设机构内的实务工作者都拥有能力去协助他们的案主。这意味着大家在给出意见之前，会各自先提出许多问题。所以，在个案研讨中，如同与案主互动一般，实务工作者最好秉持着好奇与探索的态度，并以未知状态的问句来进行个案研讨。如果能有一份个案研讨的大纲，就会有很大帮助。我们鼓励大家使用建构解决之道的问句来形成个案研讨的大纲，如此也省去那些不必要的个案研讨环节。我们建议用以下大纲作为个案研讨的方向。

- 请简短描述希望从这次个案研讨中想要收获什么，或提出个人认为个案研讨会产生哪些有效成果。
- 请简短叙述案主是如何进入此服务系统的。

随后，我们可以再问以下问题：

- 到目前为止，案主会如何描述实务工作者对他的帮助？
- 案主想要看到的结果是什么，例如案主想要他/她的生活有何不同？
- 实务工作者会说案主目前有多接近目标的完成？【使用评量式问句】案主会同意实务工作的这项评量分数吗？如果同意的话，案主会说哪些部分有了改善？如果不同意，那么案主会打几分？案主会说，是发生了什么事，促使他给出这样的评量分数？
- 如果实务工作者与案主持有不同的目标（或者案主的情况有所变化），案主目前会认为何处需要改变？
- 是谁告诉案主，他确实已经有了改变？案主会认为谁在这个过程中给予他最大的帮助？

- 为了使评量分数再增加 1 分，案主需要优先采取的策略是什么？
- 当分数再增加 1 分时，案主的生活会有什么不同发生？
- 当分数再增加 1 分时，还有什么其他地方会改变呢？谁会注意到这些改变？这又会如何改变案主与生活中重要他人的互动？
- 还有什么资源是案主认为可能有助于他达成目标的？

当实务工作者提出一个被“卡住”的案例时，通常这就意味着提案人对于个案研讨所希望达到的效果（最大的期待）还没有被共构出来，或者是案主对自身目标的设定与实务工作者的看法尚未达成共识。如果案主的目标不清晰或不被认可，那么案主与实务工作者双方将怀疑他们能否成功地在一起有效工作。我们发现，在会谈过程中对案主多使用评量式问句十分有效，因为评量式问句可以协助双方确认彼此对于案主目标的知觉是否一致，同时也能帮助双方确认案主是否有所进步。同样，当我们在讨论被“卡住”的案例时，也可以使用评量式问句来组织个案研讨的过程，这样可以帮助实务工作者重新聚焦案主想要有的改变与最希望发生的愿景。如果采用我们所建议的这种个案研讨的形式，提出案例的实务工作者会去思考：案主在朝向建构解决之道的路上已经走了多远；下次与案主会面时，可以去使用哪些有效的建构解决之道问句。换句话说，依循这样的个案研讨形式，提出案例的实务工作者可以在结束个案探讨时获得他想要的结果，也就是说，提案者可以知道接下来在和案主进行建构解决之道的对话时，可以如何继续下去。

由于评量式问句能够协助实务工作者将目标维持在案主所期望的轨道上，所以在我们为机构及其案主提供咨询时，可以尽量使用评量式问句。我们发现，案主通常在评量时打出 7 分、8 分就会觉得相当满意了，但有时，实务工作者会有更大的期待。其实，我们所遇到的案主告诉我们，他们很感谢实务工作者肯定他们的选择，让他们停在6 分、7 分的位置上，因为这对他们来说是“足够好”的成绩了。他们感谢实务工作者没有继续坚持要协助他们达到满分。当我们询问这是否对他会有帮助时，这些案主说，如果实务工作者给他们时间和空间，好让他们可以凭自己的力量继续前行，他们会为自己取得的成绩而感到骄傲与自豪。我们可以很明显地看到，案主希望对自己的成功拥有自主权，即便是在那些资源匮乏和经济困难的案主身上，我们也能看到这样的期待。案主对评量分数的观点，以及对何时可以停止接受专业服务的看法，常常令我们耳目一新。即使是对那些已经十分懂得尊重案主及非常认同建构解决之道的实务工作者来说也是如此。因此，我们要记得经常去询问案主，得多少分时他们会觉得不用再来见实务工作者了。

用建构解决之道的方式来组织个案研讨的流程时，在我们看来，不应该只关注被“卡住”的案例。有时，机构应该探讨成功案例，这样实务工作者们可以有机会一起详细分享个人擅长的实务技能，同时也可以一同为此庆祝。不论是以被“卡住”的案例还是以成功的案例来进行个案研讨，焦点解决取向的个案研讨对于教导与增强治疗师与案主建构解决之道的工作，都是行之有效的方法。一位儿童福利机构的督导告诉我们，在他们将个案研讨流程变成建构解决之道的形式后，她发现这样的个案研讨形式也是一种很有效的团体督导工具。她也表示这种形式效率很高，可以大幅减少原本她花在一对一个案督导上的时间。

• • • 建构解决之道的督导

“督导者”本身就代表了专家与非专家的关系。传统上认为，“督导者”应当为实务工作提供更多的知识与技能，因而被赋予责任及权威去“监督”和指导其他实务工作者。事实上，在许多实务场域中，常是“资深工作者”被提升成督导。几位督导告诉我们，他们在成为督导前，情绪起伏曾经很大，从骄傲到恐慌，不知道如何应对。因为他们发现，要去管理一群专业人士任务艰巨，会比原先负担大量的个案工作要困难得多，特别是这些人曾经是自己的同事。我们相信，如果督导想要以传统的方式完成任务，那么一定会有这样的感受。

不论你是在以问题为焦点还是在以解决之道为焦点的机构中担任督导，当你决定采用建构解决之道的取向来执行此角色须完成的任务时，你就必须依循建构解决之道的假设与实务来工作。彼得·坎特韦尔（Peter Cantwell）是“慢一拍”引导这一说法的创造者，他向我们展示了如何将以能力为本的视角（如建构解决之道）运用于督导工作中。

解决之道取向的督导，对于督导工作有着一整套的假设，认为督导的历程应当是：教育、指导、滋养、启迪。以下是我们对受督者所秉持的核心信念，我们希望自己有这样的雄心壮志：从一开始，便能增强受督者进入助人领域的动机。除非被证实是错误的，我们对受督者持有以下的信念：

- 受督者希望他们的工作可以为其他人的生命带来“改变”。
- 受督者希望能够学习必备的技能，使其能达成前述目的与任务。
- 受督者希望得到所属机构的接纳与肯定。
- 受督者希望能够为了机构的任务与目标而努力。
- 受督者已经拥有一定程度的问题解决取向技能，因此督导的任务是去增强其建构解决之道取向的技能。
- 如果受督者感觉自己得到了机构和督导者尊重与支持，会自然而然地运用相同的态度来与案主工作。

虽然各个机构及场域所擅长的实务工作内容可能不同，但督导(包括行政管理)的核心要素却是一致的，即督导者的任务是：“引导”实务工作者更能胜任、更有能力，不断提升自身的专业技能。建构解决之道的对话是实现这一任务的最佳方式，因为这会引导督导者和被督导者同时发现，接受督导的实务工作者正在运用特定的优势力量与资源，并且能够更好地使其发挥作用。例如，有一位儿童福利机构的督导者正在试图改变自己的督导风格。他告诉我们，当工作人员提交不完整的个案报告时，他会改变过去的做法，转而“先对工作人员已经做得很好的地方给予肯定，然后再提及，如果可以更进一步收集一些信息并记录，将会让这个报告变得更完善”。这样的对话向工作人员传递了一个非常不同的信号，即他们有能力持续地为机构与案主提供非常有价值的服务，而不是从传统的督导立场，只以错误为焦点，并一直在思考要如何避免犯错。

建构解决之道督导会谈的主轴是，邀请工作人员以案主的眼光而不是仅从自己的角度来看待案主。这是因为所有机构的专业活动，从某个角度而言，都是在服务案主。因此，督导的任务就是持续教导工作人员如何去听出案主认为对其是有效的服务。我们鼓励督导者大量运用评量式问句与关系式问句来监测案主的成长与改变。这些问句十分有效，因为它们可以探知实务工作者成功的细节所在，也可以提醒工作人员：他们还可以做些什么，以使他们和案主的互动更符合焦点解决取向。以下是一些有效的问句：

- ■ 迄今为止，如果让案主就会谈的有效性和帮助发表意见，你觉得他们会说些什么？
- ■ 在1～10分的量表上，10分表示案主最希望会谈达到的效果，而1分正好相反，你的案主对于你目前和他的工作，会打几分呢？
- ■ 你觉得案主会说到目前为止，对他最有帮助的事是什么？你同意案主的看法吗？如果不同意的话，你的看法是什么？
- ■（如果工作人员不知道案主认为最有帮助的事是什么，那么督导者可以询问）你要如何才能知道？需要做些什么事情才能让你知道呢？
- ■ 假设案主认为你对他的帮助使他进步了1分，他会注意到你做了什么不同的事情呢？
- ■ 在1～10分的量表上，10分代表非常满意会谈的进展，1分表示非常不满意，你认为你现在是几分？
- ■ 当分数可以再高1分的时候，你会发现自己做了些什么不同的事情呢？

正如你所看到的，这些问句与我们所建议的，在建构解决之道的个案研讨会议中使用的问句是类似的。这并不令人感到意外，因为督导与个案研讨的目的在本质上是相同的，它们都在提升工作人员的能力，以便他们能够和案主有效地建构解决之道。弗兰科·托马斯(Frank Thomas)从茵素那里获得灵感，发展出在现实生活中运用建构解决之道督导的方式，我们将在本书第十四章中加以阐述。此外，现在还有更多的资料可供读者参阅(Berg，2003；Pichot and Dolan，2003；Rudes，Shilts，and Berg，1997；Thomas，1996，2010；Triantafillou，1997)。

上述对建构解决之道督导的描述旨在强调，我们深信实务工作者发展出建构解决之道技巧的最佳方式是，在实务场域的真实案例中运用建构解决之道的会谈，积累相关的实务经验。然而，我们清楚地知道，要实际教导与学习这个取向，需要花费很多成本与心力。在现代科技的协助下，督导者可以让被督导者观看经验丰富者的操作视频。将被督导者的实务过程直接录音或录像，让他们事后回顾，也可帮助他们更好地理解在督导或个案研讨中提出的个人问题。研究实务过程是一种很好的方式，这会协助被督导运用学习更好地以建构解决之道的方式来倾听与回应案主。对实务工作者而言，自我教导与自我学习的一个小诀窍，是选出与案主互动中最好与最差的10分钟对话，然后仔细探究为何这能成为最好的片段，还可以做些什么其他事情来改善会谈的效果。

● ● ● 问题解决场域中与同事的关系

如果你决定在工作中更倾向于使用焦点解决取向，你或许会遇到有些同事和督导对此取向不太熟悉和习惯的情况。我们工作坊的成员及实习生们说这样的情况时常发生。

遇到对你持怀疑态度的同事，你可能会企图为你的辅导取向辩护，并可能在对话中使用如下语句："要么是你的方法对，要么是我的方法对。"和案主一起工作时，我们不建议你直接挑战同事的参考架构，因为他们的参考架构或许已经发展了很长一段时间，并且来自经验，所以值得被尊重。相反，我们建议你可以采取未知的姿态，去探索同事所关注的部分。注意同事们想从与你的互动中得到什么，通常他们只是想要更多地了解你的辅导取向而已。有些时候，他们会明确地表示怀疑与批判。在这种情况下，你可以问问同事对案主的不同做法，以及他们怎么知道这些做法是有用的。你可以礼貌地赞美同事的优势及成功。如果他们感兴趣，你便可以说明你和案主所从事的建构解决之道的对话，以及你觉得为什么这样做是有帮助的。通常，随着你与同事的对话渐渐深入，原本明显的差异就变得没那么显著了。

有时候，你与同事观点的差异可能会一直存在。建构解决之道不同于问题解决取向。根据工作坊成员及学生们分享的经验，对他们的做法表示怀疑的同事主要是担心建构解决之道没有强调问题与解决方法之间的关系，强调来访者知觉的重要性，弱化了专业的预估与介入。你和同事可能会决定对这些差异的内容与结果进行更多的对话。你也许希望机构举办圆桌会议或讨论会，讨论如何对处于危机中的案主进行问题评估或介入；或设计一项研究来比较建构解决之道及问题解决取向对案主的成效的差异。重点是，你可以通过开放、尊重的对话方式，使彼此的差异变得更容易处理，而直接深入挑战别人则很少会有帮助。

你或许会发现，你的督导者可能坚持要求你遵循某一问题解决学派的介入步骤。你需要决定在这一过程中你有多大的回旋余地，可以自行运用建构解决之道。我们在本章前面的部分已经讨论过这样做的几种可能性。

• • • 焦点解决场域中与同事的关系

如果你选择以焦点解决取向来和案主工作，并且很幸运地和看法相同的同事共事，那么你便可以在和同事的相处中使用建构解决之道的技术。如同先前所提到的，有时有些机构会正式使用建构解决之道的会谈方式。例如，在个案研讨会或督导中采用刚才描述的焦点解决取向路线。当你在没有那么正式使用焦点解决取向的机构中工作时，如果同事间常常讨论如何面对具有“挑战性的案例”或“难以共事的同事”时，你可以运用未知的姿态和同事进行非正式的谈话，去了解他们对于挑战性情境的知觉，并探索有什么是他们已经做到且有帮助的事情、他们希望看见什么不同、还有什么可能会有帮助等。

• • • 与其他专业同仁的关系

其他专业同仁是在其他机构中工作的专业人员，他们对你和案主的工作结果很感兴趣，这是因为他们也为这位案主服务过，是他们把案主转介到你的机构的(也可能有其他原因)。其他的专业同仁常包括假释官、精神科医生、老师、神职人员等。他们常常对案主的需求以及如何与案主工作有着明确的看法，而且他们通常采取以问题为焦点的架构在工作着[①]。

正如和同事工作时一样，你要假设其他的专业同仁是有能力胜任且值得你尊重的。你可以使用会谈技巧去发现他们想从你这里得到什么。如果

① 注意，当你与同事一起为同一位案主服务时，你与你的同事就形成了一种合作关系。

他们已经和案主有所接触，那么就去找出他们认为已经做了什么事情是对案主有帮助的，去肯定他们已经做的有价值的工作。

让我们以彼得的经验为例来说明这一方式。彼得为假释官转介给他的性犯罪者进行心理辅导工作。以下是彼得和假释官杰克逊(Jackson)谈论转介案主的对话。

彼得：杰克逊，我从你的来信里看到，你把弗雷德·威尔逊(Fred Wilson)转介给我。我已经把他安排进我明天的日程里了。我该怎么做才会对他有所帮助呢?

杰克逊：你可以在我寄去的资料中了解到，他违反四级犯罪性行为法规被判刑了。他在公园的单杠边上晃来晃去，协助少女们爬上单杠，并在她们跳下来的时候接住她们。他触碰了她们的私处。两个女孩向她们的父母告发了他，且公园里有目击者证实了女孩们所说的侵害行为属实。他隔着衣服触碰了女孩，所以被判了较轻的刑罚。这家伙需要心理辅导。

彼得：好的，你能告诉我，你希望我对他的辅导达到什么更好的效果吗?

杰克逊：我见过他几次。我认为他在否认他的罪行，因为他说他没做过这件事。他说他认罪的唯一理由是他的辩护律师告诉他，两个女孩的说法相互印证，法官觉得非常可信，尤其其中一个被害人只有八岁、另一个只有九岁。我很担心如果他还不清醒并认罪的话，他下次会再做出同样的事情。他可能以前就这样做过，只是从来没有被逮到。如果他和我其他处理过的案主一样，那么他至少需要一年的咨询辅导。这也是为什么我在向法官提交的报告里建议，他应接受每周一次、持续一年的心理咨询，以此作为缓刑的条件。此外，他还必须每个月至少来见我一次。

彼得：那么，是什么事情告诉你，他不再否认罪行了呢?他会做什么不同的事情呢?

杰克逊：嗯，有一件事——就是承认他确实做过这些事情，并且弄清楚他的病态倾向是从哪里来的。如果你可以帮助他做到这一点，那么对他将会很有帮助。我和他谈过许多次，觉得他还是有潜力的。他还是不承认自己做了什么，所以必须来接受心理辅导。他已经有了家庭及一份不错的销售员工作。

彼得：我大概明白了你对他的看法。你认为如果他考虑承认这件事情，情况会有什么不同呢？

杰克逊：就像我说的，我认为他会得到一个机会。他已经有了家庭和一份工作，但他在工作中投入得过多，打败了他的竞争对手，而和家人不再交流。他这样很久了。我不知道他有没有朋友，他从没提过任何人。我想当他开始发现自己已经变成什么样子，并对自己，甚至对他的妻子承认犯罪时，他就会开始有所改变。他可能会对工作有更长远的想法，对家人也会更加关心——会花更多时间和妻子相处，也许还会去学校参加孩子的活动。他在运动方面颇受孩子们的喜欢，但他不会看他们的比赛。他甚至可能还可以交到一些朋友。当然了，他不会去公园“独自散步”（讽刺地引用案主的话）。

彼得：好的，杰克逊，你为我开始心理咨询提供了非常有用的信息。看来，你对这个案例以及可能会发生什么，已经做了一些认真的思考。遇到你处理这个案子是他的运气。你现在还有别的事情想要让我了解的吗？

杰克逊：没了，我想没有了。他十分认真地听我说话，并且还对我说他关心他的家人，也很感激家人，即使发生了这样的事情，家人还愿意跟他在一起。（停顿）他知道，一开始我会每两周就和你会谈一次。他会签字同意来接受心理咨询。两个星期内如果你有空，就给我打个电话吧。

彼得：好的，我会的。我在见了他两次之后会和你联系的。谢谢你的转介。

彼得接受并探索了杰克逊对他这个新案例的知觉。他邀请杰克逊分享对案主的专业见解，在这个过程中，他肯定了杰克逊的关心与努力。同时，彼得也询问杰克逊，当看到弗雷德做了什么不同的事情时，他才会相信弗雷德在进步，并且弗雷德在慢慢变得对社区的威胁没那么大了。

彼得和杰克逊的互动说明，在你和其他的专业同仁一起工作时，你至少面临两种知觉——案主的知觉和其他的专业同仁的知觉——是你想要去探索的。你可以在探索这两种知觉的时候运用焦点解决取向。

团体实务及组织实务

焦点解决的操作程序是从与个体、夫妻及家庭的实务工作中发展出来的，并且已在专业领域中被广泛地实践与讨论。如今，焦点解决的操作程序也在团体及组织的场域中经常被使用。

团体实务

在团体实务中，我们可以利用在小团体里发展出来的人际交往过程，协助案主实现他的个人目标。心理咨询师、心理学家及社工都会通过团体来进行工作。也有许多主题团体在协助不同背景的案主，如药物滥用者、未婚先孕的青少年、艾滋病患者、近期离婚者、酒瘾者的孩子、饮食障碍者、被强暴的妇女、施暴的男子、乱伦的幸存者等。有些团体对行为及情绪疾患者提供了治疗（如心理健康机构的焦虑症团体），有些团体能促进个人成长（如自信心训练小组），还有一些团体是自助团体（如匿名戒酒会）。

大部分小团体的组织与运作反映的是问题解决学派的假设及操作程序，这和大部分的个体治疗及家庭治疗一样。因此，把建构解决之道引入团体实务的人会发现，这样的做法非常有效（de Shazer and Isebaert, 2003；Durrant, 1993；Gray, Zide, and Wilker, 2000；Hiebert-Murphy and Richert, 2000；Lange, 2001；Lee, Sebold, and Uken, 2003；McCollum, Trepper, and Smock, 2003；Metcalf, 1998；Pichot and Smock, 2009；Schorr, 1995；Selekman, 1991；Sharry, 2001；Uken and Sebold, 1996；Vaughn, Hastings-Guerrero, and Kassner, 1996；Young, 2009）。一些早期的研究结果，也证明了它的有效性（de Shazer and Isebaert, 2003；Hiebert-Murphy and Richert, 2000；LaFountain and Garner, 1996；Lee, Sebold, and Uken, 2003；Lee, Greene, and Rheinscheld, 1999；Sharry, 2001；Zimmerman et al., 1996；Zimmerman, Prest, and Wetzel, 1997）。

一些机构在熟练地将建构解决之道运用于个人与家庭工作之后，开始将其运用于团体工作中。他们的团体工作通常会有时间限制(6～12 节)，因为经验告诉我们，改变可以在短期内就发生，时间限制会激发团体成员进行更多目的性的互动。在下一章中，我们将介绍几个焦点解决团体的应用实例。

• • • 组织实务

众所周知的第一个关于焦点解决的原则和实务在组织层面运用的报告，是由斯帕克斯(Sparks，1989)提出的。她在一座大都市里的车辆维修部门，用焦点解决取向取代了问题解决取向。身为一名管理咨询顾问，斯帕克斯的职责在于刺激经理及其下属之间能够有更大的开放性，并让经理之间可以有更多的团队合作。她将她的方式描述为组织性任务，她与经理们举行了五次讨论会，并要求他们在会议期间必须完成焦点解决取向的作业任务。作业要求经理和下属会谈，要求下属们去想象，12 个月以后发生大为改观的工作环境是怎样的，并去寻找这些“所期待的未来”是否曾经发生过。他们还会和下属一起开会，讨论并找出过去解决冲突或发展机会的成功经验；邀请下属描述出过去经理们协助改善下属工作表现与士气的经验。最后，还要观察在工作场所中发生的什么事是大家喜欢或想维持下去的。当然，经理也需要在斯帕克斯带领工作坊期间，回顾和检视他们执行任务的结果。正如他们进行焦点解决对话的结果一样，斯帕克斯发现经理们会更用心地倾听下属的声音，会用更自在的方式与下属互动，彼此也会更关心与工作有关的事情。不论巧合与否，这个部门的经理们告诉斯帕克斯，任何有关工作表现的测量结果都显示：在接受她的顾问咨询后，这个组织当年的生产力是最高的。此外，斯帕克斯也发展出自己的成效测量工具，用以测量成功的团队工作的四个维度：信任、开放、成就、互相依赖。根据这些资料，斯帕克斯得出了一项结论：“经过时间的考验，大家觉得团队状况不断改善，团队在四个维度上不断进步。”(Sparks，1989：56)

斯帕克斯的项目意义非凡，因为它是最早揭示建构解决之道取向对实现组织目标有效性的工作。一旦组织中的员工不再对问题进行描述与分析，取而代之的是进行建构解决之道的对话，那么希望和动机就会增加，激动人心的改变就会发生。实务工作者将焦点解决的原则与程序运用于组织内，至今已超过 10 年，有关说明其操作与成效的书籍，现在也很容易买得到（Berg and Szabo，2005；Cauffman and Dieroff，2006；Jackson and McKergow，2007；Jackson and Waldman，2010；McKergow and Clarke，2007；Meier，2005；Rohrig and Clarke，2008）。一个名为 SOLWORLD 的专业组织致力于发展与分享焦点解决实务如何在管理和组织中带来改变。SOLWORLD 每年举办国际研讨会与教育专题讨论会，吸引了来自全球各地 20 多个国家的参与者。此外，目前两个历史最悠久、规模最大、持续致力于分享与促进焦点解决实务的专业协会——欧洲短期治疗协会和焦点解决短期治疗协会——每年年会的固定议程之一便是呈现与焦点解决相关的报告发言。在年会的其他主题中，会务组也会针对实务工作者和管理层，邀请一些人来说明他们在问题解决取向的机构内遵循焦点解决取向的原则与程序。

下一章中，保罗 · 杰克逊（Paul Jackson）与贾尼 · 瓦尔德曼（Janine Waldman）阐释了他们在英国大型社区组织工作的经验，以进一步说明焦点解决思维与技能在组织中的有效性。

第十四章

实务应用

导 论

焦点解决实务模式起源于 20 世纪 70 年代中期，由一个充满创意和创新的团队共同开创，这群人并不满足于当时寻求“解决生活中的问题”的方式。那是个激动人心的年代，传统的信念、习惯与风俗不断受到怀疑。一群实务工作者、学者、社会运动家、细胞生物学家、家庭全科医生走到一起，组成了一个团队，共同探究和学习更为高效的服务方式，以期能够更好地为那些前往威斯康星州密尔沃基市社区心理健康机构就诊的病人提供服务。这个团队通过系统化的试验方法来进行研究，包括详细地观察记录、对会谈过程进行录像、开展个案研讨、通过单面镜观察等。团队成员从周一到周五，每天都要接待案主，有时甚至在双休日也不休息。除了与案主会谈，团队成员还会进行定期讨论并观看会谈录像。他们还发行通信杂志《地下铁》(*Underground Railroad*)来介绍其工作进展。德 · 沙泽尔是这份杂志第一位，也是当时唯一的编辑。杂志流行起来后，团队开始受到很多批评，也得到很多建议。当然，更多的是来自世界各地的对他们的想法有兴趣的人。

从 20 世纪 80 年代一直到现在，全球对焦点解决实务的兴趣与日俱增。这些领衔的革新者与创作者持续完善焦点解决模式，使其从治疗室走向了不同领域，包括儿童福利、犯罪青少年及其家庭辅导、监狱、物质滥用治疗、家庭暴力工作、康复辅导、学校系统、组织管理与督导、教练工作及心理辅导等。这些革新者们并不满足于目前已有的成就，他们锐意进取、卓越创新，不断尝试各种建构解决之道的新兴原则并积累了大量的实务经验，特别是对“困难”与“无望”的案例有更大的兴趣。他们发现，当人们想要的不同生活得到尊重时，这便成为合作式建构解决之道工作的起点，而人类无穷的创造力便被唤起并在任何情境中都能发挥作用。

本章由八位杰出的革新者共同编写，他们在世界各地用建构解决之道的原则与方法服务不同的人群与情境。他们并不满足于现有的实务模式，而是乐意探寻更令人满意的不同方法。因此，与其由我来介绍他们的工作成果，还不如请他们亲自来讲述发生的一切。我们邀请他们描述开展工作的脉络，说明他们为何寻求改变、如何寻求改变以及如何努力创新，并最终为自身和服务对象带来什么样的创新。

案例一：改变想法，改变生活
基奇·伯恩斯

切尔西和西斯敏特医院是一家位于英国伦敦的急诊公立医院，其医疗团队由不同专业人员组成，共同服务于有身体健康问题的患者。我是一名语言治疗师，我们部门的患者都是转介而来的，常见疾病包括急性病（如脑卒中、脑部受伤、烫伤）、慢性病（如帕金森综合征、多发性硬化症、运动神经元病）、癌症、艾滋病病毒感染、记忆障碍、发音障碍及口吃等。其中，既有住院病人，也有门诊病人，我们为他们提供有关沟通和吞咽的治疗服务。由于医院服务覆盖面较大，因而服务对象的社会经济地位与种族背景存在较大的差异。

在本文中，我将描述焦点解决实务对我们工作所产生的深远影响，包括我们和病人的沟通、我们部门内部的沟通以及对工作量的管理等。我希望我的分享能对其他健康照顾人员有益。同时，我也会说明我们是如何同医生护士们共享这种“共同的语言”与正向的成果的。

• • • 聚焦解决之道

1990年，我决定去参加一门为期两年的硕士课程，希望正式成为一名语言治疗师。获得语言治疗师资格后，我的第一份工作是去医院为老年人（65岁以上）提供服务。我很快就意识到，所受的训练并没给我足够的能力来处理这些老人复杂的需求。因为我所熟悉的评估标准都基于病理学观点，难以衡量案主的功能性发展，所以我常常无法协助不符合诊断分类的老人。有一次，一位同事在员工会议上向大家介绍“奇迹式问句”，并让我们想象当生活变得完全不同时情况会如何。那一刹那，我便知道这是我需要继续学习的。从此之后，我就开始不断学习焦点解决取向。

如同大部分医学专业人士一样，语言治疗师也被要求从全人的角度提供服务，要注重促进案主的功能性技能及整体福祉。心理咨询技巧能让我们更仔细地倾听案主的需求，对他们的需求保持敏感性，还能给予同理和支持。然而，当我在医院里使用焦点解决取向为青少年或儿童开展工作时，我能察觉到自己所采用的对话形式与众不同。焦点解决的对话方式能够将案主所表达的感觉（想要感受到平静、放松、开心）转换成他们日常生活中可能的样子（特别是关于他们的沟通技巧和安全进食的能力）。与案主初次会谈时，询问他们本人如何知道这次治疗与会谈对他们是有帮助的，这对我来说是一件很新奇的事情。然后，我邀请案主来拓展他们对未来生活期待的细节，他们所描述的正向结果极大地鼓励了我，我决定继续下去，即使是在面对临终关怀的病人时也是如此。毫无疑问，这是一项全新的体验。部门主管相信焦点解决取向的效果，并开始安排整个部门都接受焦点解决取向的训练。从那时候开始，我们发现焦点解决取向可以适用于任何评估工作，或在需要提供建议的时候发挥作用；在适当的时候，也可以贯穿在整个会谈中。当治疗师有更强的信心来使用这种会谈的方式时，情况就会变得越来越好（Burns，2005，2009）。

“心理-社会层面的协助”一直是口吃或发音障碍治疗领域中受关注的议题，许多语言治疗师可以看见焦点解决取向如何对案主产生效用。对语言治疗师而言，难以确定的是，焦点解决取向是否适用于有大量生理治疗需求的案主（例如，有吞咽困难或肌肉无力的病人）。我建议语言治疗师和采用其他医疗模式的工作者，花更多的时间去和案主探讨关于其个人所期望的未来。例如，让案主发现与现存问题似乎不相关的可能解决之道。特别是当传统的问题解决取向对案主无法产生作用时，或者，你认可卫生部门试图推动的“让患者成为专家”的模式时，这种工作方式都会特别有效。例如，患者（或案主）因为中风而被送到医院，由于其意识不清楚，所以医护团队所努力做出的评估和回应总是立足病理学的观点，如此，就很难让案主或其家属共同参与治疗。焦点解决取向的问句提供了一种新的工具，可以帮助工作者与案主、家属开展一种更为合作取向的互动：“自从你/他入院以来，你发现你/他有什么进步吗？”（曾经有病人回应说：“我现在可以坐在椅子上了，所以我想要再做些事情。”）“从现在到我们下一次再面谈的时候，你能否关注一下你/他有任何可能的微小进步？”“他目前可能还没有办法做出回应，不过，在这次谈话后，有什么会让你觉得你的探访对他是有效的？”

药物治疗和手术或许可以减轻生理症状，但案主仍需要处理生活中的失落。当然，惋惜失去的东西是一个很自然的过程。然后，通常病人在住院时易情绪低落，我们总会给他们开具抗抑郁的药物或转介心理医生。这个做法会有效果，但与此同时，医疗团队也可以考虑使用另外一种不同的介入取向。医生与治疗师可以花更多时间询问病人是如何处理目前困境的，也可以鼓励病人参与治疗的决策过程，让他们觉得自己有发言权，自己是自己的专家。例如，对病人说“很显然你现在看起来还是有些辛苦，但你今天是怎么做到这些事情(例如，坐在床上/椅子上)的呢？”“你有没有感觉到，现在什么对你来说是帮助最大的？”“它们是如何对你起作用的呢？”

什么有效，就做什么

如果和案主的会谈是在病房里，那么会谈的时间就要尽量短，这时候最适合询问“最大的期待”。如果案主能够到我们的办公室，或者成为门诊病人，那么我们就有更多时间来探索他期待的未来景象。在一开始的时候，可以询问案主想要什么、什么是治疗过程中实际可行或可达成的目标。我们可以使用奇迹式问句来帮助案主拓展和具体描绘出：如果问题较少或不再对他们的生活产生影响时，他们将会做些什么事情。如果案主有认知功能上的损伤，那么我们可以邀请其他人加入谈话，或者使用评量式问句。例如，我们可以画一条线，在线上标示一些可能达成的指标，并用一个笑脸放在案主想要达成的位置上。最重要的是我们可以进一步讨论：“在这个测量的尺度上，什么分数对你来说是‘够好’的？”“如果我再画一条线，10 分代表你有信心自己可以在第一个量表上有些进步，即使进步只有一点点，而 0 分代表着相反的情况，你觉得你现在是在几分的位置上？”通常案主会在第二个量表上选择更高的分数。这时候，我们可以就这个分数进行更多的探索，询问他们过去或目前做了什么，鼓励他们进行改变。此外，在我们用了一个量表之后，我们还可以用第二个不同的量表来进行评量。例如，假设物理治疗师需要评估案主的疼痛状况，在第一个量表上，我们可以用10分来表示最大程度的疼痛。随后，治疗师可以接着用第二个量表来询问：“如果10分代表你已经尽全力忍受疼痛，而0分则情况相反，你觉得你现在是几分？”“你做了些什么，让自己达到这个分数的呢？”“你是如何察觉到自己能够更好地应对疼痛的呢？”

之后，我们会继续观察案主在两次会谈间的细微变化。比起询问“有哪些方面改善了”，我可能会更倾向于询问“到目前为止，你注意到有什么事情发生变化了吗？”或者“自从我们上次见面到现在，有什么事情进展得还不错吗？”随后，我会仔细地听案主的回应，以便知道该如何提出下一个有用的问题。

• • • 比尔的案例

比尔63岁时第一次中风，六个月之后再度中风。中风导致他说话困难，并伴有肌肉紧绷、社会情绪功能障碍，所以被转介来我们部门。我的一位同事与比尔进行初次会谈，并应其要求，在两周之后进行了再次会谈。四个月后，比尔再度被转介到我们部门。我接下了这位转介来的病人，并以好奇的询问方式作为开场：“从我们上次见面到现在这段时间，你是否注意到有什么令你开心的事情发生？”比尔回答，他觉得上次与他谈话的那位工作人员似乎是“点燃了我生命之火的火柴。是她让我能够走出家门。在和她会谈前，我足不出户，因为我的口齿不清让我觉得很尴尬”。奇迹式问句帮助比尔聚焦他想做的事情（“去酒吧并为自己点一杯酒”）。在评量式问句中，以有信心自己可以持续关注到更多的进步为满分标准，他曾达到7分（“可以和更多的人说话，并告诉别人自己曾经中风”）。然而，现在他似乎有些退步，他的主治医师也想尽快见到他。比尔很在意他的太太凯思（Cath）。以下是我和凯思的对话。

基奇：凯思，听起来最近发生了很多事情。比尔一直在考虑，如果情况好转，他可能会注意到一些细节。

凯思：我真的快不行了……我曾经照顾过中风的人，但这跟中风的人生活在一起，还是有很大不同……（开始抽泣）

基奇：是的，你说的没错，我能想象这真的很不一样，即便你曾照顾过其他中风的人。假设，比尔在家里做了一件不一样的事情……你觉得对你而言，情况会有什么不同吗？

凯思：他会给我一个拥抱，偶尔亲一下我，他会和我说话。可现在他都跟鹦鹉说话！

基奇：（转向比尔）你能对凯思多做一些这样的事情吗？

比尔：可以的。

凯思：我觉得我需要找人聊聊……

……………………………………

比尔决定一个月后再来见我。当我们再次见面时，他说了一个坏消息：他的喉咙出了些问题，需要做紧急手术。尽管如此，比尔还是提到他和凯思外出去吃咖喱，他说："我们在镇上一起度过那一天，真的是一个奇迹。"之后的第二天"是另一个特别的一天，我们去了酒吧。如果满分是10分，那凯思会说这比10分还要高。我们已经好久没有这样了，我现在觉得自己身上充满了奇迹"。

……………………………………

基奇：所以……手术也许会很辛苦。你想如何让奇迹继续发生呢？

比尔：我想要保持我现在的这种感受。我不想让凯思担心，我需要保持愉快的心情……他们告诉我，如果周五得到的结果是坏消息的话，他们可能要切除我的舌头。我爸爸之前也是这样的。

基奇：那你可能需要一位更专业的语言治疗师。

比尔：不，我想要继续来这里。来这里我的感觉更好些。同时，我觉得我的语言表达能力有了提升。（基奇点头表示赞同）我希望我一个月后能回来。

……………………………………

事实上，比尔再次回到语言治疗部已经是五个月以后了。他做了喉咙手术，但是被告知没有患癌症。

……………………………………

基奇：自从我们上次见面至今，你还注意到有（其他）什么事情发生，让你感到开心的吗？

比尔：我觉得我的状态越来越好了。他们（就是凯思和其他人）觉得我并没有好转，但我现在还在坚持……凯思觉得我的情况变得更糟糕了。

基奇：那你怎么知道凯思不是认为你越来越好了呢？

比尔：我……我现在常会犯迷糊。我会拿起电话然后说："你需要忍耐我……”在我很兴奋的时候，我还是会结巴；我走路的时候，也还是歪歪斜斜的。有一天我被送到警察局……因为他们认为我喝醉了，这让我很难受。（比尔泪流满面，接着描述了他对自己处理此事的感觉。）

基奇：所以自从我们上次见面后，即使你说话结巴，你还是会让自己和其他人说话，而且这对你来说也是不错的？

比尔：嗯，是的……我已经接纳了……我以前还不能接纳……这对我来说也是一种成长。

基奇：是的。

比尔：刚开始的时候我并不能接受，但后来我明白我不得不接受。

基奇：是的，的确如此。

比尔：我不明白为什么。其他人如此的话，我能够接受，但我不明白为什么这种事情会发生在我身上。

基奇：是的，所以对你而言，这也算是一种成长。

比尔：嗯，我必须接受这个事实，去习惯它，你能明白吗？

基奇：是的。

比尔：我已经接纳它了。

基奇：是的，这非常棒！

比尔：但是在60岁之后不能正常说话，这真的令人很难过。

基奇：是的，所以你是怎么做到的呢？即使很伤心，但你是如何说服自己接受它的呢？

比尔：我不知道。我只知道这是一件必须接受的事情，而且……情况就是这样，不是吗？比尔永远变不成以前的他了，他现在必须学会顺其自然。

基奇：是的，顺其自然……看起来这对你来说是可行的。

比尔：非常管用！

基奇：是吗？

比尔：是的，如果我能出门，我会给自己打10分，甚至比10分还高；如果我可以坐下来跟别人一起交流，我会给自己打8.5～9分。我之前确实非常难过，心情跌落到谷底，那就是我当时的感受。

基奇：那你现在会怎么来描述你自己呢？

比尔：胖。

基奇：什么？

比尔：胖子的胖！（两人都笑了）

比尔：也没什么，我现在90%的时间是开心的。

……………………………………

比尔说在一个月后会再回来。在后来的谈话中，他告诉我："医生在我的喉咙里发现了另一颗肿瘤，他们希望我进行手术……我身边一直都有人想要告诉我该做些什么，可是我决定倾听自己的心声。"比尔想要在五个月后再回来接受面谈。在没有使用焦点解决取向之前，我们提供的整套服务流程是每周一次，共六次的会谈。但我们现在认为，虽然治疗不会无限期地持续进行，但我们应当让案主决定会谈有无效果以及何时进行会谈（除非有证据表明案主正身处危机中，如吞咽障碍等，此时需要进行观察以便能进一步评估）。事实上，比尔与我们共进行了六次会谈，这六次会谈是根据比尔的要求分散在一年内进行的。焦点解决取向对比尔的帮助很具有代表性，如同对其他病人一样。

- 比尔刚开始来接受服务时，他觉得自己无法走出家门，也无法和别人进行沟通。后来，我们引导他思考"最大的期待"、谈论"奇迹的一天"以及使用评量式问句，帮助他探索发生的改变，强调进步的点滴，描述积极的成果。
- 如果每天的生活让我们都身心疲惫，家庭关系就会面临很大的压力。凯思其实可以开诚布公地讨论这件事，并思考细小却可促成改变的迹象，从而寻求更进一步的帮助。
- 治疗师可以聚焦比尔在沟通上发生的改变，然后再提供建议。但现在的情况是，这些改变的建议全都来自比尔。在会谈结束的时候，我们仍旧会给他布置一些作业，并在下次会谈的时候进行讨论。当然，前提是比尔觉得这样做是有效的。
- 治疗师/医生/护理师可以提供资讯和建议，但他们并没有觉得自己需要成为"心理咨询师"。治疗师/医生/护理师与案主保持语言上的交流并促进有效的对话，让案主有能力自行抉择，让案主觉得自己被倾听和理解。

• • • 机构实务的成果

只有当焦点解决取向在个体身上的作用被大家看到时，其他专业人员才会对焦点解决取向开始感兴趣并有动力去学习。我的同事们被问道："是什么激励你将焦点取向运用到你的工作中的？"最典型的回答是："作为治疗师的热忱。焦点解决取向带给案主和实务工作者显著的效果，它让我可以从不同的方面看到案主所取得的成就和拥有的优势。"而这个确认获得成功的过程会产生涟漪效应，并对我们自己的专业能力提升及服务供给都产生了积极影响。

- 每周的员工会议都包括"本周活动"的环节。每位员工都要思考：从上周的员工会议到现在，他们注意到自己做了什么事情让自己觉得开心，即便是很小的事情。我们不再以"头脑风暴"或是"新年期待"作为年会的开始，而是以"哪些部分已经变得更好"作为开始，这样能引导我们产生更多的关于"去做哪些相同的事情"或"去做哪些不同的事情"之类的想法。
- 在取得了焦点解决实务课程证书后，我开始在学生督导和同辈督导中进行相应的试验。在每周的督导过程中的"十分钟对话"环节，我们会讨论"最大的期望"和"哪些情况变得更好"的议题，并使用"临床督导评估问卷"（Clinical Supervision Evaluation Questionnaire，CSEQ）。这份问卷由14个问题组成，包括类似"临床督导对我所提供的服务，毫无疑问有着正向的影响""作为临床督导项目的一员，这个项目协助我发展自我觉察""临床督导项目协助我应对工作上遇到的压力"等（Horton et al.，2008）。在问卷的所有选项中，被督导者们全部选择了"非常同意"或"同意"。一方面，我们自身需要持续地练习焦点解决取向的提问方式，不断提醒自己这样提问会给案主带来显著效果；另一方面，我们也需要把这种不同的思维方式和提问方式介绍给更多的新同事。
- 大家对我们所做工作的回应与之前截然不同。现在，在医疗报告上，我们会记录案主评估后的分数和改变的细节。此外，跟随案主的引导与话语，这在很大程度上会帮助我们开展工作。例如，带领一个"帕金森症教育小组"时，我们认为把小组名改为"克服帕金森症"会更恰当。在之后的小组活动中，有一位组员主动向我们反映："这个小组名称非常好。"一位同事注意到，自己在为托育人员提供培训的方式上发生了变化，她告诉我们："我会先询问大家，他们认为在与沟通有困难的孩子进行互动时比较有效的方法是什么，而不是一开始就讲我准备好的课程内容。”我们在日常工作中，致力于促进人的尊严和对人的尊重，这有助于我们思考如何系统化地呈现出我们所做的工作。

案主的成果

如何知道我们的服务对案主是否有帮助呢？积极的回应是一个很明显的开始，而我们要做的就是每个月都必须对此进行反思。这里有一封来自一位 29 岁患有口吃的女士的来信：

感谢你们的帮助，让我能够对我说话困难的“问题”了解更多。即使我现在还无法流利地说话，但我仍怀有信心，并且从容多了。我把流畅说话当成一个指标去看自己当时的感觉，也可能是因为我更有耐心了，因为我知道自己口吃的原因了。我现在讲话不稳定的状况比起以前已经大幅减少了。即使再发生，我也会先做个深呼吸，停下来，然后说慢一点，这样我就能放松一下，用可控的速度继续说话。这样真的非常好！

我们之所以在这里提到这封信，是因为在治疗过程中，我们只与这位女士面谈了两次，而这封信是她在治疗结束六个半月后所写的。虽然有些语言治疗师会说对这种类型的案主，应该提供更多次数的面谈，但是我们通过标准化的评估持续得到证据，采用短期(2～5 次)治疗的方式就可以让案主有明显进步。由于较少次数的治疗就可以产生改变，所以需要排队等候接受治疗的患者比以前就明显减少了。在这两次与这位女士的会谈中，我运用了焦点解决取向的对话方式，我对她“说话的‘问题’”不太关注，而是注重在什么时候，她能够说得比较好。我很高兴自己能对治疗过程中和治疗后会发生的事情保持“未知”的姿态，并持续跟进，看看我们究竟做了什么是对案主有帮助的。同时，我们也计划邀请案主填写服务满意度问卷。

目前，我们给案主使用的效果评估工具是会谈评估量表与成效评估量表(Miller and Duncan，2000)。在过去的八个月里，我们使用了会谈评估量表来评估案主对他们与治疗师之间合作关系的知觉。在 52 人次的门诊会谈中，案主的平均满意度为 95%。英国国家品质与创新委员会(Commissioning for Quality and Innovation，CQUIN)最近一年在医院评估中有一个重大的转向，就是要求“改善病人的就医经验”(在这个指标下有五个问题，第一个问题是“对于你的医疗照顾和治疗方案，你是否觉得在抉择时，你的意见曾被采纳？”)。这些问题把医生、护士和治疗师都联系起来，而焦点解决取向让我们所有人都有能力推动案主参与。

“我们需要从重视我们的评估转为评估我们所重视的东西……以便掌握病人的健康和福祉”(Department of Health，2009)。我们在英国常听见这样的话语，但能否使用最有效的评估工具和相关训练将其实现呢？我认为，焦点解决取向结合成效评估量表能够提供临床有效的证据。下面，我就提供一个真实的案例来加以说明。

49 岁的史蒂夫(Steve)被确诊患有帕金森症，最近因为说话的问题来求助语言治疗师。到目前为止，他已经完成了四项成效评估量表，并从中发现了四个有效的因素(个人福祉、家庭/亲密关系、工作/友谊、整体幸福感)。我们使用奇迹式问句来了解史蒂夫“最大的期待”和“奇迹的一天”，并使用评量式问句帮助史蒂夫思考 10 分的生活可能会是什么样子的，以及“足够好”的生活又可能是什么样子的。在史蒂夫提出具体可行的改变细节之后，他便可以时刻运用这个方法控制和改善自己的行为。这对像史蒂夫这样的案主来说特别重要，因为他清楚地知道药物无法治愈他的疾病，某些语言、认知功能都会有恶化的可能。成效评估量表显示，史蒂夫在每一次会谈结束后的改变都有所不同，但他对此感到自在舒适：“我现在服用新的药物，感觉不错。我怀有希望，也能对自己的目标有现实感，而且我认为这不只是药物的作用。”

成效评估量表的结果如下：

第一次会谈	62.5%
第二次会谈	70%
第三次会谈	67.5%
第四次会谈	80%

值得一提的是，在第三次和第四次会谈之间，另一位语言治疗师为史蒂夫提供了密集的语言治疗(现在已完成该治疗项目)。史蒂夫在工作/友谊这个层面上的改变增长到 80%，这一点令他非常高兴。史蒂夫认为，焦

点解决取向对他的意义是“我现在开始聚焦我可以做什么，而不是我不能做什么”。

• • • 结论

焦点解决取向已被成功运用于专业的健康照顾部门。无论是在急诊的情况下(可能最多只能和案主/家属谈话10分钟)，还是在与门诊病人会谈时，我们都可以运用焦点解决取向的核心原则来引导案主/家属。人们通常都能说出什么是自己想要的，以及当想要的情形实现时，他们自己可能做些什么。人们也可以通过打分的方式具体描述出自己有多接近目标，以及自己是如何设法达到目前的分数的。我们可以通过专业服务，协助案主/家属达到切实可行的目标，并根据案主/家属的提议来确定见面的时间以及何时停止(在不具有临床风险时才能使用)。我们知道自己无须成为各个领域的专家，也无法知道对每一个案主有效的方法是什么，但我们不必因此而感到不安。越来越多的研究指出了促进慢性病患参与关键决策和自我管理的重要性，这也进一步凸显了健康照顾人员接受焦点取向训练的意义。

案例二：WOWW项目

李·希尔茨、罗宾·布卢斯通-米勒、迈克尔·S. 凯莉

WOWW(Working on What Works)项目是由李和茵素于2002年在美国佛罗里达州的新河中学设立的，该项目旨在帮助班级找到问题的解决之道。由于在这里就读的学生的种族具有多样性且经济条件较差，该学校获得了“第一级基金”和“移民基金”的补助。到了2005年，罗宾和迈克尔把这个项目推广到芝加哥公立学校的一些班级，从此该项目便茁壮成长。在本章中，读者将会了解到WOWW项目是如何在佛罗里达州开展并拓展到芝加哥的。

WOWW项目背后的整体概念来源于李、茵素与一个名叫本(Ben)的

男孩及其老师一起工作的过程。当时，茵素在南佛罗里达州带领工作坊，恰巧在李家住了几天。李的夫人玛格丽特(Margaret)是劳德岱堡市的中学特殊教育老师。这天，玛格丽特过得很不愉快，主要是因为本一整天都在敲打自己的课桌。所以，李、茵素与玛格丽特就这个案例进行了讨论，讨论中聊到了学校老师通常会如何处理出现这种情况的孩子。玛格丽特认为，通常情况下，老师会将孩子送去学校的心理咨询机构，让其与学校的心理咨询师交流。这样的做法是希望通过专业人员与孩子交谈，让孩子和老师之间有缓和的余地。与此同时，也希望学生再次回到班级后可以更安静一些。但玛格丽特告诉李和茵素，这个方法不太奏效，很快，孩子就会因注意力不集中而再次产生破坏行为。

随着三人谈论得越多，他们发现这种“隔离法”实质上大大削弱了教师在平日培训中所学的重要原则以及教师的专业形象。例如，大家会认为教师应该可以管好一群精力旺盛、好奇心强且好动的孩子。此外，这种“隔离法”忽略了孩子与老师之间的互动关系。孩子的天性就是想要学习新的事物、希望被接纳、希望归属于一个类似班集体的社会团体。就算被送到学校心理咨询师那里也只是暂时逃离，例如，逃离难懂的数学课等，但孩子们终究不喜欢被隔离，更不想被标记为问题学生。玛格丽特认为，教师们都觉得工作压力已经够大了，还要花时间和心理咨询师讨论问题学生的问题，这无疑加重了教师的负担，况且孩子们的行为和班级的氛围也并没有改善。

所以，他们并不认同“隔离法”。茵素问玛格丽特：“本是如何停止敲桌子的？在一天要结束之前，我想他总有某个时候会停止敲桌子吧。”这个问题让玛格丽特愣了一下，她说：“上帝啊，我从来没想过这个问题呢。”因为第二天茵素和李都有空，于是他们决定在玛格丽特的班级中进行观察。

第二天早上，玛格丽特向全班同学介绍了李和茵素，告诉大家他们是来观察有哪位同学是表现得好的。于是，他们就坐在了教室的后面。不一会儿，本跑过来问茵素是不是去过一些他知道的城市，包括他和他家人之前居住的波士顿。在茵素回答“去过啊”之后，他们聊了一会儿，后来本就回到他的座位上开始做自己的事情，完全没有受到班上其他同学的干扰。吃晚餐的时候，他们回顾了白天所观察到的情况，并决定给本写一封信，因为他们白天忘记了对本的专注表现、对不同城市的好奇心以及谈话时礼貌尊重的态度进行赞美。后来的一周里，本每天都将那封信放在书包里随身携带，并且拿给任何愿意了解这件事的人看。班上的同学都很羡慕他，就连很少在家长会上出现的本的妈妈也打来电话询问这件事，并告诉玛格丽特这件事对本的影响很大。后来本从笔记本上撕了一张纸用铅笔给茵素回了一封信："……我只是试着将注意力放在我自己的事情上"，还询问茵素最近的旅行体验如何。

这些事情真的让我们惊喜不已。我们惊讶于对孩子的评价竟会有如此大的影响。我们很好奇，如果能对本这样的孩子持续稳定地赞美一段时间，那么会发生什么呢？扪心自问，如果我们可以善用教师最擅长的教学方式以及与学生建立强而有力的师生关系这一目标，那么又会发生什么呢？

玛格丽特决定招募一批从事特殊教育工作的教师进行实验，希望能够一起发现解决办法。李开始每周花两三小时到班级进行观察，然后记录教师和同学们对建构解决之道有贡献的地方。茵素则定期以发送电子邮件的方式与李、玛格丽特讨论他们的发现。李每次观察完之后，都会夸奖班上的同学；而同学们都很期待李的到来。一年之后，校长以及其他教师都发现了这个班级学生的改变：转介给心理咨询师的人数降低了，同学们的缺席率降低了，上课表现更好了。他们知道，他们在朝着一个重要且有用的方向前进着。于是，他们决定把项目命名为"班级解决之道：WOWW 项目"，并且继续努力将建构解决之道的方法运用于班级管理。尽管 WOWW 项目的灵感来源于与一个学生的互动经验，但这个项目仍然是以整个班级为主，并非只关注某一个或某一群被标记为有问题的学生。

• • • WOWW 项目

随着这个项目在佛罗里达州不断拓展，他们很快就注意到：只有获得学校管理层的支持，这个项目才会成功。一旦学校管理层能够接纳这个项目，它就能立即开展。佛罗里达州劳德代尔堡市的 WOWW 项目有三个阶段：① 观察阶段；② 创建班级目标；③ 评量班级的成功。（Berg and Shilts，2004，2005a， 2005b）

• • • • 由班级教练进行观察并给予赞美

他们会以学生们能理解的方式来介绍 WOWW 项目。比如，我会这样说："我是李，我每周会来拜访你们班级，看看你们能够做哪些对班级和其他同学有帮助、有益处的事情。一旦我真的看到什么好的事情，我就会向全班报告，然后听听你们对我所观察内容的反馈。"他会努力观察老师与同学们所表现出的每一个有助于改善班级学习情况的举动。然后，他会把他的观察情况反馈给他们。当然，他会尽可能如实地进行报告。他的观察包括以下几个方面：① 学生交谈时，彼此间是否懂礼貌；② 学生想要说话时，是否会举手发言；③ 教师赞美了一个学生；等等。他尽量让他的描述简洁明了，且只描述他所看到的事实，不会对观察到的行为做任何解释和评论。通常，班级同学听到他的反馈都会感到惊讶，因为他们习惯听到别人告诉他们做错了什么，而他给他们的反馈总是他们做对了什么。他会询问大家是否有问题，如果有，他会尽量诚实地回答。此外，他也会邀请他们来说说他没有注意到的同学们的好行为。

经过几次拜访以后，师生们就会告诉他班级中有什么好的表现，包括在两次拜访之间所发生的好事情。这些额外的表现也是很重要的指标，因为这表明这个班级已经开始注意那些可以给班级带来贡献的小事情。他们把这看作焦点解决理论中的涟漪效应，也就是小的改变能够带来大的改变。同时，班级同学参与正向观察的意愿程度也是一个重要信息，这意味着这个班级有进入 WOWW 项目的下一个阶段的可能性。在每次拜访的最后，他们都会给教师留下观察内容的清单，请教师将它列为班级档案的一部分；同时，也让学生在两次拜访之间不断回顾清单中的内容，甚至与其他同学、教师和家长一起分享。

• • • • 创建班级目标

大概在拜访的第三周到第五周，他们会寻找一个恰当的机会向同学们介绍"全班一起设定目标"的概念，并教大家如何进行评量。在此之前，他们会先和教师单独讨论 WOWW 项目的相关目标与哲学理念。在全班面前，他们会赞美教师和班级已经准备好进入下一个阶段，这样能够争取大家对这个项目继续支持。随着 WOWW 项目的发展与日益成熟，他们从协助个别同学设定自身目标，到慢慢转向让所有学生与教师都能发声并一起设定班级目标。这种改变让班级的士气得到提升，也让同学之间的关系更加和谐。他们会在班上先以 1～10 分的量表进行评分，以此作为全部讨论的基础。10 分代表全班同学已经达到了他们所有的目标，1 分则代表同学们没有做任何事或者做得很少。然后，就“如何营造一个好班级”的主题，他们真诚地邀请每个人(包括同学和教师)发表意见。一个重要的原则是：要实现的共同目标必须是每个人都同意的，而且这个目标必须具体可行(简单、小、容易操作)。例如，学生可能说尊重别人是营造良好班级氛围的要素，我们便会接着询问很多相关的问题，如“当每个人相互尊重时，你们会看到和听到什么”等。以下，我们用 WOWW 项目目标设定的讨论片段来做示范。

……………………………

李：谁知道什么是目标？

贾丝明(Jasmine)：我知道，目标就是你决定要达成的事情，我知道怎么做。

塔米卡(Tamika)：我也知道，就是说我们决定要去做我们喜欢的事情。

李：非常对，你们两个都很聪明。所以，我们现在要一起讨论一下，什么目标是我们全班所有人都想达到的目标。如果现在我们可以给班级打 10 分，那么会有什么样的事情发生呢？

吉米(Jimmy)：我们会彼此尊重。当上课铃声响起的时候，我们所有人都会在座位上坐好。

李：这很棒，还有呢？当我们班级在完美的 10 分时，我还会看到其他什么情况发生呢？

贾丝明：我们会听老师的话，不随便讲话。

李：太棒了，我还会看到什么呢？

德韦恩(Dewayne)：我们想要发言的时候，会先举手。

李：哇，这真是好极了，让我确认一下我的理解对不对。当我们班级是在完美的 10 分，也就是我们大家都会为这个班级感到骄傲的时候，我会看到班上的同学彼此尊重；上课铃声响起的时候，大家都会在自己的座位上坐好；会听从老师的指示；会举手发言。这样看来，大家都很清楚我们希望班级变成什么样子。因此，大家能不能再多说一些，如果下次我再来班级观察的时候，大家都已经能做到彼此尊重，那么我会看到些什么呢？

一旦一个班级能说明他们处于10分的状态，我们便开始对量表上的各个分数进行定义。例如，以彼此尊重为例，我们会详细定义：在1～2分的时候情况是如何的，接着3～4分，5分，6～7分，8～9分。如果这个班的同学评量目前班上的状况是在1～4分，这表示在尊重彼此的这个维度上，他们才开始有这种想法，但还没有形成习惯性的行为。如果分数在5～7分，则表示在这个维度上已经有了一些进展，或许表示彼此尊重的这个想法每天有50%～70%的概率会被班上同学想到或提及。最后，如果班级的分数稳定在8～10分，则表示这个班级每天都会经常做到彼此尊重。而如果一个目标已经达到8～10分，那么这个班级及其教练就可以朝着另一个目标开始努力。我们可以继续重复先前所做的界定班级目标的过程，一旦这个班级的多个目标都已达成，这就意味着这个班级已经准备好进入第三个阶段。

评量班级的成功

我们已经发现，在WOWW项目中，用打分的方式来评量儿童的行为效果极佳。因为儿童的语言能力有限，要他们向其他人解释自己的想法与希望，并不是一件容易的事情。但是，当使用1～5分的量表时，儿童很容易理解4分比2分、3分都要好，但不如5分好。以数字的方式来和儿童讨论，是一种简便易行的方法，甚至能用来就任何主题进行有意义的对话，包括谈论心愿、成绩、希望、自信心、进步、动机、情绪以及想象等(Berg and de Shazer，1993)。在WOWW项目中，在评量班级成功的阶段时，教师(在教练的正面影响下)会在每周周一针对班级共同界定的目标，引导全班同学预测在这周结束时，他们会达到哪个分数。随后，教练会记录下来这个数字，并把它写在纸上，将纸张贴在教室里显眼的位置。教师也会和同学们进一步澄清与讨论：当全班真的达到预测分数时，班级看起来会怎么样；大家需要做什么才能达到这个分数；是什么让他们相信他们是可以做到的。在这个过程中，只要老师注意到学生有任何表现是与达成目标相关的，哪怕是很小的成功，便赞美学生。到了这周结束时，教师和全班同学一起回顾之前预测的分数，并且讨论目前他们所达到的分数以及明确的指标等。教师也会赞美同学们的成功。以下是一周结束时，某个班级的学生与教练之间的对话。

班级教练：在1～10分的量表上（10分意味着全班每位同学都在自己的座位上坐好，认真做自己的事情；1分代表了大家都在教室里乱跑和吵闹），大家觉得我们班是几分呢？

爱丽丝：大概是4分。

班级教练：是什么让你们觉得是4分？

汤米(Tommy)：嗯，今天我们大喊大叫的情况没有那么多啦。当老师要我们坐下来做作业时，我们大部分人都做到了。

班级教练：哇，你们大部分的人都能听老师的话，而且大喊大叫的情况减少了。

塔拉(Tara)：是啊，我们这么做的时候，老师看起来很开心。

班级教练：很好！我想她感到惊讶了，而且她真的因为你们的表现非常高兴呢。

我们发现，其实儿童和教师一样，都具有自我评价和监控自身行为的能力。同时，我们相信，教导儿童和教师形成合作伙伴的关系只是小小的第一步，之后要让大家对班级的解决之道——而非为了问题——负起责任。

班级教练

班级教练在WOWW项目中至关重要，甚至会成为WOWW项目成功的关键。班级教练除了提供最初的观察记录与表达赞美，也针对如何协助班级学生设定目标、展开解决之道等任务，给予班级教师一些指导与支持。在学校系统中，许多人能够胜任班级教练这一角色。擅长焦点解决治疗的实务工作者自然是担任WOWW项目教练的最佳人选。但是，并不一定是要在相关技巧上拥有什么雄厚背景的人，才能成为一名有效能的班级教练。一名WOWW项目的教练需要拥有的是对班级工作的兴趣、热忱和动力，以及对成功与优势的看重，这才是班级教练最需具备的核心能力。

我们经常会被问到，一个教练需要与一个班级一起工作多久才算是完成他的任务。对这种问题，我们并没有固定的答案。我们只有一个大概的原则，就是当一个班级的教师与同学都对 WOWW 项目的大部分内容感到自在愉悦时，教练就可以减少参与的时间。通常，当班级达成了他们的目标并且目标的评量分数长期维持在高分时，大概就是教练退出的时刻了。最重要的是，要让教师与学生来决定教练从何时开始工作以及如何逐步减少参与时间。教练工作时间的弹性相当大，有的是一周拜访一次班级，也有的是在网络上进行咨询。

将 WOWW 项目引入芝加哥公立学校

项目缘起

罗宾和迈克尔的高级学校社会工作实务课程鼓励硕士生能够在中小学的课堂里提供创新服务。像在芝加哥等一些大城市，学生们其实需要许多其他特别的服务，但通常他们并没有办法常常离开教室以获取个别化的服务。这是因为，一方面他们会错过太多学业，另一方面也没有足够的时间和社工来服务这么多的学生。因此，我们想要找到一种方法，能够令班级产生具体可测量的行为改变。当我们开始朝着这个方向努力时，我们逐渐相信：如果我们能够注意到班级中那些细微的改变，并且影响教师做些不同的事情，这将会对班级产生巨大的影响。

罗宾曾经在威斯康星州密尔沃基市接受过茵素等组织的培训，她见证了 WOWW 项目的发展，也读过关于 WOWW 项目的书，对此产生了浓厚的兴趣。于是，她开始着手在芝加哥的洛约拉大学开设课程，讲授有关 WOWW 项目以及其他焦点解决取向的内容。与此同时，还有一位芝加哥社工道格 · 布朗(Doug Brown)与茵素合作举办焦点解决的培训，其中也包括 WOWW 项目的内容。道格服务的机构是芝加哥大都会家庭服务中心，一些芝加哥公立学校开始尝试 WOWW 项目。后来，道格与大都会家庭服务中心在洛约拉大学社会工作学院的家庭和学校伙伴计划中，联合进行了一项试验活动。以此试验活动为基础，罗宾与道格开始在洛约拉大学里为一些学校社工提供焦点解决的培训，而这些社工也成为将 WOWW 项目引介给对此感兴趣的学校教师的得力助手。目前，我们已经培训了 145 名从事儿童保护工作的社工，也在 145 所学校的 200 多个班级中尝试了 WOWW 项目。

• • • • WOWW 项目在芝加哥的发展历程(2006—2011 年)

随着 WOWW 项目在芝加哥的发展，我们希望在进入班级之前，能先让老师对改变产生希望，希望教师们能先学习解决式谈话以及评量式问句。我们运用打分的方式来进行前测与后测，让教师们对自己的班级进行评估，同时也对 WOWW 项目介入后的有效性进行评估。在他们做完前测、我们正式在班级里推行 WOWW 项目前，我们会先和教师们就前测的评分进行讨论与交流。无论前测还是后测，我们都使用 1～10 分的量表来询问教师们如何评量他们的班级，包含学生彼此尊重的程度、教师们觉得自己对班级的管理能力等。同时，我们还会邀请教师们简要写下他们最近使用了什么方法来管理班级。为了能够获得不同的观点，我们也会请教师们以学生的立场来评量学生间的相互尊重程度。WOWW 项目在这个班级实施结束后，我们会比较前测和后测的分数，并询问教师们，目前有哪些方面已经得到了改善。

在刚开始用焦点解决的方式来与教师们交流的时候，我们便开始协助他们进行范式上的转换，这将帮助教师认识到他们希望班级有何改善，以及希望学生的学习环境有何改善。我们并不讨论班级的问题，而是向教师们询问目标与例外。例如，他们会如何知道情况变好了？是什么事情让分数增加了 1 分呢？有没有什么事情已经发生，哪怕是很小的事情？当时是怎么发生的呢？

在芝加哥，现在有很多教师会在班上布置出一个空间作为“WOWW 角”，也许是一面墙或一个公告栏，上面贴着班级不同方面的进展状况、评分图表和所设定的目标等。“WOWW 角”在教室里始终提醒着大家，班级里一直都在发生着好的事情。学生们很高兴看见自己的名字出现在公告栏上，因为这就代表他们对班级的发展有特殊的贡献并获得了赞美。教师们喜欢用图表的方式来呈现。一方面，这可以说明改变是怎么发生的以及学生在不断进步；另一方面，这也可以提高同学们的数学应用能力。可视化的提醒让所有人都充满了信心。

就班级本身而言，WOWW 项目的实施分成两个阶段。第一个阶段是赞美阶段，赞美让我们与同学、教师建立起联系。我们在课堂上观察班级，然后向大家反馈我们所观察到的好的事情。同时，我们也让学生自己注意班级中所发生的好的事情。例如，一个被认为自闭的学生，他注意到老师的数学课教得非常好，这让他的老师感到很惊讶，之后，这位教师也采用更为正面的态度来观察这个孩子。

在赞美阶段步入正轨之后，我们就进入下一个阶段。第二个阶段就是创建班级的正向指标，并且用这个指标来衡量班级的表现。我们会问："想象这个班级是全校最棒的班级，那么我们会在这个班级里看到什么呢？"班上同学通常会给出类似的答案：对别人讲话时很有礼貌、彼此尊重等。这时，班级教练(如罗宾)就会进一步询问更多细节。她可能会问："彼此尊重是什么样子的呢？"学生们可能回答："会说请、谢谢、对不起，互相帮助，手脚不乱动"。于是，这些具体的正向指标就会变成班级的目标。以下是一个一年级班级发展出了"红绿灯"的评量指标。

绿灯表示所有学生都坐在自己的座位上，认真听课，手脚不会乱动，并且完成功课。黄灯表示大部分学生都坐好听讲，手脚没有乱动，自己做作业。红灯则表示只有一些同学坐好听讲，手脚没有乱动，自己做作业。

通常，我们会根据教师个人的专业所长，来设计 WOWW 项目在班级中所使用的工具。教师们对学生发展阶段的了解以及与学生的良好互动，让我们在不同的班级和年级中采用不同的评量方式。例如，在幼儿园到二年级的班级里，我们发现笑、皱眉和面无表情等这些脸部表情就比较容易让学生理解。随着年龄的增长，二年级到五年级已经可以使用 1～5 分的量表。到了五年级以后，学生们对 1～10 分的量表更容易理解，而 10 分量表让他们有更大的空间来谈论每个数字所代表的不同意义。有一个高中班级就采用了一种很有创意的评量方式：用比萨的六片来代表等级，当达到最高的第六个等级时，他们就会吃比萨庆祝。

同时，我们也在原来的 WOWW 项目上做了扩展：我们会在一周里进行更为频繁的评量，将分数公布在 WOWW 公告栏上。我们相信更频繁地测量会让这个项目的效果更长久。芝加哥的教师告诉我们，现在学生们常常会提醒他们不要忘了打分。学生们在这样频繁地反馈中受益，因为这增加了他们对自己行为的知觉，以及这个行为对班级目标达成的影响。与此同时，教师也会通过不断打分，更加有效地运用评量工具。例如，在一个五年级的班上，同学们与教师一起制定了让走廊更安静的目标。所以当教师走到学生面前的时候，他会对学生进行1～5分的评量，用这个方法来提醒学生不要忘了班级目标，学生们也会因为得到的反馈而降低音量，让走廊更安静。

我们经常被问到，什么年龄段的人适合使用WOWW项目。事实上，我们已经将这个项目推广到不同年龄的群体上，从幼儿园到高中都有。当然，焦点解决取向对话的运用、目标和指标的设定也会因学生的发展阶段不同而有所不同。例如，早上八点，在高中一年级的课堂里，教师会留意那些睡眼惺忪、不愿意参与课堂活动的学生。这个时候，我们会询问："全校最好的班级看起来是什么样子的？"学生们回答，他们会参加各种主题的小组活动。而这位教师之前做了许多课前准备（如播放影片等），但这都无法引起学生的兴趣。在听到学生们的回应、了解他们的需求之后，这位教师就将学生们的意见纳入教学安排中。后来，学生们积极地参与小组活动，参与度逐渐提升。一旦开始评分，我们就很容易从有多少学生参与对话或者回答问题这个方面来追踪评量目标的进展。班级教练也会注意到，只需提醒少部分学生不要睡觉就可以了。

••• 成果

我们之所以推动WOWW项目，是希望为教师和学生创造更好的学习环境，在社会、行为和情绪方面都能有所改善。WOWW项目不仅期待即时效果，也期待长期的改变。本着这样的意愿，我们期望通过更大样本的随机分配临床试验来验证WOWW项目的介入效果。这个项目主要的研究假设包括：使用焦点解决的技巧能够创造对改变的正向期待，以及通过促进正向行为能够帮助班级达成目标（Visser and Schlundt-Bodien，2009）。通过改善班级环境并提供教师所需要的工作技能，WOWW项目的介入确实间接带来了长期影响，包括学生学习成绩的提高、出席率的提高以及教师职业倦怠感的减弱。研究表明，WOWW项目的咨询模式可以给教师提供支持，提升他们对班级的控制感，帮助他们指导学生的行为，并帮助他们指导学生如何应对情绪困扰（Lynn，McKay，and Atkins，2003）。

到目前为止，我们已经做了两项关于WOWW项目介入成效的探索性研究，而第三项研究是关于学校实务工作者接受 WOWW 训练的效果。第一项探索性研究在 2004—2005 年完成，研究在佛罗里达州的中学实施，采用准实验设计的方法，将 105 名学生分配在实验组中（参加 WOWW 项目），另将 101 名学生分配在对照组中（Kelly et al.，2011）。在 WOWW 项目介入后，比较两组学生的学业表现、出勤率和行为记录。结果表明，与对照组相比，实验组的缺勤率（$p<0.01$）和迟到率（$p<0.01$）显著降低。虽然实验组同学的成绩比对照组同学的成绩要更高，实验组同学休学的人数也少于对照组，但研究结果显示，两组在学业成绩和休学方面没有达到统计上的显著差异（Kelly et al.， 2011）。

2006—2010 年，洛约拉大学的家庭和学校伙伴计划将 WOWW 项目拓展到芝加哥的 60 所公立中小学。在芝加哥，我们已经研究了 40 个班级，对 40 位老师和 1 200 名学生的介入结果进行了前后测。我们还设计了一份简短的量表来测量老师对班级管理能力的自我评价，以及 WOWW 项目对学生行为的影响。我们通过重复测量并使用 t 检验对数据进行分析，结果显示 WOWW 项目确实能够有效改善班级的氛围。

我们逐渐开始为学校心理辅导人员提供高品质的持续培训与咨询服务。这些受训人员愿意将焦点解决和 WOWW 项目的观点带入他们所属的学校。研究结果表明，有 97%的受训人员认为 WOWW 项目“非常有效”和“部分有效”；有超过 60%的人表示，他们在 WOWW 项目之外也会使用评量式问句和例外式问句。受训人员还表示，通过这个项目，他们与学校里的其他教师建立了更为坚实的合作关系。这项探索性研究表明，在学校的心理咨询师参与焦点解决和 WOWW 项目一段时间后，他们会将这种理念运用到学校的其他事务中去。有一些受训人员在问卷上是如此回答的：

当我在学校服务时，我向校长阐明了 WOWW 项目的理念，我运用 WOWW 项目和焦点解决短期治疗的理念鼓励学校教师提升反思性和主动性。此外，我还在学校行政部门的同意下，将政教处改为“解决之室”，而这个行动也给学校带来了系统性的影响。

WOWW 项目还帮助我将目光聚焦正向的事情。

这些探索性的研究都表明，WOWW 项目能够改善师生之间的关系，创造更积极的合作氛围，改善整个学校的风气，进而改善学生们的整体表现。不过，这些探索性研究的设计都不够严谨，无法为 WOWW 项目的介入效果提供强有力的研究证明。尽管之前的研究已经表明 WOWW 项目的介入效果，但是到目前为止还没有大规模的效果评估研究。我们正在申请经费，想要在伊利诺伊州城市与乡村的学校用随机分配的方式来研究 WOWW 项目的介入效果。在我们尝试运用焦点解决短期治疗后，WOWW 项目对班级行为、教师的抗逆力以及学生的课业成绩产生了积极的影响。此外，WOWW 项目也让许多州的学生在班级里就能达到“社会情绪学习标准”，无须再学习其他全新的课程。

结论

WOWW 项目鼓励教师和学生们一起设定目标，征求学生对解决方案的意见，并努力建构细微的改变。所以，WOWW 项目中蕴含了焦点解决短期治疗的理念与实践。我们发现，焦点解决取向能够很好地与学校环境融合，并为教师和学生的交流提供一种独特的方式。WOWW 项目提高了教师管理班级的有效性，有利于教师与学生们建立正向的关系，改善学习氛围。一位参与了 WOWW 项目的教师说：“参与了 WOWW 项目后，我回家就不再头疼了。”此外，有的学生说：“谢谢你们把友善与和平带进我们的教室。你们让我们成为更好的学生，让我们这个教室变成一个家。”

案例三：焦点解决取向在处理小学校园欺凌过程中的运用

休・扬（Sue Young）

到目前为止，我大部分的职业生涯都是在当教师。我在赫尔市的一所学校任教，赫尔市是位于英格兰东北部的一个大型港口城市。尽管这个城市曾经因为周围的捕鱼业而繁荣，但现在正饱受高失业率和贫困之苦。和任何一座城市一样，这座城市的学校虽然克服了困难，取得了一些成功，但是学校的工作人员仍然必须面对各种棘手的学生行为问题，包括攻击和偶尔的暴力。我们都知道，即使是在富人区最有秩序的学校里，欺凌事件也时有发生。

在过去的几十年里，欺凌问题一直备受关注。如果能够从个别侵犯者的行为拓展为团体中的社会行为，我们对欺凌行为就会有更深入的理解，从而采取更有效的干预措施（Young，2002，2009；Young and Holdorf，2003）。

我们开展反欺凌服务项目时，采取的主流方式是问题导向的。我们这个项目的主要目的是减少欺凌行为的发生。于是，预防性的服务项目就此展开，并运用到学校的每个班级中去。我们通过小组合作、彼此欣赏和互相支持来增进班级同学之间的友情与团队合作。尽管当时“解决焦点”这一词语在该领域还不太为人所知，不过我们后来发现，焦点解决取向正是我们思考的工作方式。

对那些觉得在学校中受到欺凌的孩子来说，这种思考方式不可避免地影响了干预个别学生的方式。现在解决欺凌事件的策略都是问题解决取向的，试图阻止问题的产生，有时还会涉及同辈群体。然而我们的工作方式则是完全将问题放在一边，仅专注于让被转介来的孩子在学校能够更开心。随后，在查阅了大量的焦点解决治疗的文献后，我对工作策略有了很大的信心。

虽然每个人都能够将学生转介到这个服务项目中来，但我们更倾向于由父母或教师将学生转介而来。尽管这个服务项目适用于年龄大一些的学生，但项目最初的服务对象是小学生。目前，这个项目已经被学校广泛运用，并已经形成了一套阻止欺凌行为的步骤，从而让想要执行这个项目的人运用起来更加方便。

• • • 欺凌的支持团体方法

在整个服务的过程中，“欺凌”一词并不会被使用，因为这个词隐含着一种评判性，暗示了转介来的孩子是无辜的受害者，曾被其他人欺凌。让转介来的孩子及其同辈群体对已经发生的事情终止评判，这一做法益处很多，也有利于让他们之后更容易欣赏自己所做的努力。

首先，找到那些曾受过折磨的孩子，了解他们心中支持团体成员的人选。只需要询问孩子以下三个重要的问题即可。

····“当时你发现谁是最难以应付的？”

在小学，孩子通常会提到 2～5 个人的名字。不需要过问发生了什么事情或者如何发生的等细节，只需要记录名字即可，不必给予评论。

····“情况糟糕时，还有谁在你身边？”

孩子通常会提到 2～3 个名字。这是校园欺凌事件中有趣的观点——现场的旁观者是很重要的因素。

····“你在学校有哪些朋友？”

有时候，特别是已经被欺凌了很长一段时间的孩子可能已经没有任何朋友了，在这样的情况下，我们会问：“你希望谁能够成为你的朋友？”孩子有可能回答出的是一个已经被提及的旁观者或欺凌者的名字。

孩子会被告知，上述这些学生将会被要求来协助他，使其在学校的情况能够有所好转。然后我们会在一周后去看孩子，同时看看情况有何进展。

支持团体的成员会由孩子给出的名单上的人组成。如果可能的话，我们会邀请所有的让这个孩子感到难以相处的人，再加上 1～2 名旁观者以及他任何的朋友或潜在的朋友。一个支持团体由 5～7 名学生组成，这样会产生最佳的效果。

成员确定之后，我们会立刻开始支持团体的运作。我们热情邀请这些学生来参加支持团体，并以最直接的方式告知他们，我们需要他们的帮助。之所以选择他们是因为我们知道他们能够帮助我们。我们会对他们说：“我们希望你们能够帮助‘某人’（那个孩子的名字），让他在学校里更快乐。”这是向团体成员解释为何选择和邀请他们的最容易且最准确的方法。若是暗示那个孩子之所以不快乐是因为这个团体中的某些人做了某些事，就会让团体中的一些成员产生自我防卫感，我们不采用这样的做法。将团体的目标变得简单易懂将十分有助于团体的运行。

接着，我们会询问团体成员的建议，在即将到来的下一周里，他们可以提供哪些帮助。一些团体成员会有很多想法，一些团体成员则在开始的时候不太乐意帮忙。不过，由于每一个建议都是受欢迎和称赞的，所以当有人提出建议时，其余团体成员也会形成自己的想法。有时候个别团体成员直到团体会议结束时还是想不出他可以有所贡献的地方，在这样的情况下，我们就会询问其他团体成员是否愿意帮忙。

最重要的一点是，我们会征求团体成员的建议，即大家可以为那个被欺凌的孩子做些什么。我们不会为任何一个人安排“任务”，或者让他们承诺做什么事情，也不会要求他们和被欺凌的孩子“成为朋友”。当他们提出建议时，我们会写下他们的名字和建议，不过这只是一种表达重视和肯定他们想法的方式。在每个人都发言后，我们会称赞每个孩子的深思熟虑、善良等优点。

一旦团体中的每个人都有机会做出贡献，我们会感谢和肯定他们的优秀计划，并相信他们的计划将帮助被欺凌的孩子在学校更加开心。我们约定大约一个星期之后和团体成员再次见面，这样他们就可以将他们做得如何告诉我们。

大约一个星期之后，正如约定的那样，我们会去学校里看望那个被欺凌的孩子。如果每件事情都往好的方向发展，而且这个孩子在学校里很开心，那这次见面就会很短暂。我们会特别祝贺这个孩子，询问他自己做了哪些努力让情况有所改善。接着，我们立即和支持团体成员进行第二次会面。尽管第二次会面的时间通常也很短，但是我们会为每位成员提供足够的时间，让他们有机会说明他们在这一周都做了什么，能够帮助那个孩子在学校变得快乐。我们会称赞每个团体成员。最好不要比较他们在上次会面时所提出来的建议和他们实际已经做到的事情。真正重要的是大家共同努力让那个被欺凌的孩子感到更加快乐。

有时，一两个之前和被欺凌孩子相处有困难的学生可能在第二次会面中表现得比较安静，他们似乎是在退后一步衡量状况。但通常到了第三次会面的时候，他们会很放心，渴望谈论他们的贡献。即使他们没有主动提供任何信息，但他们没有再打扰被欺凌的孩子，而且他们可以充分地感受到大家对这次成功所展露出的喜悦。

有的团体成员会指出学校里仍然有人在欺凌那个孩子，这并不罕见，尤其是当欺凌者并不在这个团体中时。在这种情况下，“受害者”通常不会提及这类事情，而在团体中的成员通常会主动提供帮助。

如果有需要的话，我们可以用相同的方式去询问团体成员是否愿意再多帮忙一个星期。团体成员会对此很热心，毕竟他们并没有被要求去做一些太麻烦或者他们不愿意去做的事。如果他们愿意继续，我们也会继续与他们见面，以便他们能够再次讨论他们是如何帮助别人的，但我们不会特别要求他们指出其他任何问题。这样的会面或许会有好几次，在个别案例中，我们发现这样的团体需要进行五次会面来协助被欺凌的孩子，但通常很少会有团体需要超过五次的会面。

当原先被欺凌的孩子在学校里过得很快乐，团体成员对事情的变化也会感到很满意，家长和学校对欺凌行为的停止也感到欣慰。此时，这一个案的服务就可以结束了。如果这一转介是由家长提出，我们会把整个过程告知家长，同时我们也会询问家长是否认为自己的孩子现在更快乐了。

• • • 案例

史密斯太太打电话给反欺凌项目组时，她的声音听起来明显有些沮丧，她跟我们诉说女儿杰德(Jade)的事情。尽管史密斯太太已经去过学校很多次，也向校长反映过，但似乎没有什么用。她知道杰德在学校常被一些孩子欺负，她对此感到很担心。每天早晨，她都必须说服杰德去上学。这位母亲也发现她自己有时一整天都在担心是不是会有什么事情发生。每天杰德回家，史密斯太太问的第一个问题就是："你今天被别人欺负了吗？"

于是我致电学校的教导主任，并约定见面时间。她很在意我是否知道"整个故事"的具体情况。她之前花了很多时间来深入了解这个故事，但一直没找到解决办法。她得出了一个结论：杰德太小题大做了，她只要不理会任何嘲笑，欺凌的情况就会停止。而杰德的妈妈对这样的结论更加生气。

我建议设立一个支持团体，这样会很有帮助。教导主任同意了我的观点，并按照我的要求安排一位教学助理协助我把孩子们带来，然后专心了解在团体会面中所发生的一切。

我看到杰德的时候，她显得很担心，说话也很小声。我询问她的名字、年龄以及她刚刚从哪个教室过来。在第一次与杰德的会面中，我花了几分钟和杰德聊了些家常，让她可以更加安心。通常，我会问孩子在学校里哪方面的表现不错，或者称赞她的穿着或辫子上漂亮的发饰，抑或询问她最喜欢的游戏、电视节目等。我想让她知道，我不只看到了她的问题。多花一点儿时间了解孩子，对后续的对话会有很大帮助。我会以某种方式征询孩子是否同意我们介入，同时也会观察孩子们是否想要被协助、是否乐意让我和他们一起。我们发现，让孩子们说出自己的困难往往是有难度的，所以我通常会采用间接的方式来引导，就像我对杰德所做的那样。

扬：我和你妈妈聊过，她似乎很担心你，是吗？

杰德：嗯。

扬：她的担心有道理吗？你对这件事情也有一点儿担心吗？

杰德：是。

扬：我想我也许可以帮忙，这样对你来说可以吗？

杰德：嗯。

扬：我发现你很擅长回答问题，所以我问你几个问题，好吗？

杰德：好的。

扬：我了解到你和一些小朋友相处起来有些困难，是这样吗？

杰德：是的。

扬：你觉得和谁相处起来比较困难？

杰德：梅利莎(Melissa)……有时候……加里(Gary)。

扬：嗯，我了解了。(只写下了名字)除了他俩，还有其他人吗？

杰德：嗯……珍妮(Jenny)……还有保罗(Paul)。

扬：好的，在学校里谁是你的朋友呢？

杰德：嗯……我不知道……珍妮有时候是吧。

扬：好的，珍妮有时候是你的朋友。你还想和谁成为朋友呢？

杰德：我有时候会和拉希德(Rasheed)玩，还有萨拉(Sara)。

扬：这样很好，拉希德和萨拉也是。(只写下名字)我回去问问这些同学，看他们可不可以帮忙。我很确定如果他们开始帮助你，你在学校会过得开心一些。我想请你留意下一个星期，在学校里变得比较好的部分，然后我也会过来看看你过得如何。这样可以吗？

杰德：好的。

....

在会谈结束前，我会给杰德一个机会诉说任何她想要告诉我的事。询问杰德是否有想要告诉我的事，这似乎给了她一个承诺：当我提到她不想说的话题时，她是可以不说的。我一再保证情况将会好转起来，我想要她告诉我下个星期她注意到的改善之处，并以此作为结尾。

....

扬：还有什么是你想要说的，或者你认为我需要知道的吗？

杰德：没有，我想没有了。

扬：我会在下个星期五来看你，还是这个时候，好吗？

杰德：好的。

....

随后，我和支持团体的成员见面，他们都是杰德提到的人。

....

扬：嗨，都进来坐在这里，这样我能够看得见你们。很高兴你们能够过来，你们觉得还自在吗？……我想要请你们帮个忙可以吗？我的工作就是帮助学校里不快乐的孩子。杰德现在在学校里并不快乐。我之所以请你们过来，是因为我知道你们能够提供帮助，可以吗？（团体成员点头并且开始觉得自在些了）我们不希望任何人在学校里感到不快乐，对吗？你们当中有没有任何人在学校里感到不快乐呢？

拉希德：以前有些小朋友给我起绰号，我会觉得不开心。

扬：这样啊，那你现在还好吗？

拉希德：是的，现在还好。

扬：那就好，我很高兴你们能来……你们都认识杰德，是吗？（团体成员点头或者小声同意）所以我在想，你们是否有一些看法，认为自己也许可以做些什么，即使只是一件很小的事，只要能够帮助杰德下个星期在学校里变得更加快乐就可以？有人能提点儿建议吗？

珍妮：我可以在游戏时间陪她玩。

扬：这真的是非常好的建议。你叫什么名字呢？……是的，珍妮（写下来），所以你会和她一起玩……我敢肯定她会很高兴，这一定会让她感到更加开心，谢谢……其他人有没有什么想法？……也许只是一件很小的事情。

....

我会用这样的方式继续进行对话，直到我在纸上记录了大部分学生的名字和建议。

加里：当她学习数学遇到困难的时候，我可以教她。

扬：这是一个好主意，加里会帮她学数学。如果你可以这么做的话，我很肯定她会很高兴的。谢谢你，你真好……其他同学现在还有没有想到什么可以帮忙的事情呢？

拉希德：我不知道我可以做什么。

扬：喔，不要太担心……或许你可以帮助别人完成他要做的事情？（他点头）……你愿意帮助谁呢？

拉希德：我可以帮助珍妮。

扬：你愿意吗，珍妮？如果拉希德在游戏时间跟你一起和杰德玩的话。

珍妮：可以，我们经常在一起玩。

扬：好的，这样很好，谢谢你，拉希德，我很肯定那样一定可以帮助杰德和珍妮的！谢谢你们能够想到那么好的计划！我相信你们要做的这些事情一定会带来变化，也会让杰德下个星期在学校里过得更加快乐。我们下个星期再见一次面，你们同意吗？你们到时候可以告诉我这些事情的变化。

所有成员：（点头）好的！可以！嗯，好。

我打电话给杰德的母亲，让她知道事情进展得很顺利，支持团体的成员都很热心帮忙。我也表示下个星期我会再和她联系，在我们联系之前，她应该就会发现事情有所改善了。她的声音听起来有些怀疑，但是无论如何都很感谢我的帮忙。

下个星期我按照约定和杰德见面。她带着灿烂的笑容进来。我称赞她灿烂的笑容，并询问她情况进展得如何。

杰德：现在还不错。

扬：好棒！你做了什么事情让情况变得好起来了呢？

杰德：我和拉希德、珍妮一起玩。

扬：嗯，很好，我很开心听到这个。那你还做了什么呢？

杰德：加里给了我一块巧克力饼干。

扬：哇，他人真好，你不觉得吗？

杰德：是的，我也带了些糖果给他……

扬：你想得也很周到……听起来你在学校里变得开心了？

杰德：是的，我现在很开心。

扬：我想下个星期再和你见面，听听你都做了什么，好吗？

杰德：好的，可以的。

扬：好，我们下个星期见。

……………………………………

尽管杰德看起来很开心，我还是照旧约定下次见面的时间，确保支持团体的成员们和家长不会有任何担心。

随后我和支持团体的成员们见面。

……………………………………

扬：很高兴能和大家再次见面。谢谢你们能够过来。我已经和杰德见面了，但是我想听听你们认为事情进展得如何。

萨拉：她现在不错。

加里：是的，她很好。

扬：这样很好……你们都是怎么做到的呢？

珍妮：我在游戏时间和她玩，拉希德也是。

扬：你们太好了，谢谢你们两个。你认为这有帮助吗？

珍妮：有，这有帮助。

扬：嗯，好的，我很开心。你是怎么知道这样做会有帮助的呢？

珍妮：她有更多的笑容，也更经常玩游戏。

拉希德：她也经常大笑。

扬：这听起来很好，做得很好。还有其他人帮了什么忙吗？

萨拉：我在午餐时间和她坐在一起，然后……

加里：我给了她一些我的午餐。

扬：哇，你们已经做得很好了。你们认为她现在更快乐吗？

萨拉：有，当然有。

扬：我认为你们之前的计划真的很好，现在也被证明是对的！我在想……谁会在下个星期继续帮助她呢？（所有成员互相看看，点头并且微笑）

……………………………………

当我再打电话给杰德的母亲时，她很开心情况有所好转。

扬：你好……不知道你还记不记得，我说我会打电话给你，看看你是否注意到上个星期杰德的进步。

杰德的母亲：嗯，情况好很多了，我非常惊讶！

扬：嗯，好的，情况进展得如何呢？

杰德的母亲：杰德早上会很开心地去上学，事实上，这个星期她不用人鼓励就去上学了，我已经没有这个困扰了……在游戏时间她似乎有了更多的朋友。

扬：很好，我刚刚和杰德见过面，她也曾告诉我这些，而且支持团体的成员也说她看起来比较快乐。

杰德的母亲：她看起来真的有了许多进步……至少到目前是这样……虽然我会担心事情还可能发生……

扬：我了解。对我来说目前的情况进展得很好，下个星期我会回来和她谈谈，看情况进展得如何。如果可以的话，我会再给你打电话，可以吗？

杰德的母亲：好的，谢谢你！

扬：好的，谢谢你愿意花时间，这样很有帮助。

在第二次会谈的时候，杰德已经明显快乐许多，并且支持团体的成员也很高兴他们所做到的事情。学校老师还给支持团体的成员们颁发了“快乐合作奖”。家长也很开心我从始至终的投入，特别是我保证如果未来有困难，她还可以再来寻求我的帮助。

• • • 做出不同选择

焦点解决取向已经被证实比传统的问题解决取向有更多的优势，无论是对学校、家长来说，还是对全部的孩子来说，都是如此。当欺凌事件出现时，学校会变得非常有防范性。毕竟，他们需要对学生在校期间的安全负责。训导主任或副校长可能会花很多的时间来试图了解发生了什么事，需要和孩子们进行个别会谈以找到“事实”。大家最常见到的反应，就是对“欺凌者”进行处罚。然而，如果欺凌行为再次出现，大家的同情心很可能有消退倾向。被指责为欺凌者的孩子家长会到学校来为其孩子进行辩护，指责这一切都应该归咎于受害者挑拨、想寻求关注或者学校过度保护受害者。令人惊讶的是，通常受害者会在游戏时间被单独留下来，以避免更多问题的产生。如果运用支持团体，事情就会变得简单，我们不需要评论过去发生了什么——因为每个人都同意事情需要变得更好。对学校的老师和管理层而言，大家都很乐意看到有一种方法可以迅速解决这些问题。如果我们试着观察和学习这种支持团体如何运作，那么很多人很快便能学会在自己的学校里运用这些方法。因此，这个项目真的很容易掌握和实施。

学校管理层能够应付那些满怀抱怨的家长，并且自信地表示他们能够迅速找出有效解决问题的方法。家长最关心的是孩子是否快乐，而不是他们在学校里到底发生了什么事。

在家长们接触到这个服务项目之前，他们通常忧心忡忡。孩子因为尿床会变得有攻击性或者退缩。为此，家长们已经和学校接触过并且试图解决。虽然欺凌行为也许会停止一段时间，但它还会再次发生。家长们也常常会敏感地觉得学校教师可能会责备他们的孩子，甚至批评他们没有教养，这样一来，家长们的防卫心理也会增强。他们经常把事情弄得更糟，觉得自己很无力。事实上，他们有时候会觉得把孩子的情况告诉老师就已经把事情弄得更糟糕了。运用支持团体的方式，我们可以将重点放在家长确切想要改变的事情上——可能是他们的孩子在学校里再次变得开心起来。家长们并不期望能够一下子看到结果，但让他们讶异的是情况竟然改变得如此迅速。

当然，从中受益最多的还是这些孩子们。被欺凌的孩子通常会在第一次见面时表现得很紧张和担心。但是一个星期之后，当我再次看到他们时，情况就会变得更好，他们会变得很放松，有笑容，看起来更加自信。然而，不只是被欺凌的孩子受益。回顾事情发展时我发现，支持团体中的孩子们常常也会说他们很喜欢做这件事情。最近，我们对支持团体成员做了进一步研究。他们在被问到是否愿意加入支持团体时，所有人都说他们很喜欢在支持团体里，还有一两个成员说他们为自己做的事情感到很自豪，并且有人说被欺凌的孩子在参与团体过程中交到了更多的朋友。可见，所有成员都认为支持团体有效地帮助了原先被欺凌的孩子，使大家在学校里生活得更开心。

• • • 评估

第一次使用这种方法时，我发现我在离开学校的时候通常“手指交叉”，祈求好运，希望一切都可以行得通。毕竟，根据我之前所受的相关训练，迅速解决老大难问题(如欺凌等)很不可思议。按传统的看法，改变是缓慢且辛苦的。但随着我的信心的增加，我觉得有必要回顾所有案例的结果，并进行整体评估。以下就是我所发现的结果。

在过去两年中，我们共在 51 名小学生身上运用了这种支持团体的方法。所有参与的学生的年龄都是 6～11 岁。这种方法在大多数的案例中都很成功——成功的标准是受欺凌者度过困难，不再需要支持。在这些案例中，有一例由于学校拒绝，所以介入没有完成，其余 50 个案例的结果见表 14－1。

表 14－1 50 个案例结果

50 个案例	立即成功 40 例(80%)
	延迟成功 7 例(14%)
	部分成功 3 例(6%)

根据不同的评判指标，我把所有的案例成效分为三类。“立即成功”是指：设立支持团体后，原先被欺凌的孩子很少遇到问题，或者没有遇到问题；支持团体的成员也看到原先被欺凌的孩子的改变，并且家长们为欺凌行为的终止感到高兴。共有 80%的案例可以归为这一类。

有一些案例被定义为“延迟成功”，这是指：孩子在第一次与我们会面的时候不是非常高兴，支持团体的成员也对此状况并不十分满意，或者家长也因为某些原因不是很满意。3～5 个星期后，这些孩子开始有所改善，每个人也都觉得问题已经被解决。

有三个案例被定义为“部分成功”，这是指：尽管有所进步，但是孩子在学校期间仍然感到不开心。在这些案例中，我们仍旧会定期进行会谈，直到原先被欺凌的孩子认为情况稳定，自己处于“可容忍”的程度。事实上，这三个孩子之后再次被转介过来，因为他们又受到了原先团体中学生的欺凌。所以，这三个孩子需要长期的协助和个别辅导。

不过，最重要的是，没有一个孩子的情况变得更糟糕。孩子们通常不愿意将他们在学校里被欺凌的事情说出来。一个原因也许是他们担心大人介入后，事情会变得更加糟糕。教师和家长们因担心惩罚欺凌行为可能引发愤恨，让情况变得更加严重，所以他们要求评估任何介入方案的安全性。

结论

焦点解决取向介入支持的团体模式既容易被理解，也很有效果。如今，许多其他地区学校的教师也正在使用这种方法，并且都获得了类似的结果。

案例四：焦点解决取向之服刑人员的回归与过渡计划

洛伦·沃克

我个人和专业上的经验促使我走上改善司法系统之路。司法系统通常是非人性化的，主要通过对罪行施以惩罚，并用惩罚的方式来达到矫治的目的。我 14 岁的时候开始独居，曾短暂入狱。同时，我也是犯罪行为的受害者，曾受到一次蓄意谋杀和性侵。31 岁的时候，我成为夏威夷州政府的律师，主要负责辩护或起诉他人。之后，我也曾从事替个别当事人上诉的工作。这些经历告诉我：司法系统应当将焦点放在如何使人们改过自新上，放在针对服刑人员犯下的严重罪行找到和平而有建设性的解决办法上。

本案例呈现的是一个为服刑人员设计的回归与过渡计划，该计划旨在帮助违法犯罪人员增强法律意识、采取合乎法律的行为，并修复因其犯罪行为和服刑事实给亲属及他人所带来的伤害(Walker， 2004)。这个计划是以团体工作的方式进行的(Walker and Greening， 2010)，实务工作者在团体中运用了焦点解决(Berg， 1994；Berg and Reuss，1997； De Jong and

Berg，2002；de Shazer，1985，1988，1994)和修复性司法(Zehr，1990；Walker，Sakai，and Brady，2006)。

修复性司法聚焦这个问题：如果人们要从罪行中得以复原，那么他们需要些什么。这个概念来自原住民在和平调解纠纷时的实际做法。修复性司法本质上和我们主流的司法体系有很大的区别。在主流司法体系中，专家代替受害者或犯罪者发声，并决定谁应该受到指责或刑罚。修复性司法与之相反，它让涉嫌特定犯罪事件的当事人有机会思考自己需要做些什么来修复伤害，并且让他们有机会诉说自己的故事。一般来说，调解促进会议通常要有受害者、加害人以及社会公众的参与，然而修复性司法可能并不需要其他相关人员出席，就能成功地为人们解决问题(Walker，2004)。

虽然焦点解决和修复性司法来自两个不同的领域，但两者之间却有很多相似之处。两者都将个体看作有能力的人，并且相信个体知道自己的需求。同时，它们都对个体持乐观的态度。两者都假定：无论是受害者还是犯罪者，都有减少伤害的能力；在任何时候，人们都有能力为自己建立更好的关系和更美好的未来。焦点解决与修复性司法提供了一段自我导向的治疗历程，帮助服刑人员修复其因犯罪行为和入狱服刑而受损的个人尊严。

夏威夷和美国其他地方一样，深受犯罪之害，罪犯改过自新的概率很低，超过 50%的刑满释放人员在释放三年内就重返监狱(Langan and Levin，2002)。虽然超过 90%的服刑人员为自己的罪行感到内疚(Hall，2003)，且有近 50%的暴力犯罪发生在加害人和受害者彼此认识的情况下，但司法体系不鼓励进行调解(Federal Bureau of Investigation，2003)。

本计划是在茵素指导下制订出来的，2005 年开始在瓦湖岛一所男子最低戒备监狱中试行，之后也在夏威夷州立女子中度戒备监狱中试行。2010 年，夏威夷州议会通过了一项决议，指示州立监狱系统全面支持此计划在全州的推进(Hawaii Legislature，2010)。

方案说明

回归与过渡计划的团体历程

回归与过渡计划在夏威夷被称为"Huikahi 修复圈"。在"Huikahi"

中，hui 代表团体，kahi 则代表个人。将这两个词结合起来使用，暗示着需要社群与个体之间的共同理解与合作来处理因罪行与入狱所带来的痛苦。修复圈尊重每个社群的文化，鼓励各社群采用他们自己独特的名称。例如，纽约的罗切斯特就将此历程命名为家庭圈（Walker and Greening，2011）。

回归与过渡计划旨在增强和强化服刑人员的社区、家庭支持系统，这也是他们获释之后最有可能回去的地方（Baer et al.， 2006）。该计划协助服刑人员制订全面的自我导向过渡计划，让他们能照此执行并满足自立生活的各项需求。这个计划的另一个重要目标是要治愈那些因服刑人员犯罪与入狱服刑而受伤害的人，如因父母入狱而深受创伤与苦难的孩子（Hairston， 2007）。

夏威夷目前已举办 61 个 Huikahi 修复圈，共有超过 300 人参与。参与者包含服刑人员及他们的亲友，每个修复圈中都至少有一位监狱的工作人员参加。在夏威夷之外，也举办过 48 个修正版的 Huikahi 圈，提供参与者为期 12 周的焦点解决训练课程，目前已有约 110 名服刑人员参与（Walker and Sakai， 2006）。除了服刑人员的亲友来参加修正版的 Huikahi 圈，其他服刑人员也会在该圈中担任支持者（Walker， 2009）。曾参加修正版 Huikahi 圈的服刑人员，之后往往会与他们的亲友一起申请参加完整版的 Huikahi 修复圈。

以下便是关于这个回归与过渡计划的详细描述。

• • • • 成员招募

我们会在监狱中召开说明会，寻求自愿参加的服刑人员。例如，在夏威夷的女子监狱，我们会先举办一小时的项目介绍活动，请曾经参与修正版 Huikahi 圈的女性进行心得分享与推荐。项目介绍活动在一个可以容纳 50 人的房间中举行，大部分参与活动的人员之后都会提出参与修复圈的申请。

一旦有人申请，监狱管理人员便会进行审查，并一一判断每一位申请人是否适合参与修复圈。只要监狱管理人员接受申请，申请书便会移送到夏威夷司法与公民教育之友组织，该组织会安排专人与每位申请人进行会谈。

会谈的主要目的是确认申请人是否愿意和他们伤害过的入狱服刑人一

起工作，以弥补错误，承担责任；同时，确认申请人是否有意为自己创造更好与守法的未来。令人惊奇的是，夏威夷所有提出申请的150位参与者都符合标准并获得了参与会谈的机会。

申请人的焦点解决会谈

焦点解决会谈进行的时间是30～60分钟，会谈由随后会负责修复圈的带领人主持。带领人会准备过渡计划书面资料。在确认申请人适合参与修复圈后，会谈的主要目标便会转向提升参与者的乐观态度，让服刑人员感到对自己的未来有更多的掌握权。同时，会谈也会让参与者看到，虽然现在仍在服刑中，但他们有成功经验。服刑人员成功地从监狱过渡到社区，其中的一个重要原因是他们对未来充满希望（Howerton et al., 2009）。

在整个会谈的过程中，带领人会收集信息并赞美服刑人员取得的成功及其能力与优势（参见Lee, Sebold, and Uken, 2003）。赞美人们的正向努力是常见的焦点解决技巧（Berg, 1994）。

以下是带领人黛比（Debbie）与申请加入修复圈的肯德拉（Kendra）之间的部分对话。

黛比：（看着肯德拉的眼睛，面带微笑，友善地与肯德拉握手）肯德拉，很高兴见到你，我是黛比，我来与你讨论有关你申请Huikahi修复圈的事情。

肯德拉：（不好意思地微笑）嗨。

黛比：很高兴能看到你愿意对自己负责，并愿意在修复圈为自己的未来和家人好好制订一些计划。

肯德拉：（笑得更开心）谢谢，很高兴认识你。

黛比：你看起来身体健康且身材匀称，你是怎么做到的呢？

肯德拉：喔，我会尽量多走路、多运动。我在厨房工作，所以我很忙碌。

黛比：那很棒！你每天坚持运动、在厨房工作，一直忙着。你是怎么做到的呢？

肯德拉：喔，无论发生什么情况，我都会让自己一直在工作。我从15岁就开始工作，一直到现在。

黛比：所以，你是一位努力工作的人！这对你来说意味着什么呢？

肯德拉：我爱工作。特别是在这里，如果不工作的话，我会发疯的。

黛比：你很棒，工作非常认真。那么，肯德拉，是什么让你想来参加修复圈的呢？

肯德拉：我伤害了很多人，我想要弥补。我想让我的女儿们知道我对自己的所作所为感到抱歉，不想她们犯同样的错误。

黛比：哇，你真是一位好妈妈。想要弥补，也想让女儿们知道你有多抱歉。你能从你过去的错误中找到正面的东西，并想用这些来教导女儿们一些事。这很鼓舞人。

肯德拉：（笑得很开心）谢谢。我的女儿们对我来说比任何人都重要。我一直都知道做什么事情才是对的，只是我嫁错了人，就是她们的爸爸。他是导致我堕落的原因，但我现在并不恨他，因为当初是我自己选择和他在一起的。以后，我绝对不会再跟他在一起了。

黛比：你能把女儿们放在第一位，并且知道要做正确的事情，这非常棒。你看到她们的爸爸对你的负面影响，而你也想改变。这个过程一定很不容易，因为他对你来说一定意味着许多。你是怎么做的？你是如何跟他脱离关系的？

肯德拉：被逮捕的时候，我知道女儿们将会失去我。那时，我知道我必须决定谁对我而言更加重要。我选择了女儿们，她们都是好孩子，不像她们的爸爸是个失败者。他只想到自己，还不去工作，我不想再帮他收拾残局了，他不值得我这么做。我希望我能够留在孩子们身边。

黛比：听起来你正走在正轨上，你想要留在孩子们身边。参加这个修复圈将会对你有所帮助。我为你准备了关于修复圈的资料。（带领人拿出一本介绍该方案的小册子给肯德拉。）

带领人继续向她解释修复圈的每个步骤，并在手册中圈出肯德拉需要做的准备事项。

黛比：在开始进入修复圈时，我会问你：从入狱以来，你最引以为傲的是完成了什么事情？针对这个问题，你将会说什么？

肯德拉：我开始学习了解自己，我做了很多跟自己有关的功课，并知道我过去错在哪里。我持续参与亲子教育课程，尝试学习表达我的感觉。我一直在努力成为一个更好的人。

每位申请人在被问到自己有何成就时，他们都会正面回应。尽管他们现在身处监狱，但这个问题会协助他们看到自己已经达成的正向结果。

带领人还告诉肯德拉，至少还要邀请一位不是监狱内的人一同参与她的修复圈，这样修复圈才能施行。申请人如果不能在服刑期间参与修复圈，那么他们也可以在出狱后参与。

在会谈结束后，带领人通常会对服刑人员提出建议，或者询问服刑人员有什么好的事情是自己认为可以继续做的。此外，布置回家作业是另一个常见的焦点解决办法(Trepper et al.， 2012)。

黛比：(伸出她的手轻轻地拍了拍肯德拉的手臂)肯德拉，很高兴能够和你见面，谢谢你的分享，谢谢你告诉我你对自己和你女儿的期待。你或许知道，我们试着将修复圈的服务提供给每一位合乎资格的人，但申请的人很多，加上我们也无法保证监狱管理部门的立场，所以我们不能保证修复圈一定可以施行。不过，我们会试着再联络你；如果没有接到我们的通知，你也可以主动联络我们。坦白说，你也要不断向监狱管理部门提出请求，因为“会哭的孩子有奶吃”。我们会努力为所有提出申请的人提供修复圈的服务，但是我们有可能无法在你们服刑期间就着手开展修复圈工作，因为现在我们收到的申请人数已超过我们能够负荷的量。如果无法在你服刑期间顺利开展修复圈工作的话，请你获释后打电话给我们，我们可以在监狱外面进行修复圈的活动。在我们再次碰面之前，有什么事情是你觉得如果你继续做，很可能会对你有帮助的呢?

肯德拉：我想我可以继续做这里的工作，继续帮助我的女儿们。

黛比：听起来这真是个不错的计划。继续认真工作，试着持续帮助你的女儿们。

肯德拉：是的，谢谢，我会继续做这些事情的。

黛比：很棒！我也很期待见到你的女儿们。

肯德拉：谢谢你来，也谢谢你为我联络我的家人。我真的很感谢你。

召集修复圈

接下来，我们便需要开始安排修复圈的各项任务。修复圈的工作包括：联络所有受邀请者并解释修复圈的历程，询问他们是否愿意参加，描述即将进行的步骤及可能发生的事情，确认讨论的要点，协助参与者饱含感情地参与修复圈，确定所有参与者和狱方代表都能参加的时间。这些工作由带领人负责，完成这些准备工作一般要花 10 小时。每个修复圈的平均参与人数是五人。

下面，我们以致电邀请申请人的家人为例：

你好，我是夏威夷司法与公民教育之友组织的黛比，肯德拉·李将你的电话号码给了我。我正在从事 Huikahi 修复圈监狱方案的工作，专门为服刑人员提供服务，以协助他们弥补曾经伤害过的人，并且想为未来制订一个正向的计划。这个修复圈方案会让服刑人员的家人说出自己的经验和感受，并且让服刑人员知道如何做才能让情况变得更好。现在肯德拉申请了修复圈的服务，并且希望你们能够参与。不知道你们是否对这个方案感兴趣？

大部分人都会对此感兴趣，并想知道更多信息，包括修复圈为期多久、会在什么时候开展等。修复圈的开展时间依受邀者和监狱管理部门的时间而定。

有时，邀请大家去监狱里参加修复圈会困难重重。例如，受邀者无法从工作中脱身，有孩子要照顾，生病，有犯罪记录而不被允许探监，住得太远等。此外，夏威夷大部分的服刑人员都来自经济困难的家庭，而且许多人并不住在监狱所在的瓦湖岛。为此，我们尝试提供至少一半的机票钱，让贫困的受邀者可以从邻近的岛屿前往瓦湖岛。同时，由于监狱位于瓦湖岛郊区，公共交通不便，我们会到受邀者家的附近接他们参加修复圈。

这一服务方案在夏威夷试行了五年，其间只有少数人——大约 5%的受邀者——表示他们没有兴趣参加修复圈。不过这也可以理解，因为有些家庭成员可能会想与服刑人员撇清关系。当他们说自己不想参加时，带领人会这样回应：

你一定知道对你自己和家人而言，什么人、事、物会是最好的。我希望你能够了解，这个方案除了是为……(服刑人员的名字)进行的，同时也是为了深受伤害的你而进行的。我能否寄本小册子给你，让你了解更多有关这个方案的信息？此外，如果你愿意的话，我也很乐意就这个方案和你进行讨论。

大部分的人都会想看看那本手册。有些原本说不想参加的人，也会因此改变主意而参加，而且在结束时他们会对整个历程表示十分满意。

与无法参加修复圈的人进行电话会谈及安排“空椅子”

针对那些希望能参加修复圈却无法前往的亲属，我们会尽力为他们提供参与的机会。但不幸的是，目前在夏威夷的监狱中，无法让居住在瓦湖岛以外的人在修复圈进行时使用电话扩音器。这种情形下，带领人会在修复圈开始之前致电受邀者进行会谈，通话时长可能会超过一小时，以收集他们的相关信息。对大部分人而言，这可能是第一次有人询问他们，自己因家人的犯罪行为与入狱服刑受到了哪些影响，需要做些什么来修复受到的伤害。

带领人运用焦点解决的会谈技巧，与肯德拉的母亲进行了电话会谈，以下是此会谈的部分片段：

黛比：肯德拉先前的行为和她入狱，给你带来了什么影响？

肯德拉的母亲：这对我们来说很困难，我们已经是祖父母了，养育她的孩子将近10年。本来，我们只要宠孩子就行，但现在我们却不得不管教她们。我从来不跟孩子们说她们父母的坏话。我们的收入都很低，而且我们都60多岁了。

黛比：这真的令人很佩服。这对你们而言一定很辛苦，但是你们依然把外孙女们看得比自己还重要。你们是怎么做到的？

肯德拉的母亲：在我女儿入狱时，我想我绝不能让孩子们被送到寄养家庭。我想这就是家的含义：当有人需要的时候，其他人能够提供帮助。我的外孙女们都是好孩子，她们在学校里表现得很好，她们喜爱运动，她们也不和坏孩子在一起。

黛比：你把她们教育得真好，让她们能够有好的成绩、热爱运动，你也教导她们远离坏孩子——你正在教导她们家庭的含义。那么，肯德拉可以做些什么来帮助你修复这些伤害呢？

肯德拉的母亲：她可以让自己振作起来，并且成为合格的母亲。

黛比：你希望她可以振作起来。“她可以让自己振作起来”确切的意思是什么呢？

肯德拉的母亲：在她出狱以后能够找到一份工作，并且能努力工作，然后把孩子们接回家，照顾她们。

………………………………

在修复圈进行的过程中，我们会放一张空椅子，上面放一些单子，单子上写着肯德拉的母亲、父亲、15 岁女儿等的信息，另一位参与肯德拉修复圈的亲人则会在修复圈的历程中读出这些单子上的内容。

那些无法前来参加修复圈的家庭成员表示，与带领人进行电话会谈对他们很有帮助。司法系统通常不会关注犯罪对人们的影响，除非涉及证明有罪或施以惩罚时。然而，我们开展修复圈后发现，认识到犯罪行为和入狱服刑对他人的影响，这也是一种治疗。

肯德拉的母亲曾说：“带领人和我在电话中的对话对我帮助很大，这让我深深地知道有人在帮助我的女儿。有人可以关心她，跟她对话。”肯德拉的 15 岁的女儿则说：“电话会谈让我可以告诉妈妈我的感觉是什么，说出来之后我感觉好多了。”

●●●● 开始修复圈进程

带领人接着开始带领修复圈。这时，会有一位受过训练的记录者，将团体提供的重要信息都写在一张纸上，以便能够贴在墙上或画板上。带领人与记录者都会尽量使用参与者们所说的词句。

我们会围坐在一起，记录者会在修复圈以外，并且在贴于墙壁或画板上的纸上写下大家所说的话。有亲属参加的完整修复圈历程，大约历时三小时，修正版的修复圈则大概历时一小时。

修复圈历程的开场方式由服刑人员决定。她可能会放一首夏威夷民谣、唱一首歌、弹吉他或尤克里里、念一段祈祷文、吟诵一首诗或者读一段预先写好的声明——任何可以用来引出痛悔与和解氛围的方式都可以。

开场之后，每位参与者进行自我介绍。接下来服刑人员会诉说自己服刑以来最引以为荣的成就。在讨论完服刑人员所取得的成就之后，其他人会对服刑人员描述“喜欢她的哪些方面”以及她的优势和能力所在。如果有年幼的孩子来参加修复圈时，这个团体还会挖掘每个孩子的优势和能力，并说明服刑人员是如何帮助她的孩子培养出这些优势与能力的。通常这是一个令人感动的时刻，因为服刑人员可以听到其他人说出她的长处；而对孩子们来说，他们可以听到自己的长处以及父母对自己的照顾与关怀。所有这些参与者，包括家属、监狱工作人员，甚至是带领人自己和记录者，都常常泪流满面。

•••• 修复圈的和解阶段

在描述完优势与能力后，带领人会介绍和解阶段。这一阶段旨在告诉团体成员：服刑人员渴望通过修复圈来见证“她想要为自己负责——这是另一个她所拥有的优势与能力”。在和解阶段，带领人会提出三个修复性司法的基本问题：① 谁受到服刑人员过去犯罪行为及入狱服刑的影响？② 他们如何受到影响？③ 服刑人员可能做些什么来修复这个伤害？

服刑人员会先回答前两个问题“谁受到影响”以及“如何受到影响”。等服刑人员说完后，带领人会请服刑人员反思从前的想法以及她们现在是怎么想的。反思她们过去的行为和想法，可以给她们一个机会去分享她们观察到的，描述她们的生命从犯罪转变为守法的历程（Maruna，2001）。与他人分享自己是如何改变的，这将有助于强化她们实现目标的动力（Jenkins，1990）。

黛比：回到过去你所做的那些事情上（服刑人员总会讨论到过去的行为），那个时候的你是怎么想的呢？

肯德拉：那时候我想到的都是我自己，我只想得到我想要的。在那些日子里，我一心只想通过吸毒获得快感，不关心任何人，只关心我自己。

黛比：所以现在，你坐在这里，回想过去的所思与所行又有什么想法呢？

肯德拉：我觉得现在我已经是另外一个人了。我第一次来到这里时，从镜子里看到的是一个怪物，但我知道那不是现在的我。

黛比：哇，你真的改变了，你现在和过去已经变得不一样了。你是如何做到的？你是如何从那个怪物变为现在坐在这里、想要与家人一起做一些对的事情的这个人呢？

肯德拉：我开始关心我的孩子超过关心我自己。你知道吗，把她们而不是我自己放在第一位，这让我现在更加快乐。

接着，家属们各自表达大家是如何受到黛比先前行为与入狱服刑的影响的。同时也会说出，黛比可以做些什么来修复这个伤害。几乎每位家属都希望黛比远离毒品与酒精。当黛比表示同意时，她会被询问："是什么给你希望，让你相信你是可以做到远离毒品和酒精并保持清醒的呢？可能过去你也试过要戒瘾，这次有何不同呢？关于坚持不染毒瘾和酒瘾，在0～10分的量表里，如果10分代表你坚定不移，而0分代表你一点儿都不坚定，你认为自己会得几分呢？"

大部分参与修复圈的服刑人员会公开向出席的亲人表示歉意。有时，服刑人员会写道歉信给那些无法出席修复圈的亲人。

●●●● 完成回归计划

在和解阶段之后，修复圈的焦点将转到回归社会的其他现实需求上。这些需求包括住宿、就业、交通、取得身份证明文件（社会保障卡、出生证明书等）、制订情绪健康与身体健康的照顾计划，以及确认他们在社区内可能拥有的支持团体。

为满足这些需求，我们需要制订时间表。例如，肯德拉的回归计划中有关调解的部分有如下内容："肯德拉将在2010年1月12日前写一封道歉信给祖母并寄出去。肯德拉有信纸、信封与邮票用来写和寄出这封信。"而在现实需求的部分，回归计划则会写道："肯德拉会再次去之前工作过的卖场应聘，她会在2010年1月20日前写信给先前的经理，并寄出这封信。""肯德拉的出生证明、社会保障卡以及她过期的驾照放在她家里的化妆柜中，她女儿住在那里。在肯德拉出狱后，她女儿艾丽西亚（Alicia）会把这些文件拿给她。"服刑人员应该承担大部分任务，而其他人往往也会乐意帮忙。比如，肯德拉的朋友卡萝尔会在2010年1月15日之前寄一份远离毒酒之屋（戒除毒瘾和酒瘾的康健机构，也是中途宿舍）的资料给她。

在完成具体满足每项需求的计划之后，接着会确定后续追踪修复圈的时间。修复圈结束时，带领人会邀请每个人"赞美任何你今天在肯德拉身上学到的事，或者说出你看到的她身上哪部分的变化让你印象深刻"。在赞美过程中，当有任何先前没有提及的优势与能力被识别出来时，我们便会把它写进计划中。最后，我们会邀请肯德拉进行总结："请你说说，今天这个历程对你而言是什么样的体验，或者你有什么话想对大家说，以结束我们今天的修复圈。"

在修复圈结束之后，参与者会填写一份问卷。如果狱方同意的话，我们还会为参与者提供饼干和果汁。我们通常还让参与者们在修复圈结束后进行简短的互动。

方案成果

这个方案得到了320位参与者的正面评价。一位服刑人员家属的反馈特别具有代表性："在这里把话说出来是一件好事，情绪能够被表达出来，事情的真相也能够被了解，真的是太棒了。"值得一提的是，即使服刑人员之后再度入狱，家属对修复圈仍会保持积极的态度（Walker and Greening，2010）。可能的原因是，如同狱方的工作人员、心理咨询师以及亲属们常提及的，修复圈开启了一段"疗愈过去的历程"，大家携手帮助服刑人员大步向前。

虽然目前关于这个方案成效的数据并不多，但早期参与者的再犯率让人看到了希望。到2010年3月，已有23名服刑人员参加完修复圈后离开监狱两年甚至更久。其中，有16名到目前为止没有再犯法，有七名再次回到了监狱，再犯率约为30%。就修正版的修复圈而言，有10名服刑人员在参加完修复圈后，离开监狱两年甚至更久，其中三名在获释后再度犯罪，再犯率为30%。可见，参加完两种修复圈的服刑人员的再犯率比本州服刑人员出狱三年以上的再犯率（54.7%）要更低。

挑战与对未来的展望

继续进行这个方案将面临两大挑战：一是资金的匮乏，二是州立监狱管理部门不太愿意将修复圈从现行的女子监狱扩展到其他监狱。目前，这个方案通过小额补助和公益团体的努力在持续试行与运作中。我们希望能够通过寻找更多的资源以及与监狱部门更多的合作，来提供更多的修复圈服务。

目前，大约只有三分之一的申请人及家属可以接受修复圈的服务。此外，夏威夷监狱部门仅让接受过焦点解决培训的带领人开展修正版的修复圈。截至2011年年底，我们仍在继续寻求更多的经费资助，以便能显著提高修复圈举办的数量，并对修复圈进行更全面的成效评估。希望通过坚实的评估资料来支持这项介入的效果，进而说服监狱部门将这个方案全面扩展至夏威夷的其他监狱中。

案例五：这是选择的问题
史蒂文·德·沙泽尔、卢克·伊塞巴特

这里所说的酒瘾治疗项目是由比利时布鲁日的圣约翰医院精神科负责运行实施的。圣约翰医院是一家大型公立医院，为比利时西部说佛兰德语的民众提供服务。所有社会阶层，无论是有工作的、失业的、领养老金的，还是需要社会救济的人都统统被医疗保险所覆盖。目前，大约有三分之一的人参与戒酒治疗是出于非自愿原因，事实上大部分人是被警察带来的。比利时的法律规定，相关部门要为那些因嗜酒而神志不清的人提供住院服务。住院的时间一般是 24 小时，但如果他们一直处于精神失常的状态，那么住院时间会延长 10 天。

1983 年，伊塞巴特(Isebaert)博士成为医院的首席精神科医师。当时，病人与工作人员都认为传统的处理酒瘾问题的方法并不能令人满意。简单地说，传统的治疗方法不太有效，总是复发。伊塞巴特博士除了接受过传统拉康疗法的训练，还接受了家庭治疗和埃里克森催眠疗法的训练。他认为医院需要采取一种更有效的方法来解决问题。于是，他开始采用不同的方法来训练工作人员，这一方法整合了埃里克森的理论、心理研究机构(MRI)的实践、存在主义治疗方法。随后，1990 年，他邀请德·沙泽尔为员工们进行焦点解决短期治疗的一系列培训。于是，焦点解决短期治疗和新方法整合在了一起，这一取向将焦点放在患者的自主选择上。

酒瘾治疗项目

(1) 在病房待了 24 小时以后，每位病人都有以下几种选择：① 继续

住院治疗；② 不再住院，选择去日间医院治疗；③ 采取门诊病人的治疗方案；④ 结束治疗。患者可以随时改变他们的做法。

(2) 在最初的一周时间里，患者会从护士(也是主要的治疗师)那里获得许多关于生物学、心理学和社会学对酗酒的看法。同时，他们也能继续做出选择：① 选择焦点解决的小组治疗；② 选择焦点解决的个人治疗；③ 选择与其配偶一起进行焦点解决治疗；④ 整个家庭一起进行焦点解决治疗；⑤ 不参与治疗。同样，患者可以随时改变他们的做法。

(3) 护士们会帮助患者及其家人决定是参加禁酒型治疗小组，还是参加控制酒瘾型治疗小组。护士和医生们会尊重患者的选择，毕竟禁酒并不是解决问题的唯一方法。同样，患者也可以随时改变他们的做法。

• • • 焦点解决的技术

事实上，标准的焦点解决短期治疗技术和本项目所聚焦的案主自决是不谋而合的。

(1) 奇迹式问句将焦点放在，当患者的问题消失时，他们希望情况如何发展。患者和医生开始探索奇迹发生后的第二天所发生的细节后，下一步就是让患者识别，究竟哪一种小组最能帮助他实现他的奇迹图景。此时评量式问句常用于帮助患者进行选择。

(2) 在禁酒型治疗小组和控制酒瘾型治疗小组中，评量式问句同样适用。例如，10 分代表他们有足够的自信心可以戒酒或控制酒瘾。此外，另一种评量方式可能更适用于控制酒瘾型治疗小组，打分可以协助患者判断，在 3 杯酒后或者少量喝酒后，停止继续喝酒对他们而言是困难的还是容易的。同时，对禁酒型治疗小组而言，打分可以协助病患判断能不能忍住不喝酒。

(3) 在治疗过程中，评量式问句还可以作为奇迹式问句的一部分来进行使用。例如，10 分代表奇迹发生后隔天的情况，而 0 分代表入院时的情况。

(4) 当然，例外——被定义为当患者可以喝酒却选择不喝的时候——在治疗过程和小组会面中会得到探索。通常，谁参与其中，当时是什么样的情形，什么时候发生的，在哪里发生的，这些都是未来进步的关键所在。

（5）对酒瘾复发的管理是治疗的关键。酒瘾复发被视为酒瘾控制失败，但同时也可以被看作成功的一小步。我们会和患者讨论这些部分成功的解决之道，以帮助患者更好地应对未来将出现的困难。患者常会被问到：

- 之前什么时候你想要喝酒，但却成功地克服了酒瘾？是什么帮助你拒绝了第一口酒？
- 有没有喝过一杯后就不再喝的时候？你当时是怎么做到的？还有什么对你当时是有帮助的？
- 如果你连续喝了三杯酒，你可以做些什么，让你能够停下来？
- 如果你在过去的某一天酗酒了，是什么帮助你在第二天不再继续酗酒？有其他原因吗？谁能在这件事上帮助你，他是怎么做的？
- 如果你连续三天酗酒，同时你认为自己酒瘾复发了，在第四天时，你能做什么才能让你的人生返回正轨？

我们会和患者及其家人讨论，或是在小组中讨论这些问题。之后患者写下这些问题的答案(通常写在他最喜欢的照片背面)，并且放在他的钱包里。

案例

弗朗兹(Franz)是一名40多岁的中年男子，他在第二次治疗时回顾了酒瘾是如何复发的。他长期以来一直酗酒，但他希望自己可以控制酒瘾，并且努力维持自己的工作，同时也希望维持自己的婚姻。他希望通过控制饮酒来避免失去工作和家庭。

T：那么，你喝了多少酒呢？

弗朗兹：比原来少，但超过了我给自己设定的三杯的底线。

T：很高兴听到你比平时喝得少。那么，喝了几杯呢？

弗朗兹：差不多八杯。

T：那你还能喝更多吗？

弗朗兹：是的。

T：那么你是怎么在喝了八杯以后停下来的呢？怎么没有继续喝呢？

弗朗兹：嗯，当时我和邻居在乡村酒吧，过去的20年我每周五晚上都会去那里。大概晚上九点半的时候我不得不起身去洗手间，所以也就离开了吧台。后来我就发现我已经在酒吧外面了。我想我大概走错门了，所以就走了出来。所以，我想既然我出来了，那么索性还是回家吧。之后我就回家了并且一觉睡到周六早上。

T：你其实可以再次进入酒吧，是什么让你决定直接回家的呢？

弗朗兹：事实上，我想既然我太太不在家，那么我可以打破三杯酒的底线，只要在她睡觉前回家就好。但她在回家路上，去酒吧看了一下，并且从我邻居那里知道我已经离开了。

T：嗯……

弗朗兹：我觉得起身离开回家，比我想象的要容易。我甚至没有想过要回去再喝一杯。下次我希望在喝了两三杯时就能停下来。

T：在一个量表上，如果10分代表你像其他人一样，有信心只喝两三杯就停下，那现在你可以给自己打几分呢？

弗朗兹：如果你上周问我这个问题，我会打8分，但现在，我不得不说不会超过2分。不过，至少现在的我知道该怎么做了。

T：你会起身，并回家。

弗朗兹：是的。

T：你觉得你太太会给你打多少分？

弗朗兹：她一定会说0分，因为她非常失望。

T：那她要怎样才会认为，你从0分提高到了1分？

弗朗兹：她现在已经不跟我说话了，所以我不知道她怎么想的。也许明早我起床给她做早饭……

T：也许她会喜欢这种方式。

弗朗兹：这一定会让她惊讶的。

T：希望她会喜欢。之后你如何知道自己已经达到3分的情况呢？

弗朗兹：我不知道……也许从今天到周五都不再喝酒。是的，就是这样。这样的话，都可以超过4分了。

T：我记得你之前也做过这样的承诺。

弗朗兹：也经常打破承诺。所以这次不再承诺了。

T：也许你可以把它当成一个秘密。

弗朗兹：是的，做就是了。

T：做到的话，谁会因此而惊喜不已，是你还是你的妻子？

弗朗兹：当然是我咯！

………………………………

经过之后的两个疗程，弗朗兹学到了许多关于控制喝酒的方法。他维持住了婚姻并觉得夫妻间的关系越来越好。他的工作也越来越好，一切都在往好的方向发展。

• • • 后续

我们尝试联系每一位（共 132 人）四年前在圣约翰医院完成 18 个月治疗的患者（de Shazer and Isebaert, 2003）。与这个项目及医院无关的心理学研究生负责访谈患者。如果可能的话，患者的家庭成员、家庭医生、转介单位（包括警察）等，会被邀请一起来接受访谈。

这 132 位患者中，有 89 位患者是男性，43 位是女性，他们的年龄为 19～74 岁，平均年龄为 46.2 岁。这 132 个人中，已经有 13 人去世，60 人（约45.5%）已经彻底戒酒，40 人（约 30.3%）能够控制酒瘾，还有 19 人（约 14.4%）没有达到戒酒或控制酒瘾的目标。此外，另外一组接受访谈的患者（共 72 人）也呈现了类似的数据：有 36 人（50%）成功戒酒，23 人（约 31.9%）成功控制酒瘾。

下列变量和成功概率之间没有统计上的显著差异：① 患者最初选择是戒酒还是控制酒瘾的小组；② 男性还是女性；③ 未婚或者已婚；④ 工作、失业或退休；⑤ 高或低的社会阶层；⑥ 患者的配偶支持与否；⑦ 患者的家庭是否和睦。此外，入院时酗酒问题的严重程度（标准化测量下）也不影响最终结果。

大部分患者通常在医院待 10～14 天，此外再去日间医院待 7～14 天；平均的住院时间是 21 天（包括日间医院）。此外，门诊病人平均会谈次数是 4.2 次。

• • • 结论

这种解决酗酒问题的方法与传统方法有着明显的差别。焦点解决短期治疗将焦点放在患者自己决定改变的能力上，并推动患者在此历程中能够做出必要的选择。这看起来无论是对患者还是治疗师都有助益。

案例六：Plumas 方案——家庭暴力施暴者的焦点解决介入

阿德里安娜·乌肯、莫伊·李、约翰·西伯德

• • • 历史

1989 年，一名地方高等法院的法官通过美国加州普卢默斯县的心理健康部门找到约翰·西伯德和我，问我们能否为家庭暴力的施暴者提供服务。因为我们并没有为施暴者进行团体治疗的经验，所以便开始寻找这个领域里的相关材料。我们找到了一个热门的心理教育模式，并向相关人员索要了材料，然后开始制订服务方案。这些材料以认知—行为—女性主义为理论视角，并用图表的形式呈现不同类型的家庭暴力、控制日志以及夫妻争执的录影带等。这些材料的核心是强调家庭暴力的施暴者要对他们自己的暴力行为负责。尽管材料没有明确说明，不过很多信息都在暗示，家庭暴力是男人对女人做的事情，而不是女人的行为导致了她们被家暴。

但在执行这个方案两年后，我们越来越不抱幻想。我们很难说服施暴者对自己的行为负责。虽然我们是有经验的实务工作者，但试图说服他们承认自己的行为是错误的和违法时，我们还是会感到很挫败。此外，我们和团体成员之间的关系也是个问题，我们觉得自己的工作是强加控制，让施暴者说出或做出我们认为对他们好的事情。这可能和他们以前与其他人的互动有所不同。尽管我们努力工作，但似乎并没有带来任何改变。另

外，我们还面临一些问题，如成员频繁退出、暴力行为的持续以及不为服务付费等。最终我们得出一个结论：必须进行彻底的改变。

• • • 转向焦点解决取向

参与者拥有处理问题的自主权，不是通过谈论或重申问题，而是通过定义治疗目标来建构解决的方案(Lee, Sebold, and Uken, 2003：9)。

与此同时，我们从德·沙泽尔有关焦点解决治疗方法的书中了解到，如果无效，那就不要再做同样的事情，而是去做一些不同的事。我们最初的想法是希望能够缩短时间。因为我们意识到，要求施暴者来这里数十周是不切实际的想法；此外，根据已有的研究，我们发现人们可以在很短的时间内发生改变。于是，我们决定把团体治疗时间缩短为八周。我们开始了解奇迹式问句、构成良好的目标等概念，我们想知道团体成员在设立目标时，能否更好地聚焦与投入。我们决定将团体的目标设定为能够改善团体成员现实生活的人际关系。为此，我们准备了一份清单，帮助成员弄清楚他们每个人希望自己的哪种人际关系可以变得更好，以及他们认为要如何才能实现这一目标。我们也明确了，一旦目标确立，我们每周都会询问小组成员，新行为对达成目标有没有帮助：如果有帮助，我们将鼓励成员继续；如果没有，我们便会要求采取其他行为来代替这些无用的行为。

对我们来说，如果小组成员有能力设定目标，用他们的语言表达出来，并弄清楚他们可以做些什么不同的事情来实现目标，那么小组成员就可能会更有动力去改变。我们的主要任务包括：通过一系列问题引发成员思考什么可能是有效的，什么可能是无效的。一旦成员发现有效之处，我们的工作就是对他们的成功进行赞美，鼓励他们去做同样的事情，并协助他们发现这些改变会给他们的生活带来什么不同。

最初，法院只是分配给我们一些初次施暴者的案子，渐渐地，在看到我们的方案如此有效之后，法院便会分配给我们所有的家庭施暴者，包括多次施暴者及刑满释放人员，其中既有男性，又有女性。我们认为，我们的治疗方案与其他治疗方案的不同之处是：我们选择不接收与小组成员各种犯罪行为本质或细节有关的信息。虽然这个领域中很多人会怀疑这种做法的正确性，但之前的经验提示我们，聚焦在问题上并没有什么帮助，施暴者还是无法弄清楚在生活中究竟该做些什么不同的事，改变才会发生。而且就算他们弄清楚了，也不能带来什么改变。

我们的方案

评估访问

在团体开始之前，所有参与者都会接受一项个人评估（详见 Lee，Sebold，and Uken，2003，2004）。在个人评估的第一部分，我们解释参与团体的要求，包括每位参与者应当有一个想要改善人际关系的目标。由参与者个人决定是否加入团体，但是在为目标而工作这一点上是没有选择的。我们鼓励这些潜在的参与者思考目标，因为我们将会在第一次聚会的时候，询问他们对目标的看法。我们相信，这些建议将会成为改变的种子。我们也会解释其他团体规则。例如，总共八次的聚会只允许缺席一次；如果成员有酗酒或吸毒行为，那么他会被开除；必须完成书面作业；应当参加团体讨论；不以抱怨的方式来对话；我们会向假释官报告他们的出席情况等。我们相信，如果事先说明团体规则、协助成员设定合理的期待，就可以帮助成员减缓他们对自己进入团体后如何被对待所产生的恐慌。根据已有研究，许多施暴者在预期要参与治疗团体时充满恐慌，我们尽可能地提供信息，这样可帮助他们缓解一些忧虑。

在个人评估的第二部分，我们会询问他们的优势和资源，大致问题如下：

（1）你最近做过哪些成功的事情？

（2）你曾经做过哪些让你感觉骄傲的事情？

（3）你曾经做过什么事情，需要你很努力地完成？

（4）你是否曾经打破一个很难改变的习惯？

（5）人们常会赞美你的哪些方面？

探究参与者的优势与资源可以为参与者创造一个环境，让他们意识到自己在过去已经拥有的能力；同时，这也给他们带去希望，让他们相信，他们在将来也可以有能力。此外，我们还有机会向参与者表示，参与这个团体将不同于他们原先期待的经历，我们通过赞美与小组成员发展出合作关系。向小组成员表示未来还会评估，表达了我们对他们充满信心，认为他们有能力达成目标。

虽然我们看重且强调优势与能力，但是我们并不会试图否认施暴者的暴力行为所造成的伤害。焦点解决家庭暴力治疗方案绝不否认或忽视施暴者的攻击与暴力行为，但是我们将这一方案看作社区合作回应机制的一部分，以便减少家庭暴力的发生。我们觉得我们肩负伦理上的责任，应尽快终止亲密关系中的暴力，但与此同时，我们也面临许多压力和挑战。

• • • • 前三次小组聚会

第一次小组聚会中，我们先让成员签到，以便向缓刑假释部门报告出席的人数。随后，我们会重温团体规则，并让每位成员都有机会对团体规则提问或表达不同意见。花时间讨论团体规则，将有助于避免今后大家对团体规则有任何疑问。随后，我们开始设定目标，这才是我们团体工作真正的开始。我们的任务是提出一些问题，帮助成员厘清他们在行为上可以做些什么(以便让别人看到或听到)，从而改善他们的人际关系。要形成有用的目标并非易事，所以我们前三次小组聚会都在努力设定目标。以下是第二次聚会的部分对话，一位名叫布兰迪(Brandy)的小组成员试图弄清楚她可以努力的方向是什么。

约翰：……对于往哪个方向努力，你有什么想法吗?

布兰迪：我的目标不是……我会对我的配偶反应过度，然后会把问题想成最坏的情况，所以我的目标应该是不要在特定的情况下反应过度。

阿德里安娜：那你想要用什么来代替反应过度呢?

布兰迪：说实话，我也不知道。我想，我不应该把情况想得最坏，应该留一些余地，不要过早地下结论。

阿德里安娜：那你会怎么做呢?

约翰：在讨论这个问题前，我想要你知道，这个目标应当是你可以做什么，而不是你不能做什么。因此，我们会问你一些问题，帮助你弄清楚什么是你可以做的。如果我们进行得太快，请告诉我们，我们会尝试放慢速度，并且会用不同的方式来进行……

阿德里安娜：布兰迪，如果我是一只带有摄影机的苍蝇，我停在你家的墙上。前一周，我看到你反应过度；那么下一周，我该看到或听到你在做什么，才能让我知道你已经发生改变了呢?

布兰迪：那应该是我的沟通吧，我想我会平静地进行沟通，而不是任性地讨论。

阿德里安娜：那么你会有什么不同举动，让我可以看到或听到呢？

布兰迪：我会逐渐平静下来。

阿德里安娜：我怎样才能注意到你已经这么做了呢？是不是你的语音、语调会有不同？

布兰迪：我会保持平静，我不会大喊大叫或者提高音量。

阿德里安娜：你可以给我举一个例子吗？你保持平静时的声音会是什么样子的？

布兰迪：我现在就很平静。

阿德里安娜：你会用现在的声调来说话？

布兰迪：是的。

阿德里安娜：你会不会同时还说些不一样的话呢？

布兰迪：嗯，我会变得更积极，而不像以前那样消极——我总是假设最坏的情况会发生。

阿德里安娜：那么你会做什么去取代“假设最坏的情况会发生”？

布兰迪：以前他迟到的时候，我总是会说：“喔，你一定是去酒吧了吧！”现在我会尝试平静下来，相信他是因为正当的理由，如堵车，才会迟到。

阿德里安娜：哦，当他迟到的时候，你会想，他应该有一个合理的理由。

布兰迪：我不会再吐槽他了，(小组成员大笑)这是真的，我平常就是这样的。

阿德里安娜：那么当他回家的时候，你会如何迎接他？

布兰迪：比如拥抱啊，亲吻啊，我不会再感到不安……情况真的会不一样，我们两个已经讨论过了。

阿德里安娜：你们讨论过了吗？是和他一起？那么他说了什么呢？

布兰迪：是的，他说我反应过度。

约翰：让我来梳理一下你刚刚说的内容。你将会待在家里，如果他回家晚了，你通常会想他做了什么不该做的事情所以才晚回家。在过去，甚至他还没有回到家时，你就已经反应过度了。

阿德里安娜：他有什么迹象让你觉得需要这样想呢？

布兰迪：从来没有。

阿德里安娜：所以他从来没有什么地方是值得你怀疑的？

布兰迪：没有，这只是我从自己过去的感情关系里得来的习惯性反应。

约翰：好的，我听到你所说的是，在他回家以前，你就需要改变自己的思维方式。那么，这次你会如何做、如何想呢？

布兰迪：我不知道，我的意思是，他可能堵车了，因为他需要从里诺市赶回来。

约翰：所以，堵车可能是真的，因为他从很远的地方回来。

阿德里安娜：我想，对你来说可能是一个很棒的目标。

约翰：也很困难。

布兰迪：是的。

阿德里安娜：这需要十分努力。

约翰：如果这一切都是下意识的，你将如何从这些下意识的反应中转移，去采取其他行动呢？你会给自己一些什么样的信息和想法，让你可以走上一条不同的道路呢？

布兰迪：我还没有任何想法。

其他小组成员：或许他出去买一枚戒指回来给你，那样你就可以转变成……

其他小组成员：每次你生气的时候，你可以提醒自己去做一些不同的事……

阿德里安娜：是，但那样就会要求你的丈夫先去做一些不同的事，如果他没有做到，那么你也可能没法做到。

布兰迪：是的，这就像女孩在童年时代会做的事情，当她们摘掉雏菊的花瓣，会说"他爱我，他不爱我"，然后改为对自己说"他爱我，他爱我，他爱我"，并且一遍又一遍地对自己说"没有任何迹象说明他会伤害我"。

其他小组成员：可以在家里贴满纸条以提醒自己。

约翰：听完大家所说的，你现在有信心去做些事情，我并不是指问题就解决了。如果10分表示这么做非常有效，而1分表示这么做毫无效果，那么你现在会给自己打几分呢？

布兰迪：我会打9分，我很肯定这将会有用。

第四至八次小组聚会

在设定目标以后，接下来的每次聚会将聚焦小组成员在前一周做了什么不同的事情来达到各自的目标。我们会提出问题、给予赞美，并且聚焦下一步可以做些什么。以下是一个叫比尔的小组成员同我们的谈话，这段对话可以用来说明这一做法的操作过程。比尔曾说他希望对自己的妻子尽可能少生气，多信任她“没有在外面鬼混”，而且两个人不再争吵。比尔承认他其实没有理由不信任她。比尔决定做些不同的事情，其中之一便是正面思考他妻子的事情。以下是第七次会谈的情况记录：

阿德里安娜：比尔，你在实现目标的过程中发生了什么事情吗？

比尔：跟上周基本一样，我有点儿像是“在城外工作的隐士”，但我每天都和我妻子说话。

阿德里安娜：你有这个机会吗？

比尔：是的，当然有。你知道吗？我留意到一件事情，如果我能够表示赞美，甚至只是妻子和我通个电话，我就能有更多的信任感。虽然我以前并不认为这样做会有什么帮助——但现在这一点真的让我很惊讶。

阿德里安娜：是吗？

比尔：之前我总是怀疑当我不在家的时候她在忙什么，是不是会在家里举行派对等。现在我会赞美她：“你真的对我很好，我相信你。”这样虽然有些胡扯，但真的让我开始更加信任她。

其他小组成员：这对男人而言真的有效！（小组成员大笑）

比尔：是的，所以不论她是或不是，这已经超越了我的理解，但我不会坐在那里一直胡思乱想了。

阿德里安娜：所以当你赞美她的时候，你注意到了什么？

比尔：通过赞美她，我告诉她，她很好，她会把事情做好。而她看起来会用正向的方式回应我。不知道为什么，当我出城的时候，我不会再怀疑她了。

阿德里安娜：哇！

比尔：这也让我很惊讶。

阿德里安娜：这样来看，赞美他人能够让你建立更多的信任？通过赞美，你可以更信任别人？

比尔：某种程度上的确如此，不过总有一点儿怪怪的感觉。

其他小组成员：当你听到他们(另外两名小组成员)有类似的目标时，你认为这会对你有帮助吗？……

比尔：是的，你知道，我可能是全世界最不完美的人中的一个，而其他小组成员的目标，(指向其中一个人)比如他，他要让自己负起更多责任，这帮助我增强了自己的责任感。(指向另一个人)他采用的方法——“把问题框起来”，有时对我也会有效。每个人对他们正在做的事情都有很好的想法，我总是会想起你们所说的，然后去尝试一下，看看我自己可以如何使用这些方法。

约翰：我还是对你的赞美很感兴趣。我感觉到当你想到你自己和你的人际关系时，你还是充满希望的。

比尔：我过去从来没有真正信任别人。因此，就现在的情况而言，我觉得状况已经在好转了。

约翰：是的，生命像是回到过去那一点，特别是在人际关系方面。

阿德里安娜：所以说，你赞美得越多，你相信的就越多？

比尔：是的，看起来的确如此。

其他小组成员：我也要试试这个方法。

阿德里安娜：你们也要试试这个方法吗？

其他小组成员：是啊，这个方法看起来很有效。

比尔：我还需要再多说些什么吗？我不太喜欢在大家面前讲话。

阿德里安娜：嗯，我最初是想问，在工作的时候你有没有机会去……

比尔：有，我上次遇到过，而且很像。我之前告诉一个人：“嘿，我觉得你把太多时间放在工作上了，你是一个很努力的员工。”他听了很开心，这种方式也让我得到了一名很好的助手。

阿德里安娜：是吗？

比尔：之前他是有点儿懒惰，而且只花很少的时间在工作上。后来有一次，我问他：“你觉得如何进行？”这时，他回答道：“我觉得我们可以这样做。”然后我说：“哇，这是一个很好的建议，让我们用你的方法来试试吧。”

阿德里安娜：所以你看到他在工作上投入了更多时间？

比尔：你会看到他思考得更多，而且试着去多努力一点儿。

给予任务

根据团体大小和时间的限制，我们经常会给小组成员布置一些书面作业。每次小组聚会结束时，我们会提一个问题，例如："在纸上写出在你生命中对你有正面影响的人，并且准备好在下次小组中进行讨论。"我们可能布置的另外一个作业是："写下你想到的任何对人际关系有帮助的小事；或者，写下你如何对你的伴侣表示你在乎他(她)，以及她又会如何表示她在乎你。"

所有作业都是导向正确的行为，这给了小组成员一个很好的机会来进行讨论。布置作业的目的是帮助小组成员聚焦在可促进人际关系的特定行为上，最重要的是，要让他们在自己真实的生活脉络中描述这些行为。这个作业也让我们有机会能够提供更多的好问题。例如，查德(Chad)写下：在他一生中，对他影响最大的人是他的奶奶，奶奶教育他要"明辨是非"。而随后，我们就可以问查德，他认为他的奶奶会怎么描述他；当奶奶看到他在家里表现良好时，这对奶奶来说会有什么不同?

通常在第七次小组聚会时，我们会布置这样的作业：每位小组成员写下他们从小组中学到了什么，在小组结束后，有什么目标是他们想要继续实现的；在1～10分的量表上，他们有多少信心可以继续朝这个目标努力。小组结束后三个月，我们会寄一封感谢信给大家，谢谢大家的参与，并赞美他们的努力，同时把第七次的作业归还给大家。我们猜想，归还作业或许是一个让大家朝着目标持续努力的提醒方式。作业也让我们看到了小组成员的陈述，让我们了解了他们是如何受到这个方案的影响而成长的，以及他们对改善人际关系所付出的努力。

项目成效

从一开始我们就相信，努力搜集对施暴者有益的证据对治疗方案是有帮助的，这样我们才能发展出更有效的治疗模式。我们收集了大量数据来测量施暴者的行为变化，如施暴行为的终止、亲密关系中的尊重与关怀行为、自尊提升的行为指标等。我们通过分析各种量化数据，辨识这个方案令小组成员发生正向改变的治疗性元素。

再犯率

关于家庭暴力施暴者治疗方案的研究表明，通常在完成治疗方案一年后的再犯率为20%～50%（Lee，Sebold，and Uken，2003）。根据施暴者配偶的报告以及逮捕记录，施暴者的再犯率为40%～50%。施暴者中途停止治疗的比例也很高，高达50%～75%（Lee，Sebold，and Uken，2003：8）。与此同时，我们从美国地方检察署、假释部门、受害者证人办公室得到的数据显示，参与者的平均再犯率为16.7%。这一数据是在项目完成14年后测量得出的，资料回收率达92.8%。

配偶的评价

在配偶评价方面，大部分的人都会提到，她们看到另一半最明显的变化就是愤怒控制方面的改变。最典型的评价有“我不记得他上次暴怒是什么时候的事了”“没有再打孩子了”“不再用暴力的方式”“处理令他气愤的问题时比过去好很多”“攻击性降低许多”“他更能控制自己的脾气了”“他会花一些时间来思考整件事情”“他学会了以不同的方式来处理生气”。另外一个有代表性的评价是，“他现在开车开得慢了，更加贴心，较少冲动。”还有人表示，“他更加好相处，脾气更加温和，性格更加随和”。此外，有些人说她们的丈夫更投入家庭生活，能够帮忙做家务，并花费更多的时间陪伴她们和孩子。还有一些人的配偶“不再吸食任何毒品，而且还能坚持工作一年多”“不会因为自己的行为而指责别人，会试着用正向态度来取代负向的言行。”

小组成员的评价

以下是一次小组聚会的对话记录，大家在讨论什么是参与者认为有帮助的事情。茵素参加了这次特别的会议。

茵素：我想问大家一个问题——约翰和阿德里安娜并不知道我要问你们什么问题，这是我突然想到的。我很好奇，约翰和阿德里安娜做了些什么对你们是有帮助的？小组里有哪些部分对你是有效的？

小组成员：他们问了很多问题。

茵素：这有帮助吗？

小组成员：是的，他们帮助你说出你想要说的。对我来说，他们帮了我很大的忙。他们会不断地使用各种不同的方式来问不同的问题。

小组成员：他们不是告诉你或引导你要走向某个方向，而是通过提问，让你自己找到方向。当你回答问题时，你就会自己思考，并且有所改变。

茵素：你喜欢这样吗？

小组成员：喜欢。因为这不是别人规定你必须做什么，而是你自己得去做某件事才会让情况好转起来。他们问的问题会让你形成自己的想法，我认为这很有用，因为每个人都是不同的，每个人都有自己找到出路的方式。

茵素：听起来你们所做的事都不太一样。

小组成员：用自己的方式，就是你所感受到的。

小组成员：我喜欢你们让我们每个人都觉得，不论上周我们说了什么做了什么，你们都让我们感觉很好。不论我们每个人说了什么，或者为小组带来了什么，我们都能从这里有所收获。你们从正向来看待我们，评论和谈论我们已经做到的事，这都让我们感觉很好。

茵素：我要问你们所有人的问题是，自从你们来到这个团体后，约翰和阿德里安娜做了什么？

小组成员：事实上，他们让我聚焦思考。你知道自己为什么会在这里。但他们从不主动谈起你为什么会在这里，这对我来说的确很棒。真的，很多人会谈起为什么你在这里，但是他们从不主动谈起。他们总是聚焦在其他可以让你变得更好的事情上。这对我很有帮助，就是这个样子。

小组成员：我想他们对整个团体最重要的贡献之一，事实上对我最有帮助的是——我们都拥有自己的目标和一切，而且是我们自己主动谈起的。我们讨论自己的目标，他们也总是问我们目标——而且他们每次都会问："你是如何把目标转化为行动的？你如何让情况开始变好的？你要如何开始？你希望得到什么样的结果？"而不是只让我们坐到这里谈论目标是什么，以及发生了什么事而已。我认为提出和回答这些问题比较困难。

茵素：还有没有想到他们做的其他有帮助的事？

小组成员：他们提出的所有问题对我都有帮助，让我能不断前进。

茵素：是吗？他们的问题如何有帮助？

小组成员：可以帮助我聚焦在这些问题上进行思考。

茵素：你提到他们问的问题，而且你也真的在进行思考。

小组成员：那些问题帮助你打开思路，帮助你拓宽眼界，对我来说，就是这样，使我对事情有了全面的理解，而不是只停留在事情的局部上。

小组成员：这些问题总是让你想，你能做什么来帮助你摆脱困境。只看着别人做什么，你什么都做不成，关键是你自己做什么。

茵素：你喜欢这样吗？

小组成员：是的。

茵素：嗯，好的，十分感谢你们的参与。

• • • 对实务工作者的影响

作为实务工作者，采用焦点解决取向以后，为我们带来了巨大的不同。我们将焦点解决取向运用于家庭暴力团体、青少年物质滥用的团体、假释缓刑青少年的父母等对象，同时也运用于社区心理健康门诊的不同案主身上。过去，我们以问题解决取向来进行工作，工作进行得很辛苦。我们不知道案主什么时候才算完成治疗，我们觉得所有的事情都是我们在做，我们必须成为“专家”，去弄清楚如何“修复”和“治愈”案主。我们花了无数的时间去聆听和探究人们生命中究竟出现了什么问题，为了能产生效果，我们觉得需要更多地了解问题是什么。

焦点解决治疗使助人工作变成由案主来决定他什么时候完成治疗，并且有清楚的行为指标来确认目标是否达成。我们不再有“必须成为‘专家’”的负担，反而是和案主一起合作、弄清楚什么是有帮助的；我们不再花好几个月的时间来倾听案主的问题，而是转向专注于倾听案主的优势与能力。我们见证了奇迹的发生。当然，这并不意味着我们只是坐在那里倾听，过程并没有如此简单。我们必须学习如何寻找人们的优势，并且学习如何提出问题，以便帮助他们能在“带来的问题”和“未来他们想要实现的目标”之间，搭建起一座桥梁。我们需要训练自己倾听案主做的任何细微改变或可能有用的地方，而那些正是案主不会注意或留意到的。在结束了一天的工作后，我们常会觉得创造了一些不同，也为每个人的神奇而感到赞叹。如同你可从会谈的文字稿中所发掘的，我们为这些家庭施暴者的改变而感动，并真心对他们表示尊重。我们把案主看作充满无限可能性的人。我们的工作开始变得有趣，并且感到被赋予力量。我们工作之外的生活也受到影响，我们发现自己更能赞美别人，甚至我们彼此也更加互相肯定。当你开始寻找什么是正向时，将带来很大不同；当你能够了解自己的行为决定自己的生活品质时，将会有很大的变化。我们也发现，此刻的真实是通过与他人对话的语言而建构的，而不是由过去你发生了什么事来建构的。我们还发现，自己能够更好地活在现实生活中，并且拥有很多乐趣。

• • • 对我们机构的影响

对一个机构来说，焦点解决取向改变的不只是我们和案主联结的方法，更是我们一起工作的方式。我们的机构变得更像一个团队，共同承担责任，并且注意到彼此的优势。员工会议营造出一种分享的氛围，而不是一个阶级化的过程——由“上司”发布命令让员工去做一些事情而已。在临床工作会议中，员工会描述案主的成功所在，而不是描述他们的问题。赞美让我们彼此的工作变得更容易。临床人员与支援人员的界限开始松动，大家也开始变得更加努力，不仅完成自己的任务，也乐意去帮助其他人摆脱困境。案主不会被诊断为有问题的人，而是被看成有能力改变的人。我们的挑战变成：如何最快地找到“未经雕琢的宝石”。John 和我很期待带领我们的家庭暴力治疗团队，以“乐趣”来向别人形容我们的工作。我们会讨论小组成员多么让我们印象深刻，以及我们从他们身上又学到了多少。如果有人提出了“好的问句”，我们会加以赞美。我们也经常会思考：我们自己是否可以做到小组成员所展现给我们的一切——有勇气、有力量、有毅力。

我们曾面临许多挑战，特别是需要应对其他活在“以问题为焦点”世界中的机构。我们发现，为了不再制造障碍和防卫反应，我们需要看到且感谢其他人所做的一切，并且去发现他们的有效之处。虽然我们的机构是焦点解决取向的，但我们还是要面临外部系统的要求，比如州或地方政府的规定。为了得到资助，我们需要给予精神障碍诊断，并且需要将案主的问题一一记录在册。这让我们认识到，在家庭暴力的领域中，政府机构也发挥着重要的作用。

结论

针对家庭暴力施暴者，我们的工作方式从聚焦问题转变为聚焦解决之道，这一转变对我们来说是一段令人大开眼界的冒险旅程。这个过程改变了我们如何看待治疗、我们的案主、我们的同事以及我们与系统之间的关系。14 年来，家庭施暴者在我们小组中的经历让我们坚定了三个核心信念，这也是目前指导我们专业实践的方向：① 人们可以创造他们自己的解决方式；② 治疗中关于“选择”的要素，将创造出强大的改变动力；③ 聚焦在细微且与目标相关的行为上，可以提供强大的催化作用，让人们在很短的时间内便发生有意义且持续的改变。

案例七：焦点解决督导：来自茵素·金·柏格的经验

弗兰克·托马斯

我上次对一受督者[①]吃惊地说出“哇”已经是很久以前的事了。在我形成自己的焦点解决取向督导风格的过程中，我很快明白对已故的茵素的敬意（她在焦点解决治疗中特别喜欢说“哇”），但这并不意味着我也需要模仿她独特的风格和语言。不过，识别、整理和记录下她对焦点解决督导的理念和实务[②]，是我对焦点督导文件和社群做出贡献的一种方式。

我第一个以焦点解决督导为主题公开发表的演讲是在一次国际家庭治疗会议上（Thomas，1990，1992）。现在看起来，维特勒（Wetchler，1990）

① 在本文中我交错使用“受督者”和“治疗师”两个名词。

② 由于我在焦点解决短期治疗协会档案管理中心的独特职位，我可以获取一些视频、未发表的草稿及尚未提供给专业人士或大众的私人笔记等资料。我在本文中使用的某些参考资料不是很正式的文献，但仍负有保密责任。

的文章和我的演讲是首次正式阐释焦点解决取向的督导模式。不过我相信在茵素写有关焦点解决督导相关运用的文献之前，她已经和其他在短期家庭治疗中心的工作人员，一起尝试将焦点解决的理念运用于督导的工作中。早期焦点解决督导模式中有关人、改变和影响的假设，似乎与茵素后续对于督导的阐述是一致的(Thomas，1996；Wheeler，2007)。

• • • 为何要在督导中运用焦点解决模式?

开始学习焦点解决短期治疗时，我很有幸与许多同事一起共事。他们中的一些人曾在短期家庭治疗中心直接师从茵素和德·沙泽尔，而有些人则学习过策略学派家庭治疗、心理研究机构模式或埃里克森取向。虽然大家的背景各不相同，但我们都一起阅读过所有茵素和德·沙泽尔撰写的文章和书籍，并努力将之运用于实务工作中。在20世纪80年代晚期，有一年半的时间，我们这些人每周都会见面。我们通过单面镜观察每个案例，并彻夜讨论。我当时的体会是，焦点解决短期治疗对可能性持有高度的关注，而这一关注是以对案主所拥有的资源和经历的充分尊重作为基础的。因此，当我开始督导小组其他成员时，我们都秉承合作精神，表达各自对于“什么是有效的，什么是无效的，什么符合短期治疗传统”的种种看法。

这些声音一直伴随着我，包括我在1989年得克萨斯女子大学继续督导一些优秀的硕士生和博士生进行家庭治疗。我在先前的督导训练中坚持“同质性”，即督导取向和治疗取向应当是一致的(Liddle and Saba，1985)。但是当我开始使用焦点解决短期治疗——这种后现代建构主义、以语言为中心的治疗取向(Berg and de Shazer，1993；de Shazer and Berg，1992)后，我的观念开始发生了改变。我发现焦点解决督导概念和技巧适用于在不同场域中运用不同治疗取向的学生。茵素的想法的确很适合我：有效就多做。

• • • 焦点解决督导的理念与技巧

茵素强调，督导中的合作关系是核心要素。正如在治疗中一样，她认为，权力应该被用来共享，并且采纳他人的知觉观点，才能促成改变的发生(SFBTA Archive DVD ＃0064，n. d.)。她曾写道：

确保你能获取咨询和督导的资源。无论正式的督导还是同辈的督导与咨询，都是必不可少的重要资源。面对棘手的个案时，与你的同事一起进行头脑风暴并听取他人的想法。有时，在与同事或督导交流后，你会发现这个棘手的个案不过如此(Berg，1994：215)。

有两种技术对焦点解决实务工作者来说应该不陌生："自我评估"(包括评量式问句)和"多做有效之处"(SFBTA Archive DVD ＃0064，n. d.)。评量式问句能让受督者去评估所设定目标的进展状况，并能将督导会谈与实际案例两者的经验联结起来。例如：

督导者：在1～10分的量表上，在本周你所接的个案中，对于同理心的运用，你会给自己打几分呢？

受督者：我想应该是5分吧，或许是6分。

督导者：那上一周你给自己打几分呢？

受督者：上周我打的是4分。

督导者：你是怎样让这个变化发生的呢？

受督者：……

本书提到的EARS步骤中的强化/反馈，是茵素督导工作的基石。如上所述，"你是怎样让这个变化发生的呢"，这个问句很明确地探究受督者对于正向改变的看法。关注受督者如何改变、如何获得成功、如何有所进展，这是焦点解决督导中的重要因素。

其他焦点解决短期治疗和焦点解决督导共通的技巧包含以下几点：

(1) 督导者应尽可能地从合作的视角和行动出发，帮助受督者构建胜任能力。茵素在日本教授焦点督导时，很明确地指出，"如同焦点解决短期治疗一样，我们给受督者创造一个完全不同的事实，我们的工作就是去改变受督者所认为的事实，让他们感觉更加有控制感、有能力和成功"(SFBTA Archive DVD ＃0064，n. d.)。这个部分与焦点解决短期治疗以语言为基础的取向相当一致。焦点解决短期治疗认为，会谈是由案主(或治疗师)的能力所引导的，并将其融入对话过程中。而督导的工作，就是去探究受督者的资源，并提升其能力和技巧。

(2) 督导是一个共同学习的过程。我发现，如果我能提醒自己督导是一个教学相长的过程，督导者和受督者的改变是相互影响的，那么做到“慢一拍”引导则会很容易。受督者采纳建议后或许会觉得督导者的建议有帮助，但督导者与受督者一起合作探讨其实会更有帮助；这样一来，督导者也能更加了解受督者的能力。我必须尽可能地从治疗者的视角出发去进行思考，引发治疗师对我提出观点的想法，以及减少我们之间的权力差异。正如茵素所说：“在你告知之前，请先提问。”(SFBTA Archive DVD ＃0064，n.d.)

(3) 督导是一种语言的经验。茵素相信，我们如何谈话与我们谈论什么同等重要。有个明显的例子是她对于试探性语言的使用，她和同事将这种试探性语言称为“降低风险”(Rudes，Shilts，and Berg，1997)，这也是她在督导中最常使用的方式。在她关于督导的论述中(Berg，2003)，她将“降低风险”定义为：

养成使用试探性语言的习惯会有助于合作和协商。那么试探性语言究竟是什么呢？比如说，“这看起来似乎……”“有没有可能是……”“听起来像是……”“或许……”“我不确定……”“我想知道……”等，以及其他类似的问句，都可以用这种试探性的口吻来促进合作的发展(pp. 42ff)。

另一个“降低风险”的例子，是茵素有关“假设”这个词的使用，在奇迹式问句中常常会使用这个词语。“假设”的使用将对话置于另一个时态中——未来时态——当问题或僵局不再存在的时候。如同以下将提到的关系式问句，“假设”能促使观点上的改变。“假设你与案主之间的问题解决了，那会是怎样呢？”这是一个既简单又深刻的例子。茵素的“降低风险”和“假设”与她多年来一直倡导的“保持未知”的传统颇为一致(在本书中多处可以看到对这一概念的阐述)。

(4) 持续询问关系式问句。“如果你做……你的案主会怎么想？”这样的问句会让受督者通过猜测案主的观点来扩展自己的想法(Berg，2003，2005；Berg，“Hot Tips Ⅲ，”n. d.；Berg and De Jong，1996，2005；

SFBTA Archive DVD ＃0064，n.d.）。

（5）多做有效之事，并结束于正向的信息与称赞（SFBTA Archive DVD ＃0064，n.d.）。赞美包括直接赞美、间接赞美和自我赞美，在茵素的督导过程中，赞美是重要的元素。“自我赞美是以问句形式让案主转换位置，描述自己的成功和潜能。这通常发生在见面会谈的第一次。”（Berg and De Jong，2005：52）茵素修改了赞美的方式，并将它持续运用于督导工作中。类似这样的问句还有：“你是如何在短时间内取得这么多成就的？”“很多人在这种情况下都会失败，而你是如何让改变发生的？”以上两个问句，我在督导工作中常会用来询问受督者。这可以被称为“预设性问句”（Thomas and Nelson，2007）。这类问句假定受督者拥有控制力，如此为他们的工作开展提供了可能性。茵素的督导很注重将抽象概念转为实务运用。在她的视频里（SFBTA Archive DVD ＃0074，n.d.），她说道：

（受督者）需要看到（行为）背后的理论框架。这是什么意思呢？你知道，他们必须会建立联系，除非你能就后现代思想给他们创设出一个与现实生活相联系的情景，否则的话，任凭你怎样解释都毫无意义。对于新手、实习生、毕业生或在这个领域已经工作很久并且希望有所进步的人都是如此，我在这方面创设了很多这样的有联系的情境，例如：“他们毫不费力就可以理解这个概念？”“在现实生活情境中，你可以这样联想……”

（6）在督导中，间接指导和直接指导同等重要。茵素留下了很多督导的视频，我们可以从中看到她交错运用直接和间接的指导（她在私底下的教学或督导也是这样的沟通风格）。她向我们展示了很多间接指导，其中有一个她认为很重要的是“感到困惑”（Berg，2003；Visser，2004），当她对团队提出意见时，总是会巧妙地运用这种方法。在与一位来自加州的男性督导者就督导和训练进行交谈时，她很直接地提及她的一个策略：“看！那不是很有趣嘛！”（SFBTA Archive DVD ＃0074，n.d.）。如果受训中的治疗师在单面镜后面分神或是无法专注时，她总是会用这种方法。这种方法使我想起了埃里克森学派运用催眠的分散注意技巧，但茵素并没有使自己拘泥于这个传统中。

任何了解茵素的人都知道她与受督者的交谈非常直接。在一段视频里

(SFBTA Archive DVD ＃0092，n.d.)，她告诉一位受督者需要联络一个孩子的父亲，而那位父亲迄今还未被邀请进入治疗过程。当时受督者提及茵素的直接，曾含蓄地指出“父亲的加入可能对改变进程有用”这个说法令人感到不太舒服。茵素立即回应：“当然，你应该想要这样假设(父亲是会有所帮助的)，而且(联络他)也会对你自己有帮助。”

(7) 鼓励进行反馈：案主对治疗师，治疗师对督导者，督导者对治疗师(SFBTA Archive DVD ＃0064，n.d.)。

“持续地督导治疗师去倾听受助者的话语，去倾听案主，在服务中对他有帮助的是什么，这便是督导者的任务。”(De Jong and Berg，2008：269f)茵素鼓励在所有的交互关系中，都能进行回应性的反馈。茵素的“慢一拍”引导中有个不可或缺的部分，就是引发反馈，充分尊重他人的经历，并在持续互动中给予回应(Barnard and Kuehl，1995)。

• • • 焦点解决督导的案例

蔡斯(Chase)①今年33岁，是我所教授的心理咨询硕士班的一名研究生，目前他正在攻读第二学期的课程。他的职业目标是取得心理咨询师的资格证书并服务于青少年。由于他想在实习期间尽可能多地学习，所以他找到了一份颇具挑战性的工作——为那些因滥用药物而被转介的青少年提供帮助。蔡斯有一位优秀且能提供现场协助的督导，他是在我们这里攻读硕士研究生后毕业的，有着很好的焦点解决技巧，能胜任治疗师和督导者的任务。因此，蔡斯每周都能接受这位督导者的督导。

虽然平时已经有足够的督导，但他还是来找我，让我看看他的对话视频，因为他觉得通过这样的个别督导，自己可以学习得更多。这次的案主是一名16岁的少女，最近因为滥用药物而入院。她在治疗过程中被评为低风险的人，因为她在家人的陪同下顺利通过周末的检测，所有的药物检测结果都显示她没有再滥用药物。同时，她的治疗方案中指出，她已经有了明显进步，不再需要继续强制入院治疗，两周之内即可转至密集的门诊治疗。而令蔡斯担忧的是这名少女除了想要戒掉毒瘾，似乎没有其他

① 为保护治疗师的隐私，一些姓名与细节有所修改。

的个人目标，对于未来生活也没有任何计划。这名少女这样回答奇迹式问句：幻想能脱离成年人的监督——可以住在树林里，或许有个伴，在那里可以整天闲逛，享受悠闲时光。这让蔡斯感到很受挫，他觉得自己已经竭尽全力去协助案主对未来构建一个可行的目标，但案主却总是绕回到自己的“梦想国度”。以下是我们督导过程的记录，圆头括号里的字是我们为读者标记出的焦点解决督导中的概念。

弗兰克：好的，今天我可以怎样帮助你呢？【“慢一拍”引导】

蔡斯：【描述个案情况，内容如上所述】我感到自己受到了挫折，我不知道自己还能做什么去帮她设定一些目标。她很快就要出院了，我担心她会再度染上毒品，我应该怎么帮助她呢？

弗兰克：我很欣赏你的个案报告。不过，我很好奇，你认为在这个督导过程中，我们做什么才能达到最佳效果呢？【持续将焦点放在治疗师身上，避免让督导过程马上进入讨论如何与这名“快要离开”的案主进行治疗的主题。】你带来了一段视频，你之前说你想要讨论这个……那还有没有其他什么是我们需要考量的呢？【再次进行“慢一拍”引导，设定目标，找到受督者在督导过程中所想要的或是所需要的。】

蔡斯：我想……我觉得应该让你看看我的视频。我一直尝试使用奇迹式问句，但是我想我是搞砸了。

弗兰克：如果我看了视频，你觉得这会对你有什么帮助呢？【用未来导向的问句表达好奇，以了解受督者期待在接受督导后的效果如何，这有些类似奇迹式问句。】

蔡斯：你能够给我一些指引并告诉我下一步该怎么做吗？

弗兰克：好的，你希望我能告诉你下一步怎么做，还有其他的吗？【我经常会问“还有其他的吗”，以确认是否还有其他重要的层面尚未被提及。】

蔡斯：嗯……还有就是怎么处理我的挫败感。

弗兰克：好的……0～10分，你知道这个技巧，你现在的挫败感是多少分？0分是非常挫败，10分是什么呢？

蔡斯：10分是我很有信心，我觉得我现在是3分。

弗兰克：那我们来看看，等我们看完视频和结束谈话后，情况会如何变化。【我使用“如何”两字，而不是“是否”会有改变，以此假定改变会

发生。】

（我们一起看了10分钟的视频，在这个过程中我没有给予任何评论，但一直在做笔记。）

蔡斯：你看，我就是这样搞砸的！（紧张地笑起来）

弗兰克：嗯，我观察到一些，但这只是我个人的观点……（暂停，看笔记）。首先，让我印象深刻的是，当案主谈论起她的“梦想国度”时，你看起来很放松，你之前说过你感到很挫败，但我并没有看到。【赞美】你是如何保持冷静的，至少看起来是冷静的？【谈论例外，探寻细节，并假设他至少能控制自己的这个行为。】

蔡斯：我用呼吸的方式来进行控制。【描述当时的放松和专注技巧，他曾经在会谈室内或室外好几次成功地使用这种方式。】

弗兰克：听起来你能够让自己平静下来。我很高兴，这种方法对你有效——有很多资历浅的治疗师常被自己在会谈中的焦虑困扰着，但你似乎能让自己镇定下来。【赞美，通过与其他同仁比较以指出他的例外】

蔡斯：是的，我想是这样……谢谢。

弗兰克：好的。现在还有另一件事：我喜欢你对于细节的坚持。虽然案主没有提供给你很多细节，但你依旧表现出耐心，看起来像是很好奇地想知道更多。此外，即便你并没有得到一些有关具体目标的细节，但你还是用她给你的一些信息……（我在这里提供的细节，来自我观看视频时记的笔记）【赞美】

蔡斯：嗯……谢谢。

弗兰克：我有一个问题：你觉得这个会谈对你来说怎么样？0分代表你做过的最糟的会谈，10分代表你做过的最好的会谈，这个会谈可以是几分呢？【引发他的观点，与之前做比较】

蔡斯：3分吧，如果是这样比较的话。

弗兰克：好的，那我再问一个奇怪的问题：如果我打电话给案主询问这个会谈的情况——0分代表对她没有帮助，10分代表对她非常有帮助，你觉得她会打几分呢？【关系式问句，以此进行比较】

蔡斯：我不知道……（笑）

弗兰克：（静静地坐在那里，持续了约10秒钟）

蔡斯：我想我应该去问她……（停顿）……我不知道她会怎么回答。

弗兰克：所以，让我总结一下，你觉得这个会谈是3分，对你而言，这并不是最好的一次会谈，而你并不知道案主是如何评价的。【摘要重点，不断地在蔡斯面前呈现出目前的状况，让他做出自己的回答。】

蔡斯：是的，我的确不知道她认为有多好，不是吗？

弗兰克：当然，你知道自己是如何评价的，你只是没有说出最终结论或完整的答案。假设你采取了下一步——你会发现什么？【"假设"，"下一步"问句；建构未来可能的选项】

蔡斯：我应该问她，对吗？

弗兰克：你会问她什么？（好奇）

蔡斯：我会问她觉得这个会谈如何。

弗兰克：好的，跟我说得具体一点儿，你会问她什么呢？你会怎样问她？

蔡斯：我不知道……

弗兰克：让我们从这里开始——你过去都是怎么询问案主他们和你进行会谈的体验的？【这部分是所有学生进行实习时必须学习的事情，我知道蔡斯和其他案主有过正向互动的经验，同时我想引导他构思出未来可能的细节。】

【这段对话聚焦过去他如何从访谈中知晓案主的经验，他可以从案主的回应中明白情况和他自己想的并不一样。此外，他也关注如何将过去类似的方法运用到眼前这位案主身上。另外，这个对话也包含了下次他与案主会面时可能会使用的一些"降低风险"的方法或假设问句。】

弗兰克：让我们回到开始——如同之前的评分标准——从十分挫败到充满信心。你现在给自己打几分？【评量式问句，将他整体的经验与督导经验的反馈联结起来，好让我知道我未来可以如何对蔡斯进行督导。】

蔡斯：6分吧，或许是7分。

弗兰克：是什么对你产生了帮助？【给我反馈，提供机会让他说明并强化自己的改变】

蔡斯：赞美。之前，我没有看到你所看到的，但是现在我看到了。对于现在应该去做些什么，我也有了更多的想法。我明白了我是如何给自己增添挫败感的，我得为此做点儿什么。

【我们以他平常处理挫折的方式，以及如何与这名案主进行下次会谈的具体想法作为结束。】

希望上述对话能为大家提供一些对于焦点解决督导的概念和技巧的说明，包括：

（1）“慢一拍”引导；

（2）假设改变是持续且在预期中，同时假设治疗师是能发挥作用的（可控制的）；

（3）降低风险，或假设式问句；

（4）引发治疗师能构建具体的目标；

（5）使用赞美；

（6）探寻例外，构建未来，评量式问句，关系式语句；

（7）与治疗师共同（而不是替治疗师）讨论下一步；

（8）如何从治疗师处获得反馈，以发展出后续的督导。

我在这里并不打算提供所有的焦点解决督导的概念和技巧，只是提供一个例子，以供对照其他取向的督导。

焦点解决督导的研究支持

对于焦点解决的临床督导，很少有符合标准的研究。正如米尔恩等（Milne et al.， 2008）所说，大部分研究在方法论上都有缺陷，且概念化较为薄弱。虽然，现有关于焦点解决督导对于治疗结果影响的数据并不多，但令人惊喜的是，所有研究都支持焦点解决督导的正向效果，但有关焦点解决督导对治疗结果的影响的直接证据则相当匮乏（Wheeler and Richards，2007）。有学者指出：“很多研究都致力于了解受督者在经过督导过程后能力是否得到提升，但很少有文献提到临床督导是否改善了案主的状况。”（Frietas，2002：354）1981—2000年，只有10项在方法论上足够严谨且具有外在效度的相关研究是在讨论督导对案主的影响结果的。其中，特里安塔费卢（Triantafillou，1997）对焦点解决督导所做的研究极其重要。特里安塔费卢的研究结果表明，相对于一般的行政性督导，焦点解决督导会带来更高的工作满意度以及更好的案主治疗效果（Frietas，2002：

362)。但特里安塔费卢(1997)也承认:“对焦点解决督导而言,首要关注的仍旧是心理健康人员的发展,而督导对案主的影响是第二位的。”值得一提的是,虽然关于焦点解决督导对案主影响的研究不多(Callahan et al., 2009;Lichtenberg, 2006;Pearson, 2006;Reese et al., 2009),但特里安塔费卢的研究发现焦点解决督导对于案主的介入,特别是在案主负向行为的减少这一方面是有成效的。

其他关于焦点解决督导的研究也都显示出这种方法的有效性,但主要是聚焦于对治疗师的效果,而非对临床案主的效果。科布(Koob, 2002)的量化研究表明,焦点解决督导对治疗师的自我效能、职业生涯稳定性和专业服务品质都有正面的效果。许(Hsu, 2007)的定性研究,除了支持科布研究结果中关于提升治疗师自我效能的部分,也发现焦点解决督导对于受督者在专业认同和督导目标确认上有正面的影响(c. f., Hsu, 2009;Hsu and Tsai, 2008)。有质性研究显示,焦点解决督导能有效加速焦点解决治疗师整合其所接受的训练、督导和实务工作的学习进程(Cunanan and McCollum, 2006)。有学者对不同督导取向进行研究,发现新手治疗师偏好于督导者“给予具体明确的指导,并告诉他们要如何从事心理治疗”(Jacobsen and Tanggaard, 2009: 76)。这与茵素对督导的看法相同,她认为督导是一个直接与间接指导相融合的连续过程。还有人曾针对茵素的单次督导进行分析研究,他们发现所谓的非合作督导(即比较直接的督导)例子其实是很少的(Rudes, Shilts, and Berg, 1997)。

尽管相关研究在数量和范围上都有限,但在过去的几十年里,有关焦点解决督导的研究都显示了正向的结果。有学者对研究中所遇到的难题做了一个很好的归纳:

> 一旦认识到对督导者、受督者、案主三者进行研究是如此复杂,我们就会惊奇地发现,这项研究在此领域内是很容易受到批评的……考虑到治疗结果原本就受到很多复杂因素的影响,所以如果想要知道某种特定的督导取向对治疗结果的影响,那么我们可能还需要再花很长一段时间。(Frietas, 2002: 364)

我个人则希望未来的研究能够调整研究方法,以便探讨焦点解决督导中督导者、受督者、案主三者之间的复杂关系,从而进一步验证我的一个假设，即焦点解决督导应在这三者关系中的每个层面都能发挥正向影响。

• • • 我是如何从事焦点解决督导工作的以及焦点解决督导对我的影响

总体而言，我认为我已经肩负起身为督导者的职责，我对受督者的临床工作给予支持，并进行目标导向的学习。我的一些研究（Thomas et al.，2000）及其他研究者的研究成果（Cunanan and McCollum，2006；Hsu and Tsai，2008；Koob，2002）都支持了焦点解决督导中的原则：致力于避免病理化、保持尊重、持续探索以及关注有效事物。但是，还有许多重要方面在这里没有被提及，包括专业认同发展、个案管理、执照要求、伦理守则、法律责任等。显而易见的是，治疗师——受督者——喜欢我采用的这种正向化、资源导向的督导方式，同时受到了我们的对话中所能够发挥的直接或间接指导的影响。由于我常常听取受督者的意见，并且积累了丰富的督导经验，我有信心说：最受欢迎的督导取向是直接指导和间接指导相融合的督导模式。有很多人从暗示和间接指导中有所收益，在这样的情况下，往往让受督者能进行自我督导。然而，也有人因为了解自己的学习风格或经验不足，更需要直接的指导。我常常会询问受督者一个问题：你怎样才能达到最好的学习效果？由于主要的受督者是学生治疗师，他们通常临床经验不足，所以他们大部分喜欢开放式问句和直接的问句，他们也希望当遇到瓶颈或是因缺乏经验走错方向时，能够从外界得到指导①。

至于我自己，我从每段督导关系中都获得一些改变——我学习，我调整，我改变。我的督导格言是：我们处在一个不可复制的世界，每个受督者都是有能力的治疗师，而我所做的，就是引导他们挖掘潜力。

① 如同伯纳德·马拉默德（Bernard Malamud，1963）曾说的：如果你是在错误的火车轨道上，每一站对你来说都是错误的。

案例八："雷丁解决之道"——在英国地方政府造就一批焦点解决的精英人才

保罗·Z. 杰克逊、贾尼·瓦尔德曼

简介

焦点解决机构是一家通过建设性与策略性的工作方式来为个人、团体和组织机构带来积极改变的辅导与咨询机构。

我们在与客户合作时，会运用焦点解决的方法来处理一些复杂的与人相关的问题，例如管理改革、改善质量与服务、企业的整合并购、改良企业文化等。

自 2002 年以来，焦点解决机构便开始提供辅导、训练与咨询服务，并且运用焦点解决方法来帮助个人和团体实现他们预期的结果。

我们的客户群来自不同行业、不同部门和不同规模的组织。这些年来我们已经发现：文化的契合度在很大程度上决定了我们会与谁合作。我们的客户往往是具有前瞻性的人群，他们勇于尝试、头脑灵活，并乐意与人合作。

我们近期的项目包括：

- 在约翰·莱恩综合服务中心发展教练文化。
- 北安普敦郡警察局的"工作公平顾问"的技能提升。
- 泰特画廊、地方政府和保健中心的团队建设活动。
- 给拜尔斯道夫公司培训焦点解决的"传播者"（他们通过网络的方式进行宣传）。
- 运行焦点解决的 360°全方位反馈程序。
- 向英国众多的继续教育机构推广焦点解决的工作与训练。
- 一对一的教练服务：从高级警官到企业家等不同的客户群体。

其中，影响最深远的一个项目是与英国雷丁市议会为期两年的合作。我们在这个项目中引入了焦点解决的方法。本文将重点介绍这个项目。

保罗和瓦尔德曼是焦点解决机构的合伙人，他们引领的这个国际团队将会在本项目中负责培训与咨询。

• • • 什么让我们相信焦点解决方法在我们的工作中是有效的

每一个组织里都有人积极地想把工作完成。这些人受到种种限制，却能紧紧围绕组织的使命和计划开展工作。例如，在预算和时间的限制下，保障组织仍旧能够达成其多元化的目标。

不论是有意还是无意，这些人会采取一些特定的途径和方法与人们沟通互动，以试图去达成他们的目标。

焦点解决方法被视为一种达成预期目标的直接路径，因为焦点解决方法是思想与技术的积累，着重在“什么是想要的”和“什么是有效的”，借此在组织的各层面创造出明显而积极的变化。

先不论焦点解决方法的治疗性基础是什么，我们觉得焦点解决方法非常适合运用在组织内期望改变的各种工作上，包括改善沟通、激励团队、提高工作效率、振奋士气或表现力以及增进领导力等。

我们在执行每个方案的环节中，都遵循焦点解决的原则，例如在与潜在客户第一次会谈时，或后续每个项目的设计和管理过程中等。我们与客户密切合作，以他们已有的知识为基础，配合他们所拥有的资源，来确立清晰的目标。随着方案的实施，我们会保持弹性，不断调整以满足客户的新需求、新信息。我们发现，这样的工作方式能够促使客户心情愉快，给他们带来参与感，也让他们变得更愿意投入这些合宜的、结果导向的且能带来长期持续改变的组织发展方案。

在此，我们举一个例子来说明如何在组织内运用焦点解决工作。这个案例将呈现我们如何在广大社区倡议行动背景下，发展出焦点解决的精英网络。

• • • 雷丁方案的诞生

在 2009 年年初，我们和英国雷丁自治市议会合作，执行一个名为“雷丁解决之道”的方案。这个方案运用务实而积极的焦点解决取向，对市议会中的成员进行训练，以期能够带来改变。

我们想在雷丁市儿童与教育服务理事会中融入焦点解决工作。与此同时，我们也面临着有限的预算与时间等挑战，还必须确保这个方案在两年内能够自主运行。

雷丁市议会所负责的服务项目包括教育、废弃物管理和策略规划等，覆盖的区域大概有 6 万间房屋和 15 万居民。市议会的领导者早已发展了下列几项重点策略：

- 通过家庭支持的策略和行动计划，落实正向亲职教育工作。
- 通过关注情绪的策略和行动计划，达到情绪健康与幸福感的目标。
- 通过学校改善策略和行动计划，改善学校教育。

具有焦点解决工作经验的人们认为，焦点解决取向对于策略的落实很有帮助，它不仅能提升社区中儿童或家庭的福祉，同时也对市议会中的管理者和一线员工产生正向的影响。

我们方案的最初目标是：

- 让团体参与并且融入焦点解决工作，并潜移默化地来影响他们的工作。
- 建立起使用焦点解决方法的技能与信心。
- 将焦点解决取向引入我们所有的工作——引入家庭或彼此的工作之中。
- 在儿童信任机构的工作中发展焦点解决文化。

在限制中有策略性地开展工作——发现焦点解决的精英人才

很明显，这是一个意义深远的方案，一共有 900 人参与这项计划。由于掌握的资源有限，作为咨询师、教练和训练者，我们必须十分讲究策略地开展工作。

我们知道，在市议会里已经有一些零星的焦点解决计划在运行着，了解和运用这些计划也是我们的分内之事。我们和一群重要的主管会面，询问他们一些焦点解决的问题，收集主管们对这些问题的回应。

当我们询问儿童与教育服务理事会的主管安娜 · 赖特（Anna Wright）

对这个方案的最大期待是什么时，她说她希望这个方案可以帮助大家明白“真正积极向上的文化，并相信改变是有可能的。我希望这种取向能在每个组织内运行，并且在每次会议中都能更关注解决之道，这样我们就可以让这种方法运用在各处。如此，当我们在服务儿童和成人时，就能够协调一致”。

随后，我们和高阶管理团队进行了一整天有关行动策略的讨论，想要借此发展出更具体的愿景。我们询问他们，假设他们身处一个焦点解决组织中，他们期待能够去做的是什么？我们也询问他们能做哪些微小的事情，而让这个组织知道他们对待这个方案十分认真？如果他们身处一个焦点解决理事会中，他们会持续做哪些不一样的事？又如何将焦点解决取向运用于一些经常性的互动中（如监督会议、评估会议和跨部门的会议等）呢？

值得注意的是，他们的回应中重复出现一个主题：“我们会询问彼此什么事情将进行得顺利，而不是为那些已经做错了的事情互相指责。”

直到现在他们才为这个方案命名。他们在会议上通过了“雷丁解决之道”这一名称，同时也梳理了这个方案中焦点解决精英人才的重要角色内涵。

我们知道要一一培训与支持理事会的每位成员是不太可能的，所以我们需要有更聪明有效的方法来推广焦点解决工作。而最能善用时间与资源且事半功倍的方法就是构建一个焦点解决精英人才的社群网络。我们之所以提出焦点解决精英人才这一概念，是因为我们注意到，在先前的一些组织计划中，若要推广与融入焦点解决取向，只要让人们把焦点解决取向融入每天的日常工作对话中，就能够使这种方法迅速扩散。人们会问“你想要什么”，而不是“问题是什么”。由于人们开始忽略缺失和弱点，并转去关注资源和成就，于是，真正的差异便开始产生。之所以使用“精英人才”这一称呼，是因为雷丁市早期推动过“沟通精英人才”方案，对这一称呼已经相当熟悉。

焦点解决精英人才由当地一群热衷于推动和支持焦点解决工作的专业人士组成。他们会在自己的生活与工作中使用焦点解决取向，也会向他人解释焦点解决取向。他们向身边的同事推广这一方法，如果大家的表现合乎焦点解决的技巧时，他们还会给予鼓励。

具体来说，这些焦点解决精英人才的主要目的：

- ■ 让团队发展有关焦点解决的原则与工具。
- ■ 在团队的工作中引入并支持焦点解决取向。
- ■ 在雷丁市的儿童与教育服务理事会中支持焦点解决工作及其文化的发展。

我们要求参与这个方案的人必须出于自愿，我们希望这些精英人才愿意与我们一起在各自的工作岗位上践行焦点解决取向。他们之所以会被选为焦点解决精英人才，是因为他们对这个角色的热情与承诺，而不是他们在机构中的资历或职位。

为了宣传与招募精英人才，我们举办了五次简介会。在这些简介会上，我们为参与者创造了一些体验焦点解决对话的机会，例如，邀请参与者分享他们生命中的闪亮时刻："请描述在过去几周里，你工作中个人的闪亮时刻——也就是让你感觉很好的那个时刻。那一刻是怎么发生的？是什么让那一刻对你而言熠熠生辉？"参与者给出了各种各样的回答，例如，"我和我的客户之间有了重大的进展""我刚刚升职"等。

我们鼓励参与者彼此分享与相互肯定，并让大家选择去多做些小行动，以便让闪亮时光中的好事情能够持续发生。这样的讨论激发了参与者之间的热烈对话，同时他们也亲身体验到焦点解决行动，并开始思索焦点解决取向如何对自己与团队发挥作用。

在面试焦点解决精英人才的时候，我们会询问他们：

- ■ 焦点解决精英人才的角色有什么地方吸引你？
- ■ 你是如何发现焦点解决工作可以使你和你的团队或学校受益的？
- ■ 你将会做些什么来争取让你的直属上司支持你的这个角色？

• • • 训练方案的重要元素

我们为每一批参与者都设计了为期三天的训练方案，在开始 2 天连续的课程中，这些焦点解决精英人才的新手会先学习焦点解决原则和方法，并确定他们想要运作的焦点解决工作方式，我们把这个部分称为"焦点解决内部计划"。

这个方案有具体的评估标准。我们不会给已经很忙碌的精英人才增加额外的工作量。我们邀请精英人才先从平时的工作中选出一小部分，再将焦点解决的精神融入其中。例如，有位资深的社工选择以焦点解决取向进行督导工作；一位信息技术主管运用焦点解决取向设计和实施了一套新的信息技术系统；一位财务主管选择将焦点解决的工具和原则运用于市政服务的传递过程中，以便应对不断减少的财政预算。所有的精英人才都必须对他们的成功做出定性与定量的评量。

到了训练方案的第三天，则是请精英人才们展示他们的计划及其进展，我们会邀请大家一起来分享：

- 你的方案名称是什么？
- 通过运用焦点解决工具和方法，你想达到什么样的目标？
- 衡量成功的标准：评量你投入了多少？你所期待看到的结果是什么？
- 已经采取的步骤以及目前的进展如何？
- 下一步计划——接下来你会做什么？你会如何继续下去？
- 为了进一步的进展，你需要得到哪些支持或帮助？
- 你可以和团体分享任何你认为有趣或有用的东西。

培训师贝姬·泰勒（Becky Tyler）将焦点解决的原则引入她所有的培训方案中。她说，采用焦点解决取向后，她培训工作的质量得到了提高，当学员们返回工作岗位时，他们能把培训内容记得更牢且运用得更好。

考虑到同事的压力问题，克兰伯里学院的焦点解决精英人才希拉（Sheila）把焦点解决取向运用于每天的员工分享会上，以提升各层级人员的幸福感。克兰伯里学院是一所特别的州立学校，专门接收5～16岁的孩子。在分享会上，希拉改变提问方式，使大家以往的关注焦点——“总是寻找问题、失败和无效的事情”——转变为“看到有效之处、进步的信号、对成功的欢欣鼓舞以及对下一步有明确的认识”，使令人沮丧的会谈转变为具有建设性、可推动行动的对话。而希拉想在学校内更进一步地进行焦点解决训练，这一点也给校长留下了深刻印象。

在我们从各方获得建议与反馈后，我们及时进行调整与回应，这使得方案能够持续稳步运行。第一批精英人才训练即将结束时，儿童与教育服务理事会的主管安娜和我们一起参加了英国焦点解决治疗协会的年会，在45分钟的演讲中，我们一起介绍了“雷丁解决之道”方案。

我们的听众大多是焦点解决的实务工作者，他们对于这个方案的内容以及市议会同意引入焦点解决取向非常有兴趣且印象深刻。因此，安娜决定举办另一个训练日，邀请市议会的行政长官迈克尔·库格林（Michael Coughlin）来观看精英人才们展示他们的方案及取得的成果。此后，这一天也成为训练方案中第四天的固定部分，我们称之为“精英人才庆祝日”。第四天活动的一个主要目的在于，鼓励精英人才们能够有所期许，在有了这样一个焦点解决的网络和社群后，我们可以更有效地开展工作。此外，这同时也证明了这个方案的影响力，已经从儿童与教育服务理事会上升到了市议会的层面。

• • • 精英人才网络的发展

我们认为，为焦点解决精英人才创造进一步的接触，鼓励他们构建一个持续运作的焦点解决精英人才网络意义非凡。因此，我们尽可能为精英人才提供彼此合作和相互支持的机会。例如，在培训过程中，我们让两名精英人才互相搭配，支持彼此的个人方案；项目的负责人会与精英人才们交换信息，并偶尔共进午餐；在培训过程中，我们也会举行视频会议，让精英人才能够一起讨论他们的计划及其他焦点解决议题；我们还邀请前几批受训的精英人才来向受训中的精英人才们传授他们的经验。

儿童与教育服务理事会的主管安娜邀请了一些精英人才在主管会议和全体市议会的活动中分享他们的计划主题。例如，在家长咨询部门工作的葆拉（Paula）分享了她将焦点解决取向运用在压力管理训练中的成功经验；社工莉兹（Liz）也在儿童与教育服务理事会的庆祝会上分享了一个成功案例，案主是一对曾有过毒瘾与酒瘾记录但是想要孩子的夫妇。

一些精英人才会要求我们举办一个半天或一天的活动，以便他们的团队能提高焦点解决技能，了解更多特定的议题或方案。因此，我们举办了好几场这样的活动，最值得注意的包括以下两点：

- 面对新的信息技术系统，设计愿景、制订计划。
- 向不同的团队包括外展服务团队、青少年发展综合服务团队、管理团队、小学校长团队等介绍焦点解决工作。

在这些活动中，有一个环节颇受好评。在这个环节中，我们会邀请参与者就某一议题向其他人进行提问。通常，他们会在第一次的提问中问一些“聚焦问题”的问句：

- 问题是什么？
- 你做错了什么？
- 你为什么做得这么糟糕？
- 导致你陷入困境的主要原因是什么？
- 这是谁的错？
- 为什么你很难做得更好？

接着，在第二次的访问中，被访问者将会就相同的主题转而询问“焦点解决”的问题：

- 你想达到什么目标？
- 你怎么知道你已经达到这个目标了？
- 你曾经做过最好的事情是什么？
- 如果你做得越来越好，你首先会得到什么信号？
- 别人是如何注意到你的这个进步的？

当我们邀请参与者分享两次提问的不同之处时，他们说：“第一次提问让问题变得越来越大，我觉得没有希望，我受到责备。第二次提问似乎让问题变得比较可控，并且我变得更加乐观了，开始清楚自己可以做什么。”

精英人才们在这些会话中扮演了很重要的角色：他们展示各自的方案，参与不同的小组，并介绍焦点解决取向是如何对他们的工作产生积极影响的。我们发现，这样的分享和成功经验的传播，对于将焦点解决取向拓展至团体甚至全议会，是最具影响力的重要途径之一。

本方案的文档资料

这是一个开创性的方案，从一开始我们就积极将各类资料做成档案备份。我们希望能好好记录在这项工作中发生了什么事情以及工作的进展，让这些档案资料能够成为市议会的一部分，并且能推广到各地去教导和鼓舞他人。正因如此，市议会在网络上有自己的虚拟学习空间，焦点解决的精英人才可以在网络平台上发表自己的计划和进展，也可以提出问题并寻求建议。

同时，我们也搜集精英人才们做报告及与主管会面的视频，并将这些信息发布到虚拟学习平台上，展示焦点解决工作的影响力。虽然只有少数的精英人才接受了网络平台挑战，但几乎每位参与者都能持续在电子表格上更新自己的计划，并将重点放在他们对成功的评量、已经达成的目标和下一步要做的事上。

在过去的 18 个月中，我们已经实施了四份精英人才方案，训练了近 50 名焦点解决精英人才。他们中的大部分人员都已运用从培训中所学到的焦点解决工具和技巧，开始执行自己的焦点解决计划。

以下是精英人才方案所达到的效果：

米兰达 · 罗斯(Miranda Ross)通过新的虚拟学习空间来确认下列各方的需求，并形成配对：

- 什么是培训机构喜欢和需要的?
- 什么是方案小组喜欢和需要的?
- 什么是最符合经济效益的?

米兰达通过一系列的方式来收集这些信息，包括设定目标(了解什么是大家想要的，而不是聚焦在对现行系统的抱怨上)，描绘美好未来(我们理想中的系统是什么样子的)，找到有利的条件(我们如何做得更好，且现有体系中有什么是值得维持的)。对于学校的需求，米兰达利用所得到的回应，撰写了一份招募启事。因为对目标有了明确的描述，使得选择过程更容易。他们很快就选出三位申请者来会面，而其中一位完全符合标准。这个团队发现，使用焦点解决原则，能让招募过程更快、更容易、更有效率，同时也让市议会能够在第一轮申请者中便找到他们想要的人，而不必回头检查细节或改写文件。

娜丁(Nadine)和琳达率先在雷丁市的青少年服务中发展焦点解决实务工作。他们使用现有的接案访谈问卷进行工作。但后来他们注意到，这种形式似乎并不奏效，有很多问题青少年都不愿意作答。他们看到，应该有机会去训练他们的团队在小组中多使用焦点解决问句，以了解每个青少年的目标。现在该团队对每个前来进行会谈的青少年都会询问：“假设 3 个月内事情变好了，你是怎么发现的? 其他人会发现什么呢?”新手被鼓励去进一步地探问细节。例如，之前青少年可能会回应“我想要有一份好工作”，那么新手可能只是把这个信息简单地写下来，然后质疑以他们的能力是否能找到好工作，或是干脆忽略它——因为现实和梦想实在相去甚远。而在焦点解决模式中，新手会常常询问："对于你将如何找到好工作，可以多说一点儿吗？如果你得到该工作，你的朋友会发现你有什么不同？这会让你与你周围的人有什么不同？"收集了更多有用的信息，也让坐在面前的青少年感受到工作人员对他们的重视。

海伦·莱索维茨(Helen Lesowiec)是"雷丁解决之道"的项目主管，同时她也是一位焦点解决精英人才。她向大家介绍，她现在都是以个人的"完美未来"——对有效率的一天是什么样子的描述——来开启一天的生活的。海伦表示这种方法能提升她的效能，让她"化焦虑为行动"，并且能像其他很多同事一样，节省大量的时间。例如，相较于担心精英人才的方案进展如何，海伦决定挨个儿致电询问精英人才，找出已经做得很好的地方，并且给予肯定。

埃玛提到她如何在市议会中运用焦点解决取向来同她的团队举行亲职研讨会议。她提到奇迹式问句如何引导出团队中的"完美未来"："那是一种对话方式的变革，我无法向你说明这种讨论有多么积极，因为人们能够说出他们做得好的地方、想要做得更好的地方以及他们如何达到的方法。在半小时的讨论中，我们对于想要采取的行动会产生明确的想法，这是因为，当我们看见想要到达的目的地时，便会开始去思考我们要如何到达那里。"

当市议会的行政长官迈克尔首次出席"焦点解决精英人才庆祝日"时，他写道："在我们的会议上，我很想知道该如何解释这个方案的有效性，我想答案也许就是焦点解决取向的简明易懂。焦点解决取向已经被广泛应用在世界各地的治疗机构里，也越来越常被使用于像我们这样的组织中。焦点解决取向很容易被了解，也可以在无须大幅修改我们本来所做之事的前提下被执行。已经做得好的地方，我们强化并用以建构后续的行动，这对员工来说相当具有吸引力，因为员工可能对那些没带来什么影响力的时下方案已经感到厌倦了。"

我们采访了高级学习与发展部门的主任雷吉·弗瑞德尔(Reg Friddle)：

焦点解决机构：请告诉我们，你的焦点解决内部计划是什么？

雷吉：我的计划有两个部分。第一部分是将焦点解决概念推广到整个雷丁市议会，不只在教育理事会，还会扩展到整个市议会。第二部分是将焦点解决方法和实务融入我们的管理与项目方案过程以及全体员工的人力培训方案中。

焦点解决机构：市议会那边觉得，这样做有什么好处吗？

雷吉：在最后阶段，工作表现有所改善。“事半功倍”是我们所熟悉的座右铭，我认为焦点解决取向使我们能取得事半功倍的效果，因为它是一个节约投资的取向。你事先投资一些时间，随即会在效率、表现、节约和较佳的工作方式上呈现出正向的投资成效。

焦点解决机构：到目前为止，市议会看到了什么样的投资成效呢？

雷吉：我们已经在一对一工作方式中看到了效果。在面对面谈话时，我会使用这些工具，这明显很有帮助。在我们的团队会议和策略讨论中也是如此。还有一个重要的效果在于，焦点解决取向背后的动力在组织内日渐增长。我们正在努力发展一种教练文化，而焦点解决取向是成为优秀教练的重要因素，因而两者能够相互融合、相辅相成。我们正在以我们现有的知识和经验为基础来使用这些技巧。焦点解决取向正在带领我们迈向更高的层次。

焦点解决机构：焦点解决取向的哪些特质适用于市议会的吗？

雷吉：我们需要创新、灵活、敏捷、持续地进行管理转型和变革，并且在困难不时发生的环境中依旧保持正向态度。

成效评估

在整个项目实施的全过程中，我们都会对个别事件进行评估。精英人才特雷莎（Teresa）曾邀请我们举办短期工作坊，向她的工作团队介绍焦点解决工作。我们通过前、后测来评估成效，结果显示每个人在焦点解决知识和应用上的信心都有显著的提升。

对“雷丁解决之道”的评估，有一个重要的成功指标是，这个项目的开展已经从一个理事会扩展到整个市议会。第四批的焦点解决精英人才中还包括了市议会以外的人。

我们很高兴，我们所做的工作已经扩展到市议会之外。第四批的一位精英人才温迪（Wendy）邀请我们去她所在的地方性社区运作一个小规模的焦点解决精英人才计划，并作为政府“大社区”方案中的一部分内容。目前，我们正与温迪合作，在当地培养精英人才，也让当地的精英人才都能提出一个焦点解决计划来改善他们所居住的社区。

第十五章

理论意义

事实上，我们是顽固不化的意义创造者，以至于我们对某件事情无法解释时便会创造一个解释。

（Saari，1991：14）

我觉得自己很忧郁，但在去过短期家庭治疗中心后，我才明白，我只是度过了一段令人沮丧的时间。

（一位之前的案主）

由于案主一定会提供治疗师所不掌握的信息，案主发现及呈现出的信息将与治疗师所提问题的“嵌入式预设立场”相一致。所以不论案主发现的是能力与正向性，还是病理与障碍，都表示案主已经开始驾轻就熟地投入与治疗师一起建构新的“共识基础”之中了。

（McGee，Del Vento，and Bavelas，2005：381）

如果你和大多数人一样，那么你就会想了解并努力找出生活事件的意义。如果某件事对你来说很重要，那么你就会去反思这件事情，并把你的思考诉诸文字，你也会想和其他人谈论这件事情。而这样的做法，正是我们人类最明显且独一无二的特征(Mead，1934)。

案主也是如此，他们想要知道生活中所发生的事情的意义。当我们沉浸在强调问题解决的思维文化里，案主通常会希望对实务工作者谈论他们为什么会遇到问题。他们用已经设想好的原因来寻找问题的意义。同样，西方社会通过发现引发疾病的媒介去追问疾病的原因。正如我们在第五章至第八章中不断提到的案主阿艳，就是一个活生生的例子。当阿艳第一次告诉彼得她感到恐慌时，她问的问题是：“为什么？为什么会这样？”她对彼得说：“我要弄明白我到底出了什么问题。”

回顾本书第三章及第十章的内容，并以书中的对话作为例证时，你会发现，在与案主共同建构解决之道的过程中，我们从来不问“为什么”。我们不问案主为什么有这个目标或例外，更不会问他们有什么问题。经验告诉我们，询问为什么是没有用的。当实务工作者不再鼓励案主去分析为什么有问题、解决方式为什么可能有效时，案主反而会更有效地取得进展并建构解决之道。同理，对实务工作者而言，尝试厘清案主为什么有问题，通常也不会有效。如果实务工作者对案主的问题、目标及例外保持未知的姿态，同时不那么强调对问题的预估，案主将会更有效地建构解决之道。然而，不管有没有用，案主与实务工作者都要一起尝试理解案主经验的意义。

在第一章里，可能有两点会让你感到很惊讶。第一，我们指出，焦点解决历程大致上是通过观察案主与实务工作者之间的对话并注意什么是有效的方法而发展出来的。可见，解决之道并不是从现存的理论演绎而来的。第二，我们也提及德·沙泽尔的评论，虽然他知道焦点解决历程的有效性，但他自己也不知道原因何在。虽然我们的观察结果还只是实验性的，但本章将对焦点解决历程中发生的一切进行反思。

在案主的知觉与定义间进行转换

短期家庭治疗中心的观察员们注意到，案主在谈论他们的问题及思考要如何解决时对问题与解决方法的知觉，会不时地发生转换。有些案主会带着几个问题来访，但不确定哪一个才是真正或最根本的问题。随着时间的推移，案主的关注点将会变得越来越清楚。案主会开始用全新的方法去描述自己的问题的特征。观察者们一致注意到：经过几次会谈历程，或只在一次会谈中，案主便会重新定义他们的问题，这样的情况时有发生。

阿艳对问题的定义就是一个很好的例子。初次会谈刚开始时，她使用生物学及生理学的术语来看待自己的问题——她觉得恐慌。她说，她觉得自己疯了，发现自己在掉头发，还去看过内科医生，想通过医疗检查找出原因。但是这些检查没有得到什么结论。彼得以阿艳希望事情有什么不同来开启他们的对话。彼得与她一起工作时，发展出另外一个有关未来的愿景，也探索过去是否有任何与她的奇迹画面相像的例外时刻发生。阿艳能够描述的例外经验是随机出现的，而非有意的。在这段对话中，她开始对自己的问题得出一个“模糊”的定义。

“嗯……可能吧……我不知道。我无法理解——我到底有什么问题。我不知道该怎么做。所有这些感受都有……我必须弄明白我到底出了什么问题。”

在第二次会谈中，当阿艳和彼得谈到有什么事情变得比较好时，阿艳发现了几个成功的经验。阿艳指出，当恐慌的感觉回来找她时，她会选择暂时离开舞池一小段时间，让自己恢复平静。她暗示自己的问题可能与过度拥挤的环境有关。这个描述已经比初次会谈中全面却看不到重点的定义范围要更清晰明确。阿艳谈到其他例外事件时，能够说出一些用来阻止问题发生的成功方法或策略。在探索这些成功方法以及做些什么事情使成功经验发生时，阿艳已经把自己的关注点从弄明白恐慌感受的原因转移到去了解更多可以成功控制问题的策略上。在第二次会谈进入尾声并且将要讨论下一步该做什么时，她再次重塑了自己的知觉。她告诉彼得，她要找到更多方法使她的孩子“学会独立做事”。我们看到，阿艳一开始形成的是以生物学及心理学为基础的问题定义，而在会谈结束时，却偏向更加注重人际关系的问题定义。

是的，我感到很孤独。我感到陷入了困境。我不知道。我只是觉得很孤独，现在我会讲——就像我姐姐说的，“我听说你状态不好”“我告诉妈妈你操心太多，你想太多了”。你知道，既然我能和一个人说，那我就能向任何人说，你知道……

是的，现在已经不一样了。我总是听别人说，自己从不讲话。或许那就是我的问题：我从不说话，总是把每件事放在心里。从现在开始，我要说话……“噢，有人听我讲话”，这让我感觉好多了。

此外，第二次会谈结束时，阿艳已经渐渐将自己界定为问题中很重要的一部分，而放弃了问题是由她控制不了的某个神秘的生理或心理因素引起的想法，她说：

- 我努力想要弄明白，如果在只有我自己的情况下，我是否能够控制它。
- 现在，我注意到，如果我想的话，我就能控制它。
- 我觉得真的是我自己让我变成这个样子的，我觉得就是我自己。

这样对问题定义的戏剧性转换也发生在其他的对话脉络中。阿艳希望事情可以有所不同。她的奇迹图景的细节、她目前生活里与奇迹图景相似的场景、到第二次会谈结束时有什么改善以及她用来实现成功的优势与力量等，在她与彼得谈论这些话题的过程中，她对自己的问题的定义也发生了转变。

在彼得与阿艳对话间出现的这些改变，对于成功建构出解决之道是很重要的。当阿艳对自己的问题定义发生转变时，她希望情况在哪方面有所不同、她的成功以及对优势的知觉与定义等，也随之转变。带着这一发现重新来看这些对话，我们就会发现这些转变是如此明显。首先是关于阿艳想要什么，一开始她说她想从惊恐的情绪中解脱出来。然而在第二次会谈时，她的注意力已经转移到对她有用的策略上(如离开人多的地方休息一下，在开车时摇下车窗以及深呼吸)，并会尝试去发现更多方法(如“让我的孩子长大一点儿”)，同时，她还会和别人更多地谈论内心的想法。其次是关于她的成功经验与优势。阿艳在第一次会谈时谈到她内心的无力感。

是的，在过去的一年里，我觉得自己快要疯了。早上起来时，我就看到我的头发落了满地；还有，我洗澡的时候，大把大把的头发掉落在我手里。我去看医生，问他：“医生，这是为什么？为什么会这样？”他们给我做了很多的检查——一大堆的检查。

然而，在第一次会谈结束时，阿艳的说话方式就很不一样了。她的胜任感及力量感正在建立中。当阿艳被要求评量发现解决方法的信心程度时，她选择了10分，并评论说：“10分，不达目的我决不罢休。”在第二次的会谈过程中，她说：“我读了《谁在控制，你还是你的大脑？》这本书……我认为是我在控制。”随着会谈的深入，她能描述自己的成功和优势，这些促使她的胜任感不断增强。

同样，知觉及定义的转换模式也发生在茵素与威廉斯家族的对话中。请重读这些对话并找出家族成员知觉及定义的变化。

在一些案例中，案主知觉的变化十分显著，很容易被发现(de Shazer, 1991)。而在另外一些案例中，这些变化则更细微、更难察觉。但是，如果你仔细回顾案主在建构解决之道对话历程中说过的话，你总是可以发现这些变化的例子(Berg and De Jong，1996)。要记住，作为一名建构解决之道的会谈者，你的技巧取决于你是否学会听出这些变化的发生，并在变化发生时，邀请你的案主对其进行探索。

社会建构主义

案主的知觉及定义在建构解决之道的历程中会产生变化。我们如何去理解这一观察结果呢?

我们相信，最能解释这些变化的理论观点是社会建构主义(Cantwell and Holmes，1994；Gergen，1985，1999，2009；Greene and Lee，2011；Goolishian and Anderson，1991；Laird，1993；Parton and O'Byrne，2000)。社会建构主义的观点认为："真实"的个人感受包括对问题本质、自身能力、可能的解决方法的感受，都是人们在日常生活中，通过与他人互动而建构出来的。人们互动就会创造意义。许多作者(如 Berger and Luckmann，1966；Gergen，1999，2009；Gergen and Kaye，1992；Hoffman，1990；Mead，1934)指出：作为人类，我们总会试图找出经验的意义。"我们是顽固不化的意义创造者，以至于当我们对某件事情无法解释时便会创造一个解释。"(Saari，1991：14)在阿艳与彼得、茵素与威廉斯家族间的对话中，案主创造意义的倾向就一次又一次地显现。例如，当阿艳感到恐慌时，她说："为什么?为什么会这样?"她告诉彼得："我要找出我是哪里不对劲了。"当她与她的丈夫、嫂子、彼得等对话时，她也重塑了她对问题、能力及解决之道的意义。

案主的知觉、定义或意义会随着时间的流逝及与他人的互动而有所变化——这项观察的理论启示是什么呢?要回答这个问题是一项艰巨的任务，因为这个问题贯穿了文学解释、哲学、社会科学及人文科学等领域。此问题的任何答案最终都将核心指向了对"语言"的理解——语言是人们相互沟通的工具。德·沙泽尔等(1991，1994)曾论及德里达、福柯及维特根斯坦等哲学家在语言学方面的洞察力。他们分析了语言的运用、案主的意义以及治疗历程中的解决之道这三者之间的关系。社会建构主义者强调：案主知觉及定义的变化是在一定的脉络中发生的，即是在社群之中发生的。因此，创造意义不单是案主一个人的事情，并不是说案主发展个人意义（包括解决之道）不涉及他人。相反，由于个体总是生活在一定的种族、家庭、国家、社会经济及宗教脉络中，而这些脉络又会再度形塑案主的意义。在建构解决之道的过程中，关系式问句是实务工作者的一个有用的工具，它能帮助我们探索案主对这些社群脉络的知觉。

除了强调案主必须在社群脉络中发展他们的个人意义，社会建构主义者还很看重案主社群脉络的多元化。案主的背景反映了不同的种族、民族、国家及社会经济地位的状况。因此，个案反映了这些社群的多元现实。

社会建构主义者的观点对助人专业实务工作者来说有何启示呢？在案主重塑他们的意义，并创造令人满意和富有成果的生活时，实务工作者其实是与案主合作的伙伴。实务工作者与案主一起努力，使会谈变成：

> 一个合作与平等的历程，而不是阶层与专家的历程。治疗师的专业技能与案主的专业知识共同处于对话当中。治疗师现在变成“被案主告知的学习者”，而不是通晓一切的技巧专家。(Goolishian and Anderson, 1991：7)

你开始了解社会建构主义者对“现实”的定义并思考人们如何取得或发展这些定义之后就会发现，这些理论观点能够证明建构解决之道的程序是有必要的。因为在案主努力创造更令人满意、更富有成果的生活的过程中，建构解决之道的程序常常鼓励案主对“现实”（如问题、奇迹、成功、优势及解决之道）进行定义。

观察共同建构的细节

社会建构主义以及关于“意义共同建构”的观点，一开始并不源自实证研究，这些观点的形成来自对个案进行的理论性分析，这些案例通常与前文所提及的彼得与阿艳之间的对话相似。不过，最近已有实证研究阐明了共同建构是如何发生的，也相信未来还会产生更多支持性的研究结果(Bavelas, 2012)。在本书原著第四版的第三章中，我们依据心理语言学的实验证据，讨论并指出“沟通如何在对话中运作的合作协力观点”，这一观点不同于传统沟通模式聚焦于个体身上，并把对话只看成交替的独白(Clark, 1992, 1996)。在合作协力观点中，发言者与倾听者一起提供信息，是持续的相互协调与合作的过程，双方形成彼此都有所贡献且都同意的一致观点。合作是在理解的基础上产生的，这里有三个步骤：先由第一个人提供新信息；接着，第二个人通过行动或语言来表示理解(或不理解)；第三个人通过行动或语言来表达对第二个人的理解(或不理解)。(Clark and Schaefer, 1987；Clark, 1996)参与者之间时时刻刻在共建的理解(或意义)被称为共同理解基础。我们在第三章中曾以茵素与卡尔的对话为例，阐述了共同理解基础的历程。我们在这里强调，在实务过程中更多地意识到共同理解基础的历程，将有助于你学习如何践行建构解决之道的对话。

尽管对于共同建构本身以及通过理解基础历程而获得的共同理解基础，还有许多值得继续探索的细节与发展空间，但至少这项工作开端良好，已经有好几个实证研究运用微观分析的方法对治疗性对话进行探讨，这些研究对真实对话的每个片段进行分析，并探究这些对话是如何运作的(Bavelas et al., 2000)；这些研究已经记录下意义被共同建构的历程(Bavelas, 2012)。我们先前已经提到斯莫克等所做的研究，他们对不同治疗学派进行比较，并证实了问题式对话会导致更多问题式对话，而解决式对话则会引导出——有人说是“共同建构”出——更多解决式对话。我们也指出，微观分析研究已经证实，对案主语言的摘要和语意重述并不是中立的，某种程度上是具有选择性和被引导的。心理语言学家和沟通研究者运用“形塑”一词来代替摘要和语义重述，这的确更能传达出其选择性与转换性的特征。近年来的一些研究已经证明，治疗师对于案主描述的问题、他们想从治疗中得到什么、案主的可能性与能力等会进行选择性的转换。这些研究指出，不同派别的治疗师对“案主本身及案主需要做什么才能改善”都有一套理论假设，他们会用与之相应的介入方式形塑案主的处境、需求与能力。每当案主接受了治疗师的形塑，而治疗师也确认了案主的态度是接受时，他们之间便“共同构建”了一些“共同理解基础”。

如同本书所明确指出的，除了使用形塑，实务工作者还会运用许多问句。麦吉与同事进行微观分析的结果表明：问句不是一个中立的信息收集工具，而是用来建构共同理解基础的(McGee, 1999；McGee, Del Vento, and Bavelas, 2005)。麦吉再次基于心理语言学家的成果(Clark and Schober, 1992；Dillon, 1990)，阐述了我们在第三章中所提到的观点：问句背后具有一定的假设性与功能性，它邀请案主朝着“符合某些假设的方向”形塑。麦吉称这些假设为“嵌入式预设立场”。例如，彼得在第二次会谈开场时，询问阿艳：“嗯，你是否注意到有什么地方让你觉得情况变好一些了呢？”这个问句便暗含了一个假设：在过去这一周里，阿艳一定在某些方面比上一周变得更好了；并且阿艳有能力去发现这些变化，并告诉彼得。麦吉等提到，一旦有人在对话中提出一个问句，那么第二个人就必须用回答问题的方式来参与对话。而在回答问句时，这位回应者不得不在这个问句所嵌入的预设立场中理解这个问题，并在其经验中搜寻符合此问句预设立场的信息，再建构出答案。这里，我们再次呈现彼得的问句及阿艳的回应。

彼得：好的，那有什么地方让你注意到情况变得好一些了？

阿艳：我开始去工作了。上周我整整一周都没去上班。

彼得：(好奇回去工作能否代表一个例外)哦，你这个星期回去工作了？

阿艳：是的，这个星期我回去工作了。

在针对不同治疗学派对话片段的微观分析研究中，麦吉等指出：尽管在治疗性问句中嵌入预设立场限制了案主回答的方向，但是案主很少会挑战或质疑预设立场。相反，案主会努力回答这些问题，与治疗师一起投入“创造意义的历程中”（McGee et al.，2005：377）。此外，由于不同治疗师在问句中所嵌入的预设立场与他们的信念有关，与他们对于“未来什么有助于案主，谈论什么是最重要的”的信念不同，所以意义的创造也会朝着不同的方向发展。这里，我们以彼得与阿艳在第二次会谈时的开场为例，他们一起构建的共同理解基础是围绕“阿艳的成功(如回去工作)”以及后续讨论“阿艳是如何使这些成功发生的”方向发展的。

虽然许多议题仍有待研究，但这里所引述的以心理语言学研究为基础的微观分析研究仍为建构主义理论提供了实证支持，因其澄清及证实了我们在与案主建构(或共同建构)解决之道时所做的活动的意义。在本书原著第四版中，我们对建构解决之道的基本会谈技巧做了大量修订，这些修订得益于这项研究。我们通过“倾听、选择和建构”的过程，探究焦点解决实务工作者与案主合作的方式。我们相信，这种研究的方向将能持续搭建理论与实务之间所需的桥梁，也能让我们进一步知道怎么做才对案主有帮助。

范式的变迁

一旦意识到案主对知觉和定义的变化以及不同案主之间对“现实”的多元定义等，实务工作者便对有科学依据的问题解决取向提出了挑战。如果案主对问题及解决之道的定义会随着时间的变化而改变，或者会在与他人的合作中发生改变，那么这些问题又该如何通过客观、普遍、科学的认识方式来被判定为“真”呢？问题解决取向这一科学方法是建立在如下假设之上的：案主的问题是客观真实、世界皆然的问题。因此，实务工作者可以系统地观察案主的问题。茵素和威廉斯一家、阿艳和彼得所要努力解决的问题，以问题解决取向的观点看来，似乎不是那么一回事。

一旦你开始把案主的问题看成“案主目前对现实的定义”，而不是客观可知的事物时，你就一定可以卸下处理案主困扰与寻求解决之道的“专家”角色。“治疗师现在变成‘被案主告知的学习者’，而不是一位知道一切的技巧‘专家’。”(Goolishian and Anderson，1991)

问题解决取向有两个基础层面：其一，依赖科学化的专业知识；其二，如同现代医学相信疾病与治疗之间存在必要联结的信念一样，问题解决取向认为在问题与解决方法之间必然存在相互联结的问题解决结构。这些假设强调了在介入之前必须对问题进行预估。

第二种假设并不符合这一观察结果，即案主对现实有着多种多样且变化着的定义。同时，它也不符合短期家庭治疗中心咨询师的发现：对于看上去相同的问题，不同的案主会建构出截然不同的解决办法。最后，这个假设也不符合我们在短期家庭治疗中心收集到的数据。

• • • 结果数据

短期家庭治疗中心的实务工作者观察到：案主对奇迹式问句的回答，有时与他们的问题会有逻辑上的关系，有时则完全无关。在后续的会谈中，当案主开始谈论生活中有什么事情变得比较好，以及案主如何使这些变化发生时，这些成功经验和优势常常和他们的问题之间没有明显的逻辑关系(de Shazer，1988，1991，1994)。许多案主对这些解决之道感到惊讶，而不少问题解决取向的实务工作者的反应也是一样的。对于问题与解决之道之间的关系，德·沙泽尔(1988：5-6)认为，案主对解决之道的看法，常常发生在对问题进行定义之前。在案主找到解决之道后，他们常会重新回顾，并会定义或再定义原有的问题，以便配合所发现的解决之道。如果这一点是正确的，德·沙泽尔的观察便能对人们发现现实的意义的过程提供一些启示。

在建构解决之道的过程中，如果实务工作者对每位案主都用同样的方法，却不管案主说了什么，就会成为问题。然而，如果我们把建构解决之道看成干预(借用传统的问题解决取向的术语)，并且在问题和解决办法之间存在一种必然的联系，那么建构解决之道的程序不可能对所有案主的问题都同样有效。为了检验这项推论，短期家庭治疗中心在1992—1993年进行研究，以精神障碍诊断的用语与案主的评估来回顾期中结果和期末结果(详见第十二章中对期中结果和期末结果的相关定义)。

• • • 精神障碍诊断及结果

短期家庭治疗中心的实务工作者都接受过精神障碍诊断的训练，只有根据这些诊断结果才能得到第三方的服务费用。表 15.1 显示了 1992—1993 年短期家庭治疗中心诊断的期中结果数据，而表 15.2 提供的是诊断的期末结果资料。诊断结果以《精神障碍诊断与统计手册》第三版修订版为依据。诊断名称与表 15.1 及表 15.2 的 DSM 诊断编码一致，具体如下：300.40——精神抑郁；309.00——伴有抑郁情绪的适应障碍；309.23——工作适应障碍；309.24——伴有焦虑情绪的适应障碍；309.28——多种情绪特点的适应障碍；309.30——品行障碍为主的适应障碍；309.40——情绪和品行混合型障碍为主的适应障碍；313.81——对立逆反障碍；314.01——注意缺陷与多动障碍。

我们先来看期中结果。表 15.1 表明，多数接受建构解决之道服务的案主在服务期间有所改善。在没有进步的案主中，被诊断为伴有焦虑情绪的适应障碍及注意缺陷与多动障碍的案主比例较大。

表 15.2 所示的诊断的最终结果也得出了类似的结论：在没有进步的案主中，被诊断出有精神抑郁(注意：案例的数目很少)和对立逆反障碍的案主比例较大。

表 15.1　由 DSM-Ⅲ-R 诊断的期中结果(I.O.)*

期中结果	300.40	309.00	309.23	309.24	309.28	309.40	313.81	314.01	总计
明显进步	27%	20%	17%	14%	29%	8%	33%	6%	19%
缓慢进步	46%	80%	50%	43%	46%	61%	42%	47%	52%
没有进步	27%		33%	43%	25%	31%	25%	47%	29%
案例数	11	10	6	7	24	13	12	17	100

* 表 15.1 至表 15.3 的百分数都四舍五入为整数。

表 15.2 由 DSM-Ⅲ-R 诊断的期末结果(F.O.)

期末结果	300.40	309.00	309.24	309.28	309.30	309.40	313.81	314.01	总计
目标达成	33%	67%	16%	48%	33%	53%	20%	31%	37%
有些进步	17%	0	71%	35%	50%	40%	44%	54%	39%
没有进步	50%	33%	13%	17%	17%	7%	36%	15%	24%
案例数	6	6	7	23	6	15	11	13	87

案主的自陈问题及结果

在 1992—1993 年的这项研究里，当案主第一次来短期家庭治疗中心时，我们会给案主一份问题清单。开始初次会谈前，我们会要求案主指出每一个“你觉得适合你的问题”。清单上的问题有抑郁、自杀意念、饮食障碍、与工作相关的问题、亲子冲突、家庭暴力、酒精/其他药物滥用、性虐待、挚爱者过世、自尊问题、混合型家庭问题等。我们对研究资料进行分析，探索案主对问题的自我评估与期中结果、期末结果的测量之间是否存在可能的关系。

表 15.3 是对这些数据的总结。每类问题至少有 5 个案例，我们将它们用作期中结果和期末结果成功率的计算数据。期中结果的成功率由“明显进步”和“中等进步”两类组成，期末结果则由“达成目标”和“有些进步”两类组成。

这些数据表明，不论案主的问题是什么，对案主进行建构解决之道总是很成功的。①不计恐慌对期末结果的影响，表 15.3 说明成功率介于 60%～89%。

① 虽然严格来说，这项短期家庭治疗中心的研究数据中，我们没有对更多的人群进行抽样，但我们还是进行了显著性检验。我们对表 15.3 中两个变量的关系，以及表 15.1 和表 15.2 等相关性都进行了皮尔逊卡方检验。我们发现这些差别并没有统计意义上的显著性。

表 15.3　不同类型的案主问题期中结果(I.O.)及期末结果(F.O.)的成功率

问　题　类　型	I.O.成功率	F.O.成功率
抑郁	75%(79)*	75%(60)
自杀意念	74%(34)	79%(19)
焦虑	72%(50)	74%(42)
恐慌	80%(10)	50%(10)
睡眠问题	75%(59)	76%(49)
饮食障碍	80%(40)	73%(26)
退缩行为	67%(58)	80%(39)
健康问题	72%(18)	60%(10)
与工作相关的问题	84%(19)	80%(15)
经济问题	74%(43)	74%(31)
亲子冲突	71%(35)	76%(25)
沟通问题	65%(57)	76%(46)
家庭暴力	60%(20)	77%(13)
性虐待	64%(11)	75%(8)
身体虐待	67%(12)	89%(9)
酒精/其他药物滥用	67%(12)	63%(8)
婚姻/关系问题	76%(45)	81%(47)
性问题	72%(21)	89%(18)
挚爱者过世	72%(18)	79%(14)
自尊问题	77%(48)	73%(40)
兄弟姐妹问题	78%(36)	78%(31)
混合型家庭问题	74%(27)	72%(21)

* 括号中的数字说明了有特殊问题的个案数量。I.O.和F.O.的个案总数分别是141个、136个。

案主对自身问题所评估的这些数据，以及实务工作者的诊断和结果，并不支持“问题和解决办法之间一定存在必然的联系”这一论点。数据也并未显示，案主为了进步，就一定需要以专业评估为基础的特定干预手段。建构解决之道时，在使用了一整套程序后，案主便得到了成功的结果，而这些程序并不在乎问题及解决办法之间是否具有任何有目的的联结。①

这些发现给了我们一些重要启示。第一，实务工作者的准备工作可以大幅度减少。目前，助人专业将大量的资源用在对问题进行概念化、设计评估问题的程序及工具、发展特定的干预方法以及将这些内容教导给热心的实务工作者等方面。我们却认为，实务工作者可更仔细地观察案主是如何运用个人优势和环境资源来使改变发生的，将重点放在教导新的实务工作者如何尊重和鼓励案主进行自我决定上。这个结论也能再次阐明第一章中引用的赋能及优势视角的一些建议（Rappaport，1981，1990；Saleebey，2009）。

第二，如果建构解决之道的历程对不同问题都有同样的效果，那么要成为一名有效的实务工作者便不需要再背负这些复杂的责任。如果你能够熟练地运用建构解决之道的技巧，那么你可以这样期待：无论案主带着什么样的问题来见你，这一取向对不同的案主来说都是同样有用的。

将知觉与定义的转换看成案主的优势

观察与数据显示，案主来向我们寻求专业协助时，不仅会告诉我们一些关于他们人性本质的重要东西，而且会教我们如何才能更好地与他们一起工作。案主告诉我们，当他们遇到生活难题、不同的人和复杂的经历时，他们通常会反思。在反思的过程中，他们通过自己的抽象思考及语言能力，不断地把他们的经验概念化与组织化。他们会自创解释与参考架

① 其他研究也同样发现：使用建构解决之道时，问题与解决之道间并没有任何特定关系。焦点解决短期治疗最新的实证研究的结果与我们的结论一致（Franklin et al.，2012）。

构，进而使经验意义化。

人们通过语言和相互交流，创造出对现实的意义或定义。这并不是说，人们的经验和定义不是真的。有的学者(Berger and Luckmann，1966；Watzlawick，1984)强调，虽然现实在某种程度上是被建构或发明出来的，但是对案主来说却全都是真的。例如，当阿艳感到紧张、呼吸急促及身体发抖时，恐慌的问题对她来说是真实的。10 天后，她感到她能控制自己的问题(“如果我想要，我就能控制它”)，这样的感觉也是真实的。“一个被创造的现实——一旦它被创造——就和其他的现实一样都是真实可靠的。”(Efran，Lukens，and Lukens，1988：33)

在试图解决问题时，案主会重塑及转换其对现实的知觉和定义的能力，这是一个重要信息。案主做出改变的能力和他们“使用不同的眼光看待事件”的能力相互联结。如乔治·凯莉(George Kelly，一位早期的建构主义实务工作者)所说的，“这是显而易见的事情，只有以不同的眼光去看待现实，才可以改变现实……不论什么样的东西都能够被重塑”(Efran，Lukens，and Lukens，1988：32)。威廉斯家族中的格拉迪丝努力为自己及孩子创造更好的生活，这与她将儿时受虐的经历转化为拓展的能力有关。她不再把自己儿时受虐的经历看成丑陋和卑鄙的事件，相反认为这让她明白了应该如何对待自己的孩子。阿艳改变生活的能力和她改变自己对恐慌情绪的感知能力有关，她把受害感(“我不知道……我无法理解——我究竟是怎么了”)转移成一种具有成长意义的力量(“现在，我注意到，如果我想要，我就能控制它”)。

案主对现实的知觉与定义的变化，是案主建构解决之道的一部分，最容易产生在关于另一个可能的未来、有用的例外等相关的对话中。解决之道的建构将更依赖于案主发展和扩大对自己想要什么与如何实现的定义，而不是依靠科学化的问题定义、技术评估及专业干预等。如果情况真是这样的话，实务工作者的角色是一位“对话的艺术家”(Anderson and Goolishian，1992)。通过运用实务工作者的技巧维持有目的的对话，将帮助案主共同建构出“令人活得更满意、过更丰富的生活”所需要的知觉和定义。严格来说，并不是实务工作者去赋能案主，或为他们建构替代性意义；相反，只有案主才能赋能自己并建构出自己的意义。因此，实务工作者应该辨识并尊重案主的能力，细心运用问句与形塑技巧，技巧性地和案主进行对话，进而使案主更多地创造出他们希望在生活中发生的事情

（Berg and De Jong，1996）。

最后，眼见为实。如果你不再相信这一专业领域中的历史悠久的观点，不再认为案主的知觉与定义不是资源，而是觉得实务工作者必须处理的潜在问题与缺陷，甚至必须克服的逃避与抗拒来源，那么你便会得到与案主建构解决之道的经验。如果你有了任何与我们相同的经验，你会看到案主建构出你从未为他们预想过或设计过的解决之道。你也将会看到这样的实例：格拉迪丝把过去受虐经历转化成做一位好母亲的动机；一个家庭举办一场意大利面条晚宴，宴请他人来重修与其他人的感情；杰曼夜里借着太太安睡的呼吸声而从创伤经历中逐渐复原；等等。如果在建构解决之道的历程中能秉持耐性，明确目标，案主自身的抗逆力、创造力及胜任能力将会令人印象深刻且赞叹不已。

附录

建构解决之道的工具

设定目标的大纲

角色澄清

（说明：与团队一起工作；团队成员可能会提出问题、打断会谈；暂停并休息，然后给予反馈。）

问题陈述

（1）你希望我今天如何帮助你？

（2）对你来说，这个问题是如何困扰你的？（获得对问题的描述；如果有好几个问题，哪一个问题会是最重要且需要立即解决的？）

（3）你已经试过什么方法了吗？（有用吗？）

目标形成

我们今天会谈结束后，如果有些不同让你觉得我们的谈话是有价值的，那么这个不同会是什么呢？

奇迹式问句

（使用奇迹式问句的时候，我们应该聚焦奇迹发生时会有什么不同。）

关于案主

你注意到情况有哪些不同了？（你注意到的第一件事是什么？还

有呢？）

关于重要他人

（1）当奇迹发生的时候，还有谁会注意到呢？

（2）他将会注意到你有什么不同呢？还有呢？

（3）当他注意到你的不同时，他会做些什么不同的事情呢？还有呢？

（4）在他做了那些事之后，对你而言，又会有什么不同呢？

朝向解决之道迈进

（案主回答了奇迹式问句后使用）

（1）在0～10分的量表上，0分代表“这些问题是有史以来最糟糕的”，10分代表“你刚才所描述的奇迹”，那么你现在位于量表的哪个位置呢？是什么告诉你是在这个分数的呢？

或者：

（2）想象一下，如果这个奇迹真的发生了，你采取的第一个行动会是什么呢？

（3）那可能会有什么帮助呢？

或者：

（4）要让部分奇迹能够发生，我们需要做些什么呢？

（5）那么，奇迹的一部分有可能发生吗？如果可能的话，是什么让你觉得这是可能发生的呢？

结束

（1）如果案主能够详细而具体地回答奇迹式问句，我们便给予赞美和建议：“在下个星期，挑选一天，假装在这一天奇迹已经发生了，然后看看会有什么不同发生。”

（2）如果案主不能详细而具体地回答奇迹式问句，那么我们就给予案主赞美，然后建议：“想一想你生活中正在发生的事情，有什么事情能够告诉你，这个问题是可以被解决的？”

（如果有可能进行第二次会谈，你便可以邀请案主在下次和你会谈时，继续朝向处理这个问题的方向前进。）

用于设定良好目标的问句

注意事项：使用以下这些问句时，记住最关键的是去探索当奇迹已经发生或问题已经被解决的时候，案主想要有所“不同”的知觉。也要记得，设定良好的目标对案主来说是一件困难的事情。因此，在进行这些会谈问句的时候，要有耐心和恒心。

奇迹式问句

假设你今晚睡觉的时候，奇迹发生了。这个奇迹是，你今天描述的问题已经得到了解决。但是你睡着了，你并不知道问题已经解决了。第二天早上起来，你会注意到生活中有哪些不同告诉你奇迹已经发生了？你还会注意到其他哪些不同呢？

以良好目标的特征作为拓展方向

细小

（1）哇！听起来这是一个很大的奇迹。让你注意到情况有所不同的第一件小事情会是什么？

（2）还有什么可以告诉你事情已经有所不同了？

明确、行动导向、具体

(1) 你说奇迹会让你觉得比较好。你觉得比较好的时候，其他人会注意到你有什么不同，让别人知道你已经觉得更好了？

(2) 你觉得比较好的时候会做些什么不同的事情呢？还有呢？

开始做些不同或较好的事情

例如：你说当奇迹发生的时候，你的体重将会少50磅[①]。嗯，那么当奇迹发生的时候，你的生活会因为少了50磅而有什么不同呢？还有呢？

出现不同或更好的事情

例如：你说如果奇迹发生，你会减少与孩子的争执。请问这个时候，你又会做什么事呢？

以身边重要他人的知觉作为拓展方向

如果奇迹发生，你的丈夫(孩子、最好的朋友、同事、老师等)会注意到你的家庭有何不同呢？而你的丈夫会注意到你本人有哪些不同呢？他们还会注意到哪些不同之处呢？

以案主的关系系统作为拓展方向

当你的丈夫(或者孩子、最好的朋友、同事、老师等)注意到……(案主先前回答中所提到的不同之处)，他将会做哪些不同的事情呢？还有呢？如果他这样做，你又会因他的行为而做些什么？如果你这样做，还会有哪些事因此而有所不同呢？

---

① 约45斤。

● ● ● 提示

1. 如果案主回答“我不知道”，你可以说：

(1) 假设你真的知道了，那么你会说些什么呢？

或者进入关系问句，例如：

(2) 假设我问你的丈夫(孩子、最好的朋友等)，那么他(他们)会说些什么呢？

2. 如果案主思考这些问句，或者说这个问题很难回答，你可以表示同意，然后说：

我知道我问的问题很难回答，慢慢来。

3. 如果案主不能投入奇迹式问句的思考，就沿着“如果困扰得到解决”这个主轴来展开后续问句。

4. 如果案主的答案是不切实际的(例如，我会中彩票)，就表示同意，然后说：

(1) 如果是真的，那也很好，不是吗？(停顿)那么，还会有哪些事不同呢？

如果他们坚持，就询问：

(2) 你认为那种情况发生的概率会有多大呢？

或者问：

(3) 是什么告诉你，在你的生活里这种事情是可能发生的？

5. 如果案主向你描述一幅具体的奇迹图景，或是有可能成为解决之道的答案时——例如，案主说：“如果奇迹发生，我猜我会走更多路”——记得要继续追问。例如，可询问：

(1) 走更多路对你来说，会有什么不同呢？(继续从案主的回答中建构解决之道。)

尊重案主知觉的方式之一，就是尊重他们知觉中所使用的语言，以及在你的会谈问句中表达出对这些语言的接纳。因此，我们在上述问句中重复提到了“走更多路”。

值得一提的是，有时，即使你尽了最大的努力，案主还是不能对奇迹式问句有正确的回应；或者，无法确认如果问题得到解决，事情会有怎样的不同，这时候你可以询问：

(2) 你如何知道问题是能够被解决的？

在后续会谈中的目标设定

使用评量式问句对"进步"进行讨论：

(1) 在0～10分的量表上，0分代表当我们开始一起工作时你所在的位置，10分代表问题被解决（或奇迹发生）的时候，那么，今天你的位置在哪里呢？

(2) 好的，所以你现在是在5分的位置。那么，在你的生活当中发生了什么，让你知道你是在5分的位置呢？

(3) 所以如果你进步一点儿，从5分到6分，那么你的生活中有哪些方面的不同让你知道你处在了6分的位置上？还有呢？当你移动到7分的时候，又将会有什么不同呢？

之后，由奇迹式问句继续拓展。例如，可从重要他人的角度来询问：

(4) 如果你移动到6分的时候，你最好的朋友会注意到是什么让你变得更好了？还有呢？

对案主形成反馈的大纲

发现底线

1. 案主是不是想要些什么？而他想要的是什么呢？
2. 有一个设定良好的目标了吗？如果有，是什么？
3. 有没有任何例外？它们是什么？
4. 如果有的话，这些例外是有意识发生的，还是随机发生的？

• • • 反馈

1. 赞美。
2. 联结性陈述。
3. 建议(以会谈中案主共同建构的意义为基础)。

结束阶段的反馈：常用的信息

• • • 案主没有知觉到有问题且没有任何目标

以一位由假释官送去接受会谈的案主为例，案主的基本资料如下(Berg and Miller，1992：99)：

柯蒂斯，你今天来到这里，让我们感到印象深刻，虽然我们知道来这里并不是你的想法。你其实可以选择不来，那是一个比较容易的选择……因此，对你来说，今天来到这里已经不容易了，因为毕竟你必须放弃你的私人时间，搭公交车来到这里，谈一些你真的不想谈论的话题……

我知道你是一个思想独立的人，不愿意被别人告知应该做些什么。我同意你的看法，你应该不被打扰的。不过你也很清楚，去做些大家告诉你的事情，有助于让那些人远离你的生活，并且很快地，你就不会被打扰了。因此，我想下次能够和你再见面，进一步探讨做些什么能够对你有帮助。我们下周同一时间再见咯。

案主知觉到问题，但没有将自己看成解决之道中的主体

案主不能发现例外，也没有找到目标

请留意你的生活中发生了什么事，告诉你这个问题是可以被解决的。

或者，由于案主不能制定良好的目标，所以我们就用“初次会谈的公式化任务”(de Shazer，1985：137)：

从现在到我们下次会面的这段时间里，我们希望你能够做一个观察者，以便下次我们见面的时候你可以向我描述，你的生活中发生了什么事情(任意找一个，如家庭、生活、婚姻、关系等)是你希望能够继续发生的。

案主能够发现例外

从现在到我们下次见面，努力留意那些情况变好的时候，特别是它们有什么不同，以及它们是如何发生的——也就是说，是谁做了什么而让它们发生的。下次见面的时候，我很想听你对我描述这些细节。

或者，如果案主说出的例外是源于某人做了什么特别的事情，那么可以给案主一个与观察相似但略有不同的建议，例如：

爱丽丝，请去注意你上司的那些更“客气、理智和开放”(案主的用词)的时候。除了观察在那个时候情况有哪些不同之外，你还要留意你做了什么会引起他的注意，进而使他对你更“客气、理智和开放”。对这些事情保持密切的关注，回来后告诉我有什么地方变得更好了。

以下的反馈又略有不同，增加了预测的成分：

爱丽丝，我同意你的意见。显然，你的老板有更“客气、理智和开放”的时候，也有较不理智、不开放的时候。因此，从现在到我们下次会面的这段时间里，我建议你在每天晚上上床睡觉前，预测一下明天你的老板是否会对你表现得更“客气、理智和开放”。然后，在一天结束及进行明天的预测之前，想一想昨晚的预测是否得到了验证。试着解释一下你所预测的内容和这一天所经历的有何不同，继续观察，下次我们见面的时候，希望你能告诉我有关的细节(de Shazer，1988：179－183)。

案主有目标且视自己为解决之道的一部分

案主有清楚的奇迹图景，但却没有找到例外

从现在到我们下次见面这段时间，选择一天假装奇迹发生了。让你自己的生活过得好像奇迹已经发生了——就像你对我所描述的那样。然后下次回来的时候告诉我，有什么事情变得更好了。

案主有较高的动机，但却没有设定良好的目标

你在________(案主在意之处)方面如此努力，为了让事情变得更好，你也曾采取过各种行动，这些都给我们留下了深刻的印象。我们可以理解为什么你现在会感到如此挫败和难过。我们同意你说的，你所面临的是一个非常“棘手”(案主使用的词语)的问题。

正因为这是一个如此“棘手”的问题，所以我们建议，从现在到我们下次见面这段时间，当________(案主在意之处)发生的时候，你“可以做些不一样的事情——不管你所做的事情看起来有多么奇怪、不可思议或不按常理出牌。不论你决定怎么做，最重要的是，你必须有所改变”(de Shazer，1985：123)。

有设定良好的目标和意识化例外

拉尔夫，我对你几个方面的表现印象深刻：第一，你真的很想做些事情，好让你和孩子间的关系变得更好。第二，已经有几件不错的事发生了，比如________(举例)。第三，你能够清楚地意识到你自己做了些什么，才促使这些事情发生，比如________(举例)。你所做的这些事情让我能了解你为什么会说自己现在已达到5分了。

我同意，为了达到你理想中的亲子关系，这些事情都是你必须去做的。因此，从现在到我们下次见面这段时间，我建议你继续做这些有效的事。同时，多注意你又做了哪些其他事让情况变得更好了，是以前没有特别注意到的，然后在下次来的时候告诉我。

其他有用的信息

当案主试图控制某种冲动行为时

如果你克服了冲动（如暴饮暴食、喝酒、打孩子、看色情刊物、感到恐慌），请留意这个时候有什么不同，特别是你做了些什么，让你能够去克服________行为（de Shazer，1985：132）。

当解决方法存在不同观点的时候

在这里有两种可能的情况。第一种情况是，不同的人拥有不同的观点。例如，当父母对于如何管理有偷窃行为的孩子的看法不一致时，我们可以说：

你们如此迫切地想要帮助儿子“不去偷窃”，这让我们印象深刻。你们认为该如何帮助孩子渡过这个难关所持有的不同意见，也让我们印象深刻。我们看得出来，你们以前有着不同的家庭背景，也从中学到不同的方法来处理事情（因为这对父母先前曾说，他们各自不同的家庭背景使得他们的观点有所不同）。

我们团队对于未来的走向也有着不同的看法。一半的人觉得应该听从约翰的想法，而另外一半则认为玛丽的观点是最可行的。因此，我们建议每天早上在你们起床的时候，掷一枚硬币，硬币的人头朝上就代表听从玛丽的意见，所以那天你们就用她的方式和比利相处；人头朝下则代表那一天要遵循约翰的想法。同时，如果那一日不是采用你的方法时，请你去多观察在另一个人的策略中，到底有哪些方式可以让比利发生改变，并请在下次见面的时候，让我们知道。

第二种情况是，案主察觉出很多选择，却无法确定哪一个选择最好。例如，如果案主正在为是否要离开她的男友比尔而挣扎，你也许可以说：

我不能确定对你来说，“留在比尔身边，或离开他然后开始新生活”（视她的说法而变化），哪一个对你更好。不过，我同意这是一个很艰难的决定，要做出这个决定的确得花一番工夫。当你在继续思考你的决定的时候，我建议你每天晚上上床睡觉前，掷一枚硬币，如果是人头朝上，第二天就尽可能地当作比尔不再是你生活中的一部分，不要与他有任何接触，就好像你已经彻底独立了，采取一些行动朝着这个方向去努力，例如，花更多的时间陪伴朋友和家人等。如果是人头朝下，那么第二天就过得好像比尔还是你生活中的一部分——所有你对我描述的有关比尔对你的意义仍然存在。这样，当你做这些事的时候，注意观察正在发生的情况，看看有哪些事情可以告诉你并让你变得特别清楚：到底是选择离开他，还是继续留在这段关系里？记住，通常一个人并不能百分之百地确定这一切。然后，下次见面的时候告诉我，有哪些方面好转了。

初次会谈的大纲

1. 案主姓名：________________　日期：________________

2. 案主的困扰/历史。例如询问案主：我怎样才能帮助到你？是什么让你意识到这是一个问题？你已经试过什么方法了吗？它们有用吗？

3. 目标设定。例如，询问案主：你来到这里，是想要获得什么不同？（对话可以围绕奇迹式问句展开。）

4. 例外。例如，询问案主：有没有哪个时刻是问题没有发生或是问题没那么严重的？如果有，是什么时候？那是怎样发生的？有没有什么时候，情况和你描述的奇迹图景有一点儿相似？

5. 评量。现实情况靠近奇迹的程度如何。

（1）会谈前的改变；

（2）改变的意愿；

（3）自信。

6. 赞美。

7. 联结。

8. 建议。

9. 确定下次会谈的时间。

再次会谈的大纲

1. 案主姓名：________________　日期：________________

2. 有什么已经变得好些了？

(1) 引发。例如，询问案主：什么是已经得到了改善的？

(2) 拓展。例如，询问案主：那是怎么发生的？你做了什么促使它发生？对你来说那是新的经验吗？现在你正在做________，你注意到在你和________(重要他人)之间有什么不同呢？你家里有什么不同呢？

(3) 增强/赞美。例如，询问案主：不是每个人都能说或做到________，所以你(是/做/认为)________？

(4) 再次开始。例如，询问案主：还有什么变得更好了？

3. 多做一点儿。例如，询问案主：需要做些什么，这种情况才能再发生一次呢？怎样才能坚持下去呢？

4. 如何让情况变得更好。例如，询问案主“你是如何应对的呢？你是如何办到的呢？事情是如何没有变得更糟的呢？”

5. 评量进展。

(1) 描述目前的程度。

(2) 探讨下一个等级。例如，询问案主：当你从________(目前的数字)移动到________(往上评量的一个数字)时，情况会有什么不同？谁将会第一个注意到？当他/她注意到时，他/她会做些什么不同的事？需要发生什么，你才能假装像________(往上评量的一个数字)已经发生了一般？

(3) 结语。例如，询问案主：你觉得需要给自己打几分，你才不用再来见我？那时，将会有哪些不同的事发生呢？

6. 赞美。

7. 联结。

8. 建议。

9. 确定下次会谈的时间。

探寻例外的问句

注意事项：当探寻例外的时候，有意识地引用下列问句，将能探寻到案主有关例外的知觉（个人问句），以及案主对重要他人可能会注意到的知觉（关系问句），分别举例如下。

和奇迹有关的例外

引发

因此，如果奇迹发生，你和你丈夫就会谈论更多有关你们生活的话题，关系也会更加亲密。那么，已经有像奇迹一般的事情了吗——哪怕只有一点点像？

如果你的丈夫在这里，我也问他同样的问题，你认为他会说什么呢？

拓展

最近一次你和你丈夫交流比较多以及经常拥抱是什么时候？能否告诉我更多有关那次的情况？那是什么情景？你们都说了些什么？当他在说话的时候，你在做什么呢？然后他又做了什么？对你来说，他的行动对你有什么意义呢？那一次还有哪些不同于平日之处的事情发生？

如果他在这里，对于那一次的情况，你认为他可能还会说些什么？

增强

（1）非语言行为：身体前倾，抬高眉毛，做笔记（做出看起来有人告诉你一些重要事情的样子）。

（2）语言行为：表达你的兴趣。

这对你和他来说是新的经验吗？它发生的时候你感到惊讶吗？

进行赞美：

在这一关系中发生了这么多事情，似乎要你去做到这些事并不是很容易。那么有什么困难吗？

探索例外是如何发生的

(1) 你认为你做了些什么，才让它发生的？

(2) 如果你的丈夫在这里，我问他，你猜他会说，你是做了什么而帮助了他，让他可以告诉你更多有关他生活中的一些事情呢？

(3) 【使用赞美】你从哪里得到要这样做的想法呢？这看起来很有意义。在类似这种困难的情境中，你总是能够如此自发地产生该如何应对的想法吗？

将例外投射于未来之中

(1) 在1～10分的量表上，1分代表没有机会，10分代表机会极大。像那样的经验(例外)，下星期(下个月或其他的未来时间)将会再发生的概率是多少呢？如果要它发生的话，需要做些什么呢？

(2) 如果要让奇迹在未来更常出现，需要做些什么呢？

(3) 谁还必须做些什么，以便让它再次发生呢？

(4) 要使________(例外)确定能够再次发生，你需要记得去做什么重要的事，才能使这一例外再次发生的概率达到最高呢？另一件要记得去做的最重要的事情是什么呢？

(5) 你认为你的丈夫会说，这________(例外)将会再发生的概率会有多高呢？他会说你如果能做些什么，就会增加发生的可能性呢？假设你决定去做了，你想他又会接着做什么呢？假设他做了那件事，对你来说，事情又会变得有何不同呢？这些，对你(或对你的家庭、在你和他的关系里)又会有何不同呢？

和问题有关的例外

如果案主无法确认奇迹，只能和你停留在问题式谈话上，那么就以“问题”一词代替“奇迹”来继续提问。例如：

你能想到过去哪一天(星期、月、年)，你和丈夫吵架的次数较少或完全没有吵架吗？那是什么时候呢？

然后，再进行上述“和奇迹有关的例外”的五个步骤。

• • • 探寻哪些部分已经变得更好了

在所有后续的会谈中，你都可以用这个问句来展开例外的探索。要确定你是以上述五个步骤来进行的，且要使用个人问句和关系问句。

在你完成例外的探索之后，记得要询问：“还有什么其他事情变得更好了呢？”

• • • 应对式问句

有时候，案主无法确认出任何例外，或者似乎是被问题淹没了。在这样困难的情境中，你可以询问应对式问句，以发现案主做了什么而让他自己能够在困境中挺过来：

我很惊讶，我真的不知道你是怎么办到的。你到底是怎么做到的？你是怎么从这一刻撑到下一刻的？

如果案主描述一个存在已久的沮丧情景，以及连续不断的挫败事件，你也许可以说：

我能理解原来你有很多令人沮丧的原因。有很多事情还没有进展到你所希望的样子。但是我很好奇，你是如何让自己一直保持在前进的状态的？你是如何做到每天早上起床，继续面对新的一天的呢？

如果案主说他/她必须为了孩子而撑下去，你可以说：

那你是如何做到的？你能够想象出孩子们对你有多么重要吗？我想，你一定很在乎他们。请告诉我，为了照顾他们，你还做了哪些事情呢？

与非自愿案主会谈的大纲

角色澄清

自我介绍，简要描述你的角色，说明会谈的结构，如暂停等。

问题陈述

自始至终都要注意：案主“想要”什么、“能够”做什么以及他“愿意”做什么等线索。

1. 对于我们今天要在这里谈话，就你的了解，是什么原因呢？【做好准备，分享你所知道的这个案例的信息。】

2. 到目前为止，对于现在的情况你已经做了什么呢？

3. 有什么是你想尝试但还没去做的呢？这些方法会在多大程度上有益呢？

目标设定

1. ________(施压者或委托机构)认为你需要做些什么不同的事情呢？

如果案主开始表现出较为负面的反应或似乎没有动机时，可以使用以下问句：

假设你决定那样做，在你和________(施压者或委托机构)之间会有什么不同呢？

继续：在你和________(重要他人)之间又会有什么不同？

有什么事情是你可以做的吗？

2. 有没有什么非常细小的部分，让你觉得你需要进行改变了？

你最后一次这样做是什么时候呢？

假设你决定再做一次，你会采取的第一个步骤是什么？

• • • 奇迹式问句

使用这个问句的时候，要聚焦奇迹发生的时刻会有什么不同之处。

• • • • 关于案主

你会注意到有什么不同？

你所注意到的第一件事是什么？还有呢？

• • • • 关于重要他人

(1) 奇迹发生的时候还会有谁注意到呢？

(2) 他注意到你有什么不同呢？还有呢？

(3) 如果他注意到这些不同，他会做些什么不同的事情呢？还有呢？

(4) 他做了这些事情后，对你来说，又会有什么不同呢？

• • • 朝向解决之道

在案主回答了奇迹式问句后使用如下问句：

1. 假如你能够假装这个奇迹已经发生了，你会做的第一件小事是什么？这样会有什么帮助呢？

或是：

2. 如果要让这部分奇迹发生，那么需要先发生什么？可能会发生吗？如果会的话，是什么原因让你这样想的？

或者：

3. 在0～10分的量表上，0分代表的是情况最糟糕的时候，10分代表的是你所描述的奇迹发生了，那你现在是多少分呢？是什么告诉你，你在这个分数上的？假设分数能够提高1分，那么会有什么不同呢？发生什么样的事情，分数会提高1分呢？

• • • 结束

1. 如果案主能够具体且详细地回答奇迹式问句，那么就给予赞美和建议：

下个星期，挑一天，假装这一天奇迹已经发生了，然后看看情况会有什么不同。

2. 如果案主无法具体且详细地回答奇迹式问句，那么也可以给予赞美和建议：

想一想，你的生活发生了什么变化，告诉你这个问题是可以解决的？同样，我也会去想一想。

如果可能进行第二次会谈，那到时候可以直接邀请案主继续处理这个问题。

对非自愿案主可使用的有效问句

1. 是谁认为你需要来到这里呢？

2. 据你所知，你为什么需要在这里呢？

3. 是什么让________(施压者或委托机构)认为你需要来这里呢？

(1) 是什么让________(施压者或委托机构)认为你需要有所改变呢？

(2) ________(施压者或委托机构)认为你有这个问题，原因是什么呢？

4. 你认为________(施压者或委托机构)会说，你有哪些地方需要改变？

5. 你必须做些什么，才能说服________(施压者或委托机构)，让他(或他们)认为你不用来这里了？

6. 最后一次你做________（案主、施压者或委托机构所描述的认为案主需要有所改变的事情)是什么时候？

(1) 当时你的生活会有什么不同？

(2) 你是如何让自己做到的？

(3) 你认为________(重要他人)注意到你有不同的话，他/她会说什么呢？

(4) 假设你决定把这件事再做一次。为了让这件事发生，你采取的第一步行动是什么呢？

(5) 对于你能够再做一次，你有多大的信心呢？

(6) 什么事能够让你的信心增强一点儿呢？

(7) ________(重要他人)会说，你能够再次做到的概率是多少呢？

(8) 假设你已经决定要再做一次，在你和________(重要他人)之间会有什么不同？

(9) 在你和________(施压者或委托机构)之间会有什么不同呢？

(10) 假设你已经决定再做一次，那么你的生活还会有什么其他的变化呢？

(11) 到时候你的生活中会发生什么情况，而这个情况是现在所没有的呢？

7. 在什么情况下，你会知道你现在已经做得够好了？

(1) 如果你做出这些改变，谁会是第一个注意到这些变化的？

(2) 如果________注意到改变已经发生，他又会做些什么不同于现在的事呢？

(3) 他采取这些新的行动对你有什么意义呢？

危机会谈的大纲

角色澄清

有时候你不会以这种方式开始，不过请随时准备好你的自我介绍，并说明你在会谈中会做些什么。

你今天来到这里，我很高兴。我想，你来对了地方。你最想获得什么样的帮助呢？

在谈话过程中，注意适时地接纳和肯定案主的知觉。

• • • 目前应对困境的努力情况

假定案主是有能力的。

寻找和赞美案主的优势，并且说：

1. 你打电话过来，我很高兴(或：你能来这里，我很高兴)。我很想知道，你是怎么做到的？

2. 在这样的情况下，你还做了什么来照顾自己呢？(询问细节：什么、何时、哪里、谁、如何)

3. 还有哪些人、事、物是对你有帮助的呢？

4. 事情有可能会变得比现在更糟糕吗？你是如何让情况没有变得更糟糕的呢？【注意和赞美优势】

5. 你认为，此时谁(或什么)对你是最有帮助的？

6. 这些人、事、物会对你有什么帮助呢？

• • • 评量应对的进展

假设 10 分是你所能想象的自己能够应对此事的最佳状况，0 分则是完全无法应对，那么你认为你现在是在几分的位置上呢？

如果是 2 分或 2 分以上，则表达惊讶和赞美，并询问他/她是如何达到这个数字的。如果是 0 分或低于 2 分，那么问他/她可以做些什么来阻止分数继续下滑。要去获取案主进行应对的想法及其行为的细节。

• • • 设定目标：共同建构下一步

1. 在 1～10 分量表上，假设现在的情况可以提高 1 分，会有些什么不

同告诉你，你的应对真的是更好些了？【询问改进的细节部分】

2. ________（重要他人）会通过什么事情知道，你已经应对得比较好了？

3. 需要做什么才会让它发生呢？

4. 假设事情在量表上往上移动了2～3分，情况又会有什么不同呢？什么事情告诉你，你应对得更加好了？要使这些情况发生，需要做什么呢？

如果案主变得更有希望，则可使用奇迹式问句。

5. 想象你可以同其他人做得一样好，那么在这个过程中，你经历了哪些事情？

6. 回想你应对这种情境的过程，其中给你留下深刻印象的最重要的事是什么？

结语

对案主正在做的有用的事情进行归纳，并用案主的语言来指出那些微小的细节。同时，赞美案主的优势和成功之处，鼓励案主继续做这些事情，并提示案主继续观察是否还有其他对他/她来说是有效的应对方式。

有效的应对问句举例

1. 你今天早上是如何让自己起床的？

(1) 对你来说，这困难吗？

(2) 有什么事情可以帮助你，让你能开心地起床？

2. 从你上次吃东西到现在，已经过了多久？

(1) 对你来说，吃东西有多大的帮助？

(2) 你是如何让自己可以吃得下东西的呢？

3. 你最近一次睡觉是在什么时候？

(1) 这次睡觉对你来说有什么不同吗？

(2) 承受着目前正在经历的这一切，你又是如何让自己进入睡眠的呢？

4. 到目前为止，是什么帮助你勇敢面对这一切的？

5. 你认为我们能为你提供的最有帮助的事情会是什么呢？

6. 你以前也曾有过这样的处境吗？

(1) 那时你做了什么，让你能够熬过来？

(2) 对你来说，什么是最有帮助的？

(3) 谁的帮助是最有用的？

(4) 你怎么知道这些人、事、物是有帮助的呢？

(5) 你会做些什么，以获得________来帮助你呢？

(6) 对你来说，做些什么事对你有帮助？还有别的事吗？

(7) 你认为，需要发生什么才能再次帮助你？还有别的事吗？

(8) 再次获得这样的帮助可能让你有什么变化呢？

参考文献①

Adams, J. F., Piercy, F. P., & Jurich, J. A. (1991). Effects of solution-focused therapy's "formula first session task" on compliance and outcome in family therapy. *Journal of Marital and Family Therapy*, *17*, 277–290.

Alcoholics Anonymous. (1976). *Alcoholics Anonymous: The story of how thousands of men and women have recovered from alcoholism* (The Big Book). New York: Alcoholics Anonymous World Services.

American Psychiatric Association. (2000). *The diagnostic and statistical manual of mental disorders* (4th ed.–TR). Washington, DC: Author.

American Psychological Association. (2006). Evidence-based practice in psychology. *American Psychologist*, *61*, 271–285.

Andersen, T. (1987). The reflecting team: Dialogue and meta-dialogue in clinical work. *Family Process*, *26*, 415–428.

Andersen, T. (Ed.) (1991). *The reflecting team: Dialogues and dialogues about the dialogues*. New York: Norton.

Anderson, H., & Goolishian, H. A. (1992). The client is the expert: A not-knowing approach to therapy. In S. McNamee & K. J. Gergen (Eds.), *Therapy as social construction* (pp. 25–39). London: Sage.

Axelson, J. A. (1999). *Counseling and development in a multicultural society* (3rd ed.). Pacific Grove, CA: Brooks/Cole.

Baer, D., Bhati, A., Brooks, L., Castro, J., La Vigne, N., Mallik-Kane, K., Naser, R., Osborne, J., Roman, C., Rossman, S., Solomon, A., Visher, C., & Winterfield, L. (2006). Understanding the challenges of prisoner reentry: Research findings from the urban institute's prisoner reentry portfolio, Washington DC: Urban Institute Justice Policy Center.

Barnard, C. F., & Kuehl, B. P. (1995). Ongoing evaluation: In-session procedures for enhancing the working alliance and therapy effectiveness. *The American Journal of Family Therapy*, *23*, 161–171.

Bateson, G. (Ed.) (1972). *Steps to an ecology of mind*. New York: Ballantine.

Bateson, G., Jackson, D. D., Haley, J., & Weakland, J. H. (1956). Toward a theory of schizophrenia. *Behavioral Science*, *1*, 251–264.

Bavelas, J. B. (2012). Connecting the lab to the therapy room: Microanalysis, co-construction, and solution-focused

① 为方便读者查阅，本书的参考文献由原著原样复制而来。

brief therapy. In C. Franklin, T. S. Trepper, W. J. Gingerich, & E. E. McCollum (Eds.), *Solution-focused brief therapy: A handbook of evidence-based practice* (pp. 144–162). New York: Oxford University Press.

Bavelas, J. B., & Chovil, N. (1997). Faces in dialogue. In J. A. Russell & J. M. Fernandez-Dols (Eds.), *The Psychology of Facial Expression* (pp. 334–346). Cambridge, UK: Cambridge University Press.

Bavelas, J. B., & Chovil, N. (2006). Hand gestures and facial displays as part of language use in face-to-face dialogue. In V. Manusov & M. Patterson (Eds.), *Handbook of Nonverbal Communication* (pp. 97–115). Thousand Oaks, CA: Sage.

Bavelas, J. B., & Gerwing, J. (2007). Conversational hand gestures and facial displays in face-to-face dialogue. In K. Fielder (Ed.), *Social Communication* (pp. 283–308). New York: Psychology Press.

Bavelas, J. B., McGee, D., Phillips, B., & Routledge, R. (2000). Microanalysis of communication in psychotherapy. *Human Systems, 11*, 47–66.

Benjamin, A. (1987). *The helping interview with case illustrations*. Boston: Houghton Mifflin.

Berg, I. K. (1994). *Family based services: A solution-focused approach*. New York: Norton.

Berg, I. K. (2003). *Supervision and mentoring in child welfare services: Guidelines and strategies*. Milwaukee, WI: BFTC Press.

Berg, I. K. (2005). The state of miracles in relationships. In T. S. Nelson (Ed.), *Education and training in solution-focused brief therapy* (pp. 115–118). Binghamton, NY: Haworth.

Berg, I. K. (n.d.). *Hot tips III: Application of SFBT in supervision and management*. Unpublished manuscript.

Berg, I. K., & De Jong, P. (1996). Solution-building conversations: Co-constructing a sense of competence with clients. *Families in Society: The Journal of Contemporary Human Services, 77*, 376–391.

Berg, I. K., & De Jong, P. (2005). Engagement through complimenting. *Journal of Family Psychotherapy, 16*, 51–56.

Berg, I. K., & de Shazer, S. (1993). Making numbers talk: Language in therapy. In S. Friedman (Ed.), *The new language of change: Constructive collaboration in psychotherapy*. New York: Guilford.

Berg, I. K., & de Shazer, S. (Eds.) (1997). Special issue: Solution-focused brief family therapy: Across the spectrum—around the world. *Contemporary Family Therapy: An International Journal, 19*, 1–141.

Berg, I. K. & Dolan, Y. (2001). *Tales of solutions: Hope-inspiring stories from around the world*. New York: Norton.

Berg, I. K., & Kelly, S. (2000). *Building solutions in child protective services*. New York: Norton.

Berg, I. K., & Miller, S. D. (1992). *Working with the problem drinker: A solution-focused approach*. New York: Norton.

Berg, I. K., & Reuss, N. (1998). *Solutions step by step: A substance abuse treatment manual*. New York: Norton.

Berg, I. K., & Shilts, L. (2004). *Classroom solutions: WOWW approach*. Milwaukee, WI: BFTC Press.

Berg, I. K., & Shilts, L. (2005a). *Classroom solutions: WOWW coaching*. Milwaukee, WI: BFTC Press.

Berg, I. K., & Shilts, L. (2005b). Keeping the solutions within the classroom: WOWW approach. *School Counselor*, July/August, 30–35.

Berg, I. K., & Steiner, T. (2003). *Children's solution work*. New York: Norton.

Berg, I. K., & Szabo, P. (2005). *Brief coaching for lasting solutions*. New York: Norton.

Berger, P., & Luckmann, T. (1966). *The social construction of reality: A treatise in the sociology of knowledge*. Garden City, NY: Anchor.

Biestek, F. P. (1957). *The casework relationship*. Chicago: Loyola University Press.

Blundo, R. (2009). The challenge of seeing anew the world we think we know: Learning strengths-based practice. In D. Saleebey (Ed.), *The strengths perspective in social work practice* (5th ed.) (pp. 24–46). Boston: Pearson Education.

Burns, K. (2005). *Focus on solutions: A health professional's guide*. London: Whurr.

Burns, K. (2009). Solution focused brief therapy for people with acquired communication impairments. In S. Brumfitt (Ed.), *Psychological well-being and acquired communication impairments* (pp. 197–215). Chichester: Wiley-Blackwell.

Cade, B., & O'Hanlon, W. H. (1993). *A brief guide to brief therapy*. New York: Norton.

Callahan, J. L., Almstrom, C. M., Swift, J. K., Borja, S. E., & Heath, C. J. (2009). Exploring the contribution of supervisors to intervention outcomes. *Training and Education in Professional Psychology, 3*, 72–77.

Cantwell, P., & Holmes, S. (1994). Social construction: A paradigm shift for systemic therapy and training. *The Australian and New Zealand Journal of Family Therapy, 15*, 17–26.

Carkhuff, R. R. (1987). *The art of helping* (6th ed.). Amherst, MA: Human Resource Development.

Carkhuff, R. R., & Berenson, B. G. (1977). *Beyond counseling and therapy* (2nd ed.). New York: Holt, Rinehart & Winston.

Cauffman, L., & Dierolf, K. (2006). *The solution tango: Seven simple steps to solutions in management*. London: Marshall Cavendish.

Cavaiola, A. A., & Colford, J. E. (2011). *Crisis intervention case book*. Belmont, CA: Brooks/Cole, Cengage Learning.

Cecchin, G. (1987). Hypothesizing, circularity, and neutrality revisited: An invitation to curiosity. *Family Process, 26*, 405–413.

Clark, H. H. (1992). *Arenas of language use*. Chicago: University of Chicago Press & Center for the Study of Language and Information.

Clark, H. H. (1996). *Using language*. Cambridge, UK: Cambridge University Press.

Clark, H. H., & Schaefer, E. F. (1987). Collaborating on contributions to conversations. *Language and Cognitive Processes, 2*, 19–41.

Clark, H. H., & Schaefer, E. F. (1989). Contributing to discourse. *Cognitive Science, 13*, 259–294.

Clark, H. H., & Schober, M. (1992). Asking questions and influencing answers. In J. Tanur (Ed.), *Questions about questions: Inquiries into the cognitive bases of surveys* (pp. 15–48). New York: Russell Sage Foundation.

Conrad, P., & Schneider, J. W. (1985). *Deviance and medicalization: From badness to sickness*. Columbus, OH: Merrill.

Corcoran, J. (2012). Review of outcomes with children and adolescents with externalizing behavioral problems. In C. Franklin, T. S. Trepper, W. J. Gingerich, & E. E. McCollum (Eds.), *Solution-focused brief therapy: A handbook of evidence-based practice* (pp. 121–129). New York: Oxford University Press.

Corey, G., Corey, M. S., & Callanan, P. (2007). *Issues and ethics in the helping professions* (7th ed.). Belmont, CA: Thomson Brooks/Cole.

Cunanan, E. D., & McCollum, E. E. (2006). What works when learning solution-focused brief therapy: A qualitative study of trainees' experiences. *Journal of Family Psychotherapy, 17*, 49–65.

De Jong, P., Bavelas, J. B., & Korman, H. (In review). Microanalysis of formulations: Part 1, observing co-construction in psychotherapy.

De Jong, P., & Berg, I. K. (2001). Co-constructing cooperation with mandated clients. *Social Work, 46*, 361–374.

De Jong, P., & Berg, I. K. (2002). *Interviewing for solutions* (2nd ed.). Pacific Grove, CA: Brooks/Cole.

De Jong, P., & Berg, I. K. (2008). *Instructor's resource manual with test bank: Interviewing for solutions* (3rd ed.). Belmont, CA: Thomson Brooks/Cole.

De Jong, P., & Berg, I. K. (2008). *Interviewing for solutions* (3rd ed.). Belmont, CA: Thomson Brooks/Cole.

De Jong, P., & Hopwood, L. E. (1996). Outcome research on treatment conducted at the Brief Family Therapy Center. In S. D. Miller, M. A. Hubble, B. L. Duncan (Eds.), *Handbook of solution-focused brief therapy* (pp. 272–298). San Francisco: Jossey-Bass.

De Jong, P., & Miller, S. D. (1995). How to interview for client strengths. *Social Work, 40*, 729–736.

Department of Health. (2009). *Transforming Community Services: Ambition, Action, Achievement. Transforming Services for Health, Wellbeing and Reducing Inequalities*. London: Department of Health.

de Shazer, S. (1982). *Patterns of brief family therapy*. New York: Guilford.

de Shazer, S. (1984). The death of resistance. *Family Process, 23*, 79–93.

de Shazer, S. (1985). *Keys to solution in brief therapy*. New York: Norton.

de Shazer, S. (1988). *Clues: Investigating solutions in brief therapy*. New York: Norton.

de Shazer, S. (1991). *Putting difference to work*. New York: Norton.

de Shazer, S. (1994). *Words were originally magic*. New York: Norton.

de Shazer, S., & Berg, I. K. (1992). Doing therapy: A post-structural revision. *Journal of Marital and Family Therapy, 18*, 71–81.

de Shazer, S., Berg, I. K., Lipchik, E., Nunnaly, E., Molnar, A., Gingerich, W., & Weiner-Davis, M. (1986). Brief therapy: Focused solution development. *Family Process, 25*, 207–221.

de Shazer, S., Dolan, Y. M., Korman, H., Trepper, T., McCullom, E., & Berg, I. K. (2007). *More than miracles: The state of the art of solution-focused brief therapy*. New York: Haworth Press.

de Shazer, S., & Isebaert, L. (2003). The Bruges model: A solution-focused approach to problem drinking. *Journal of Family Psychotherapy, 14*, 43–53.

Devore, W., & Schlesinger, E. G. (1999). *Ethnic-sensitive social work practice* (5th ed.). Boston: Allyn & Bacon.

Dillon, J. T. (1990). *The practice of questioning*. London: Routledge.

Dolan, Y. M. (1991). *Resolving sexual abuse: Solution-focused therapy and Ericksonian hypnosis for adult survivors*. New York: Norton.

Durrant, M. (1993). *Residential treatment: A cooperative, competency-based approach to therapy and program design*. New York: Norton.

Durrant, M. (1995). *Creative strategies for school problems: Solutions for psychologists and teachers*. New York: Norton.

Efran, J. S., Lukens, R. J., & Lukens, M. D. (1988). Constructivism: What's in it for you? *The Family Therapy Networker, 12*, 27–35.

Egan, G. (2010). *The skilled helper: A problem-management and opportunity-development approach to helping* (9th ed.). Belmont, CA: Brooks/Cole.

Epstein, L. (1985). *Talking and listening: A guide to the helping interview*. St. Louis, MO: Times Mirror/Mosby.

Federal Bureau of Investigation. (2003). *Crime in the United States*, 2002. Washington, DC: U.S. Department of Justice.

Fiske, H. (2008). *Hope in action: Solution-focused conversations about suicide.* New York: Routledge.

Fleck, L. (1979). *Genesis and development of a scientific fact* (F. Bradley & T. J. Trenn, Trans.). Chicago: University of Chicago Press.

Franklin, C. (2006). Outcome studies on solution-focused therapy. Retrieved on August 1, 2006, from http://www.utexas.edu/courses/franklin.

Franklin, C., & Streeter, C. L. (2006). Solution-focused accountability schools for the twenty-first century: A training manual for Gonzalo Garza Independence High School. Retrieved on November 1, 2006, from http://www.austinisd.org/schools/website.phtml?id=024focused.html.

Franklin, C., Trepper, T. S., Gingerich, W. J., & McCollum, E. E. (Eds.). (2012). *Solution-focused brief therapy: A handbook of evidence-based practice.* New York: Oxford University Press.

Freedman, J., & Combs, G. (1996). *Narrative therapy: The social construction of preferred realities.* New York: Norton.

Freud, S. (1966). *The complete introductory lectures on psychoanalysis* (J. Strachey, Trans.). New York: Norton.

Frietas, G. J. (2002). The impact of psychotherapy supervision on client outcome: A critical examination of 2 decades of research. *Psychotherapy: Theory/Research/Practice/Training, 39,* 354–367.

Froerer, A. S., & Smock, S. A. (In review). Identifying solution-building formulations through microanalysis.

Furman, B., & Ahola, T. (1992). *Solution talk: Hosting therapeutic conversations.* New York: Norton.

Furman, B., & Ahola, T. (1998). *Reteaming: Succeeding together.* Helsinki, Finland: Reteaming International—The Brief Therapy Institute of Helsinki.

Garfield, S. L. (1994). Research on client variables in psychotherapy. In A. E. Bergin & S. L. Garfield (Eds.), *Handbook of psychotherapy and behavior change* (4th ed., pp. 190–228). New York: Wiley.

George, E., Iveson, C., & Ratner, H. (1999). *Problem to solution: Brief therapy with individuals and families* (2nd ed.). London: Brief Therapy Press.

George, E., Iveson, C., & Ratner, H. (2011). *Briefer: A solution focused manual.* London, UK: Brief.

Gergen, K. J. (1985). The social constructionist movement in American psychology. *American Psychologist, 40,* 266–275.

Gergen, K. J. (1999). *An invitation to social construction.* London: Sage.

Gergen, K. J. (2009). *An invitation to social construction* (2nd ed.). London: Sage.

Gergen, K. J., & Kaye, J. (1992). Beyond narrative in the negotiation of therapeutic meaning. In S. McNamee & K. J. Gergen (Eds.), *Therapy as social construction* (pp. 166–185). Newbury Park, CA: Sage.

Germain, C. B., & Gitterman, A. (1980). *The life model of social work practice.* New York: Columbia University Press.

Germain, C. B., & Gitterman, A. (1996). *The life model of social work practice: Advances in theory and practice* (2nd ed.). New York: Columbia University Press.

Gillaspy, J. A., & Murphy, J. J. (2012). Incorporating outcome and session rating scales into solution-focused brief therapy. In C. Franklin, T. S. Trepper, W. J. Gingerich, & E. E. McCollum (Eds.), *Solution-focused brief therapy: A handbook of evidence-based practice* (pp. 73–91). New York: Oxford University Press.

Gilligan, S., & Price, R. (1993). *Therapeutic conversations.* New York: Norton.

Gingerich, W. J., & Eisengart, S. (2000). Solution-focused brief therapy: A review of the outcome research. *Family Process*, *39*, 477–498.

Gingerich, W. J., & Eisengart, S. (2001). Solution-focused brief therapy outcome studies. Retrieved on August 1, 2006, from http://www.gingerich.net/SFBT/research/Default.htm.

Gingerich, W. J., Kim, J. S., Stams, G. J. J. M., & Macdonald, A. J. (2012). Solution-focused brief therapy outcome research. In C. Franklin, T. S. Trepper, W. J. Gingerich, & E. E. McCollum (Eds.), *Solution-focused brief therapy: A handbook of evidence-based practice* (pp. 95–111). New York: Oxford University Press.

Goldstein, H. (2002). The literary and moral foundations of the strengths perspective. In D. Saleebey (Ed.), *The strengths perspective in social work practice* (3rd ed., pp. 23–47). Boston: Allyn & Bacon.

Goolishian, H. A., & Anderson, H. (1991). An essay on changing theory and changing ethics: Some historical and post structural views. *American Family Therapy Association Newsletter*, *46*, 6–10.

Gray, S. W., Zide, M. R., & Wilker, H. (2000). Using the solution focused brief therapy model with bereavement groups in rural communities: Resiliency at its best. *Hospice Journal*, *15*, 13–30.

Greene, G. J., & Lee, M. Y. (2011). *Solution-oriented social work practice*, New York: Oxford University Press.

Greene, R. R. (2007). *Social work practice: A risk and resilience perspective*. Belmont, CA: Thomson Brooks/Cole.

Guest, J. (1976). *Ordinary people*. New York: Ballantine.

Hairston, C. F. (2007). Focus on children with incarcerated parents: An overview of the research literature. Retrieved on January 4, 2011, from www.aecf.org/childrenofincarcerated.aspx.

Haley, J. (1973). *Uncommon therapy*. New York: Norton.

Haley, J. (1987). *Problem-solving therapy*. San Francisco: Jossey-Bass.

Hall, D. (2003). *Criminal law and procedure*. Albany, NY: Delmar.

Hansen, N. B., Lambert, M. J., Smart, D. W., & Forman, E. V. (2002). The psychotherapy dose-response effect and its implications for treatment delivery services. *Clinical Psychology: Science and Practice*, *9*, 329–343.

Hartman, C., & Reynolds, D. (1987). Resistant clients: Confrontation, interpretation, and alliance. *Social Casework*, *68*, 205–213.

Hawaii State Legislature. (2010). Senate Concurrent Resolution 192 House Draft 1: Requesting the Department of Public Safety to facilitate the delivery of the Huikahi Restorative Circles Program in Hawaii correctional facilities. Honolulu: Author.

Hendrick, S., Isebaert, L., & Dolan, Y. (2012). Solution-focused brief therapy in alcohol treatment. In C. Franklin, T. S. Trepper, W. J. Gingerich, & E. E. McCollum (Eds.), *Solution-focused brief therapy: A handbook of evidence-based practice* (pp. 264–278). New York: Oxford University Press.

Hepworth, D. H., Rooney, R. H. & Larsen, J. A. (2002). *Direct social work practice: Theory and skills* (6th ed.). Pacific Grove, CA: Brooks/Cole.

Hepworth, D. H., Rooney, R. H., Rooney, G. D., Strom-Gottfried, K., & Larsen, J. A. (2010). *Direct social work practice: Theory and skills* (8th ed.). Belmont, CA: Brooks/Cole.

Heritage, J. C., & Watson, D. R. (1979). Formulations as conversational objects. In G. Psathas (Ed.), *Everyday language: Studies in ethnomethodology* (pp. 123–162). New York: Irvington.

Hiebert-Murphy, D., & Richert, M. (2000). A parenting group for women dealing with child sexual abuse and substance abuse. *International Journal of Group Psychotherapy, 50*, 397–405.

Hoffman, L. (1990). Constructing realities: An art of lenses. *Family Process, 29*, 1–12.

Hopwood, L., & de Shazer, S. (1994). From here to there and who knows where: The continuing evolution of solution-focused brief therapy. In M. Elkaim (Ed.), *Therapies familiales: Les approches principaux* (pp. 555–576). Paris: Editions de Seuil.

Horton, S., Drachler, M. de L., Fuller, A., & de Carvalho Leite, J. C. (2008). Development and preliminary validation of a measure for assessing staff perspectives on the quality of clinical group supervision. *International Journal of Language & Communication Disorders, 43*, 126–134.

Howerton, A., Burnett, R., Byng, R., & Campbell, J. (2009). The consolations of going back to prison: What 'revolving door' prisoners think of their prospects. *Journal of Offender Rehabilitation, 48*, 439–461.

Hsu, W. (2007). Effects of solution-focused supervision. *Bulletin of Educational Psychology, 38*, 331–354.

Hsu, W. (2009). The components of the solution-focused supervision. *Bulletin of Educational Psychology, 41*, 475–496.

Hsu, W., & Tsai, S. (2008). The effects of solution-focused group supervision on school counselors. *Bulletin of Educational Psychology, 39*, 603–622.

Hwoschinsky, C. (2001). *Listening with the heart: A guide for compassionate listening.* Indianola, WA: The Compassionate Listening Project.

Ivanoff, A., Blythe, B. J., & Tripodi, T. (1994). *Involuntary clients in social work practice: A research-based approach.* New York: Aldine de Gruyter.

Ivey, A. E., Ivey, M. B., & Zalaquett C. P. (2010). *Intentional interviewing and counseling: Facilitating client development in a multicultural society* (7th ed.). Belmont, CA: Brooks/Cole.

Jackson, P. Z., & McKergow, M. (2007). *The solutions focus: Making coaching and change simple* (2nd ed.). London: Nicholas Brealey.

Jackson, P. Z., & Waldman, J. (2010). *Positively speaking: The art of constructive conversations with a solutions focus.* United Kingdom: The Solutions Focus.

Jacobsen, C. H., & Tanggaard, L. (2009). Beginning therapists' experiences of what constitutes good and bad psychotherapy supervision with a special focus on individual differences. *Nordic Psychology, 6*, 59–84.

James, H. (Ed.). (1920). *The letters of William James (Vol. 2).* Boston: Atlantic Monthly Press.

James, R. K., & Gilliland, B. E. (2005). *Crisis intervention strategies* (5th ed.). Pacific Grove, CA: Brooks/Cole.

Jenkins, A. (1990). *Invitations to responsibility: The therapeutic engagement of men who are violent and abusive.* Adelaide, South Australia: Dulwich Centre Publications.

Johnson, Y. M., & Munch, S. (2009). Fundamental contradictions in cultural competence. *Social Work, 54*, 220–231.

Kadushin, A., & Kadushin, G. (1997). *The social work interview: A guide for human service professionals* (4th ed). New York: Columbia University Press.

Kagle, J. D. (1991). *Social work records* (2nd ed.). Belmont, CA: Wadsworth.

Kagle, J. D. (2002). Record-keeping. In A. R. Roberts & G. J. Greene (Eds.), *Social workers' desk reference* (pp. 28–33). New York: Oxford University Press.

Kanel, K. (2007). *A guide to crisis intervention* (3rd ed.). Belmont, CA: Brooks/Cole, Cengage Learning.

Keefe, T. (1976). Empathy: The critical skill. *Social Work, 21*, 10–14.

Kelly, M. S., & Bluestone-Miller, R. (2009). Working on what works (WOWW): Coaching teachers to do more of what's working. *Children & Schools*, *31*, 35–38.

Kelly, M. S., Kim, J. S., Franklin, C. (2008). *Solution-focused brief therapy in schools*. New York: Oxford.

Kelly, M. S., Liscio, M., Shilts, L., & Bluestone-Miller, R. (2011). Making classrooms more solution-focused for teachers and students: The WOWW teacher coaching intervention. In Franklin, C. Trepper, T. McCollum, E. & Gingerich, W. (Eds.), *Solution-focused brief therapy: A handbook of evidence-based practice* (pp. 354–370). New York: Oxford University Press.

Kendall, P. C., Holmbeck, G., & Verduin, T. (2004). Methodology, design, and evaluation in psychotherapy research. In M. J. Lambert (Ed.), *Bergin and Garfield's handbook of psychotherapy and behavior change* (5th ed., pp. 16–43). New York: Wiley.

Kim, J. (2006). *Examining the effects of solution-focused brief therapy: A meta-analysis using random effects modeling*. Unpublished doctoral dissertation, University of Texas, Austin.

Kim, J. S. (2008). Examining the effectiveness of solution-focused brief therapy: A meta-analysis. *Research on Social Work Practice*, *18*, 107–116.

Kim, J. S., Smock, S., Trepper, T., McCollum, E. E., & Franklin, C. (2009). Is solution-focused therapy evidence based? *Families in Society*, *91*, 301–305.

Kiser, D., (1988). *A follow-up study conducted at the Brief Family Therapy Center*. Unpublished manuscript.

Kiser, D., & Nunnally, E. (1990). *The relationship between treatment length and goal achievement in solution-focused therapy*. Unpublished manuscript.

Kiser, D., Piercy, F. P., & Lipchik, E. (1993). The integration of emotion in solution focused therapy. *Journal of Marital and Family Therapy*, *19*, 233–242.

Knekt, P., Lindfors, O., Harkanen, T., Valikoski, M., Virtala, E., Laaksonen, M. A., Marttunen, M., Kaipainen, M., Renlund, C., & the Helsinki Psychotherapy Study Group. (2008a). Randomized trial on the effectiveness of long- and short-term psychodynamic psychotherapy and solution-focused therapy on psychiatric symptoms during a 3-year follow-up. *Psychological Medicine*, *38*, 689–703.

Knekt, P., Lindfors, O., Laaksonen, M. A., Raitasalo, R., Haaramo, P., Jarvikoski, A., & the Helsinki Psychotherapy Study Group. (2008b). Effectiveness of short-term and long-term psychotherapy on work ability and functional capacity—A randomized clinical trial on depressive and anxiety disorders. *Journal of Affective Disorders*, *107*, 95–106.

Koob, J. J. (2002). The effects of solution-focused supervision on the perceived self-efficacy of therapists in training. *The Clinical Supervisor*, *21*, 161–183.

Korman, H., Bavelas, J. B., De Jong, P. (In review). Microanalysis of formulations. Part II, comparing solution focused brief therapy, cognitive behavioral therapy, and motivational interviewing.

Kuhn, T. S. (1962). *The structure of scientific revolutions*. Chicago: University of Chicago Press.

LaFountain, R. M., & Garner, N. E. (1996). Solution-focused counseling groups: The results are in. *The Journal for Specialists in Group Work*, *21*, 128–143.

LaFrance, M. (1992). Questioning knowledge acquisition. In T. W. Lauer, E. Peacock, & A. C. Graesser (Eds.), *Questions and information systems* (pp. 11–28). Hillsdale, NJ: Lawrence Erlbaum.

Laird, J. (1993). Family-centered practice: Cultural and constructionist reflections.

In J. Laird (Ed.), *Revisioning social work education: A social constructionist approach* (pp. 77–109). New York: Haworth.

Lambert, M. J. (2010). Yes, it is time for clinicians to routinely monitor treatment outcome. In B. L. Duncan, S. D. Miller, B. E. Wampold, & M. A. Hubble (Eds.), *The heart and soul of change: Delivering what works in therapy* (2nd ed.). Washington DC: American Psychological Association.

Lambert, M. J., & Bergin, A. E. (1994). The effectiveness of psychotherapy. In A. E. Bergin & S. L. Garfield (Eds.), *Handbook of psychotherapy and behavior change* (4th ed., pp. 143–189). New York: Wiley.

Langan, P., & Levin, D. (2002). *Recidivism of prisoners released in 1994.* Bureau of Justice Statistics, Office of Justice Programs, United States Department of Justice. Retrieved on March 1, 2011, from http://bjs.ojp.usdoj.gov/index.cfm?ty=pbdetail&iid=1134.

Lange, S. M. (2001). Solution-focused group psychotherapy for incarcerated fathers. *Journal of Family Psychotherapy, 12,* 1–21.

Lee, M. Y., Greene, G. J., & H. Rheinscheld, J. (1999). A model for short-term solution focused group treatment of male domestic violence offenders. *Journal of Family Social Work, 3,* 39–57.

Lee, M. Y., Sebold, J., & Uken, A. (2003). *Solution-focused treatment of domestic violence offenders: Accountability for change.* New York: Oxford University Press.

Lee, M. Y., Sebold, J., & Uken, A. (2004). Accountability for change: Solution-focused treatment with domestic violence offenders. *Families in Society: The Journal of Contemporary Human Services, 85,* 463–476.

Lewis, J. A., Dana, R. Q., & Blevins, G. A. (2011). *Substance abuse counseling* (4th ed.). Belmont, CA: Brooks/Cole.

Lichtenberg, J. W. (2006). What makes for effective supervision? In search of clinical outcomes. *Professional Psychology: Research and Practice,* 38, 275.

Liddle, H. A., & Saba, G. W. (1985). The isomorphic nature of training and therapy: Epistemologic foundation for a structural-strategic training paradigm. In J. Schwartzman (Ed.), *Families and other systems* (pp. 27–47). New York: Guilford.

Lindforss, L., & Magnusson, D. (1997). Solution-focused therapy in prison. *Contemporary Family Therapy: An International Journal, 19,* 89–103.

Lipchik, E. (1999). Theoretical and practical thoughts about expanding the solution focused approach to include emotions. In W. R. Ray & S. de Shazer (Eds.), *Evolving brief therapy: In honor of John H. Weakland* (pp. 157–177). Galena, IL, and Iowa City, IA: Geist & Russell.

Lipchik, E. (2002). *Beyond technique in solution-focused therapy.* New York: Guilford.

Lipchik, E., Derks, J., LaCourt, M., & Nunnally, E. (2012). The evolution of solution-focused brief therapy. In C. Franklin, T. S. Trepper, W. J. Gingerich, & E. E. McCollum (Eds.), *Solution-focused brief therapy: A handbook of evidence-based practice* (pp. 3–19). New York: Oxford University Press.

Lukas, S. (1993). *Where to start and what to ask: An assessment handbook.* New York: Norton.

Lum, D. (2004). *Social work practice and people of color: A process-stage approach* (5th ed.). Pacific Grove, CA: Brooks/Cole.

Lum, D. (2011). *Culturally competent practice: A framework for understanding diverse groups and justice issues* (4th ed.). Belmont, CA: Brooks/Cole.

Lynn, C., McKay, M. M., & Atkins, M. S. (2003). School social work: Meeting the mental health needs of students through collaboration with teachers. *Children & Schools, 25*, 197–209.

Macdonald, A. J. (2007). *Solution-focused therapy: Theory, research, & practice.* London: Sage.

MacDonald, C., Ricci, N., & Stewart, M. (1998). *Solution-focused therapy.* Unpublished manuscript, University of Victoria, Victoria, British Columbia, Canada.

Malamud, B. (1963). *The natural.* London: Eyre & Spottiswoode.

Martin, D. G., & Moore, A. D. (1995). *First steps in the art of intervention: A guidebook for trainees in the helping professions.* Pacific Grove, CA: Brooks/Cole.

Maruna, S. (2001). *Making good: How ex-convicts reform and rebuild their lives.* Washington DC: American Psychological Association.

Maslow, A. (1970). *Motivation and personality* (2nd ed.). New York: Harper & Row.

McClam, T., & Woodside, M. (1994). *Problem solving in the helping professions.* Pacific Grove, CA: Brooks/Cole.

McCollum, E. E., Trepper, T. S., & Smock, S. (2003). Solution-focused group therapy for substance abuse: Extending competency-based models. *Journal of Family Psychotherapy, 14*, 27–43.

McGee, D. R. (1999). *Constructive questions: How do therapeutic questions work?* Unpublished doctoral dissertation, University of Victoria, Victoria, British Columbia, Canada.

McGee, D. R., Del Vento, A., & Bavelas, J. B. (2005). An interactional model of questions as therapeutic interventions. *Journal of Marital and Family Therapy, 31*, 371–384.

McKeel, J. (2012). What works in solution-focused brief therapy. In C. Franklin, T. S. Trepper, W. J. Gingerich, & E. E. McCollum (Eds.), *Solution-focused brief therapy: A handbook of evidence-based practice* (pp. 130–143). New York: Oxford University Press.

McKergow, M. (2012). Solution-focused approaches in management. In C. Franklin, T. S. Trepper, W. J. Gingerich, & E. E. McCollum (Eds.), *Solution-focused brief therapy* (pp. 327–341). New York: Oxford University Press.

McKergow, M., & Clarke, J. (2007). *Solution focus working: 80 real life lessons for successful organisational change.* Cheltenham, UK: Solutions Books.

McMahon, M. O. (1996). *The general method of social work practice: A problem-solving approach* (3rd ed.). Boston: Allyn & Bacon.

Mead, G. H. (1934). *Mind, self and society.* Chicago: University of Chicago Press.

Meier, D. (2005). *Team coaching with the solution circle: A practical guide to the solutions focused team development.* Cheltenham, UK: Solutions Books.

Metcalf, L. (1995). *Counseling toward solutions: A practical solution-focused program for working with students, teachers, and parents.* West Nyack, NY: Center for Applied Research in Education.

Metcalf, L. (1998). *Solution-focused group therapy: Ideas for groups in private practice, schools, agencies, and treatment programs.* New York: Free Press.

Miley, K. K., O'Melia, M., & DuBois, B. (2011). *Generalist social work practice: An empowering approach* (updated 6th ed.). Boston: Allyn & Bacon.

Miller, G. (1991). *Enforcing the work ethic: Rhetoric and everyday life in a work incentive program.* Albany, NY: SUNY Press.

Miller, G. (1997). *Becoming miracle workers: Language and meaning in brief therapy.* New York: Aldine de Gruyter.

Miller, G., & de Shazer, S. (2000). Emotions in solution-focused therapy: A re-examination. *Family Process, 39*, 5–23.

Miller, S. D., & Berg, I. K. (1995). *The miracle method: A radically new approach to problem drinking*. New York: Norton.

Miller, S. D., Duncan, B. L., Sorrell, R., & Brown, G. S. (2005). The partners for change outcome system. *Journal of Clinical Psychology: In Session, 61*, 199–208.

Miller, S. D., Hubble, M. A., & Duncan, B. L. (Eds.). (1996). *Handbook of solution-focused brief therapy*. San Francisco: Jossey-Bass.

Miller, W. R., & Rollnick, S. (2002). *Motivational interviewing* (2nd ed.). New York: Guilford.

Milne, D., Aylott, H., Fitzpatrick, H., & Ellis, M. V. (2008). How does clinical supervision work? Using a "best evidence synthesis" approach to construct a basic model of supervision. *The Clinical Supervisor, 27*, 170–190.

Modcrin, M., Rapp, C. A., & Poertner, J. (1988). The evaluation of case management services with the chronically mentally ill. *Evaluation and Program Planning, 11*, 307–314.

Nelson, T. (Ed.). (2005). *Education and training in solution-focused brief therapy*. New York: Haworth.

Neufeldt, V., & Guralnik, D. (Eds.). (1988). *Webster's new world dictionary of the American language* (3rd college ed.). New York: Simon & Schuster.

O'Hanlon, W. H., & Weiner-Davis, M. (1989). *In search of solutions*. New York: Norton.

Okun, B. F. (1997). *Effective helping: Interviewing and counseling techniques* (5th ed.). Pacific Grove, CA: Brooks/Cole.

Okun, B. F., Kantrowitz, R. E. (2008). *Effective helping: Interviewing and counseling techniques* (7th ed.). Belmont,CA: Brooks/Cole.

Panayotov, P. A., Strahilov, B. E., & Anichkina, A. Y. (2012). Solution-focused brief therapy and medication adherence with schizophrenic patients. In C. Franklin, T. S. Trepper, W. J. Gingerich, & E. E. McCollum (Eds.), *Solution-focused brief therapy: A handbook of evidence-based practice* (pp. 196–202). New York: Oxford University Press.

Parad, H. J. (1971). Crisis intervention. In R. Morris (Ed.), *Encyclopedia of social work* (Vol. 1, pp. 196–202). New York: National Association of Social Workers.

Parton, N., & O'Byrne, P. (2000). *Constructive social work: Towards a new practice*. London: Macmillan.

Pearson, Q. M. (2006). Psychotherapy-driven supervision: Integrating counseling theories into role-based supervision. *Journal of Mental Health Counseling, 28*, 241–252.

Phillips, B. (1999). Reformulating dispute narratives through active listening. *Mediation Quarterly, 17*, 161–180.

Pichot, T., & Dolan, Y. M. (2003). *Solution-focused brief therapy: Its effective use in agency settings*. Binghamton, NY: Haworth Press.

Pichot, T., & Smock, S. A. (2009). *Solution-focused substance abuse treatment*. New York: Routledge.

Pincus, A., & Minahan, A. (1973). *Social work practice: Model and method*. Itasca, IL: Peacock.

Rapp, C. A. (1998). *The strengths model: Case management with people suffering from severe and persistent mental illness*. New York: Oxford.

Rappaport, J. (1981). In praise of paradox: A social policy of empowerment over prevention. *American Journal of Community Psychology, 9*, 1–25.

Rappaport, J. (1990). Research methods and the empowerment social agenda. In P. Tolan, C. Keys, F. Chertak, & L. Jason (Eds.). *Researching community psychology* (pp. 51–63). Washington, DC: American Psychological Association.

Reddy, M. J. (1979). The conduit metaphor—a case of frame conflict in our language about language. In A. Ortony (Ed.), *Metaphor and thought* (pp. 284–324). Cambridge, UK: Cambridge University Press.

Reese, R. J., Usher, E. L., Bowman, D. C., Norsworthy, L. A., Halstead, J. L., Rowlands, S. R., & Chisholm, R. R. (2009). Using client feedback in psychotherapy training: An analysis of its influence on supervision and counselor self-efficacy. *Training and Education in Professional Psychology, 3*, 157–168.

Research and Statistics Branch, Crime Prevention and Justice Assistance, Department of the Attorney General of Hawaii, & Social Science Research Institute, University of Hawaii at Manoa. (2001). *Parole decision making in Hawaii*. Honolulu, HI: Author.

Roberts, A. R. (1990). *Crisis intervention handbook: Assessment, treatment, and research*. Belmont, CA: Wadsworth.

Rogers, C. R. (1957). The necessary and sufficient conditions for therapeutic personality change. *Journal of Counseling Psychology, 21*, 95–103.

Rogers, C. R. (1961). *On becoming a person: A therapist's view of psychotherapy*. Boston: Houghton Mifflin.

Rohrig, P., & Clarke, J. (2008). *57 sf activities for facilitators and consultants: Putting solutions focus into action*. Cheltenham, UK: Solutions Books.

Rooney, R. H. (1992). *Strategies for work with involuntary clients*. New York: Columbia University Press.

Rudes, J., Shilts, L., & Berg, I. K. (1997). Focused supervision seen through a recursive frame of analysis. *Journal of Marital and Family Therapy, 23*, 203–215.

Saari, C. (1991). *The creation of meaning in clinical social work*. New York: Guilford.

Saleebey, D. (Ed.). (1992). *The strengths perspective in social work practice*. New York: Longman.

Saleebey, D. (1994). Culture, theory, and narrative: The intersection of meanings in practice. *Social Work, 39*, 351–359.

Saleebey, D. (Ed.). (2009). *The strengths perspective in social work practice* (5th ed.) Boston: Pearson Education.

Satir, V. (1982). The therapist and family therapy: Process model. In A. M. Horne & M. M. Ohlsen (Eds.), *Family counseling and therapy* (pp. 12–42). Itasca, IL: Peacock.

Schober, M. F., & Clark, H. H. (1989). Understanding by addressees and overhearers. *Cognitive Psychology, 21*, 211–232.

Schon, D. A. (1983). *The reflective practitioner*. New York: Basic Books.

Schorr, M. (1995). Finding solutions in a relaxation group. *Journal of Systemic Therapies, 14*, 55–63.

Selekman, M. D. (1991). The solution-oriented parenting group: A treatment alternative that works. *Journal of Strategic and Systemic Therapies, 10*, 36–49.

Selekman, M. D. (1993). *Pathways to change: Brief therapy solutions with difficult adolescents*. New York: Guilford.

Selekman, M. D. (1997). *Solution-focused therapy with children: Harnessing family strengths for systemic change*. New York: Guilford.

Selekman, M. D. (2002). *Living on the razor's edge: Solution-oriented brief therapy with selfharming adolescents*. New York: Norton.

SFBTA Archive. (n.d.). *DVD #0064: Japan supervision workshop by Insoo Kim Berg*. Fort Worth, TX: SFBTA Archives.

SFBTA Archive. (n.d.). *DVD#0074: Supervision consultation with Insoo Kim Berg*. Fort Worth, TX: SFBTA Archives.

SFBTA Archive. (n.d.). *DVD#0092: Supervision consultation with Insoo Kim Berg*. Fort Worth, TX: SFBTA Archives.

Sharry, J. (2001). *Solution-focused groupwork*. London: Sage.

Sharry, J., Madden, B., Darmody, M., & Miller, S. D. (2001). Giving our clients the break: Applications of client-directed, outcome-informed clinical work. *Journal of Systemic Therapies, 20*, 68–76.

Sheafor, B. W., & Horejsi, C. R. (2008). *Techniques and guidelines for social work practice* (8th ed.). Boston: Allyn & Bacon.

Shennan, G., & Iveson, C. (2012). From solution to description: Practice and research in tandem. In C. Franklin, T. S. Trepper, W. J. Gingerich, & E. E. McCollum (Eds.), *Solution-focused brief therapy: A handbook of evidence-based practice* (pp. 281–298). New York: Oxford University Press.

Simon, J. K. (2010). *Solution focused practice in end-of-life & grief counseling*. New York: Springer.

Smock, S. A., Froerer, A., & Bavelas, J. B. (In review). Microanalysis of positive and negative content in SFBT and CBT expert sessions.

Smock, S. A., Trepper, T. S., Wechtler, J. L., McCollum, E. E., Ray, R., & Pierce, K. (2008). Solution-focused group therapy for level 1 substance abusers. *Journal of Marital and Family Therapy, 34*, 107–120.

Sox, H. C., Jr., & Woolf, S. H. (1993). Evidence-based practice guidelines from the U.S. Preventive Services Task Force. *Journal of the American Medical Association, 169*, 2678.

Sparks, P. M. (1989). Organizational tasking: A case report. *Organizational Development Journal, 7*, 51–57.

Stams, G. J. J. M., Dekovic, M., Buist, K., & De Vries, L. (2006). Effectiviteit van oplossingsgerichte korte therapie: een meta-analyse. *Tijdschrift vorr Gedragstherapie, 39*, 81–94.

Sue, D. W., & Sue, D. (1999). *Counseling the culturally different: Theory and practice* (3rd ed.). New York: Wiley.

Sundstrom, S. M. (1993). *Single-session psychotherapy for depression: Is it better to be problem-focused or solution-focused?* Unpublished doctoral dissertation, University of South Dakota.

Talmon, M. (1990). *Single session therapy*. San Francisco: Jossey-Bass.

Thomas, F. N. (1990, October 4). The coaxing of expertise: Solution-focused supervision. Institute, American Association for Marriage and Family Therapy Annual Conference. Washington, DC.

Thomas, F. N. (1992, October 17). Solution oriented supervision: The coaxing of expertise. Workshop, American Association for Marriage and Family Therapy Annual Conference, Miami, FL.

Thomas, F. N. (1996). Solution focused supervision: The coaxing of expertise in training. In S. D. Miller, M. A. Hubble, & B. L. Duncan (Eds.), *Handbook of solution focused brief therapy: Foundations, applications, and research* (pp. 128–151). San Francisco: Jossey-Bass.

Thomas, F. N. (2010). Semaphore, metaphor, two-by-four. In T. S. Nelson (Ed.), *Doing something different: Solution-focused brief therapy practices* (pp. 219–224). New York: Routledge.

Thomas, F. N., Coffey, A., Scott, S., & Shappee, K. (2000). (How) am I competent to supervise? *In Readings in family therapy supervision* (pp. 52–54). Washington, DC: AAMFT.

Thomas, F. N., & Nelson, T. S. (2007). Assumptions within the solution-focused brief therapy tradition. In T. S. Nelson, & F. N. Thomas (Eds.), *Handbook of solution-focused brief therapy: Clinical applications* (pp. 3–24). Binghamton, NY: Haworth.

Timberlake, E. M., Farber, M. Z., & Sabatino, C. A. (2002). *The general method of social work practice: McMahon's generalist perspective* (4th ed.). Boston: Allyn & Bacon.

Trenhaile, J. D. (2005). Solution-focused supervision: Returning the focus to client goals. *Journal of Family Psychotherapy, 16*, 223–228.

Trepper, T. S., & Franklin, C. (2012). Epilogue: The future of research in solution-focused brief therapy. In C. Franklin, T. S. Trepper, W. J. Gingerich, & E. E. McCollum (Eds.), *Solution-focused brief therapy: A handbook of evidence-based practice* (pp. 405–412). New York: Oxford University Press.

Trepper, T. S., McCollum, E. E., De Jong, P., Korman, H., Gingerich, W., & Franklin, C. (2012). Solution-focused therapy treatment manual. In C. Franklin, T. S. Trepper, W. J. Gingerich, & E. E. McCollum (Eds.), *Solution-focused brief therapy: A handbook of evidence-based practice* (pp. 20–36). New York: Oxford University Press.

Triantafillou, N. (1997). A solution-focused approach to mental health supervision. *Journal of Systemic Therapies, 16*, 305–328.

Trotter, C. (1999). *Working with involuntary clients: A guide to practice*. London: Sage.

Turnell, A., & Edwards, S. (1999). *Signs of safety: A solution and safety oriented approach to child protection*. New York: Norton.

Uken, A., & Sebold, J. (1996). The Plumas project: A solution-focused goal directed domestic violence diversion program. *Journal of Collaborative Therapies, 4*, 10–17.

Vaughn, K., Hastings-Guerrero, S., & Kassner, C. (1996). Solution-oriented inpatient group therapy. *Journal of Systemic Therapies, 15*, 1–14.

Vinter, R. (1985). Components of social work practice. In M. Sundel, P. Glasser, R. Sarri, & R. Vinter (Eds.), *Individual change through small groups* (2nd ed., pp. 11–34). New York: Free Press.

Visser, C. (2004, May 12). *Interview with Insoo Kim Berg*. Retrieved on August 28, 2010 from http://interviews coertvisser.blogspot.com/2007/11/interview-with-insoo-kim-berg.html, 5pp.

Visser, C., & Schlundt-Bodien, G. (2009). Supporting clients' solution building process by subtly eliciting positive behaviour descriptions and expectations of beneficial change. *Interaction: The Journal of Solution Focus in Organisations, 1*, 9–25

Wade, A. (1997). Small acts of living: Everyday resistance to violence and other forms of oppression. *Contemporary Family Therapy: An International Journal, 19*, 23–39.

Wade, A. (2007). Hope, despair, resistance: Response-based therapy with victims of violence. In C. Flaskas, I. McCarthy, & J. Sheehan (Eds.), *Hope and despair in narrative and family therapy: Adversity, forgiveness and reconciliation*. Hove: Brunner-Routledge.

Walker, L. (2004). Restorative justice without offender participation: A pilot program for victims. *International Institute for Restorative Practices*. Retrieved on March 11, 2011, from http://www.iirp.org/library/lwalker04.html.

Walker, L. (2009). Modified restorative circles: A reintegration group planning process that promotes desistance. *Contemporary Justice Review, 12*, 419–431.

Walker, L., & Greening, R. (In press). *Handbook on reentry & transition planning for imprisoned people*. Honolulu: Hawaii Friends of Justice & Civic Education.

Walker, L., & Sakai, T., (2006). A gift of listening for Hawaii inmates. *Corrections Today, 12*, 58–61.

Walker, L., Sakai, T., & Brady, K. (2006). Restorative circles—A reentry planning process for Hawaii inmates. *Federal Probation Journal, 70*, 33–37.

Retrieved on March 1, 2011,from http://www.uscourts.gov/uscourts/FederalCourts/PPS/Fedprob/2006-06/circles.html.

Walsh, T. (2010). *The solution-focused helper: Ethics and practice in health and social care.* Maidenhead, UK: McGraw-Hill Education/Open University Press.

Walter, J. L., & Peller, J. E. (1992). *Becoming solution-focused in brief therapy.* New York: Brunner/Mazel.

Walter, J. L., & Peller, J. E. (2000). *Recreating brief therapy: Preferences and possibilities.* New York: Brunner/Mazel.

Watzlawick, P. (Ed.). (1984). *The invented reality.* New York: Norton.

Weakland, J. (1993). Conversation—but what kind? In. S. Gilligan & R. Price (Eds.), *Therapeutic Conversations* (pp. 136–145). New York: Norton.

Weakland, J. H., Fisch, R., Watzlawick, P., & Bodin, A. (1974). Brief therapy: Focused problem resolution. *Family Process, 13,* 141–168.

Weick, A. (1992). Building a strengths perspective for social work. In D. Saleebey (Ed.), *The strengths perspective in social work practice* (pp. 18–26). New York: Longman.

Weick, A. (1993). Reconstructing social work education. In J. Laird (Ed.), *Revisioning social work education: A social constructionist approach* (pp. 11–30). New York: Haworth.

Weick, A., Rapp, C., Sullivan, W. P., & Kishardt, W. (1989). A strengths perspective for social work practice. *Social Work, 34,* 350–354.

Weiner-Davis, M. (1993). *Divorce busting: A revolutionary and rapid program for staying together.* New York: Simon & Schuster.

Weiner-Davis, M. (1995). *Change your life and everyone in it.* New York: Simon & Schuster.

Weiner-Davis, M., de Shazer, S., & Gingerich, W. J. (1987). Building on pretreatment change to construct the therapeutic solution: An exploratory study. *Journal of Marital and Family Therapy, 13,* 359–363.

Wetchler, J. L. (1990). Solution-focused supervision. *Family Therapy, 17,* 129–138.

Wheeler, J. (2007). Solution-focused supervision. In T. S. Nelson & F. N. Thomas (Eds.), *Handbook of solution-focused brief therapy: Clinical applications* (pp. 343–370). Binghamton, NY: Haworth.

Wheeler, J., & Greaves, Y. (2005). Solution-focused practice teaching in social work. *Journal of Family Psychotherapy, 16,* 263–276.

Wheeler, J., & Hog, V. (2012). Signs of safety and the child protection movement. In C. Franklin, T. S. Trepper, W. J. Gingerich, & E. E. McCollum (Eds.), *Solution-focused brief therapy: Handbook of evidence-based practice* (pp. 203–215). New York: Oxford University Press.

Wheeler, S., & Richards, K. (2007). The impact of clinical supervision on counselors and therapists, their practice and their clients: A systematic review of the literature. *Counseling and Psychotherapy Research,* 7, 54–65.

White, M., & Epston, D. (1990). *Narrative means to therapeutic ends.* New York: Norton.

Witkin, S. L. (1999). Questions [Editorial]. *Social Work, 44,* 197–200.

Witkin, S. L. (2000). Noticing [Editorial]. *Social Work, 45,* 101–104.

Woodside, M., & McClam, T. (2006). *Generalist case management: A method of human services delivery.* Belmont, CA: Brooks/Cole.

Woolf, S. H., & Atkins, D. A. (2001). The evolving role of prevention in health care: Contributions of the U.S. Preventive Service Task Force. *American Journal of Preventive Medicine, 29(3, Suppl.),* 13–20.

Young, S. (2002). *Solutions to bullying.* Tamworth, UK: Nasen.

Young, S. (2009). *Solution-focused schools: Anti-bullying and beyond.* London: BT Press.

Young, S., & Holdorf, G. (2003). Using solution-focused brief therapy in individual referrals for bullying. *Educational Psychology in Practice, 19,* 271–282.

Zehr, H. (1990). *Changing Lenses.* Scottsdale, PA: Good Books.

Zeig, J. K., & Lankton, S. R. (Eds.). (1988). *Developing Ericksonian therapy: State of the art.* New York: Brunner/Mazel.

Zimmerman, T. S., Jacobsen, R. B., MacIntyre, M., & Watson, C. (1996). Solution focused parenting groups: An empirical study. *Journal of Systemic Therapies, 15,* 12–25.

Zimmerman, T. S., Prest, L. A., & Wetzel, B. E. (1997). Solution-focused couples therapy groups: An empirical study. *Journal of Family Therapy, 19,* 125–144.

译后记

重温《焦点解决短期治疗：技巧与应用》的译稿，我仿佛再次踏上了一段充满启发的心灵旅程。这不仅仅是文字的转换，更是一场与本书作者彼得·德容和焦点解决开创者之一茵素·金·柏格跨越时空的对话。

他们的文字既睿智又慈悲，不仅洋溢着对“解决之道”的精妙洞察，更饱含着对人类潜能的无限信任与承诺。他们对生命内涵的深刻理解和娴熟的助人技巧令我赞叹不已，书中那些精妙的焦点解决式问句更让我醍醐灌顶。这份体验让整个翻译过程不只是工作，还是一种充满期待和发现的享受。

本书在焦点解决治疗领域具有举足轻重的地位。能够成为本书的译者，是我莫大的荣耀与福分。

时间如白驹过隙，转眼间我已在焦点解决短期治疗领域耕耘超过二十载。回想初遇它时，那份“一见钟情”的触动，至今历久弥新。我很庆幸能与焦点解决相遇，它不仅是我在社会工作专业领域的“利器”，更是蕴含着希望与可能的生命哲学。

这一路走来，我能不断成长和进步，离不开许维素教授的引领。她不仅是我在焦点解决领域的导师，更是我生命中的灯塔。她的人格魅力、对焦点解决的全身心投入，以及对每一位求助者的真挚关怀，始终激励着我前行。她用自己的生命状态，示范了如何在当事人身上发现潜能、点亮梦想。

同时，我对我的翻译伙伴兼人生伴侣——吕静淑博士，以及挚友朱松林先生满怀感激。他们都是上海焦点解决团队的核心成员。能与他们并肩作战，共同推动焦点解决疗法的发展和推广，于我而言是莫大的荣幸。在前行的道路上，他们的智慧和激情能够助力我们一同面对挑战、分享成功。也正因为如此，我们得以在这条充满希望的道路上始终保持谦卑的姿态继续前行。

在翻译工作中难免会有疏漏。对于这些可能的不足，我愿意承担全部责任。如果读者在阅读过程中发现任何问题，烦请不吝赐教（Email：shenli@njust.edu.cn）。我十分期待能收到你们的反馈，因为这将是我不断精进的动力。

沈　黎

2025年11月11日

写于紫金山麓，南京理工大学

内容提要

本书是焦点解决短期治疗的经典著作，从范式变迁的角度，通过与问题解决学派的比较来介绍焦点解决短期治疗的基本精神与原则。随后，依循建构解决之道的会谈历程，详细阐述焦点解决短期治疗的会谈架构与核心技巧。同时，还阐述了焦点解决短期治疗在非自愿案主和危机等具有挑战性的情境中的实务运用。最后，从以证据为本的实践角度，呈现了焦点解决短期治疗在全球不同场域中的运用成果，以反映焦点解决短期治疗的珍贵价值。

本书的理论阐述清晰易懂，并辅以真实而详细的案例说明，值得所有焦点解决短期治疗的实务工作者用心研读。